普通高等教育"十四五"规划教材

石油管材及其腐蚀与防护

雒设计　吕祥鸿　编著

中国石化出版社
·北京·

内 容 提 要

本书以石油管材为主要对象，在对管线管、油井管、钻杆、油气田腐蚀类型和机理详细介绍的基础上，从耐蚀管材、覆盖层保护、缓蚀剂保护和阴极保护四个方面系统阐述了石油管材的防腐措施及控制方法。内容包括典型环境中石油管材的腐蚀机理及控制因素、油气田的腐蚀类型及腐蚀机理、石油管材的防腐措施及腐蚀控制等。

本书可作为高等院校材料类专业本科生和研究生的教材，也可作为从事材料腐蚀与防护研究和工程应用领域工作的研究人员、工程技术人员和管理人员的参考书。

图书在版编目(CIP)数据

石油管材及其腐蚀与防护 / 雒设计，吕祥鸿编著.
—北京：中国石化出版社，2023.12
普通高等教育“十四五”规划教材
ISBN 978-7-5114-7339-4

Ⅰ. ①石… Ⅱ. ①雒… ②吕… Ⅲ. ①石油管道-腐蚀-高等学校-教材 ②石油管道-防腐-高等学校-教材
Ⅳ. ①TE988.2

中国国家版本馆 CIP 数据核字(2023)第 210132 号

中国石化出版社出版发行

地址：北京市东城区安定门外大街 58 号
邮编：100011　电话：(010)57512500
发行部电话：(010)57512575
http://www.sinopec-press.com
E-mail：press@sinopec.com
北京富泰印刷有限责任公司印刷
全国各地新华书店经销

*

787 毫米×1092 毫米 16 开本 17 印张 377 千字
2024 年 1 月第 1 版　2024 年 1 月第 1 次印刷
定价：45.00 元

前言 PREFACE

石油管包括油井管和油气输送管。油井管由专用螺纹连接成数千米甚至上万米长的管柱，包括钻柱、套管柱、油管柱；油气输送管由焊接或螺纹连接成管道，用于石油天然气高效长距离输送。我国石油工业每年消耗石油管材约 500×10^4t，耗资达 400 亿元人民币。石油管材在如大气、海水、土壤的自然环境中服役，经常会遇到二氧化碳、硫化氢、微生物等特殊的腐蚀介质，导致管材过早腐蚀失效，造成巨大的经济损失。据统计，全球每年因各类腐蚀造成的经济损失约占各国国民生产总值的 4%。

近年来，随着浅层资源的不断枯竭，石油工业正朝着深井、超深井、高腐蚀性井等高难度井领域发展，在高温、高压、高地应力、腐蚀(高 CO_2、高 H_2S、SRB 多重服役介质)等严苛复杂环境下，对石油管材提出了更高的要求。新型耐蚀合金和耐蚀管材的研发一定程度上缓解了石油管材的腐蚀，然而，由于石油、化工行业苛刻的服役环境，往往需要多种防护措施联合作用，才能起到良好的防腐效果，因此，石油管材及其腐蚀与防护措施研究至关重要。

本书以石油管材作为研究对象，突出腐蚀的理论基础与工程实践的结合，具有很强的实践性和实用性。内容紧紧围绕材料腐蚀基础理论和工程应用这两个主题，在对管线管、油井管、钻杆、油气田腐蚀类型和机理详细介绍的基础上，从耐蚀管材、覆盖层保护、缓蚀剂保护和阴极保护四个方面系统地论述了石油管材的防腐措施及控制方法。第 1 章主要介绍了石油管材的发展现状及石油管材腐蚀与防护措施的国内外研究现状；第 2~4 章介绍了管线管、油井管、钻杆材料的特点、分类及生产工艺；第 5 章介绍了油气田的主要腐蚀类型及腐蚀机理；第 6 章阐述了石油管材防腐蚀措施及腐蚀控制方法；第 7 章详细介绍了石油工业耐蚀管材的特点及研发现状；第 8~10 章详细介绍了覆盖层防护、缓蚀剂保护以及阴极保护的原理和应用。

本书总结了前人的研究结果，结合编者多年的教学和科研实践经验撰写的，书中引用了大量的数据、图表，特别是近年来对石油管材腐蚀性的研究结果。本书得到西安石油大学教材建设项目和陕西高等教学改革研究项目(重点项目21BZ041)的资助，在出版过程中得到中国石化出版社的大力支持和帮助，在此表示衷心的感谢。

本书共10章，由雒设计(第1、4、6章)、吕祥鸿(第2、3章)、王晨(第7、10章)、薛玉娜(第5、8、9章)共同编写，雒设计、吕祥鸿对全书进行了统稿。限于编者水平，书中的缺点和错误在所难免，敬请读者批评指正。

目录

第1章 概 述

1.1 石油管材

石油管包括油井管和油气输送管两大类。油井管又包括钻柱构件(钻杆、钻铤)和套管、油管。钻柱是钻井的重要工具和手段。套管下入钻成井眼，用于防止地层流体流入井内及地层坍塌；油管下入生产套管柱内，构成井下油气层与地面的通道。油气输送管由焊接或螺纹连接成管道，用于石油天然气高效及长距离输送。

石油管不是一般的冶金产品，而是在无缝管、棒材或板材的基础上经过深加工(压力加工、焊接、机加工、热处理、表面处理等)的特殊冶金产品，实际上已属于机械产品的范畴。为满足使用要求，除对化学成分、冶金质量、力学性能、残余应力等有严格要求外，对制成品的外径、内径、壁厚、圆度、直度及螺纹参数、密封性能和结构完整性都有很严格的要求。

在石油工业中，石油钢管用量大、费用高。近年来，我国每年消耗油井管约 300×10^4t；油气输送管年需求量波动较大，平均每年 200×10^4t。我国石油工业每年消耗石油管材约 500×10^4t，耗资达 400 亿元人民币。由于石油产业工况条件恶劣，例如油管柱和套管柱通常要承受几百甚至上千个大气压的内压或外压、几百吨的拉伸载荷，以及高温及苛刻的腐蚀介质的作用，从而导致损坏甚至造成油井报废。可见其质量、性能对石油工业的发展影响重大。1985 年以前，我国每年仅钻柱断裂掉井事故即达 1000 起左右。据国际钻井承包商协会(International Association of Drilling Contractors，IADC)统计，每起钻柱断裂事故直接损失平均约为 10.6 万美元。我国西部油田一口油井的成本为几千万元甚至上亿元人民币，中海油一口油井的成本达 8000 多万美元(新东方油气田)。套管的寿命直接决定油井的寿命，油井的寿命又决定了油田寿命。油气输送管的事故多是灾难性的，因此，石油管的安全可靠性、使用寿命和经济性对石油工业的影响极其重大。

1.1.1 油气输送管

管道输送是石油天然气的主要运输方式，图 1-1 为山东某油田油气输送管。国外工业性管道输送始于 19 世纪早期。1825 年美国在宾夕法尼亚州，敷设了第一条输气管线，随后于 1879 年，建成了第一条跨州原油管线，管径 152mm，全长 175km。之后的近半个世纪内，管道输送经历了一个缓慢的发展时期。在这一时期，管道通常采用铸铁管和丝扣连接。20 世纪中叶后，管道工程在国外得到了迅猛发展。

图 1-1　山东某油田油气输送管

国外油气输送管经历了以下几个里程碑式的节点：

1806 年：英国伦敦安装了第一条铅制管道；

1843 年：铸铁管开始用于天然气管道；

1925 年：美国建成第一条焊接钢管天然气管道；

1967 年：第一条高压、高钢级(X65)跨国天然气管道(伊朗—阿塞拜疆)建成，由此开启了大口径输气管道时代；

1970 年：在北美开始将 X70 油气输送管用于天然气管道；

1985 年：德国开始在天然气管道上使用 X80 钢；

1990 年：加拿大开始使用 X80 钢；

2000 年：开始开发玻璃纤维-钢复合管用于高压天然气管道；

2002 年：在加拿大建成了一条管径 1219mm、壁厚 14.3mm 的 X100 钢级的 1km 试验段，同年，将 X100 列入加拿大国家标准；

2004 年：在加拿大北阿尔伯塔建成一条管径 914mm、壁厚 16mm、长 1.6km 的 X120 钢级示范管线。

我国近代管线建设开始于 1949 年。1958 年建成了第一条原油管道——新疆克拉玛依至独山子管道，管径 159mm，全长 147km，并在四年内陆续扩建成三条并行的管道，输油能力在 100×10^4t/a 以上。21 世纪开始以来，管道建设进入高潮期，相继建成宁兰、忠武、兰成、西气东输(轮南—上海)、陕京二期工程、中俄管线等高钢级输油输气管线。进入 90 年代，我国的长输管道建设有了新突破，油气长输管道的建设约以 400km/a 速度递增，又相继建成了一批长输管道，东北、华北、华东管网逐步完善。举世瞩目的西气东输工程采用 X70 钢管，输送压力 10MPa，这是我国在天然气管道技术上的重大跨越。这条管道干线共使用 X70 钢级、ϕ1016mm 焊管 160×10^4t，其中国产螺旋焊管 60×10^4t，国产直缝埋弧焊管 14.5×10^4t，标志着中国油气管道建设进入快速发展期。长输管道建设不仅在陆地上有所发展，而且也在向海洋、沙漠中延伸，另外，输送介质领域也在不断拓宽。海洋长输管道建设是随着海上油气田的开发建设而发展的。近 10 年来，管道使用量每年以 12%～14%的速度递增，大大超过了世界工业总产值的平均增长速度。2011 年，西气东输二线建成投产，全线采用 X80 钢。

2022 年我国油气长输管线包括国内管线和国外管线，总里程达到 18×10^4km，其中原油管线 2.8×10^4km，成品油管线 3.2×10^4km，天然气管道 12×10^4km，已基本形成网，长输油气管道总里程位居世界第三，今后 10～15 年仍将是油气管道建设的高峰期。预计到 2030 年，中国油气管道总里程将达到 25×10^4～30×10^4km，基本建成现代化油气管网体系。

美国石油学会（American Petroleum Institute，API）将油气输送管分为 14 个强度级别：A25、A、B、X42、X46、X52、X56、X60、X65、X70、X80、X90、X100、X120，按生产工艺不同分为无缝钢管（Seamless Steel Pipe，SMLS）、连续炉焊管（Continuous Furnace Welded Pipe，CW）、螺旋缝组合焊管（Combined Spiral Seam Welded Pipe，COWH）、直缝组合焊管（Combined Longitudinal Seam Welded Pipe，COWL）、高频焊管（High Frequency Welded Pipe，HFW）、低频焊管（Low Frequency Welded Pipe，LFW）、激光焊管（Laser Welded，LW）、螺旋缝埋弧焊管（Spiral Submerged Arc Welded Pipe，SAWH）和直缝埋弧焊管（Longitudinal Submerged Arc Welded Pipe，SAWL）9 种，其中 SMLS、HFW、SAWH、SAWL 使用较多。受无缝钢管直径的限制，长输管道一般使用 SAWH、SAWL 管。

（1）C、Mn、Si 型的普通碳素钢

1926 年 API 发布了 API 5L 标准的三种碳素钢（屈服强度分别为 173MPa、206MPa 和 235MPa）。典型化学成分[%（质量分数）]为：0.10～0.25C、0.40～0.70Mn、0.10～0.50Si、一定量的 S、P 和其他残存元素。其冶金生产主要侧重于性能而不是化学成分范围。

（2）低合金高强度钢

普通低合金高强度钢的名称最早于 1934 年在美国出现，是在普通碳素钢的基础上加入少量合金元素而发展起来的一种高强度结构钢。普通低合金高强度钢被定义为屈服强度大于 275MPa，并为获得一定强度、韧性、成型性、焊接性和抗腐蚀等综合性能而加入某些合金元素的钢种。有人也将其定义为屈服强度在 350～750MPa 的钢种。

1947 年 API 5LX 标准中的 X42、X46、X52 三种钢的屈服强度分别为 289MPa、317MPa 和 350MPa。普通低合金钢与普通碳素钢一样，主要以热轧或正火状态为主。化学成分范围为：C 含量≤0.2%，合金元素含量<3%。美国称之为高强度低合金钢；日本称之为高张力钢；苏联称之为低合金钢；西德则称之为低合金焊接结构钢。

据统计，用普通低合金高强度钢代替普通碳钢，可以节省钢材 1/3～2/3。目前，各主要工业国家普通低合金高强度钢的产量占钢铁总产量的 7%～10%。

（3）微合金化高强度低合金钢

随着管道工程对油气输送管提出更高的要求，1967 年、1968 年和 1970 年，API 5LX 和 API 5LS 又增加了 X56、X60 和 X65 三种钢。突破了传统的 C-Mn 合金化加正火的生产过程，在钢中加入微量（不大于 0.2%）Nb、V、Ti 等合金元素，并通过控制轧制工艺，使钢的综合力学性能得到明显改善。这种钢被称为微合金化高强度低合金钢，简称微合金化钢。油气输送管进入了微合金化+控轧生产的崭新阶段。这种建立于微合金化原理与控制轧制和控制冷却技术原理基础上的新型油气输送管的研究高潮是在 70 年代末至 80 年代初。

1973 年 API 标准又增加了 X70 钢，这是一种 Mn-Mo-Nb 型的微合金化高强度钢。随后于 1985 年 5 月，X80 钢正式列入 API 5L 标准文本中，并于 1990 年完成了对 X80 的实际应用。

（4）超高强度油气输送管 X90、X100、X120

超高强度油气输送管 X90、X100、X120 已逐步成熟，于 2008 年列入 API 5L 标准中。

X120是当今强度级别最高的油气输送管。2004年加拿大在北阿尔伯塔建成一条管径914mm、壁厚16mm、长1.6km的X120钢级示范管线。

目前在世界油气输送管年产量中，小于X52级的约占30%；X52～X60级的占60%；X70级以上的油气输送管产量仅占10%以下。X80已用于生产，X100、X120尚处于试生产和试敷设阶段。

我国油气输送管的应用和生产起步较晚。国内现已敷设的油、气输送管线绝大部分采用A3或16Mn的高强度热轧钢板(相当于X52)，相当于先进工业国家40年代末和50年代的水平。中国于1957年开始生产低合金高强度钢，1985年以前，还没有真正进行油气输送管生产，每年仅有约2×10^4t的计划指标，用A3、16Mn一类带钢供应制管部门。自90年代以来，我国油气输送管的研制、开发和应用得到了快速发展，按API标准要求研制和应用了反映80年代初国际水平的X60、X65级油气输送管，通过西部管道、西气东输管道和西气东输二线管道等重大管道工程的推动后，又先后完成X70、X80的生产和应用，并获得X100及X120的研究成果。图1-2为高强度油气输送管的发展过程。

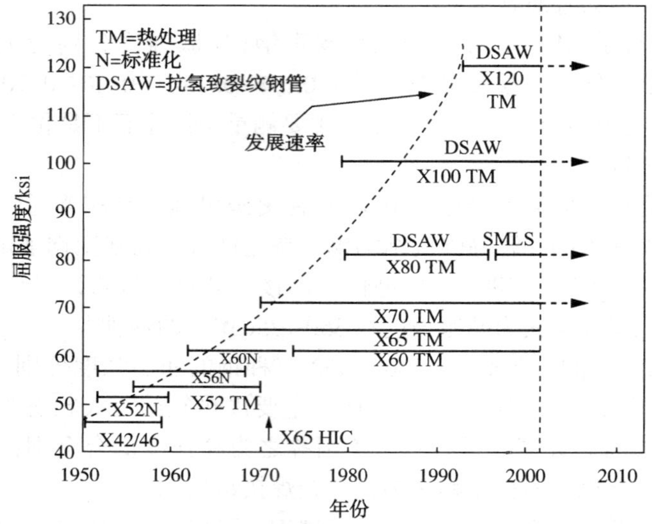

图1-2　高强度油气输送管的发展过程

1.1.2　油井管

根据我国的具体情况，可以说石油工业勘探开发的过程就是大量使用和消耗油井管的过程。随着我国经济的发展和对石油需求量的增大，石油与天然气勘探与开发的力度也不断加大。油套管是石油工业用量最大、花费最多的石油物资，在整个建井成本中油套管成本平均占20%～30%。石油工业的发展有力地促进了我国油套管的发展，近年来油套管的需求量也在逐年递增，未来几年还有增长的趋势。

我国油井管市场潜力巨大，在世界范围内也占有重要地位。我国油井管的主要采购商为中国石油天然气集团有限公司、中国石油化工集团有限公司、中国海洋石油集团有限公司和陕西延长石油(集团)有限责任公司，四家企业对油井管的需求占油井管总需求量的90%。如图1-3和图1-4所示，2016～2020年，我国油井管行业套管、油管、钻杆销量总体呈上升态势。这是由于我国石油和天然气的增产带动了我国油井管需求的增长，预计“十四五”期间我国油井管年均需求量将达到 300×10^4t，到 2025 年，我国油井管消费量年均增长率可达到 1.16%。

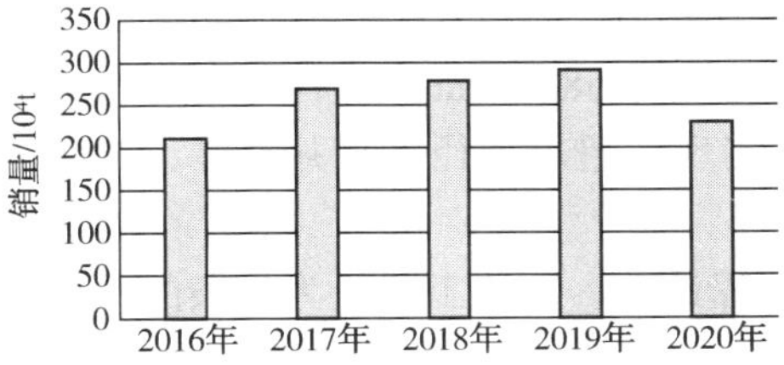

图 1-3　2016~2020 年我国油井管行业套管销量

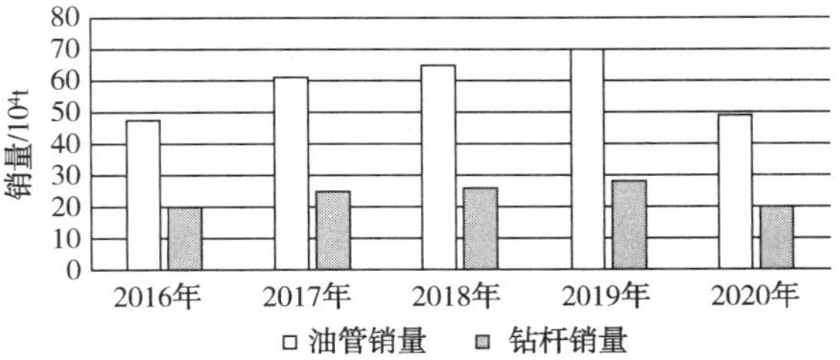

图 1-4　2016~2020 年我国油井管行业油管、钻杆销量

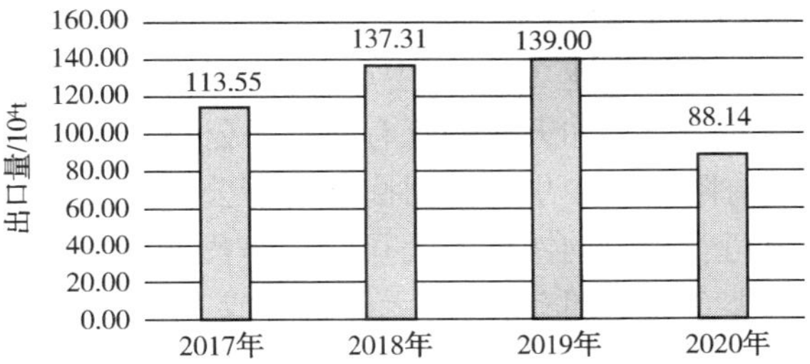

图 1-5　2017~2020 年我国无缝钢管油井管出口量

如图 1-5 所示，2017~2019 年我国无缝钢管油井管出口量持续增长；2020 年受疫情影响，出口量下降。值得注意的是，过去我国出口的油井管大多属于低端产品，一些高技术含量、高附加值的高强韧性油井管、抗腐蚀油井管、不锈钢及油套管、特殊螺纹接头油套管、膨胀套管及连续管等高端油井管产品仍依赖进口。然而，自 2010 年起，国内镍基合金油套管产品应用实现了 100%国产化后，国内油井管的生产迅猛发展。我国油井管国产化率从 20 年前的不到 30%提升到目前的 99.8%以上，其中耐酸油井管和隔热稠油管年用量约占油井管总量的 80%。

在 API Spec 5DP 标准中，钻杆按管体强度级别依次可分为 E75、X95、G105、S135 4 个钢级(E、X、G、S 后的数字为标准规定的管体材料的最低屈服强度，单位 ksi)。API Spec 5CT 标准中将套管和油管分为 14 个钢级：H40、J55、K55、N801、N80Q、R95、L801、L809Cr、L8013Cr、C901、T951、C110、P110、Q125。除 L809Cr 类、L8013Cr 类、C901 类、T951 类、C110 类共计 5 个钢级限定使用无缝钢管外，其余钢级除使用无缝管外还可使用由电阻焊或电感应焊接方法生产的直缝焊管。

全球油气经过近百年的开采，油气勘探开发对象已经逐步地由常规转向非常规、由陆地转向海洋、由浅层深水转向深层深水和超深层深水方向发展。因此油井管要承受上千帕大气压的压力以及几百吨的拉伸载荷，另外还有高温腐蚀介质的作用，服役条件相当严苛恶劣。所以，钛合金和镍基合金油井管都已经成为替代传统油井管材的新型管材。

钛合金油井管具有密度低，比强度高，抗疲劳性能优良，抗 CO_2、H_2S、Cl^-腐蚀性能极强，使用寿命较长等普通碳钢管材所不具备的优点。早在 20 世纪 80 年代中期，国外已有使用钛合金油井管的实例。美国尤尼科石油公司在工作温度超过 300℃ 的 Salton Sea(索尔顿湖)区域成功应用 Ti-3Al-8V-6Cr-4Mo-4Zr 合金管材；Chevron(雪佛龙)公司在 20 多口温度超 260℃热采井中使用 145 钢级钛合金热采井套管；Raza Microelectronics Inc.（RMI 公司)在莫比尔湾、墨西哥湾某些特殊油气井中也应用了钛合金油管，使用效果良好。我国钛合金油井管技术研究和应用起步较晚，但经过多年努力，也取得了一定成果。2020 年 3 月，我国在海洋天然气水合物试采中使用国产钛合金套管，套管承压能力强，抗挤毁性能大于 42MPa，螺纹接头的密封性优异，成功作业；中石化西北油田塔河油区 TS3CX 井使用钛合金钻杆，出井后钻具完好，此次钻井试验起钻深度 6263.41m，累计转数 16 万转；2020 年 7 月，西部油田某 7100m 深超短半径水平井侧钻作业应用国产钛合金钻杆，本次侧钻起始井深 6638m，累计进尺 115m，定向段井斜角 77°，造井斜率 20.58°/30m；随后，大庆油田永乐油区源 29-5 井(1655m 深)使用我国国产钛合金钻杆实现了超短半径水平井钻井，打破了国内在超短半径水平井钻井领域的纪录。

镍基合金油套管是迄今以来合金含量最高、制造流程最长、制造工艺最为复杂的油井管产品，且具有高的耐腐蚀性能，目前中国已有具有镍基合金油套管全流程制造能力的企业。该镍基合金油套管在国内高腐蚀性的气井中使用已超过 11 年时间，期间未出现任何失效和泄漏问题。

根据 API 网站资料(2022 年 1 月)显示，我国已取得 API 会标使用权的油套管企业 227 家，钻杆企业 27 家，生产厂有三种类型：第一类企业是具有从炼钢、制管到管加工全部功能的企业，如天津钢管有限责任公司、宝山钢铁股份有限公司、无锡西姆莱斯石油专用管制造有限公司、华菱集团衡阳钢管公司、攀钢集团成都钢铁有限责任公司、包头钢铁(集团)公司、鞍山钢铁集团公司、山东墨龙无缝钢管等，产能约 500×10^4t，占总产能的 50%；第二类企业是拥有制管(无缝钢管或 ERW 焊管)和管加工功能的企业，如宝鸡石油钢管有限责任公司、中国石油集团渤海石油装备制造有限公司、胜利油田孚瑞特钢管有限公司、东营高原钢管公司等，产能为 126×10^4t，占总产能的 14%；第三类企业是仅进行油套管螺纹加工的企业，产能为317×10^4t，占总产能的 35.2%。表 1-1 列出国内排名前 3 位油套管生产企业产能及产量。

表 1-1　排名前 3 位油套管生产企业产能及产量　　$\times10^4$t

序号	企业名称	产能	产量
			2021 年
1	天津钢管集团股份有限公司	350	78
2	宝山钢铁股份有限公司	100	58.3
3	华菱集团衡阳钢管公司	45	50.4
合计		495	186.7

1.2　石油管材腐蚀现状

1.2.1　油井管腐蚀

油井管的服役条件非常苛刻。除载荷因素外，当油气田底水、边水或油层水的矿化度超过 30×10^4mg/L、天然气或伴生气含有 H_2S、CO_2等酸性气体时，会造成油井管在井下的酸性介质腐蚀(如 H_2S 腐蚀、CO_2腐蚀)，另外，Cl^-腐蚀、氧腐蚀、细菌腐蚀、地层高温等的作用也不容忽视，会造成严重的腐蚀。由于含 H_2S 油气井、含 CO_2 油气井和 H_2S、CO_2 共存油气井的开发，在管道的各种腐蚀形态中，尤以酸性介质的腐蚀最为严重。在这种酸性环境介质中，硫化氢应力开裂、氢致开裂和 CO_2 局部腐蚀是油井管腐蚀的主要形式。例如在含硫油气井作业时，易发生硫化物应力腐蚀开裂、高强度油井管长时间与某些介质(如盐酸)接触也可能发生应力腐蚀开裂、交变载荷和钻井液等腐蚀介质联合作用造成腐蚀疲劳断裂、油井管表面均匀腐蚀、内表面点蚀、钻杆表面皱褶处的钻井液缝隙腐蚀、管柱腐蚀穿孔等。

1.2.2 输送管腐蚀

管道大多埋于地下，会受到输送介质、土壤、地下水以及杂散电流的腐蚀，腐蚀会导致管壁变薄，甚至造成穿孔泄漏，最终使管道失效，这不仅造成了巨大的经济损失和资源浪费，而且泄漏物还会造成环境污染。据统计，全世界每年因腐蚀损失掉 10%~20%的金属，造成的经济损失超过 1.8 万亿美元。中国工程院调查结果表明，2008 年我国因腐蚀造成的经济损失就高达 1.2 万亿~2 万亿元。

在输送酸性油、气时，管道内壁与酸性油、气中的 H_2S、CO_2 和 Cl^- 接触。若 H_2S 含量超过规定值并且含有水分，易引起应力腐蚀开裂(Stress Corrosion Cracking，SCC)和氢致开裂(Hydrogen-induced Cracking，HIC)。HIC 裂纹一般在钢中的非金属夹杂物和偏析带处萌生，沿着珠光体带或低温转变产物马氏体、贝氏体带扩展。因此输送酸性油、气管线钢应该具有低的硫含量(<0.005%S；在严重酸性条件下<0.002%S)，以及进行有效的非金属夹杂物形态控制和减少显微成分偏析。与此同时，由于管道外保护层老化等原因出现局部损伤，钢管外壁与土壤和地下水中的硝酸根离子(NO_3^-)、氢氧根离子(OH^-)、碳酸根离子(CO_3^{2-})和碳酸氢根离子(HCO_3^-)等介质接触。由此可见，管道内、外壁的腐蚀问题是难以避免的。有统计结果表明，腐蚀是输送管道最主要的失效形式，约占比 39%。

1.3 石油管材防护现状

1.3.1 新型钢

碳钢和低合金钢是油气田集输管线常用的金属材料，但这些钢在许多常见的油气田环境中其耐腐蚀能力均不理想。可通过多种措施提高钢的耐蚀性，其中最常见的方法是在金属或碳钢中加入一定数量的合金元素形成新型钢。

为提高长输管道的耐酸能力，对高抗酸蚀管线钢的基本要求是：(1)含碳量小于 0.06%；(2)硬度小于 HRC22 或 HV250；(3)含硫量小于 0.002%；(4)通过钢水钙处理，以改善夹杂物形态；(5)通过减少 C、P、Mn 含量，以防止偏析和减少偏析区硬度；(6)通过对 Mn、P 偏析的控制，以避免带状组织。

为此，日本新日铁住金株式会社在套管和油管方面开发了 SM 系列(无缝管)以降低腐蚀。耐酸油套管按使用环境酸性强弱可分为中等强度酸环境用、强酸性环境用和超强酸环境用，对应的牌号分别为 SM-125S、SM-110ES、SM-125ES、SM-80XS、SM-90XS、SM-95XS 和 SM-110XS，须进行硫化物应力腐蚀开裂(SSCC)试验和氢致开裂(HIC)试验。兼具高抗挤性能的耐酸套管包括强酸环境用的 SM-110TES、SM-125TES 和超强酸环境用的

SM-80TXS、SM-90TXS、SM-95TXS、SM-110TXS。上述耐酸油套管能有效防止硫化物应力腐蚀开裂，但不能防止含湿 H_2S 和 CO_2 共存环境的腐蚀。为此，新日铁住金株式会社还开发了新 SM 系列不锈钢和耐蚀合金系列油套管，包括 13Cr、超级 13Cr、超级 17Cr、双相不锈钢以及镍基和铁镍基合金。其中 SM13CR-80、SM13CR-85、SM13CR-95、SM13CRI-80、SM13CRM-95、SM13CRM-110 应用于纯 CO_2 腐蚀环境；SM13CRS-95、SM13CRS-110、SM17CRS-110、SM22CR-110、SM25CR-110、SM17CRS-125、SM22CR-125、SM25CR-125、SM25CRW-125 应用于少量 H_2S 和 CO_2 共存环境；SM2535-110、SM2242-110、SM2035-110、SM2535-125、SM2035-125、SM2535-140、SM2550-110、SM2050-110、SMC276-110、SM2550-125、SM2050-125、SMC276-125、SMC276-140 应用于 H_2S 和 CO_2 共存环境。国内天津钢管制造有限公司（简称"天钢"）、宝山钢铁股份有限公司（简称"宝钢"）等也都开发了系列非 API 钢级油井管，平均年产量占油井管总产量的 30%左右。国产非 API 钢级油井管总体上已达到或接近国外同类产品的先进水平。

与常见的管道金属相比，耐腐蚀的合金钢本身就具有很强的抗 CO_2 腐蚀能力，该合金含 Cr、Ni 等耐蚀元素，可以起到保护作用。在耐腐蚀合金钢材料中，低 Cr 合金和高 Cr 不锈钢都属于抗 CO_2 腐蚀能力较好的金属，这两种金属在油气集输管线上的应用较广，但是在长输管线上的应用较少。

低 Cr 合金是 Cr 的质量分数不高于 5%的合金，这种合金易在表面形成密度高且稳定性强的腐蚀保护膜，从而使得管道免受腐蚀，所以在 CO_2 和 H_2S 共存体系下完全适用。在丹麦 Siri 油田生产所用油井中，研究人员对 5Cr 合金和普通 J55 钢材进行了对比研究发现，普通 J55 钢的腐蚀速率是 5Cr 合金的 4~5 倍。高 Cr 不锈钢是 Cr 的质量分数为 15%~20%的不锈钢，这种材料中 C 的质量分数仅有 0.04%，我国油气单位使用的 13Cr 合金、22Cr 合金以及 25Cr 合金都属于高 Cr 不锈钢。在 CO_2 腐蚀环境中，13Cr 合金几乎没有出现腐蚀情况，与低 Cr 合金相比，其耐蚀性更好，且随着 Cr 含量的增加，其耐蚀性越来越好，因此 22Cr 合金和 25Cr 合金具有更好的耐蚀性。但是，随着 Cr 含量的增加，材料的价格也将升高，无法在油气长输管道领域得到广泛应用。近几年来，又出现了超级 13Cr 合金，与 22Cr 合金及 25Cr 合金相比，超级 13Cr 合金在 CO_2、H_2S 及 Cl^- 共存体系中的耐蚀性更好，且价格仅为 22Cr 合金及 25Cr 合金的 70%。所以，超级 13Cr 合金逐渐成为油气管道建设的首选材料。

对于油套管来说，其抗腐蚀性能的决定性因素就是其自身的管材选择。因此，在选择管材的过程中不仅要对管材的主要组成成分、性能以及理性设计进行全面的考虑，同时也要充分考虑到产品的生产工艺与抗腐蚀性能。在大多数情况下，要求材质具备一定的抗 SZC/SOHIC 与 SWC/HIC 能力，同时也要求材质具有良好的适应性，可以有效应对特定的酸性环境。目前，通过对温度、井下压力以及腐蚀介质等相关因素的综合考虑可知，我国现阶段应用较为广泛的管材材质就是双金属复合管，对于该种管材来说，不仅力学性能较为稳定，同时其环境适应能力以及耐腐蚀性能均比较强。

1.3.2 阴极保护

自 1890 年爱迪生提出强制电流阴极保护之后，阴极保护技术在理论上趋于成熟，在工程领域发展迅速。阴极保护技术分为外加电流阴极保护法和牺牲阳极阴极保护法，二者各有优劣，根据不同管材与其不同服役环境对两种阴极保护方法进行合理选择。一般说来，外加电流阴极保护法具有更高的可靠性和效率，可与远程监测、远程调控等自动化系统配套使用，在工业自动化、智能化的趋势下得到广泛的应用，长输管线或大范围保护一般采用外加电流阴极保护；而牺牲阳极阴极保护法前期投入更小，在站内或局部保护效果显著，站内或小规模保护采用牺牲阳极阴极保护法。

据统计，自 1998 年年底起，我国大庆油田、胜利油田、华北油田、江汉油田以及中原油田等油田中的油套管损坏数量已经达到了 14000 多口，造成的直接损失就已经达到了 140 亿元，并且直接降低了我国油田开采的质量与效率。但随着电化学防腐技术的应用，油套管破损率已经从原来的 3. 19%降至现在的 0. 78%，由此可见，电化学防腐技术能够有效增强对油套管的保护作用。阴极保护不仅可以预防油套管外壁的破损，同时也能够在一定程度上减少油套管表面的腐蚀与破坏。

塔河油田井下及地面管道水质为 $CaCl_2$水型，矿化度及氯离子含量高，pH 值一般为 5～6，管线中 CO_2和 H_2S 分压高、腐蚀程度高、环境恶劣。2007 年，某注水井油管内外壁安装牺牲阳极，2013 年修井作业时，发现该注水油管内外壁均未见明显腐蚀，受牺牲阳极保护的 P110S 材质内壁相较于未受保护的点腐蚀速率下降 91%。2013 年年末，延长油田用一套外加电流阴极保护系统对某一井场内 12 口生产井全部实施保护。系统运行近一年后，各井保护电位依旧低于自腐蚀电位，套管未发生腐蚀。对于外加电流阴极保护系统服役过程中欠保护部位增加牺牲阳极，可以有效解决电位值跨度大、电位分布不均匀等情况，华北、塔河等油田都大范围地采用了这种联合阴极保护，均取得了较为理想的保护效果。

通过现场挂片法对新疆油田的长输管道的腐蚀速率和阴极保护度进行测量，以评价管道的阴极保护效果。结果表明，依据 GB/T 21448—2017《埋地钢质管道阴级保护技术规范》规定的最小保护电位和阴极电位负向偏移准则，对管道施加阴极保护后，管道的腐蚀速率明显低于 0. 01mm/a，保护度在 85%以上，阴极保护总体效果良好。

1. 3. 3 涂层

石油管材最简单、最直接的防腐蚀方法是用屏蔽材料将管道材料与外环境隔离开来。主要分为内外壁防腐蚀涂层。

(1) 外涂层

随着我国油气田开发程度的不断加深，要想进一步提升油管的防腐效果，就要对管材在严峻气候环境中的运行服役情况进行全面的考虑，根据其在气候环境中的严酷特征来选择涂镀层防腐技术，提升油管的抗腐蚀能力。涂镀层防腐技术主要是将耐腐蚀涂层材质选涂在管材表面，以此来起到一定的隔绝作用，隔绝管材与外界腐蚀介质的直接接触。目前，市场上最为常见的油套管涂镀层主要有三种，分别为金属覆盖层、化学转化覆盖层与非金属覆盖层，其中金属覆盖层中主要包括渗镀、电镀、热镀以及化学镀；化学转化覆盖层主要包括钝化处理、氧化处理以及磷化处理；非金属覆盖层主要包括无机涂层和有机涂层。长输管道涂层主要有沥青玻璃丝布、三层 PE、熔结环氧涂层等。在我国现阶段，虽然投入实际应用中的防腐涂层都具备较高的抗腐蚀性能，但在油气井实际作业的过程中，由于埋地或海上环境具备一定的复杂性，因此防腐涂层的使用就会受到一定的限制。

(2) 内涂层

内涂层油管是目前国内各大油田普遍应用的一种油管防护技术，是在低温加热条件下，将涂料喷涂在油管的内壁，从而使油管与腐蚀介质隔离。目前广泛采用的喷涂材料是煤焦油磁漆和环氧树脂粉末。前者的耐腐蚀性能较好，施工安全，但对环境污染较重；后者具备同样的优点，且对环境较为友好。近几年，国内大批生产环氧树脂粉末喷涂材料，并已在国内绝大多数油田和重点工程项目上使用，取得了很好的经济效益。

内衬油管具有抗腐蚀、抗高温、阻力系数小、耐磨等特性。内衬油管分为不锈钢内衬油管、玻璃钢内衬油管、陶瓷内衬油管和高密度聚乙烯内衬油管等。这四种内衬油管均是在油管内壁上嵌入了内衬层，通过内衬层将油管与腐蚀介质隔离开来，达到防护的目的。陶瓷内衬油管和高密度聚乙烯内衬油管使用要求高，价格比普通油管价格昂贵，限制了其适应范围。不锈钢内衬管嵌入的是一层较薄的不锈钢内衬卷筒，在焊接密封条件下，不锈钢内衬油管的防护性能较好。

近几年来，社会和相关专家对管道内防腐蚀技术的重视度不断提升，使得有机涂层技术和无机涂层技术都已无法满足油气管道领域发展的需求，因此纳米材料应运而生，成为管道内防腐蚀材料发展的方向。

1.3.4 缓蚀剂

缓蚀剂是以适当的浓度和形式存在于介质中，可以防止或减缓材料腐蚀的化学物质或复合物，所以缓蚀剂也可以称为腐蚀抑制剂。目前，国内外学者对油气管道 CO_2腐蚀问题的研究较为深入，所以针对这种腐蚀类型提出了较多的防护方法，但是随着油气管道长度的增加，CO_2和 H_2S 协同腐蚀问题日渐突出，如何有效防止 CO_2和 H_2S 共同腐蚀成为目前的研究热点。

对含有 CO_2、H_2S 等腐蚀性介质的油气井，可通过环空注入适量的缓蚀剂。当油套管对其充分吸附，或者是分子中未配对的电子等与金属的空轨道产生配位键后在油套管表面形成一层保护膜，以此来进一步减少腐蚀介质与管道表面的直接接触，从而达到预期的防腐蚀作用。另外，缓蚀剂在油管内表面形成的薄膜有助于减缓油管与抽油杆之间的摩擦，起到润滑和保护作用。根据生成保护膜的类型将缓蚀剂分为氧化膜型、沉积膜型和吸附膜型。常用的缓蚀剂是吸附膜型缓蚀剂，可被金属的表面电荷吸附，在整个阳极和阴极区域形成一层单分子膜，从而阻止或减缓电化学反应。其多为有机缓蚀剂，如某些含氮、含硫或含羟基且具有表面活性的有机化合物。例如，在 CO_2和 H_2S 共存体系下，咪唑啉类缓蚀剂除了具有较好的抗腐蚀能力外，还具有较好的热稳定性，因此，在油气管道中得到了充分的应用。这类缓蚀剂可以分为四种类型，分别是硫脲基咪唑啉类、酰胺基咪唑啉类、苯并咪唑类以及季铵盐咪唑啉类。目前，虽然该种防腐技术的防腐效果较为显著，但由于其操作步骤较为复杂，且须投入与消耗的成本较高，因此不适合用于油气田这种大规模的使用环境当中。这种技术的防腐效果也与油套管工作的运行环境有较为紧密的联系，例如，油套管的温度、压力以及腐蚀介质的浓度等相关因素，同时也与缓蚀剂的类型以及具体用量紧密相关。

第2章 管线管

2.1 管线管的发展历程

管道运输与铁路运输、公路运输、水路运输、航空运输并列为五大运输方式，是一种大规模的石油、天然气的输送方式。管道运输的特点是经济、安全和不间断。图 2-1 为石油不同输送方式的经济性比较结果。

管线管是用于输送石油、天然气等的大口径钢管。这类钢管是采用热轧卷板或宽厚板通过焊接成型方法而得到的。按 API SPEC 5L 规定，管线管经历了从碳钢管、合金钢管到不锈钢管的发展过程。

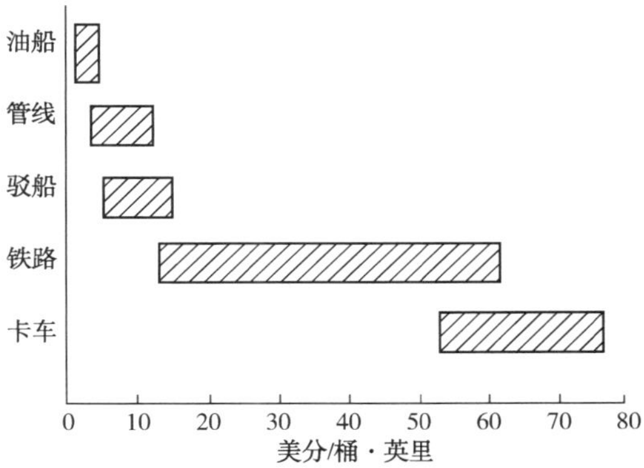

图 2-1　石油不同输送方式的经济性比较

2.1.1 碳钢

碳钢是以 Fe-C 为主的二元合金，其价格低廉，被广泛用来制造各类管道。由于管道加工制造工艺性的要求，用于管道的碳钢含碳量一般在 0.2%以下，如 10、20、16Mn 等。中碳钢(如 45 号钢等)主要用于工程构件和空心零件。

用于制造管道的碳钢往往是在正火或热轧正火状态使用，其显微组织是由铁素体和少量珠光体组织组成，是一种接近平衡态的组织，如图 2-2 的 20 号钢的显微组织，其中白亮色的为铁素体、灰黑色的为珠光体组织，珠光体组织经放大为共析铁素体和共析渗碳体组成的层片状组织。按平衡态组织估算，20 号钢中珠光体组织的相对含量为 23.8%(质量分数)。在正火态，冷却速率比较快，其显微组织偏离平衡态，其中珠光体组织的相对含量会增加，珠光体层片间距也要变小，钢的强度和硬度相应有所增加。

2.1.2 合金钢

由于碳钢的抗腐蚀性能十分有限，在一些腐蚀性强、高温或低温环境，需要使用合金钢制造管道，用合金钢制造的管道可简称为合金管。合金管是指采用合金钢制造的一种无缝钢管，其性能(尤其是抗腐蚀性能)要比一般的无缝钢管高很多。因为这种钢管里面含 Cr 量比较多，其耐高温、耐低温、耐腐蚀的性能远远优于碳钢无缝钢管，所以合金管在石油、化工、电力、锅炉等行业的用途比较广泛。

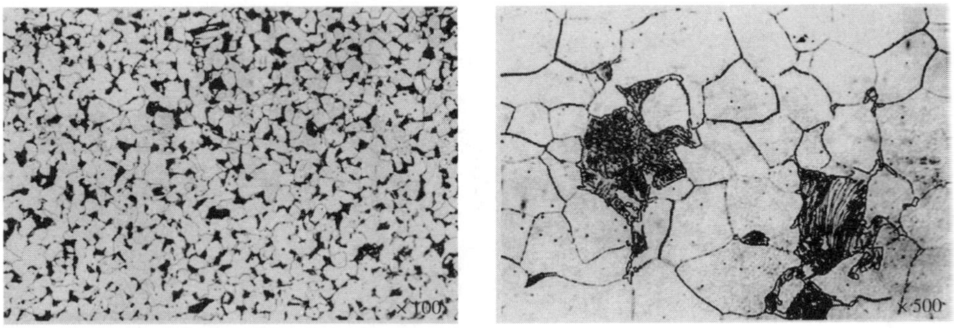

图 2-2　20 号钢在正火态时的光学显微组织

管道所使用的合金钢的含碳量一般在 0.15%以下，以保证其良好的焊接性。主要添加的合金元素有 Cr，其主要作用是提高耐温性和钢的抗腐蚀性，其含量一般为 1%～9%，如 12CrMoG 和 Cr9Mo。附加的合金元素有 Mo、V、Nb、Cu 等，其主要作用是细化晶粒、进一步提高抗腐蚀性等。同时，合金元素的加入会改变 Fe-C 合金相图上的临界点和钢的工艺性能。

合金管按使用状态可分为珠光体组织、铁素体+马氏体组织、贝氏体组织和回火马氏体组织，这与钢中合金元素含量的高低有关。

低合金钢(如 12CrMoG、12Cr2Mo)经过正火后使用，使用态的组织为铁素体和珠光体组织，其组织形态的基本特征和图 2-2 相似。但是，随着钢中的合金元素含量增加，会降低钢的共析点对应的含碳量，故碳含量等同的合金钢比碳钢组织中珠光体的相对含量增加，钢的强度也有所增加。

中合金钢(如 Cr5Mo、Cr9Mo)经过正火后使用。由于 Cr 含量高，钢的冷却转变 C 曲线显著右移，淬透性高，因此在空气中冷却就可得到马氏体，故正火后得到铁素体+马氏体的混合组织，Cr9Mo 通常被称为铁素体-马氏体耐热钢，它适用于<630℃的再热器管。

12Cr2MoWVTiB(简称 102)是一种低合金贝氏体型耐热钢，主要采用钨钼复合固溶强化、钒钛复合弥散强化和微量硼的硬化，在小于 600℃的工况下该钢具有优良的综合力学性能、抗氧化性能及组织稳定性。该钢种在 620℃时热强性较好，甚至达到某些铬镍奥氏体钢的水平，但抗氧化性能急剧下降，其在 620℃温度下使用 3000h 后，单位面积增重为 242g，腐蚀率为 0.15mm/a，故近年来有关资料中已将其最高推荐使用温度由 620℃降为 600℃。

图 2-3 为 102 耐热钢在不同处理状态的显微组织，正火温度决定了钢在 760℃回火后的组织状态。当正火加热温度为 970℃时，处于两相区加热，组织为奥氏体+铁素体+未溶碳化物，在正火时组织中的奥氏体转变为贝氏体，在 760℃回火后贝氏体转变为回火贝氏体，见图 2-3(a)。当加热温度为 1020℃和 1040℃时，组织为均匀的奥氏体，正火冷却时奥氏体转变为贝氏体，回火后转变为回火贝氏体，见图 2-3(b)和图 2-3(c)。当加热温度为 1060℃时，奥氏体长大，正火冷却时得到粗大的贝氏体，回火后得到粗大的回火贝氏体组织，见图 2-3(d)。

高合金钢，如 10Cr9Mo1VNb(简称 T/P91)铁素体耐热钢，是制造超临界火力发电机组的重要材料，其使用温度不超过 620℃。在 P91 钢中，Cr 作为主要添加元素，含量高达 9%，其主要的作用是提高合金的耐热性和抗腐蚀性。P91 钢除以铁素体组织状态使用外，还可以在回火马氏体状态下使用，如图 2-4 所示。由于钢淬火得到马氏体的形态主要取决于含碳量，故 P91 钢在淬火和回火后典型的显微组织为回火板条马氏体组织，马氏体由大体相互平行的板条组成[图 2-4(a)]；板条的亚结构为高密度的位错[图 2-4(b)]；因为回火转变，在马氏体板条界面析出碳化物和在板条内析出特殊化合物[图 2-4(c)]。在板条界面析出的碳化物类型为 $M_{23}C_6$，其中 M 代表金属，典型的碳化物为 $Cr_{23}C_6$。在板条内析出的特殊化合物类型为 MX，其中 X 代表非金属 C、N。

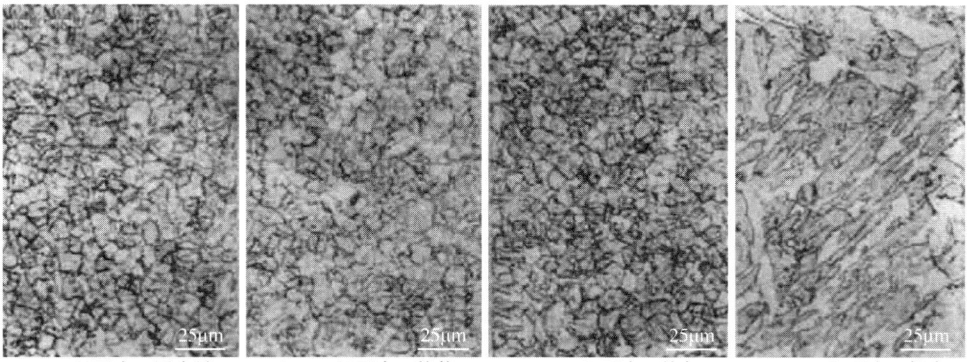

(a)970℃正火，回火贝氏体+铁素体+碳化物　(b)1020℃正火，粒状回火贝氏体　(c)1040℃正火，均匀回火贝氏体　(d)1060℃正火，粗大回火贝氏体

图 2-3　102 耐热钢的贝氏体在 760℃回火的组织

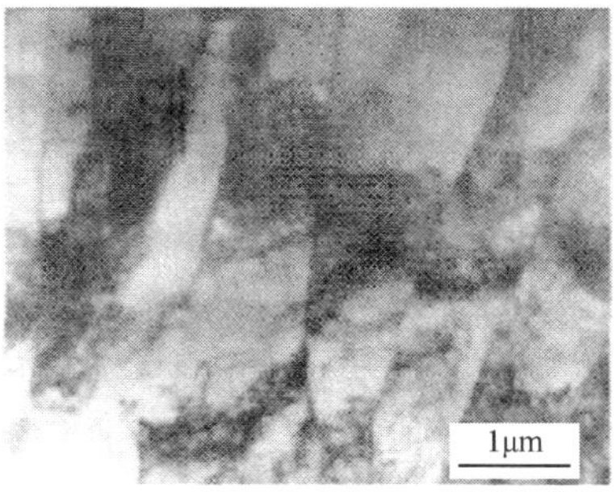

(a)板条马氏体

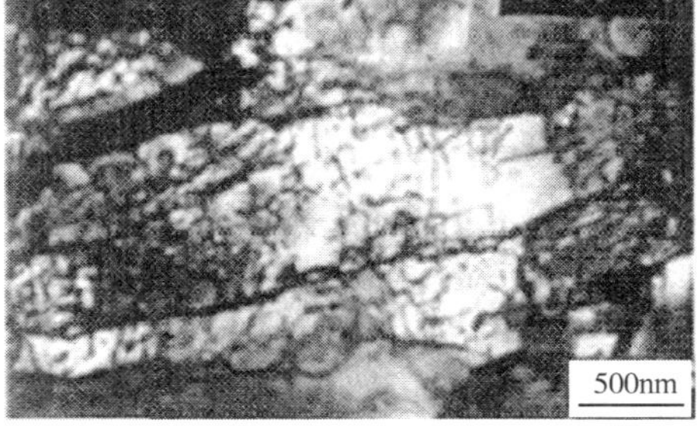

(b)位错亚结构

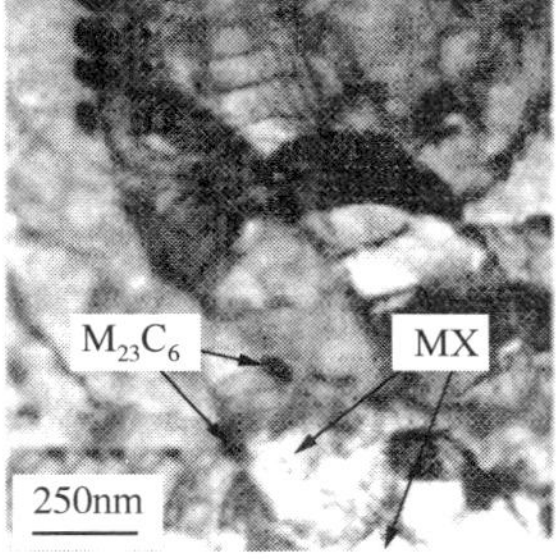

(c)碳化物析出

图 2-4　P91 钢的透射组织

另一种超临界火力发电机组的重要材料是 T/P92。T/P92 是在 T/P91 耐热钢基础上发展起来的新型耐热钢，在 T/P91 的基础上通过加入 1.5%~2.0%W 代替部分 Mo 元素，Mo 元素含量下降到 0.3%~0.6%，这些 9%Cr 钢具有良好的力学性能和耐热性。T/P92 钢的透射

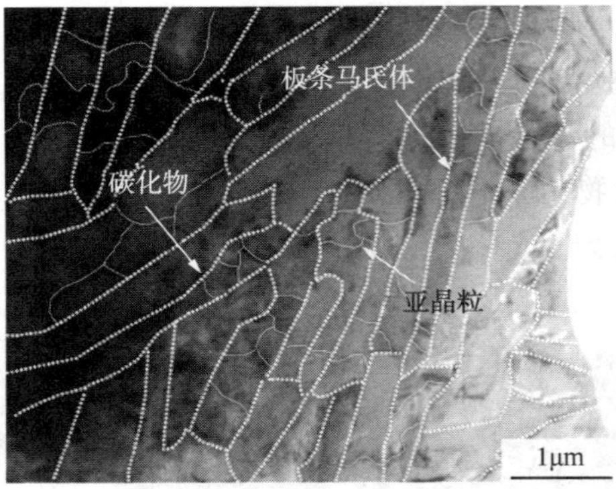

图 2-5 T/P92 钢的透射组织

电镜的照片如图 2-5 所示。在透射电镜下，在板条界面析出碳化物，在板条内析出特殊化合物。

表 2-1 列出了几种管道用碳钢和合金钢的力学性能。这些钢的碳含量属于低碳范围，其含碳量<0.20%。随着合金钢中合金元素含量的增加，钢中的碳含量相应降低。对碳钢来说，钢中的含碳量增加，钢的强度增加；对合金钢来说，合金元素含量增加，钢的强度也随之增加。对表中所列出的钢，碳钢强度增加的同时塑性有所降低；合金钢中合金总量增加的同时塑性也有所降低，但所有钢的断裂伸长率为 18%≤δ≤24%，变化范围很小。

表 2-1 管道用钢的力学性能

钢的牌号	σ_b/MPa	σ_s/MPa	δ/%	钢的牌号	σ_b/MPa	σ_s/MPa	δ/%
10	335~475	195	24	12Cr2MoWVTiB	540~735	≥345	≥18
20	410~550	≥245	20	Cr5Mo	390	185	22
16Mn	490~670	320	21	Cr9Mo	390	185	22
20MnG	≥415	≥240	≥22	10Cr9Mo1VNb(P91)	≥585	≥415	≥20
12Cr2MoG	450~600	≥280	≥20	10Cr9W2VNb(P92)	≥620	≥440	≥22
12Cr1MoVG	470~640	≥255	≥21				

2.1.3 不锈钢

不锈钢(Stainless steel)管道是由不锈钢材质制造的无缝管子，所使用的材质按组织状态可分为奥氏体不锈钢、铁素体不锈钢和双相不锈钢。

不锈钢比普通钢具有更高的抗腐蚀能力，主要是由于采用了 Cr 进行合金化，合金中的 Cr 能与环境中的氧形成致密的 Cr_2O_3保护膜，同时当 Cr 含量超过 12%(质量分数)，即原子比为 1/8 时，钢的电极电位有一个突跃的升高，从而赋予钢极高的抗腐蚀性。Cr 使铁基固溶体的电极电位发生突跃升高的现象称为二元合金固溶体电位的 $n/8$ 规律。

不锈钢指耐空气、蒸汽、水等弱腐蚀介质和酸、碱、盐等化学侵蚀性介质腐蚀的钢，又称不锈耐酸钢。在实际应用中，常将耐弱腐蚀介质腐蚀的钢称为不锈钢，而将耐化学介质腐蚀的钢称为耐酸钢。由于两者在化学成分上的差异，前者不一定耐化学介质腐蚀，而后者则一般均具有不锈性。

不锈钢的耐蚀性取决于钢中所含的合金元素。不锈钢的耐蚀性随含碳量的增加而降低。因此，大多数不锈钢的含碳量均较低，有些钢的含碳量甚至低于 0.03%，如 00Cr12 钢。不锈钢中除主要合金元素 Cr 外，还含有 Ni、Ti、Mn、N、Nb 等元素，以满足各种用途对不锈钢组织和性能的要求。

不锈钢按组织状态可分为铁素体不锈钢、奥氏体不锈钢、双相不锈钢和马氏体不锈钢。另外，按成分可分为：铬系不锈钢(ASTM 400 系列)、铬镍不锈钢(ASTM 300 系列)和铬锰镍不锈钢(ASTM 200 系列)和析出硬化系(ASTM 600 系列)。

(1) 铁素体不锈钢

铁素体不锈钢含铬量为 12%~30%，使用态的组织为单相铁素体，其耐蚀性、韧性和可焊性随含铬量的增加而提高，耐氯化物应力腐蚀开裂性能优于其他种类的不锈钢。

铁素体不锈钢属于 Cr 系不锈钢，常用的牌号有 Cr17、Cr17Mo2Ti、Cr25、Cr25Mo3Ti、Cr28 等，对应 ASTM 的牌号有 409、430 等。由于 Cr 缩小了 Fe-C 相图上的奥氏体区，使相图中的 GS 线上移或 A_3温度升高，合金在高温下为单相铁素体，冷却到室温不发生相变，保持单相铁素体。铁素体不锈钢因为含铬量高，所以耐腐蚀性能与抗氧化性能均比较好，但机械性能与工艺性能较差，多用于受力不大的耐酸结构或者做抗氧化钢使用。这类钢能抵抗大气、硝酸及盐水溶液的腐蚀，并具有高温抗氧化性能好、热膨胀系数小等特点，可用于硝酸及食品工厂设备，也可制作在高温下工作的零件，如燃气轮机零件等。

（2）奥氏体不锈钢

奥氏体不锈钢含铬量大于 18%，还含有 8%左右的镍及少量钼、钛、氮等元素，使用态的组织为单相奥氏体。奥氏体不锈钢通常指 18－8 型，即 18% Cr－8% Ni，常用牌号有 0Cr19Ni9、1Cr18Ni9、1Cr18Ni9Ti 等，其中 0Cr19Ni9 钢的碳含量 W_C<0.08%，钢号中标记为“0”；W_C<0.03%，钢号中标记为“00”。18－8 型奥氏体不锈钢对应 ASTM 的牌号有 301、304、309、316 等。这类钢中含有大量的 Ni 和 Cr，Ni 和 Cr 综合作用扩大了 Fe-C 相图上的奥氏体区，钢的 A_3温度达到室温以下，使钢在室温下呈奥氏体状态。这类钢具有良好的塑性、韧性、焊接性和耐蚀性能，在氧化性和还原性介质中耐蚀性均较好，可用来制作耐酸设备，如耐蚀容器、设备衬里、输送管道、耐硝酸的设备零件等。奥氏体不锈钢一般采用固溶处理，即将钢加热至 1050～1150℃，然后水冷，以获得单相奥氏体组织。

（3）奥氏体-铁素体双相不锈钢

奥氏体-铁素体双相不锈钢兼有奥氏体不锈钢高抗腐蚀性和铁素体不锈钢高强度的优点，并具有超塑性。双相不锈钢中奥氏体和铁素体组织约各占一半，如图 2-6 所示，其中白亮的部分为奥氏体，灰色的部分为铁素体。

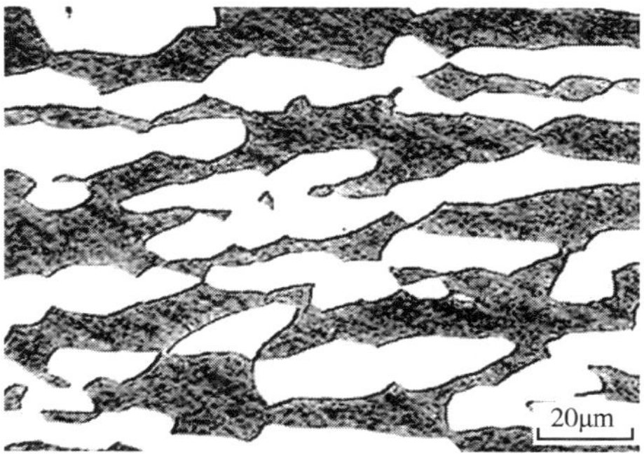

图 2-6　双相不锈钢的显微组织

双相不锈钢含 C 量较低，通常在 0.1%以下或 0.03%以下，主要的合金元素为 Cr 和 Ni。Cr 含量在 18%～28%，Ni 含量在 3%～10%，有些钢还含有 Mo、Cu、Si、Nb、Ti、N 等合金元素，以改善钢的其他性能。常见的钢种有 0Cr21Ni4N、1Cr21Ni5Ti、00Cr18Ni5Mo3Si2、00Cr22Ni5Mo3N（简称 2205）。

该类钢兼有奥氏体和铁素体不锈钢的特点，与铁素体相比，其塑性、韧性更高，无室温脆性，耐晶间腐蚀性能和焊接性能均显著提高，同时还保持有铁素体不锈钢的 475℃脆性以及高导热系数，具有超塑性等特点。与奥氏体不锈钢相比，其强度更高，且耐晶间腐蚀和耐氯化物应力腐蚀性能有明显提高。双相不锈钢具有优良的耐孔蚀性能，也是一种节镍不锈钢。

（4）马氏体不锈钢

马氏体不锈钢强度高，但塑性和可焊性较差，常用牌号有 1Cr13、3Cr13 等。通常指 Cr13 型不锈钢，即 Cr 含量 13%。因含碳量较高，故具有较高的强度、硬度和耐磨性，但耐蚀性稍差，可用于力学性能要求较高、耐蚀性能要求一般的一些零件上，如弹簧、汽轮机叶片、水压机阀等。这类钢在淬火、回火处理以获得回火马氏体组织（3Cr13、4Cr13）或回火索氏体组织（1Cr13、2Cr13）后可使用。

2.2 管线管的分类

钢管按截面形状可分为圆形管、方形管、矩形管、八角形管、六角形管、D形管、五角形管、异形钢管等。还有一些复杂断面的钢管，如双凹形钢管、五瓣梅花形钢管、圆锥形钢管、波纹形钢管、瓜子形钢管，双凸形钢管等。

按用途可分为管道用钢管、热工设备用钢管、机械工业用钢管、石油与地质钻探用钢管、容器钢管、化学工业用钢管、特殊用途钢管等。

钢管按成型工艺可分为无缝钢管和有缝钢管两类。无缝钢管是一种具有中空截面、周边没有接缝的长条形钢材；有缝钢管是一种具有中空截面、周边有接缝的长条形钢材，主要是焊接钢管，即用钢板或钢带经过卷曲成型后由焊接方法制成。

无缝钢管按其制造工艺可以分为：热轧(挤压)、冷轧(拔)、热扩钢管。

焊接钢管按焊缝的形式可分为直缝焊管和螺旋焊管；按照制造工艺可以分为直缝焊接钢管、埋弧焊接钢管、板卷对接焊钢管、焊管热扩钢管。

焊接钢管生产工艺简单、生产效率高、品种规格多、设备投资少。由于优质带钢连轧生产的迅速发展以及焊接和检验技术的进步、焊缝质量不断提高，因此焊接钢管也具有了强度高、尺寸精度高的特点，其品种规格日益增多，并在越来越多的领域代替了无缝钢管。

2.3 管线管的成分、组织和性能

2.3.1 管线管的化学成分

根据强度要求的不同，管线管的化学成分有所不同。相同钢级或牌号的钢，其化学成分存在一定的差别，表2-2给出了常用钢级的一组化学成分。低强度的L245(B)钢级及以下的管线管为碳素钢，含碳量在0.1%左右；强度级别在L290(X42)~L390(X56)的管线管为碳素钢，含碳量在0.09%~0.14%范围，还含约1%Mn；强度级别在L415(X60)以上的管线管由C-Mn-微量合金元素组成。随管线管钢等级的升高，管线管中的含碳量呈下降的趋势，往往采用多元微合金化。

碳在管线管中起提高强度的作用，主要通过两种方式实现：一是融入到α-Fe的晶格中，形成间隙固溶体，即铁素体，起固溶强化作用；二是形成渗碳体，起第二相强化作用。由于焊接作为管道成型和建设的主要连接工艺，对管线管的焊接性有一定的要求，同时要求不断改善钢的低温韧性、断裂应力以及延展性，所以对钢中的含碳量有一定的限制。当钢中加入合金元素后，为保证焊接性，其含碳量有一定的降低。高强度、微合金化管线管的碳含量通常在0.1%或更低，甚至在0.01%~0.04%范围。见表2-2。

表2-2 典型管线管的化学成分 %(质量分数)

牌号	化学成分(不大于)									碳当量[a]/%(不大于)	
	C[b]	Si	Mn[b]	P	S	V	Nb	Ti	其他	CE_{IIw}	CE_{Pcm}
L245R/BR	0.24	0.40	1.20	0.025	0.015	c	c	0.04	e,k	0.43	0.25
L290R/X42R	0.24	0.40	1.20	0.025	0.015	0.06	0.05	0.04	e,k	0.43	0.25
L245N/BN	0.24	0.40	1.20	0.025	0.015	c	c	0.04	e,k	0.43	0.25

续表

牌号	化学成分(不大于)									碳当量[a]/%(不大于)	
	C[b]	Si	Mn[b]	P	S	V	Nb	Ti	其他	CE_{IIw}	CE_{Pcm}
L290N/X42N	0.24	0.40	1.20	0.025	0.015	0.06	0.05	0.04	e,k	0.43	0.25
L320N/X46N	0.24	0.40	1.40	0.025	0.015	0.07	0.05	0.04	d,e,k	0.43	0.25
L360N/X52N	0.24	0.45	1.40	0.025	0.015	0.10	0.05	0.04	d,e,k	0.43	0.25
L390N/X56N	0.24	0.45	1.40	0.025	0.015	0.10[f]	0.05	0.04	d,e,k	0.43	0.25
L415N/X60N	0.24[f]	0.45[f]	1.40[f]	0.025	0.015	0.10[f]	0.05[f]	0.04[f]	g,h,k	按协议	
L245Q/BQ	0.18	0.45	1.40	0.025	0.015	0.05	0.05	0.04	e,k	0.43	0.25
L290Q/X42Q	0.18	0.45	1.40	0.025	0.015	0.05	0.05	0.04	e,k	0.43	0.25
L320Q/X46Q	0.18	0.45	1.40	0.025	0.015	0.05	0.05	0.04	e,k	0.43	0.25
L360Q/X52Q	0.18	0.45	1.50	0.025	0.015	0.05	0.05	0.04	e,k	0.43	0.25
L390Q/X56Q	0.18	0.45	1.50	0.025	0.015	0.07	0.05	0.04	d,e,k	0.43	0.25
L415Q/X60Q	0.18[f]	0.45[f]	1.70[f]	0.025	0.015	g	g	g	h,k	0.43	0.25
L450Q/X65Q	0.18[f]	0.45[f]	1.70[f]	0.025	0.015	g	g	g	h,k	0.43	0.25
L485Q/X70Q	0.18[f]	0.45[f]	1.80[f]	0.025	0.015	g	g	g	h,k	0.43	0.25
L555Q/X80Q	0.18[f]	0.45[f]	1.90[f]	0.025	0.015	g	g	g	i,j	按协议	
L245M/BM	0.22	0.45	1.20	0.025	0.015	0.05	0.05	0.04	e,k	0.43	0.25
L290M/X42M	0.22	0.45	1.30	0.025	0.015	0.05	0.05	0.04	e,k	0.43	0.25
L320M/X46M	0.22	0.45	1.30	0.025	0.015	0.05	0.05	0.04	e,k	0.43	0.25
L360M/X52M	0.22	0.45	1.40	0.025	0.015	d	d	d	e,k	0.43	0.25
L390M/X56M	0.22	0.45	1.40	0.025	0.015	d	d	d	e,k	0.43	0.25
L415M/X60M	0.12[f]	0.45[f]	1.60[f]	0.025	0.015	g	g	g	h,k	0.43	0.25
L450M/X65M	0.12[f]	0.45[f]	1.60[f]	0.025	0.015	g	g	g	h,k	0.43	0.25
L485M/X70M	0.12[f]	0.45[f]	1.70[f]	0.025	0.015	g	g	g	h,k	0.43	0.25
L555M/X80M	0.12[f]	0.45[f]	1.85[f]	0.025	0.015	g	g	g	i,k	0.43[f]	0.25
L625M/X90M	0.10	0.55[f]	2.10[f]	0.020	0.010	g	g	g	i,k	—	0.25
L690M/X100M	0.10	0.55[f]	2.10[f]	0.020	0.010	g	g	g	i,j		0.25
L830M/X120M	0.10	0.55[f]	2.10[f]	0.020	0.010	g	g	g	i,j		0.25

注：[a]碳当量大于0.12%时，CE_{IIw}适用；碳当量不大于0.12%时，CE_{Pcm}适用。

[b] 碳含量比规定最大碳含量每降低0.01%，则允许锰含量比规定值提高0.05%，但对L245/B、L290/X42、L320/X46和L360/X52，最大锰含量应不超过1.65%；对于L390/X56、L415/X60和L450/X65，最大锰含量应不超定1.75%；对于L485/X70、L555/X80，最大锰含量应不超过2.00%；对于L625/X90、L690/X100和L830/X120，最大锰含量应不超过2.20%。

[c] 除另有协议外，铌、钒总含量应不大于0.06%。

[d] 铌、钒、钛总含量应不大于0.15%。

[e] 除另有协议外，铜最大含量0.50%；镍最大含量0.30%；铬最大含量0.30%；钼最大含量0.15%。

[f] 除另有协议外。

[g] 除另有协议外，铌、钒、钛总含量应不大于0.15%。

[h] 除另有协议外，铜最大含量0.50%；镍最大含量0.50%；铬最大含量0.50%；钼最大含量0.50%。

[i] 除另有协议外，铜最大含量0.50%；镍最大含量1.00%；铬最大含量0.50%；钼最大含量0.50%。

[j] 硼含量不大于0.004%。

[k] 除另有协议外，不允许有意添加硼，残余硼含量应不大于0.001%。

锰在管线管中形成置换固溶体，起固溶强化作用，可提高钢的强度。由于加工工艺性能的要求，要降低碳含量，使钢的屈服强度下降，但增加锰含量可补偿因碳含量降低对钢强度的影响。

锰是扩大奥氏体区的元素，使 Fe-C 合金相图中的 A_1、A_3点下降，钢热处理或轧制的温度降低，保持铁素体的晶粒细小，从而可达到细晶强化的目的。在管线管中，锰含量不超过 2%。

早期的管线管采用普通碳素钢，因为工艺性能和韧性的要求，进一步提高钢的强度的空间有限，所以高强度管线管采用微合金化。在钢中当合金元素的含量小于 0.1%时，称为微合金元素。在管线管中加入的微量合金元素主要为强碳化物形成元素 Nb、V、Ti 等。

强碳化物形成元素的作用之一是阻止奥氏体晶粒的长大，保持组织转变后的组织细小。Nb、V、Ti 能形成碳化物、氮化物，在钢的控轧或再热过程中，碳化物、氮化物的质点分布在奥氏体晶界，阻碍晶界的运动，明显阻止奥氏体晶粒的长大。强碳化物形成元素的作用之二是延缓钢板在控轧过程中奥氏体的再结晶，可获得细小的相变组织。

强碳化物形成元素除具有细化晶粒的作用外，还具有沉淀硬化作用。钢板在轧制过程中，动态的应变在奥氏体中形成高密度的位错，虽然因高温而动态回复和再结晶，但奥氏体中的位错密度还是比较高。在控轧及轧制后的连续冷却过程中，Nb、V、Ti 元素形成的碳化物、氮化物优先在位错处形核，起沉淀硬化的作用。

高强度、高韧性的管线管已经采用多元合金化，即少量多元的合金化思路，不同微量合金元素之间存在交互作用，产生“叠加”效应。所以，管线管出现了 Mn-Nb-V、Mn-Mo-Nb 等微合金化管线管。根据冶金技术、经济性和管线管其他性能方面的要求，管线管中还加入 Ni、Cu、Cr 等合金元素，以提高钢的抗腐蚀性能。

2.3.2 管线管的组织及强化机制

管线管使用态的组织与管线管的合金化设计、轧制工艺，特别是冷却条件有关，主要可以分为四种类型的组织：铁素体+珠光体组织、针状铁素体组织、低碳索氏体组织、下贝氏体组织。

（1）铁素体+珠光体组织

铁素体+珠光体钢的基本成分是 C-Mn 合金，是低强度管线管的基本组织形态，X60 及以下钢级的均属于此类。铁素体+珠光体钢含碳量在 0.10%～0.25%范围，含 Mn 量在 0.30%～1.70%范围，一般采用热轧和正火热处理。

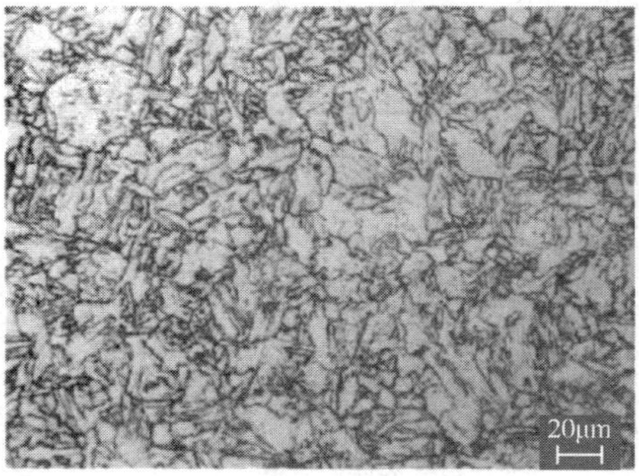

图 2-7 含碳量 0.16%的 X60 管线管显微组织

图 2-7 为含碳量 0.16%的 X60 管线管显微组织，其中白亮部分为等轴铁素体，黑色部分为珠光体，这种组织是接近平衡态组织，主要靠 C、Mn 的固溶强化和珠光体中渗碳体的第二相强化提高强度，钢中珠光体含量的增加会进一步提高钢的强度。由于珠光体含量主要受含碳量的控制，增加含碳量必然会影响到钢的焊接性。因此，不能采用增加含碳量的方法来提高管线管的强度。如果能在钢中加入少量的强碳化物形成元素，通过细化晶粒和碳化物的沉淀硬化可进一步提高管线管的强度，从而产生了少珠光体钢的思路。

少珠光体钢是在 C-Mn 合金基础上采用强碳化物形成元素进行合金化，并适当降低含碳量，其含碳量<0.1%，合金元素 Nb、V、Ti 总含量<0.1%，典型化学成分系有 Mn-Nb、Mn-V、Mn-Nb-V 等，X70、X80 钢级属于此类。

少珠光体钢生产工艺采用控制轧制和控制冷却技术，见图2-8，其生产工艺也可称为热机械变形轧制。控制轧制和控制冷却技术(TMCP)分成两类：一类是热机械轧制(TMR)+空冷(AC)；另一类为TMR+控冷(AcC)，与普通轧制(CORO)相比，其细化了铁素体，晶粒的尺寸在4~5μm(一般C-Mn的晶粒尺寸在6~7μm)。除了晶粒细化外，钢在控轧过程中产生Nb、V、Ti第二相，在晶界和位错处以细小的质点析出，起沉淀硬化作用。图2-9为X70管线管的显微组织，为少珠光体钢。

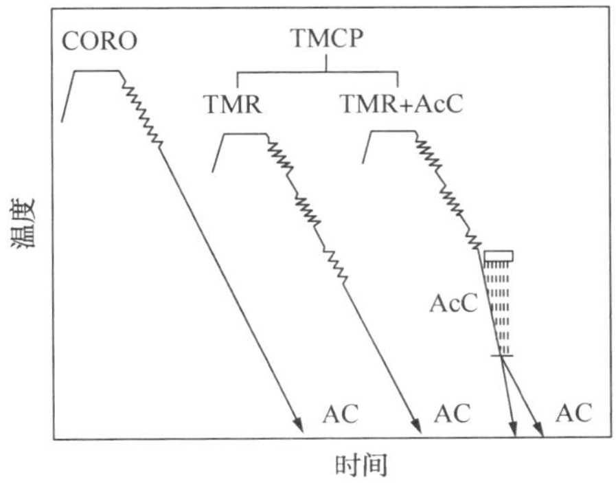

图2-8 控制轧制和控制冷却技术示意图

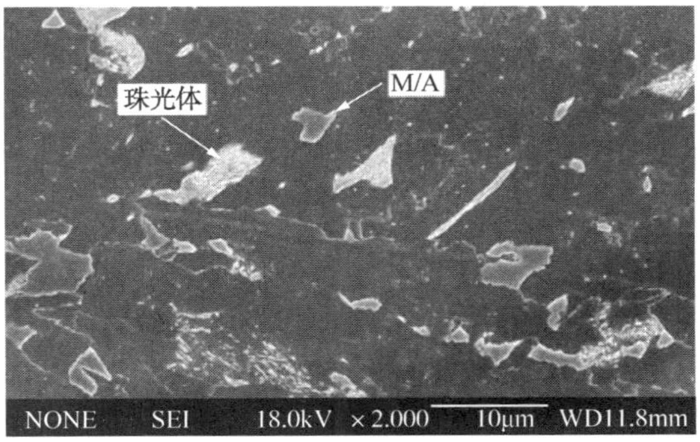

图2-9 X70管线管的显微组织

（2）针状铁素体组织

针状铁素体组织是通过控轧技术，综合利用晶粒细化、微合金元素析出相和位错亚结构的强化效应，使钢的屈服强度可达650MPa，-60℃冲击韧性达80J。针状铁素体钢的典型成分组成为C-Mn-Nb-Mo，一般含碳量<0.06%。图2-10为含碳量0.06%的X80管线管显微组织。

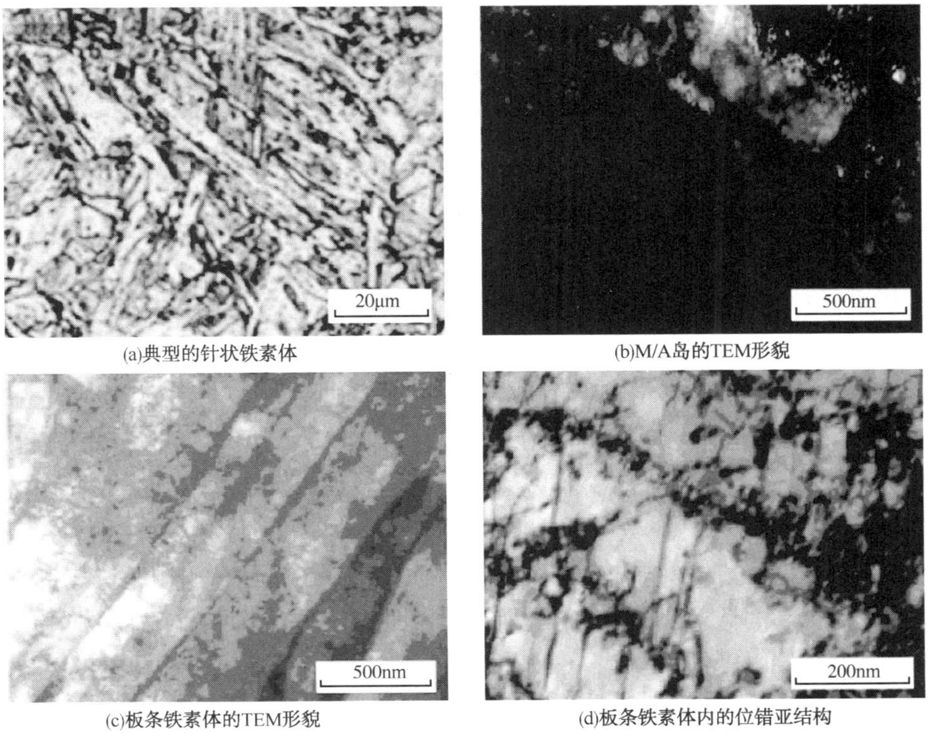

(a)典型的针状铁素体　(b)M/A岛的TEM形貌

(c)板条铁素体的TEM形貌　(d)板条铁素体内的位错亚结构

图2-10 含碳量0.06%的X80管线管的显微组织

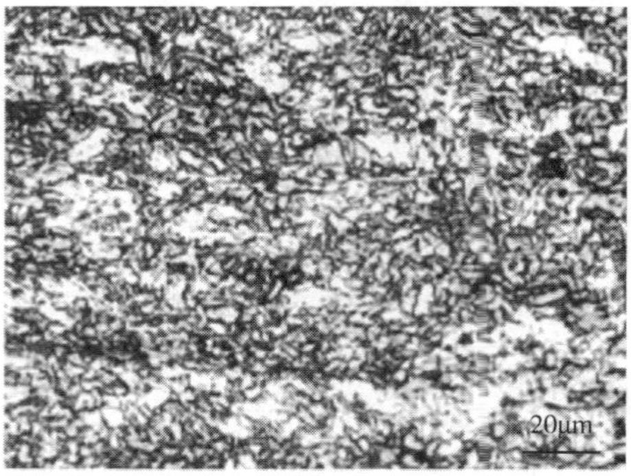

图 2-11 含碳量 0.06%的 X100 管线管的显微组织

低碳贝氏体组织，选择 C、Mn、Nb、Mo、B、Ti 合金元素的最佳配合，其含碳量<0.06%，在较大的冷却速率范围内形成完全的贝氏体组织，在保证低温韧性和工艺性能的条件下，其强度可达 700MPa，如 X100 管线管。低碳贝氏体组织，往往是粒状贝氏体和板条贝氏体，宏观上出现扁平拉长的趋势，观察到内部为几乎平行分布的贝氏体板条束，如图 2-11 所示。

粒状贝氏体是一种复合组织，是由针状铁素体和 M/A 单元组成。M/A 单元的组成是针状铁素体形成的同时伴随的岛状硬相，这种弥散分布的硬相是高碳马氏体和残余奥氏体的混合物，通常称为 M/A 单元，粒状贝氏体的透射电子像如图 2-12 所示。

X100 管线管实质上是一种通过控轧控冷得到的低碳贝氏体钢，与传统钢种相比，其强度已不再依靠其含碳量，而主要靠相变后得到细化的含有高密度位错的贝氏体基体、位错亚结构，以及钛、铌析出物的析出，图 2-13 为 X100 管线管析出的 Ti 的碳化物。因此，相变强化和析出强化是 X100 的两种最主要的强化方式。

(a)贝氏体板条束　(b)贝氏体板条束边界　(c)M/A岛的暗场像

图 2-12 X100 管线管的粒状贝氏体的透射观察

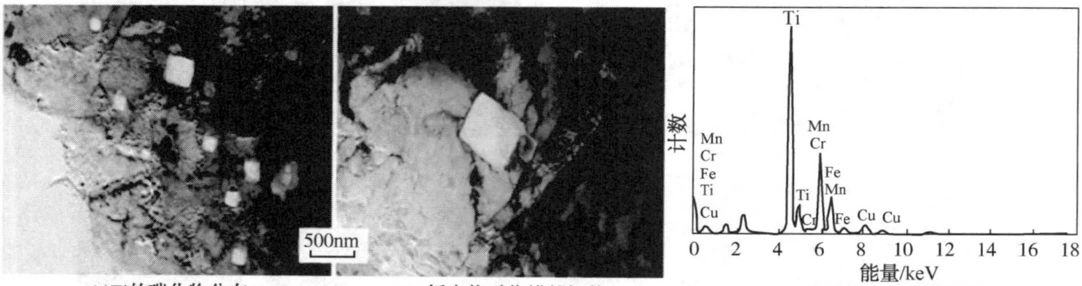

(a)Ti的碳化物分布　(b)Ti析出物对位错的钉扎　(c)析出相的电子衍射谱

图 2-13 X100 管线管析出的 Ti 的碳化物

为了进一步提高管线管的强度，必须采用热处理得到下贝氏体组织，可获得 X120 钢级的管线管并具有极高的低温冲击韧性，这是因为下贝氏体组织中没有 M/A 单元。

（3）低碳索氏体组织

低碳索氏体组织，采用淬火+回火的热处理工艺，在淬火后得到低碳马氏体，然后进行回火得到满足壁厚、高强度和韧性的要求的回火马氏体。

（4）下贝氏体组织

下贝氏体组织，采用等温淬火+回火的热处理工艺，得到低碳下贝氏体，直至形成马氏体组织，但目前尚待研究。

管线管的强度与其碳当量、冷却速率和加工工艺有关，图 2-14 概括了这种关系。随固溶强化元素含量、微合金元素含量和冷却速率的增加，钢的强度 R_{eL}增加，如图 2-14(a)所示。由 X100 和 X120 管线管的对比可见，冷却速率 v 和碳当量 C_e共同决定了管线管的强度，如图 2-14(b)所示。

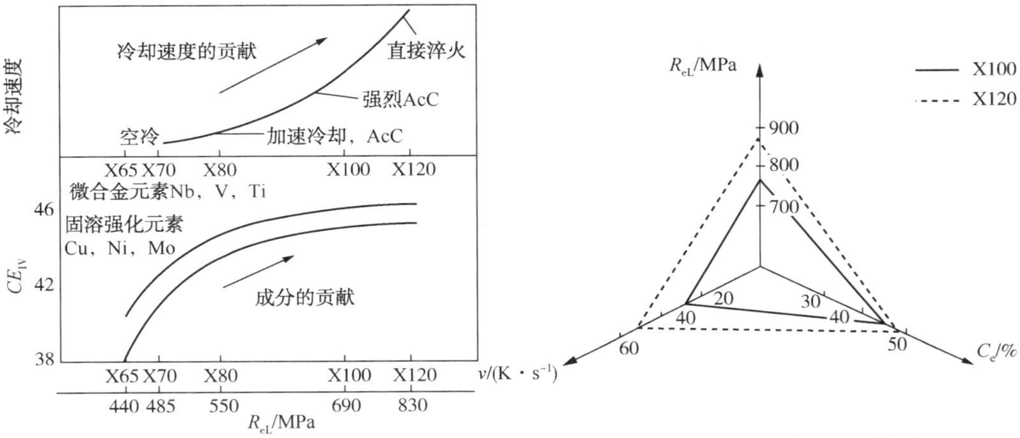

(a)冷却速度和碳当量对屈服强度的硬性影响　　(b)X100和X120的生产工艺参数

图 2-14　管线管强度与碳当量、冷却条件和加工工艺的关系

2.3.3　管线管的性能

管线管是采用钢级来表示其强度等级的，也是以强度作为钢材的验收标准，但相同钢级的钢板其化学成分可能会存在差异，腐蚀性能也会存在一定的差异。国内管线管的牌号表示为：L(表示管线管)+三位数字(表示最小屈服强度，单位为 MPa)。API 5L 中管线管的牌号表示为：X(表示管线管)+数字(表示最小的屈服强度，单位为 ksi)。表 2-3 为该两种钢级的对照表。

表 2-3　两种钢级的对照表

钢级（GB/T 9711.1—1997）	L175（Ⅰ、Ⅱ类）	L210	L245	L290	L320	L360	L390	L415	L450	L485	L555	L625	L690	L830
钢级（ANSI/API 5L—2018）	A25（Ⅰ、Ⅱ类）	A	B	X42	X46	X52	X56	X60	X65	X70	X80	X90	X100	X120
$R_{t0.5}$(min)/MPa	175	210	245	290	320	360	390	415	450	485	555	625	690	830
抗拉强度(min)/MPa	315	335	415	415	435	460	490	520	535	570	625	695	760	915

注：$R_{t0.5}$为残余变形为 0.5%对应的拉伸应力。

管线是重要的基础设施，往往具有战略意义。目前，管线工程的发展趋势是大管径、高压富气输送、高冷和腐蚀的服役环境、海底管线的厚壁化。因此，现代管线管应具有高强度、低包申格效应、高韧性和抗脆断、低焊接碳当量和良好焊接性，以及抗 HIC 和抗 H_2S 腐蚀性能。

在天然气和原油输送过程中，管道单位时间的输送量与管道的截面积成正比，提高管道半径可显著提高输气量。当天然气输送管道的截面积一定时，输送量与输送压力的平方根成正比。提高输送压力，可以大大降低管道的建设成本和运营成本。大管径、高压输送要求管线具有较高的耐压强度，因此就要求管线管具有高的强度，这就导致管线管的强度在逐年提高。

长距离的管线所遇到的环境差别很大，往往要穿越沙漠、戈壁、沼泽、峡谷、地震活动断层等环境极其恶劣的地段。环境温度变化大，最高可达 30~70℃，最低可达-70℃。当环境温度降低时，管线管也存在低温脆性问题，所以对管线管的韧性提出了很高的要求。如厚度为 14.6mm 的 X70 管线管，在 20℃时的横向冲击功≥120J。海底管线往往厚壁化，厚壁会导致管道的应力状态变硬，管道脆断的可能性增加，所以要求管线管具有高的冲击韧性，以防止管道在低温的脆性断裂，保证管线的运行安全和可靠性。

在天然气的输送过程中，有“甜”气输送和“富”气输送之分。“甜”气输送指脱 S、CO_2 等气体的输送，天然气基本不会对管线管的性能产生影响。当采用“富”气输送时，天然气中所存在的 H_2S 气体，会导致管线管产生氢脆和 H_2S 腐蚀，所以要求管线管具有高的抗 HIC 和抗 H_2S 腐蚀性能。

大口径的管线往往采用钢板成型的螺旋焊管，每一根管子在现场通过焊接成型的方法连接，最后组成一条管线，所以管线管具有良好的工艺性能。在采用卷板成型时，具有良好的冷变形性能，即低强度、高塑性和低包申格效应；在焊接时，具有良好的可焊性，以获得优质的焊接接头。碳钢及合金结构钢的碳当量 C_e 可用经验公式表示：

$$C_e = [\mathrm{C+Mn/6+(Cr+Mo+V)/5+(Ni+Cu)/15}] \tag{2-1}$$

式中 C、Mn、Cr、Mo、V、Ni、Cu——钢中该元素含量的百分数；

C_e——百分数表示。C_e 越大，则钢的焊接工艺性越差。根据实践经验，当 $C_e<0.4\%$ 时，钢的焊接工艺性能良好；当 $C_e=0.4\%\sim0.6\%$ 时，钢的焊接工艺性较差。对后一种情况都必须采取一定的工艺措施，如焊前预热，保证焊接接头的质量。

2.4 管线管的生产

2.4.1 无缝钢管成型

(1) 无缝钢管成型工艺流程

无缝钢管(Seamless pipe)成型工艺流程为：管坯→检验→剥皮→检验→加热→穿孔→酸洗→修磨→润滑风干→焊头→冷拔→退火处理→酸洗→酸洗钝化→检验→冷轧→去油→切头→风干→内抛光→外抛光→检验→标识→成品包装。

(2) 热轧无缝管成型

热轧无缝管一般在自动轧管机组上生产。热轧无缝管的实心管坯经检查并清除表面缺陷，截成所需长度，在管坯穿孔端端面上定心，然后送往加热炉加热，而后在穿孔机上穿孔，如图 2-15 所示。穿孔机的主要部件包括一对轧辊和一个穿孔顶头。在穿孔时，管坯不断旋转和前进，进入同向旋转的一对轧辊，在轧辊和芯轴(或顶头)的作用下，管坯内部逐渐形成空腔，管子继续前进到达轧辊的另一端，得到具有空心截面的管段，通常称为毛管。

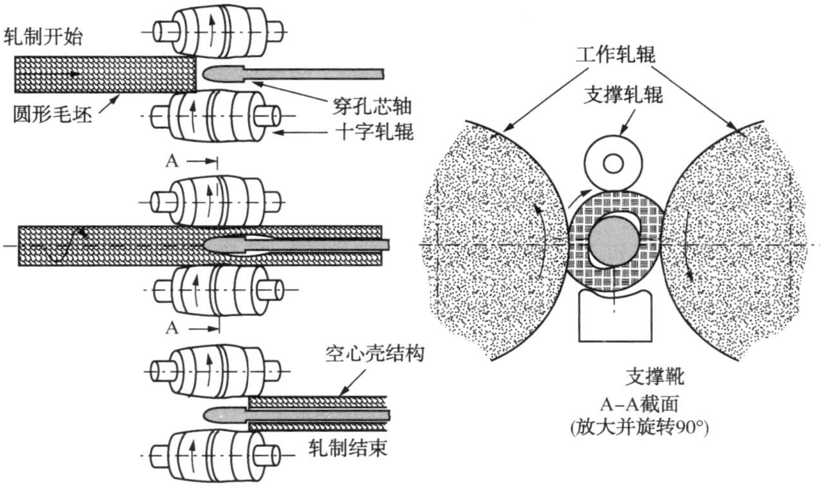

图 2-15　热轧无缝管的穿孔

在热轧无缝管的过程中，将管坯加热使其处于奥氏体状态，钢的强度显著降低，塑性明显提高，具有良好的压力加工能力，管坯不断旋转和前进，进入轧辊，在顶头的作用下在管坯内部容易形成空腔。

热轧无缝管所得到的毛管，管子的壁比较厚，长度也比较短，尺寸精度不高，需要进一步轧制，减小壁厚和增加长度。毛管的轧制过程一般采用连轧工艺(如 Pilger 连轧)，如图 2-16 所示。连轧机是由若干对轧辊组成，每对轧辊反向旋转，带有芯棒的毛管旋转进入连轧的轧辊，芯棒限定了管子的内径，轧辊的间距限定了管子的外径。当毛管通过连轧的轧辊后，管子的壁厚减薄，同时长度也增加。

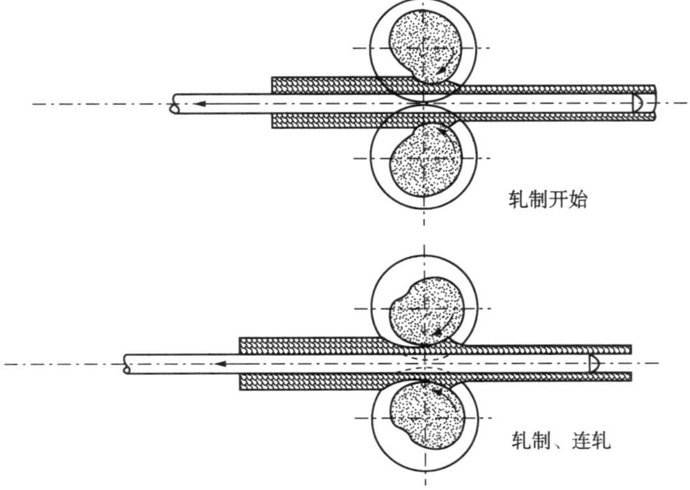

图 2-16　毛管的连轧

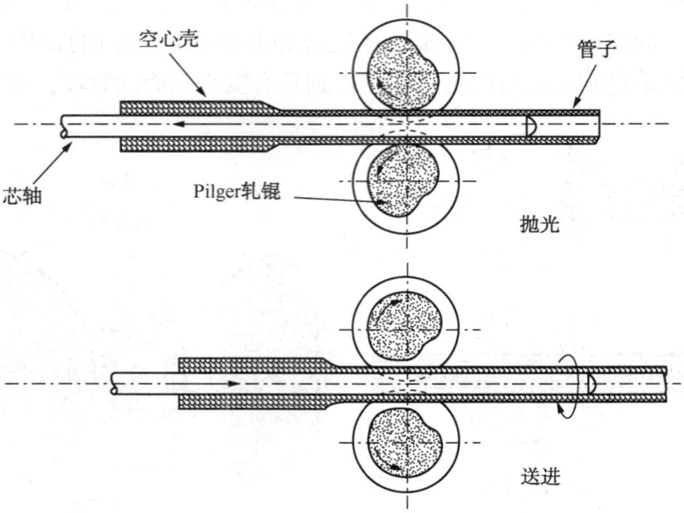

图 2-16　毛管的连轧(续)

毛管连轧后，其外径还没有达到成品的要求，需要在定径机上进行定径，Pilger 连轧后需要对管子进行定径，如图 2-17 所示。在定径时，连轧的管子通过 3 对十字交叉的轧辊，轧制后管子的外径达到成品管的要求。利用连续式轧管机组生产热轧无缝钢管是较先进的方法。

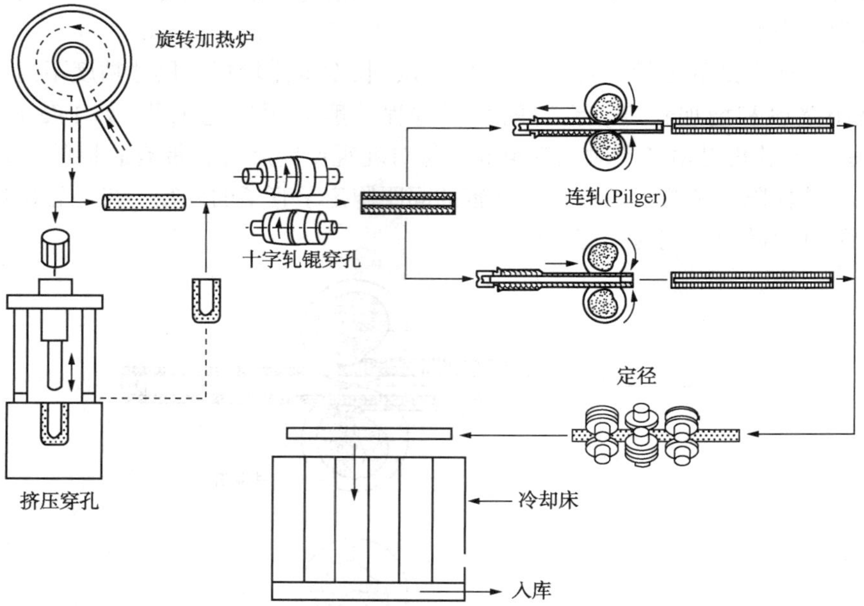

图 2-17　管子的轧制图与定径

（3）热挤压管成型

热挤压法即将加热好的管坯放在密闭的挤压圆筒内，穿孔棒与挤压杆一起运动，使挤压件从较小的模孔中挤出。此法可生产直径较小的钢管。加热一般将钢坯加热到奥氏体状态，降低钢坯的强度，增加钢坯的塑性，以便于穿孔和轧制。

图 2-18 为热挤压管成型流程。首先将实心的管坯在旋转加热炉中加热到奥氏体状态，降低钢的强度增加其塑性，然后将管坯放到穿孔机上的挤压圆筒内进行挤压穿孔而得到毛管，即空心的管坯。毛管的长度比较短，壁厚比较大，必须进行轧制延长。毛管进入延伸轧机的轧辊增加长度，同时壁厚减薄。压延后的管子进入顶管机进一步减小壁厚。减小壁厚后的管子，进入矫直机进行矫直。矫直后的管子由带有顶头的取管机送到切割机进行切割，切割后得到一定长度的成品管道。

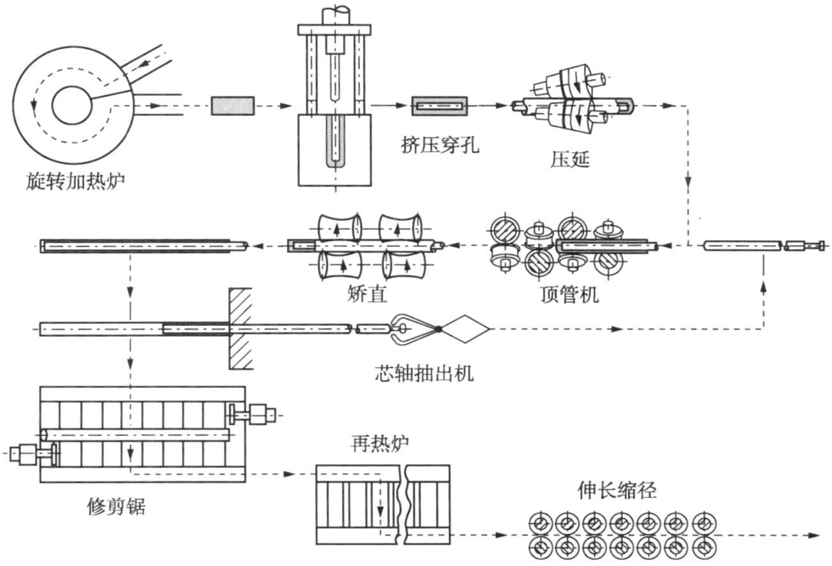

图 2-18 热挤压管成型流程

有些管子在进一步连轧时，需要重新加热，进入连轧机进行连轧，进一步减小管子的壁厚和管径，可得到直径更小的钢管。

(4) 冷轧管成型

若欲获得尺寸更小和质量更好的无缝管，必须采用冷轧、冷拔或者两者联合的方法。冷轧管成型采用热轧穿孔的管子。冷轧管成型时，不需要对管子进行加热，是利用管子的塑性变形而达到成型的目的，这就要求管子的材料具有足够的塑性。

冷轧通常在二辊式轧机上进行，如 0.5~100t 的单链式或双链式冷拔机如图 2-19 所示，钢管在变断面圆孔槽和不动的锥形顶头所组成的环形孔型中轧制。

在冷轧过程中，空心管带有芯棒，芯棒保证管子的内径。管子通过轧辊，经历压力而产生塑性变形，并被轧长，如图 2-20 所示。

冷拔是使热轧后的空心管在拉力作用下通过模孔，进行减径和拉长，如图 2-21 所示。冷拔时管子穿过模孔，其外径减小，在管子缩颈处材料产生塑性变形，从而产生加工硬化，以保证在拉力作用下管子不会在缩颈处发生断裂，即保证管子的成型能力，所以管子材料必须具有足够的塑性和加工硬化能力。通常采用的冷拔方式有四种：①空心管冷拔；②管子内穿芯棒一起冷拔；③固定芯棒冷拔；④浮动芯棒冷拔。

在空心管冷拔过程中，管子外径减小，外表面通过模孔变得光滑，管子外表面质量很高，但由于管内是空的，管子的壁厚没有明显的减小。

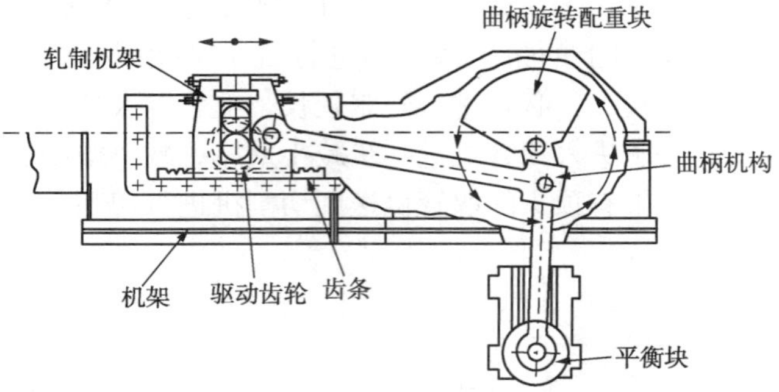

图 2-19　冷轧管成型

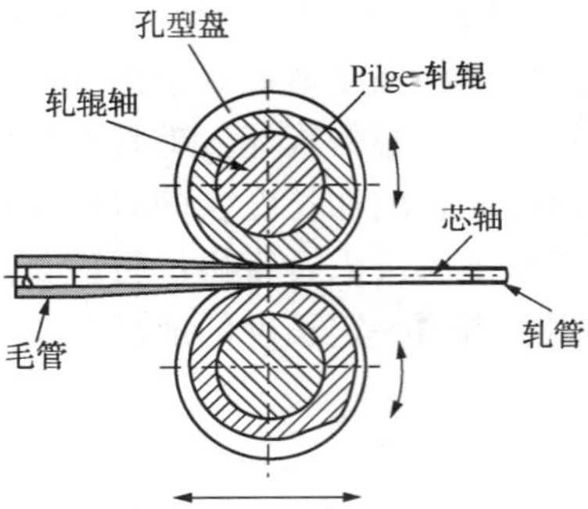

图 2-20　冷轧原理

在管子带芯棒冷拔过程中，管子内插入芯棒，并拉过冷拔模的模孔，管子的外径和内径以及壁厚一起减小。每次冷拔面积的减小量比芯棒冷轧的要大，但管子的长度受芯棒长度的限制。

在芯棒冷拔过程中，无论是固定芯棒还是浮动芯棒，在管子拉过的模孔间形成一个环形空间，管子的内径、外径及管子的壁厚处在规定的范围内，内外表面均比较光滑。一般来说，固定芯棒冷轧主要应用于每次冷拔面积减小在45%以内的管子。浮动芯棒冷轧主要用于生产小直径很长的管子。见图 2-21。

管子在冷拔成型过程中，塑性变形使得钢产生应变硬化，钢的屈服强度、抗拉强度升高，但钢的延伸率和韧性降低。在很多工程应用中，加工硬化提高强度是人们所期望的。但是，由于钢延展性的降低，继续变形会导致管子破裂，所以在进一步成型操作前要对管子进行再结晶退火热处理，使钢的强度降低、塑性和韧性恢复。

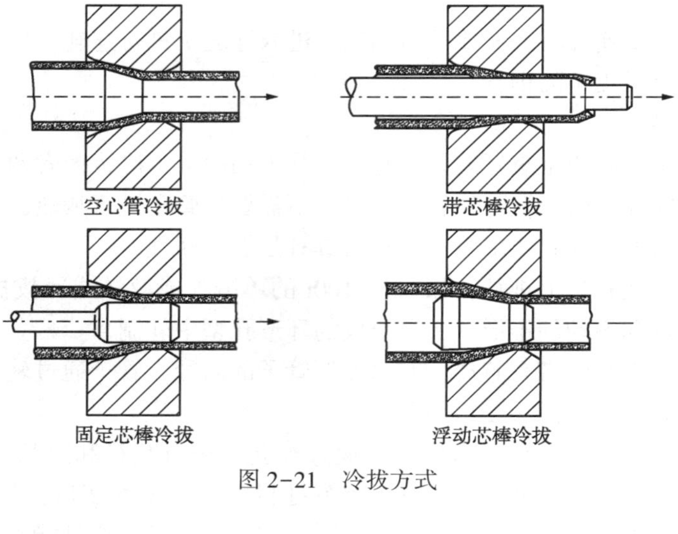

图 2-21　冷拔方式

2.4.2　焊管成型

(1) 螺旋焊管成型

① 埋弧焊接

埋弧焊(Submerged arc welding)是一种电弧在焊剂层下燃烧进行焊接的方法。其具有焊接质量稳定、焊接生产率高、无弧光及烟尘很少等优点，使其成为压力容器、管段制造、箱型梁柱等重要钢结构成型中的主要焊接方法。

埋弧焊可以由手工来完成，但对焊接质量要求高的管道在实际应用中主要采用埋弧自动焊，可显著提高生产效率。工厂里生产焊接管道时，采用管道的移动实现自动焊接，而在现场的焊接则采用电弧的移动。埋弧自动焊接时，引燃电弧、送丝、电弧沿焊接方向移动及焊接收尾等过程完全由机械来完成，埋弧自动焊过程如图 2-22 所示。

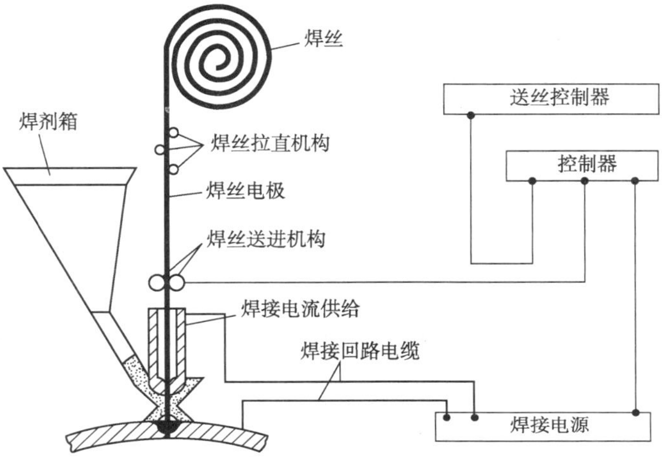

图 2-22 埋弧焊原理

焊剂装在焊剂箱(料斗)中，由漏斗流出，均匀地堆敷在装配好的工件上，焊丝由送进机构经送丝滚轮、拉直机构和导电嘴送入焊接电弧区。焊接电源的两端分别接在导电嘴和工件上。送丝机构、焊剂漏斗及控制盘通常都装在一台小车上以实现焊接电弧的移动。

焊接过程的自动控制是通过操作控制盘上的按钮开关来实现的。在焊接过程中，在工件被焊处覆盖着一层 30~50mm 厚的粒状焊剂，连续送进的焊丝在焊剂层下与焊件之间产生电弧，电弧的热量使焊丝、工件和焊剂熔化，形成金属熔池。由于焊剂覆盖在熔池上面，使得熔池与空气隔绝，防止气体进入熔池产生有害的影响。随着焊机自动向前移动，电弧不断熔化前方的焊件金属、焊丝及焊剂，而熔池后方的边缘开始冷却凝固形成焊缝，液态熔渣随后也冷凝形成坚硬的渣壳，未熔化的焊剂可回收使用。

焊丝和焊剂在焊接时的作用与手工电弧焊的焊条芯、焊条药皮一样。焊接不同的材料应选择不同成分的焊丝和焊剂。如焊接低碳钢时常用 H08A 焊丝，配用高锰高硅型焊剂 HJ431 等。焊接电源通常采用容量较大的弧焊变压器。

埋弧焊是一种熔化焊，焊丝和焊件在电弧热的作用下局部熔化，并在焊件上形成熔池。当焊丝或工件移开熔池后，熔池冷却并凝固形成焊缝。图 2-23 为双面埋弧焊的焊接接头侵蚀后的形貌。熔池从融合线处开始凝固，并向熔池中心发展，所以焊缝沿散热方向凝固形成柱状晶。在焊缝和母材之间的部分为热影响区，包括相变区、部分相变区和未相变区。

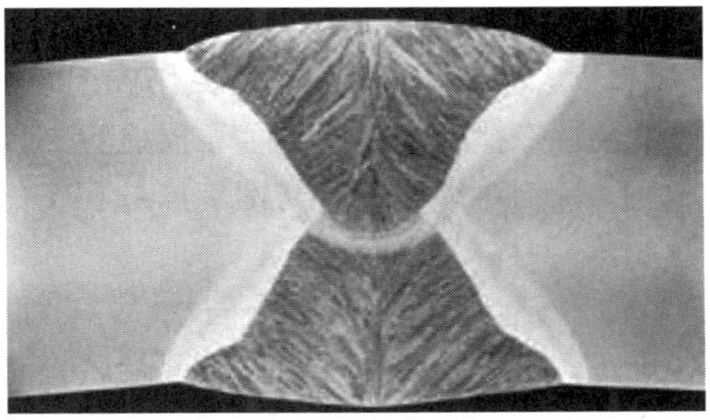

图 2-23 埋弧焊焊接接头形貌

② 螺旋埋弧焊接工艺流程

图 2-24 给出了螺旋埋弧焊管生产线的原理图。采用带钢卷作为原材料，经开卷、成型和焊接等过程，其生产步骤为：

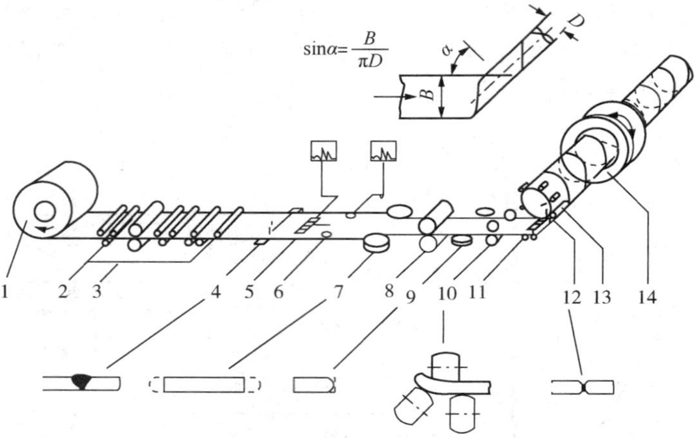

图 2-24 螺旋埋弧焊管生产线原理图

1—开卷；2—钢板拉直；3—辅助夹辊；4—焊接接板；5—钢板中心区检测；6—钢板边缘区检测；7—修边；8—主夹轧辊单元；9—开坡口；10—卷边；11—三辊弯曲系统；12—内预焊；13—外笼辊；14—切管

a. 原材料即带钢卷、焊丝、焊剂，在投入前都要经过严格的理化检验。

b. 带钢头尾对接，采用单丝或双丝埋弧焊接，在卷成钢管后采用自动埋弧焊补焊。

c. 成型前，带钢经过矫平、剪边、刨边、表面清理输送和预弯边处理。

d. 采用电接点压力表控制输送机两边压下油缸的压力，以确保带钢的平稳输送。

e. 采用外控或内控辊式成型。

f. 采用焊缝间隙控制装置来满足焊接间隙的要求，管径、错边量和焊缝间隙都得到严格的控制。

g. 内焊和外焊均采用单丝或双丝埋弧焊接，从而满足焊接规范。

h. 焊完的焊缝均经过在线连续超声波自动探伤仪检查，以保证螺旋焊缝的无损检测覆盖率为 100%。若有缺陷，则会自动报警并喷涂标记，生产工人依此随时调整工艺参数，及时消除缺陷。

i. 采用空气等离子切割机将钢管切成单根。

j. 切成单根钢管后，每批钢管头三根要实行严格的首检制度，检查焊缝的力学性能、化学成分、融合状况以及钢管表面质量，还要经过无损探伤检验，确保了制管工艺合格后，才能正式投入生产。

k. 焊缝上有连续超声波探伤标记的部位，经过手动超声波和 X 射线复查，如确有缺陷，则要经过修补后，再次经过无损检验，直到确认缺陷已经被消除。

l. 带钢对焊焊缝及与螺旋焊缝相交的丁型接头的所在管，全部经过 X 射线电视或拍片检查。

m. 每根钢管经过静水压试验，压力采用径向密封。试验压力和时间都由钢管水压微机检测装置严格控制，自动打印记录试验参数。

n. 管端机械加工，使端面垂直度、坡口角和钝边得到准确控制。

图 2-25 螺旋管内外埋弧焊

图 2-25 给出了生产线上内、外焊的照片。在管子内部有一把焊枪，完成内焊缝的焊接；在管子的外部有一把焊枪，完成外焊缝的焊接，内外的焊枪保持固定。

（2）直缝电阻焊管成型

① 直流电阻焊

电阻焊时，将焊件组合后通过电极施加压力，利用电流通过接头的接触面及邻近区域产生的电阻热进行焊接的方法称为电阻焊（Electric resistance welding）。电阻焊具有生产效率高、成本低、节省材料、易于自动化等特点，广泛应用于航空、航天、能源、电子、汽车、轻工等各工业部门。

一般来说，钢件本身的电阻很小，要使钢局部达到熔化或半熔化状态，需要施加很大的电流，电阻焊时产生的热量由下式决定：

$$Q = I^2 Rt \tag{2-2}$$

式中 Q——电阻焊所产生的热量，J；

I——焊接电流，A；

R——电极间电阻，Ω；

t——焊接时间，s。

如果电阻焊过程中提供电流的电源为直流电，则称这种电阻焊为直流电阻焊，它是重要的电阻焊接工艺之一。由于钢质材料的电阻很小，焊接时直流电源提供的电流不可能很大，所以直流电阻焊所产生的电阻热受到一定的限制，它主要用于焊接薄板和直径小于 20mm、壁厚小于 2mm 的小管子。

② 低频电阻焊

如果电阻焊时所使用的电源为频率 50～400Hz 交流电，这种电阻焊称为低频电阻焊。电极为圆盘状铜合金，外层为绝缘盘。电极不仅提供电流，而且作为成型工具能产生焊接需要的压力，见图 2-26 所示。

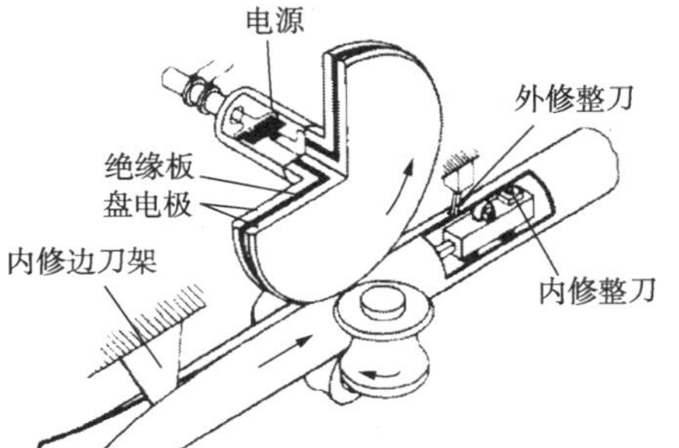

图 2-26 低频电阻焊

电极是组成焊机的重要部件。电极中间有一个凹槽，与焊接管子的直径相当，在焊接过程中因为磨损要定期检测其半径。在压力焊接过程中，被挤出的材料在焊接区形成内、外毛刺，需要靠去毛刺机来清除。

③ 高频电阻焊接

高频电阻焊接（High frequency electric welding）是根据电磁感应原理和交流电荷在导体中的趋肤效应、邻近效应和涡流热效应，使焊缝边缘的钢材局部加热到熔融状态，经滚轮的挤压，使对接焊缝实现原子尺度范围的接合，冷却后形成一条牢固的对接焊缝，从而达到焊接之目的。高频焊是一种感应焊（或压力接触焊），它具有无须焊缝填充料、无焊接飞溅、焊接热影响区窄、焊接接头成型美观、焊接机械性能良好等优点，因此在有缝钢管的生产领域中受到广泛的应用。

直缝焊接钢管是通过高频焊接机组将一定规格的长条形钢带卷成圆管状并将直缝焊接成

钢管。直缝钢管的高频焊接过程是在高频焊管机组中完成的，如图2-27所示。高频焊管机组通常由滚压成型、高频焊接、挤压、冷却、定径、飞锯切断等部件组成，机组的前端配有储料活套，机组的后端配有钢管翻转机架。电气部分主要由高频发生器、直流励磁发电机和仪表自动控制装置等组成。

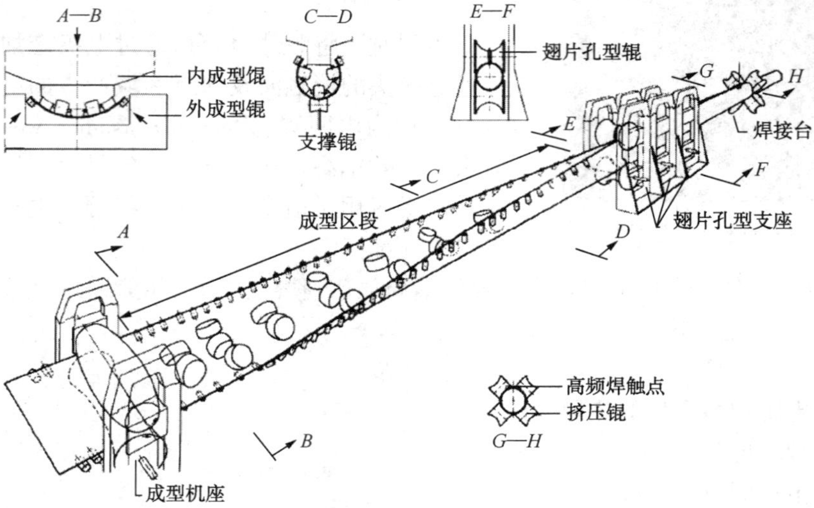

图2-27　高频直缝焊管流程图

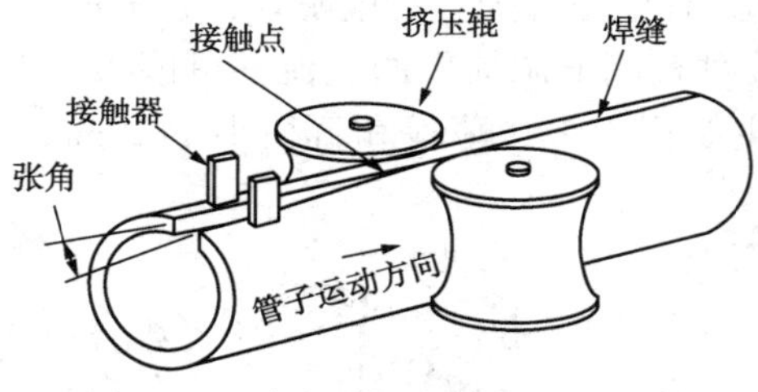

图2-28　高频电阻焊接的原理示意图

高频电阻焊接的原理如图2-28所示。在电流感应器中通入高频电流，由于趋肤效应在管子焊接表面产生感应电流，感应电流因管子本身的电阻而产生电阻热，将焊接表面加热到熔融状态，然后挤压辊产生压力，将熔融的表面挤压在一起，并在挤出加热过程中在焊接表面形成金属氧化物，使得焊接表面的金属达到原子间的结合，形成焊缝。

对高频直缝钢管的焊接接头进行侵蚀，由于焊接区和母材组织等的差异，对腐蚀液的抵抗能力不同，可以发现在焊缝中心出现所谓的“亮线”，它是融合线所在的位置。热影响区以“亮线”为中心，呈腰鼓状，见图2-29。它反映了热影响区的大小，腰鼓直径与焊接的挤压力有关。对高频直缝钢管进行焊后的相变热处理，焊接区的“亮线”仍然存在，但腰鼓状的形貌基本消失。

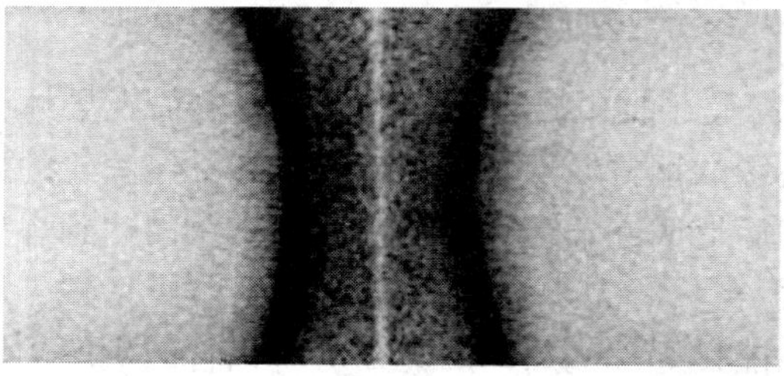

(a)焊接管

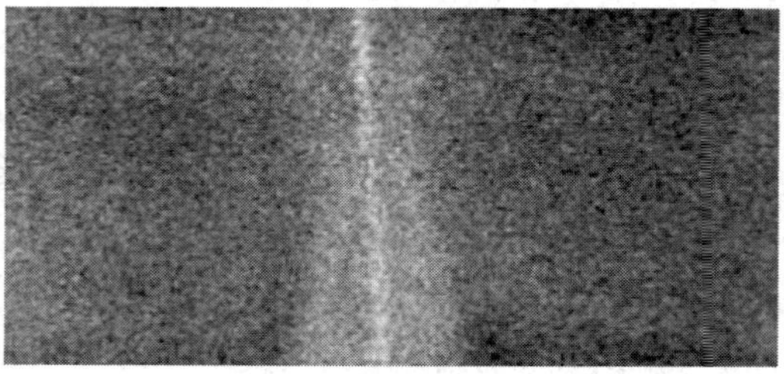

(b)焊缝热处理管

图2-29　高频直缝焊管接头形貌

直缝钢管高频焊接工艺参数主要包括：

① 焊缝间隙的控制

将带钢送入焊管机组，经多道轧辊滚压，带钢逐渐卷起，形成有开口间隙的圆形管坯，调整挤压辊的压下量，使焊缝间隙控制在1~3mm，并使焊口两端齐平。如间隙过大，则造成邻近效应减少，涡流热量不足，焊缝晶间接合不良而产生未熔合或开裂；如间隙过小则造成邻近效应增大，焊接热量过大，造成焊缝烧损；或者焊缝经挤压、滚压后形成深坑，影响焊缝表面质量。

② 焊接温度控制

焊接温度主要受高频涡流热功率的影响，高频涡流热功率主要由电流频率决定，与电流激励频率的平方成正比，而电流激励频率又受激励电压、电流和电容、电感的影响。激励频率公式为：

$$f=\frac{1}{2\pi(CL)^{1/2}} \tag{2-3}$$

式中 f——激励频率，Hz；

C——激励回路中的电容，F，电容等于电量与电压之比；

L——激励回路中的电感，电感等于磁通量与激励电流之比。

由式(2-3)可知，激励频率与激励回路中的电容、电感平方根成反比，或者与电压、电流的平方根成正比，只要改变回路中的电容、电感或电压、电流，即可改变激励频率的大小，从而达到控制焊接温度的目的。对于低碳钢，焊接温度控制在1250~1460℃，可满足管壁厚3~5mm焊透的要求。另外，焊接温度亦可通过调节焊接速度来实现。

当输入热量不足时，被加热的焊缝边缘达不到焊接温度，金属组织仍然保持固态，造成未熔合或未焊透；当输入热量太大时，被加热的焊缝边缘超过焊接温度，产生过烧或熔滴，使焊缝形成熔洞。

③ 挤压力的控制

管坯的两个边缘加热到焊接温度后，在挤压辊的挤压下，形成共同的金属晶粒，互相渗透、结晶，最终形成牢固的焊缝。如果挤压力过小，形成共同晶体的数量就小，焊缝金属强度下降，受力后会产生开裂；如果挤压力过大，将会使熔融状态的金属被挤出焊缝，不但降低了焊缝强度，而且会产生大量的内外毛刺，甚至造成焊接搭缝等缺陷。

④ 高频感应圈位置的调控

高频感应圈应尽量接近挤压辊位置。若感应圈距挤压辊较远时，有效加热时间较长，热影响区较宽，焊缝强度下降；反之，则会导致焊缝边缘加热不足，挤压后成型不良。

⑤ 阻抗器

阻抗器是一个或一组焊管专用磁棒，阻抗器的截面积通常应不小于钢管内径截面积的70%，其作用是使感应圈、管坯焊缝边缘与磁棒形成一个电磁感应回路，产生邻近效应，涡流热量集中在管坯焊缝边缘附近，使管坯边缘加热到焊接温度。用一根钢丝在管坯内拖动阻抗器，其中心位置应相对固定在接近挤压辊中心位置。开机时，由于管坯快速运动，阻抗器受管坯内壁的摩擦而损耗较大，需要经常更换。

⑥ 消除毛刺

焊缝经焊接和挤压后会产生焊疤或毛刺，需要清除。清除方法是在机架上固定刀具，靠焊管的快速运动，将焊疤刮平。焊管内部的毛刺一般不清除。

现以焊制 ϕ32mm×2mm 直缝焊管为例，其工艺参数为：带钢规格为 2mm×98mm，带宽按中径展开加少量成型余量，钢材材质为 Q235A，输入励磁电压为 150V、励磁电流为 1.5A、频率为 50Hz，输出直流电压为 11.5kV、直流电流为 4A、频率为 1.2×10^5Hz，焊接速度为 50m/min。

根据焊接线能量的变化及时调节输出电压和焊接速度，参数固定后一般不用调整。

根据 GB/T 3091—2015《低压流体输送用焊接钢管》标准的规定，焊管的公称直径为 6~150mm，公称壁厚为 2.0~6.0mm，焊管的长度通常为 4~10m，可按定尺或倍尺长度出厂。钢管表面应光滑，不允许有折叠、裂缝、分层、搭焊等缺陷存在。钢管表面允许有不超过壁厚负偏差的划道、刮伤、焊缝错位、烧伤和结疤等轻微缺陷存在，而且也允许焊缝处壁厚增厚和内缝焊筋存在。

第3章 油井管

3.1 油井管的发展历程

油井管主要用于油、气井的钻探及油、气的输送，它包括石油钻管、石油套管、抽油管。石油钻管主要用于连接钻铤和钻头并传递钻井动力；石油套管主要用于钻井过程和完井后对井壁的支撑，以保证钻井过程的进行和完井后整个油井的正常运行；抽油管主要用于将油井底部的油、气输送到地面。

由于油井管在石油勘探开发中占有重要地位，而且市场需求巨大，因此各种新技术、新工艺不断涌现。10多年来，国外发展的钻完井新技术(如水平井、多底分支井、大位移井、小井眼钻井)使油井管的服役条件更为苛刻，对材料有特殊和严格的要求。所以全世界各石油大国对油井管的研究和开发都非常重视，无论是资金还是人员方面都投入很大，使得油井管在近20年来发展到一个新的水平。我国在20世纪80年代以前使用的油井管全部或主要依赖进口，经过冶金、石油、机械三大系统的努力拼搏和艰苦奋斗，目前我国油井管的国产化率达到90%以上。

在钢材的冶炼方面，由于采用先进的转炉复合冶炼、超高功率电炉冶炼及炉外精炼技术，通过对钢的均匀度和纯净度的控制，使得材料性能得到大幅度提高。目前，除了符合美国石油学会标准API SPEC 5CT钢级的油井管质量有很大提高外，还开发出适应现代勘探开发需求的深井和超深井的超高强度油井管、寒冷地区的低温高韧性油井管、高抗挤套管、抗H_2S应力腐蚀的油井管、兼顾抗硫和高抗挤性能的油井管、耐CO_2腐蚀的油井管、耐CO_2+H_2S腐蚀的油井管、耐CO_2+H_2S+Cl^-腐蚀的油井管以及热采油井管等。目前在国际上实际使用的油井管约40%是非API钢级。

石油钻管是石油钻探用的重要器材，其主要器材还包括钻杆、岩心管和套管、钻铤及小口径钻进用钢管等。国产套管以地质钻探用钢经热轧或冷拔制成，均为无缝管，其钢号用“地质”(DZ)表示，常用的套管钢级有DZ40、DZ55、DZ75，DZ后的两位数字代表钢的屈服点。按美国石油学会标准API 5D，将钻杆按钢级分为E-75、X-95、G-105、S-135[数字为最小的屈服强度(ksi)]。常用的钢号有DZ45的45MnB、50Mn；DZ50的40Mn2、40Mn2Si；DZ55的40Mn2Mo、40MnVB；DZ60的40MnMoB；DZ65的27MnMoVB等。G-105钢级的材质相当于37Mn2、37Mn2Cr。S135钢级的材质相对于36CrNiMo、36CrMnMo、30CrMn，也可以采用不锈钢材质，如00Cr13Ni5Mo。

石油钻管一般采用中碳合金钢，钢管都以热处理状态交货，通常是采用调质热处理，得到回火索氏体组织，具有良好的综合机械性能。

27MnCrV 是生产 TP110T 钢级石油套管的新型钢种，常规生产 TP110T 钢级石油管套钢种是 29CrMo44 和 26CrMo4。相较于后两者，27MnCrV 含有较少的 Mo 元素，可以极大地降低生产成本。然而采用正常的奥氏体化淬火处理工艺生产 27MnCrV 后存在明显的高温回火脆性，造成冲击韧性偏低且不稳定。解决此类问题通常采用两种方法处理：一是采用回火后快速冷却的方法避免高温脆性，提高钢的韧性；二是采用亚温淬火法，通过钢种的不完全奥氏体化有效地改善有害元素及杂质的分布，提高韧性。

27MnCrV 钢的 $A_{C1}=736℃$、$A_{C3}=810℃$，亚温淬火时加热温度在 740~810℃选取。亚温淬火选取加热温度 780℃，淬火加热的保温时间 15min；淬火后回火选取温度 630℃，回火加热保温时间 50min。由于亚温淬火在 F+A 两相区加热，在保留部分未溶解铁素体状态下进行淬火，在保持较高强度的同时，韧性得到提高。而且，低温淬火较常规温度低，减小了淬火的应力，从而减小了淬火的变形，这样就保证了热处理生产的顺利操作，以便于后续的车丝加工。亚温淬火工艺是钢制品生产中避免高温脆性时的一种极好方法。图 3-1 为 27MnCrV 在 820℃完全奥氏体化加热空冷淬火得到的板条马氏体和在 630℃回火得到的回火索氏体组织。

(a)820℃淬火　　(b)630℃回火

图 3-1　27MnCrV 钢的显微组织

另一类油井管是油井套管。油井套管是一种大口径管材，起到固定石油和天然气油井壁或井孔的作用。套管是插入井孔里，用水泥固定，将井眼和岩层隔开，防止井眼坍塌，并保证钻探泥浆循环流动，以便于钻探开采。在石油开采过程中使用不同类型的套管，表层石油套管可保护钻井，使其避免受浅水层及浅气层污染，也可支撑井口设备并保持套管的其他层重量；技术石油套管可分隔不同层面的压力，使钻液额度正常流通并保护生产套管，以便在钻井内安装反爆裂装置、防漏装置及尾管；油层石油套管可将石油和天然气从地表下的储藏层里导出。

油井套管是维持油井运行的生命线。由于地质条件不同，井下受力状态复杂，拉、压、弯、扭应力综合作用于管体，这对套管本身的质量提出了较高的要求。一旦套管本身由于某种原因而损坏，可能导致整口井的减产，甚至报废。

将油井套管按钢级进行分类。按 API 5CT 1988 年第 1 版，套管钢级分 H-40、J-55、K-55、N-80、C-75、L-80、C-90、C-95、P-110、Q-125 共 10 种。日本厂方标准(如新日铁、住友、川崎等)，钢号是 NC-55E、NC-80E、NC-L80、NC-80HE 等。

根据井况、井深的不同，采用的钢级也不同。在腐蚀环境下还要求套管本身具有抗腐蚀性能。在地质条件复杂的地方还要求套管具有抗挤毁性能。除了无缝套管外，目前国内外均有使用直缝焊接管作为套管的实践。

对按钢级要求的油井套管，其化学成分含量可在一定的范围变化，不同批次或不同厂家生产的相同钢级的化学成分往往存在一定的差别。因为钢的抗腐蚀性能强烈依赖于钢的成分，所以钢的成分不同也会对钢的抗腐蚀性能产生一定的影响。

在管材轧制方面，采用先进的限动芯棒(MPM)连轧管机、阿克-罗尔(Accu-Roll)轧管机，保证油井管优良的表面质量和高的尺寸精度；采用温矫工艺和先进的表面处理工艺降低表面残余应力；采用多层次完善的在线和线外检测系统、测长称重系统、温度测量控制系统以及钢管内在与表面缺陷探伤检测装置，保证油井管的质量。

在螺纹连接方面，由于管加工装备和工艺的技术进步，螺纹精度得到很大提高，加工API螺纹已不再是少数生产厂的专利。过去所熟悉的API圆螺纹和偏梯形螺纹使用的比例越来越少，取而代之的是更加安全、更符合油田地质情况的特殊螺纹连接方式。国外已有30多家著名油井管厂商的科研机构开发了100多种有专利权的特殊螺纹油井管接头。这种特殊螺纹接头不再单纯依靠螺纹过盈配合及螺纹脂的封堵作用实现密封，普遍增加了主密封结构，即在光滑的金属表面过盈配合而实现密封，有的同时设计有弹性密封结构，从而实现了多级密封(金属、弹性、螺纹、台肩等)，其气密封压力可达管体内屈服压力。另外大螺距特殊螺纹实现了快速上卸扣等，从而使螺纹连接更加个性化、实用化。

3.2 油井管的分类

到目前为止，关于油井管的分类，还没有统一的标准和分类方法，一般按照纳入美国石油学会(API)标准与否、材质及用途进行分类。

3.2.1 API钢级和非API钢级油井管

(1) API钢级油井管

世界上大多数国家的石油管采用美国石油学会(API)标准，其中油井管采用API SPEC 5CT标准，主要使用的是热轧无缝管或高频直缝管。表3-1列出API SPEC 5CT(2018)标准中油井管分为4组、15个纲级，目前，所有钢级均可以国产化。

表3-1 API SPEC 5CT(2018)所列油井管钢级及力学性能

组别	钢级	类型	σ_s/MPa		σ_b/MPa
			Min	Max	Min
I	H40	—	276	552	414
	J55	—	379	552	517
	K55	—	379	552	655
	N80	1	552	758	689
	N80	Q	552	758	689
	R95	—	655	758	724

续表

组别	钢级	类型	σ_s/MPa		σ_b/MPa
			Min	Max	Min
Ⅱ	M65	—	448	586	586
	L80	1	552	655	655
	L80	9Cr	552	655	655
	L80	13Cr	552	655	655
	C90	1	621	724	689
	T95	1	655	758	724
	C110	—	758	828	793
Ⅲ	P110	—	758	965	862
Ⅳ	Q125	1	862	1034	931

(2) 非 API 钢级油井管

为了满足严酷的服役条件，减少油井管失效事故，石油公司与制造厂商研制了一系列非 API 钢级油井管[主要是钢级及结构(扣型)与 API 钢级油井管有所区别]，包括高强度抗挤毁油井管(如天钢 TP140TT)、高强度马氏体不锈钢油井管(如宝钢 BG13Cr110S)、高强高韧抗 H_2S 腐蚀油井管(如宝钢 BG110SS)、高合金钢油井管(如 125ksi、140ksi 钢级 2205、2507 双相不锈钢油井管)等。

3.2.2 按材质分类

(1) 碳素钢及低合金钢油井管

API SPEC 5CT(2018)标准列出 15 个钢级的油井管(表 3-1)主要为碳素钢及低合金钢油井管，为中碳(0.2%~0.4%C)、Mn-Mo 系(微量 Nb、V、Ti)合金。

(2) 低 Cr 钢油井管

低 Cr 钢油井管主要包括 1Cr、3Cr 和 5Cr 油井管。表 3-2 是近些年研究开发的低 Cr 抗腐蚀合金钢的化学成分，从表中可以看出，研发的低 Cr 钢的碳含量普遍比较低，Cr 含量以 3%为主，1%Cr 和 5%Cr 也是研究开发的重点。钢中 Mn 含量都在 1%左右，Si 的含量大部分为 0.2%~0.3%。不同的厂家还在钢中添加一些微量元素来提高钢的抗 CO_2 腐蚀的能力或改善合金的组织结构性能，主要有 V、Ti、Cu、Nb、Mo 等。

表 3-2 国内、外研发低 Cr 钢的化学成分 %(质量分数)

钢铁公司	C	Cr	Mn	V	Mo	Si
Bao Steel	~0.16	3	~1	—	—	~0.23
Tenaris Group. DSP	0.07~0.08	2.8~3.3	~0.5	0.4~0.52	~0.25	~0.3
Europipe	0.07~0.08	0.5~1	~1.5	0.05~0.08	0.13~0.37	0.29~0.38
Sumitomo	0.01~0.18	3.32	0.43	—	—	0.24
	~0.13	2Cr，3Cr，5Cr	~1.1	—	—	—
	0.14~0.25	1Cr，3Cr，5Cr	0.71~1.1	—	—	0.19~0.23
Nippon	0.005~0.2	1Cr，3Cr，5Cr	0.5~1.5	—	0.5	0.02~0.11
其他	~0.06	0.5~1	~1.1	—	—	~0.24

（3）高 Cr 钢油井管

高 Cr 钢油井管主要包括 9Cr 高合金钢油井管、普通 API 13Cr、超级 13Cr、高强 15Cr 和 17Cr 马氏体不锈钢油井管、超级奥氏体不锈钢油井管。表 3-3～表 3-5 列出了 9Cr、13Cr、超级 13Cr、高强 15Cr 和 17Cr 和某些超级奥氏体不锈钢油井管的化学成分，其主要采用低碳或超低碳设计。

表 3-3　9Cr 油井管用钢的化学成分　　%（质量分数）

材料	C	Si	Mn	P	S	Cr	Ni	Mo	Cu
9Cr	<0.15	<1.0	0.3～0.6	<0.02	<0.01	8.0～10.0	<0.5	0.9～1.1	<0.25

表 3-4　油井管用马氏体不锈钢的化学成分　　%（质量分数）

材料	C	Si	Mn	P	S	Cr	Ni	Mo	Cu	W	Ti、Nb、V
普通 13Cr	0.15～0.22	<1.0	0.25～1.0	<0.02	<0.01	12.0～14.0	<0.5	—	<0.25	—	—
超级 13Cr	<0.04	<0.5	<0.6	<0.02	<0.01	12.0～14.0	3.5～5.5	0.8～2.5	—	—	微量
高强 15Cr	<0.03	<0.5	<0.6	<0.02	<0.005	14.0～16.0	6.0～7.0	1.8～2.5	<1.5	—	
高强 17Cr	<0.03	<0.2	<0.4	<0.02	<0.005	16.5～17.5	3.5～5.5	1.8～2.5	<1.5	<1.0	

表 3-5　油井管用超级奥氏体不锈钢的化学成分　　%（质量分数）

材料	C	Si	Mn	P	S	Cr	Ni	Mo	Cu	N
904L(1)	0.02	1	2	0.045	0.035	19～23	23～28	4～5	1～2	0.1
310S(2)	0.05	0.37	0.61	0.031	0.0007	24.53	19.37	—	—	0.044
310S(Mo)(2)	0.034	0.75	0.73	0.0054	0.0021	23.95	20.1	3	—	0.0042

注：（1）数据参考 ASTM A240/A240M-10b；

（2）数据来源于国家钢铁材料测试中心分析测试报告。

（4）双相不锈钢油井管

双相不锈钢油井管通常为奥氏体+铁素体双相不锈钢管材，主要靠冷加工来提高管材强度，其理想组织是铁素体和奥氏体各占 50%。代表钢种有 2205 型双相不锈钢（Cr21 型：0Cr21Ni5Ti、1Cr21Ni5Ti）和 2507 型双相不锈钢（Cr25 型：0Cr25Ni5Mo2），表 3-6 为 A+F 双相不锈钢管材的主要牌号和成分。

表 3-6　双相不锈钢油井管的主要牌号和成分　　%（质量分数）

材料	UNS NO	C（Max）	Cr（Max）	Ni（Max）	Mo（Max）	N（Max）	Cu（Max）	W（Max）
DP-3	S31260	0.03	24.0～26.0	5.5～7.5	2.5～3.5	0.10～0.30	0.20～0.80	0.10～0.50
2205	S31803	0.03	21.0～23.0	4.5～6.5	2.5～3.5	0.08～0.20	—	—
2507	S32750	0.03	24.0～26.0	6.0～8.0	3.0～4.0	0.24～0.32	—	—

（5）镍基合金油井管

在酸性油气田环境中使用的镍基合金一般主要分为固溶强化镍基合金和沉淀硬化镍基合金两大类，但作为油井管制造材料的镍基合金主要为固溶强化型耐蚀合金，都是采用冷加工态的，如 028、825、G-3、050、C-276 等。表 3-7 为固溶镍基合金主要牌号和成分。

表 3-7　固溶镍基合金主要牌号和成分　　　　%(质量分数)

合金	UNS NO	Ni	Cr	Mo	Cu	Fe	其他
825	N08825	余量	22	3	2	31	Ti
G	N06007	余量	22	6.5	2	20	Cb+Ta
G-3	N06985	余量	22	7	2	20	Cb+Ta
G-30	N06030	余量	30	5	1.5	15	Cb+Ta
20	N08020	35	20	2.5	3.5	余量	Cb
28	N08028	31	27	3.5	1.0	36	—
31	N08031	31	27	6.5	1.2	32	N
33	R20033	31	33	1.6	1.2	32	N
1925hMo	N08926	25	21	6.3	0.9	余量	N

(6) 钛合金油井管

钛合金石油管材具有高的比强度、良好的高温机械性能和极强的抗腐蚀性能，可作为高压高温、超高压高温油气井的油井管制造材料。表 3-8 为 ISO 15156—3(2020)标准列出的石油天然气工业常用耐蚀 Ti 合金的化学成分。一般来说，根据其微观组织，钛合金通常分为 α、α/β 和 β 钛合金，进一步可以再细分为近 α 和近 β 钛合金。由于 α/β 钛合金可以通过热处理来提高强度，在石油天然气工业上应用最为广泛，主要有 Ti-6Al-2Sn-4Zr-6Mo、Ti-6Al-4V 和 Ti-6Al-4V-Ru 等。

表 3-8　含 H_2S 油气生产环境用耐蚀 Ti 合金化学成分　　　　%(质量分数)

合金	Al	V	Cr	Fe (Max)	Mo	Ni	Sn (Max)	Zr (Max)	Ru	Pd	C (Max)	H (Max)	N (Max)	O (Max)	Ti
Grade 2	—	—	—	0.30	—	—	—	—	—	—	0.10	0.015	0.03	0.25	Bal
Ti-6246	≤6	—	—	—	≤6	—	2	4	—	—	—	—	—	—	Bal
Grade 12	—	—	—	0.30	0.2~0.4	0.6~0.9	—	—	—	—	0.08	0.015	0.03	0.25	Bal
Grade 28	2.5~3.5	2.0~3.0	—	0.25	—	—	—	—	0.08~0.14	—	0.08	0.015	0.03	0.15	Bal
Grade 25	5.5~6.75	3.5~4.5	—	0.40	—	0.3~0.8	—	—	—	0.04~0.08	0.10	0.0125	0.05	0.20	Bal
Grade 29	5.5~6.5	3.5~4.5	—	0.25	—	—	—	—	0.08~0.14	—	0.08	0.015	0.03	0.13	Bal
β-C	≤3	≤8	≤6	—	≤4	—	—	4	—	—	—	—	—	—	Bal

3.2.3　按用途分类

按照用途分类，油井管可以被分为抗 H_2S 腐蚀油井管(抗酸性油井管)、抗 CO_2腐蚀油井管、抗菌钢油井管、高抗挤油井管、稠油热采井用油井管、高温高压和超深超高温高压井用油井管、寒冷地区用高强度油井管等。

(1) 抗 H_2S 腐蚀油井管

在含 H_2S 油气井中使用的油井管，法国主要采用铬-钼-铝系和铬-钼-钒系，NKK 采用铬-钼系，新日铁采用铬-钼-铌系，川崎制铁采用铬-钼-铌-铜-硼系。表 3-9 为川崎制铁抗硫系列油井管的成分设计，表 3-10 为国产抗硫油井管管体的化学成分分析结果，从中可以看出，抗硫油井管的开发通常为降低碳含量及 Mn 含量，严格控制 S、P 等有害杂质元素的含量，同时添加 Mo 及一些微量合金元素，如 V、Ti、Nb 等强碳化物形成元素，降低了材料的 SSC 敏感性。

表 3-9 川崎制铁 KO-S 和 KO-SS 钢级的油井管成分设计 %(质量分数)

钢级	C	Si	Mn	P	S	Cu	Ni	Cr	Mo	Nb	B
KO—S	0. 15~0. 35	<0. 35	<1. 35	<0. 030	<0. 015	<0. 30	<0. 10	<1. 60	0. 05~1. 0	<0. 050	<0. 004
KO—SS	0. 15~0. 35	<0. 35	<1. 00	<0. 030	<0. 015	<0. 30	<0. 10	0. 80~1. 60	0. 05~1. 10	<0. 050	<0. 004

表 3-10 国产抗硫油井管管体化学成分分析结果 %(质量分数)

材料	C	Si	Mn	P	S	Cr	Mo	Ni	Cu	Ti、Nb、V
90S	0. 15~0. 30	<0. 35	<0. 80	<0. 015	<0. 010	<1. 60	0. 2~1. 0	<0. 10	<0. 20	微量
100S										
110S										
125S										
80SS	0. 15~0. 30	<0. 35	<0. 60	<0. 015	<0. 010	<1. 10	0. 2~1. 0	<0. 10	<0. 20	
90SS										
95SS										
100SS										
110SS										

(2) 抗 CO_2 腐蚀油井管

20 世纪 70 年代以来，随着含 CO_2 深井的开发，抗 CO_2 腐蚀的油井管也相应地发展起来。这些油井管用钢通常为低 Cr 钢(0. 5%Cr、3%Cr、5%Cr)，9Cr、13Cr 及 15Cr 马氏体不锈钢，双相不锈钢等，其中 13Cr 马氏体不锈钢的使用量最大。

(3) 抗菌钢油井管

随着微生物腐蚀导致的管线失效案例的增加，微生物对油气管道造成的腐蚀问题已引起高度重视。含 Cu 抗菌不锈钢中的适量 Cu 具有抗菌性能，且微量 Cu 离子的释放能够抑制细菌生物膜的形成。表 3-11 所示为一种含 Cu 抗菌钢的化学成分。研究表明，含 Cu 管线钢与传统同强度级别管线钢具有相当的力学性能，而且钢中纳米富 Cu 相的析出为氢原子的分布提供了众多位置，有助于避免在局部区域产生很高的氢富集而产生微观区域氢脆，从而使钢具有优异的抗氢致开裂性能。由于富 Cu 相析出赋予的抗菌功能，使管线钢同时具备良好的耐微生物腐蚀性能。对表面生物膜进行观察可见，含 Cu 管线钢(X80-Cu)表面附着的生物膜明显少于对照 X80 管线钢，表明含 Cu 管线钢表面可以有效抑制生物膜的形成。除去表面腐蚀产物后，表面上的点蚀数量和最大点蚀深度均远小于传统 X80 管线钢。为了进一步验证含 Cu 管线钢的耐微生物腐蚀性能的稳定性，对含 Cu 管线钢进行了更长时间的耐 SRB 腐蚀性能研究。结果表明，当 Cu 在管线钢中以富铜析出形式存在时，具有更佳的耐微生物腐蚀性能，材料表面上的点蚀数量大大减少。

表 3-11　新型含 Cu 管线钢和传统商用管线钢的化学成分分析结果　%(质量分数)

Steel	C	Si	Mn	Cu	Mo	Cr	Ni	Nb+V+Ti	S	P	Fe
X80-Cu	0. 031	0. 13	1. 09	1. 06	0. 31	0. 32	0. 32	0. 05	0. 0011	0. 005	Bal
X80	0. 05	0. 16	1. 77	0. 20	0. 30	0. 31	0. 30	0. 10	0. 0010	0. 005	Bal
X65-Cu	0. 022	0. 12	0. 07	1. 34	0. 10	—	0. 30	0. 06	0. 0020	0. 005	Bal
X65	0. 060	0. 13	1. 64	0. 01	0. 10	—	—	0. 06	0. 0010	0. 010	Bal

(4) 高抗挤油井管

高强度抗挤毁油井管主要用于深井、超深井和地层条件复杂环境。因此，要求这种管子具有良好的综合性能，如高的抗拉性能及连接强度、优异的抗挤毁性能及良好的密封性能，而其中的核心要求是管子具有良好的抗挤毁性能。经过对高强度抗挤油井管材料化学成分的分析，结合材料的冶金生产的实际情况并兼顾经济性，高强度抗挤油井管材料主要选用 C、Mn 含量稍高的碳锰钢或以 Mn、Cr、Mo 为主要合金元素的铬钼钢，同时尽量降低 S、P 和 Si 的含量，合理控制回火温度，以满足高强度和抗挤毁的要求。表 3-12 为碳锰钢高强度抗挤油井管材料的化学成分要求，Mn 的上限为 1. 50%，Cr 的上限为 0. 45%。表 3-13 为国产铬钼钢高抗挤套管材料的化学成分要求，锰的上限为 1. 10%，Cr 的上限为 0. 80%，Mo 的上限为 0. 80%。碳锰钢系列比较经济、成本低，但钢的强度、韧性相对差一些，一般国产 110 钢级高强度抗挤套管选用此成分设计。铬钼钢的强度、韧性及耐高温性能较好，因此，一些国产高钢级抗挤套管(如 125ksi、130ksi 及 140ksi 钢级)选用此成分设计。

表 3-12　碳锰钢高强度抗挤套管材料的化学成分　%(质量分数)

元素	C	Si	Mn	P	S	Ni	Cr	Cu
Max	0. 33	0. 35	1. 50	0. 020	0. 010	0. 20	0. 45	0. 20
Min	0. 27	0. 20	1. 30	—	—	—	—	—

表 3-13　铬钼钢高强度抗挤套管材料的化学成分　%(质量分数)

元素	C	Si	Mn	P	S	Ni	Cr	Cu	Mo
Max	0. 29	0. 35	1. 10	0. 020	0. 010	0. 20	0. 80	0. 20	0. 80
Min	0. 23	0. 17	0. 90	—	—	—	0. 50	—	0. 10

(5) 稠油热采井用油井管

普通 API 钢级的油井管，通常采用 C-Mn 系调质钢，其热稳定性差。稠油热采井油井管设计一定要保证油井管的热稳定性和螺纹在受热膨胀而导致的压缩状态下的密封性能。因此，稠油热采井油井管材质以中 C-Cr-Mo 系调质钢为基础，添加微量的晶界强化元素，在保证钢种淬透性的基础上，实现耐热低膨胀的目标。碳、锰、铬、钼的合理配比以及适宜的碳当量设计可以保证材料所需的淬透性。尽可能降低杂质元素及冶金缺陷对晶界的弱化，在合金中添加能提高晶界扩散激活能的溶质元素，强化晶界，阻止晶界滑移，并提高晶界裂纹的表面能，从而提高了材料的耐热性能。通过添加稀土元素提高耐热钢的蠕变强度、抗热疲劳性能等，同时添加可提高材料的熔点、硬度和弹性模量的合金元素以降低钢的线膨胀系数。在设计该类材料时，还须保证良好的强韧性匹配。常用非 API 规格 Cr-Mo 钢稠油热采井专用管主要为 80H、90H、110H 等，如天津钢管有限责任公司设计开发了注蒸汽稠油热采井专用的非 API 标准系列油井管 TP90H、TP110H 及 TP120TH。TP90H 套管在模拟注蒸汽热采井中复合受力的热模拟实验结果表明，套管的热稳定性较好，在 350℃环境温度下可以承受 640MPa 的热应力；TP110H 钢级套管在 375℃温度下承受 700MPa 的应力才出现变形；TP120TH 套管在 600MPa 和 700MPa 两种载荷条件下(截面积取管体名义尺寸计算)，经过 6 次拉-压循环(其中压应力是在 350℃的温度下施加)，未发生断裂或其他形式的失效。

另外，宝钢试制了复合添加 Mo、W、V 等合金元素的含 3%Cr 的火驱采油用 BG80H-3Cr 耐热油井管。在室温至 450℃的使用温度范围内，屈服强度均在 API 标准的 N80 钢级范围内。在 400℃加载 250MPa 的条件下未发生蠕变，550℃运行 10000h 的高温持久强度的理论值为 169MPa；套管试样在 550℃空气介质下的氧化速率为 0.01g/(m^2·h)，抗 CO_2腐蚀能力与普通 N80 套管相比提高 11 倍。

同时，9Cr(9Cr-1Mo)、超级 13Cr(如 TP110H-13Cr、BG110H-13Cr)油井管也在一些稠油热采井得到了应用。

(6) 高温高压、超深超高温高压井用油井管

根据国际高温高压(HTHP)井合作促进协会的规定，地层温度达到 300℉(149℃)，地层压力达到 15000psi(103.4MPa)或井口压力达到 10000psi(68.9MPa)以上的井称为高温高压井。由于高压高温、超高压高温井一般含有 CO_2、H_2S 和 Cl^-，苛刻的井底温度、压力及腐蚀工况条件要求使用高强度的耐蚀石油管材。根据温度、压力、流速和气流中腐蚀性气体组分(H_2S 和 CO_2)，材料选择范围可以从碳钢和低合金钢到不锈钢、镍基合金和钛合金。表 3-14 列出部分高压高温、超高压高温井完井管柱常用材质。

表 3-14 HPHT 井、超高压高温井完井管柱用耐蚀合金

合金	牌号	成分/%(质量分数)
马氏体不锈钢	410，420(13Cr)	12Cr
超级马氏体不锈钢	Super/Hyper 13Cr	12~13Cr，4~5Ni，1~2Mo
双相不锈钢	2205	22Cr，6Ni，3Mo
超级双相不锈钢	2507，DP3W	25Cr，7Ni，3.5Mo，N，W
镍基合金	825，2242	22Cr，42Ni，3Mo
	2550	25Cr，50Ni，8Mo，2W，1Cu
	G50	20Cr，52Ni，9Mo
	C276	15Cr，65Ni，16Mo，4W
	718	20Cr，52Ni，3Mo，5Cb，1Ti，0.6Al
	925	21Cr，42Ni，3Mo，2Ti，2Cu，0.4Al
	725	20Cr，57Ni，8Mo，3Cb，1.5Ti
钛合金	Grade 5(Ti-6-4)	6Al，4V
	Ti-6-2-4-6	6Al，2Sn，4Zr，6Mo
	Grade 19(β-C)	3Al，8V，6Cr，4Zr，4Mo

（7）寒冷地区用高强度油井管

这类油井管主要用于寒冷地区，典型牌号如住友的SM-95L~110L、SM-110LL，新日铁的NT-95LS~110LS，V&M公司的VM-55LT~125LT、NKK的NKCT-110~125，川崎的KO-95L~125L，上海宝钢的BG80L~125L。其强度较低者采用锰系，强度较高者采用铬-锰或铬-锰-钼系。在力学性能方面，对-46℃时的V形缺口夏比冲击功有很高的要求，例如新日铁规定其必须要大于40.2J。为了保证低温冲击性能，对钢的硫、磷含量有严格限制，一般规定硫含量小于0.01%。这些材料在屈服强度达到规定值的同时，有很高的低温韧性。如KO-125L纵向FATT50<-100℃，横向FATT50为-60℃；-60℃时纵向冲击功140J，横向冲击功为40J。

3.3 油井管的成分、组织和性能

生产油井管的主要钢种有碳素钢、低合金钢、含铬钢、双相不锈钢及高级合金钢。同一钢级、同样规格的油井管，各国甚至各生产厂所选定的钢种（成分）并不一定相同。针对油井管高性能的要求，许多生产厂进行了大量的研究开发工作，生产出比API规范钢级范围更广的钢种，同时制定了与API相对应又比其要求更严、适用面更广的企业标准。本节仅介绍API SPEC 5CT（2018）标准列出的不同钢级油井管的成分、组织及机械性能，其他非API钢级油井管的成分、组织及性能在后续章节详细介绍。

3.3.1 成分

表3-15为API SPEC 5CT（2018）标准列出15个钢级的油井管的化学成分。从中可以看出，API油井管为中碳钢，碳含量一般为0.2%~0.4%。普通管一般采用碳素钢，仅限制P、S元素含量[最大含量不超过0.03%（质量分数）]。高强度和超高强度管则采用锰系、锰-钼系、铬-钼系、锰-钼-钒系、铬-锰-钼系、铬-锰-钼-钒系等低合金高强度钢；经过微合金化和多元合金化设计，严格控制了P、S元素含量[最大P含量<0.02%（质量分数）、最大S含量<0.01%（质量分数）]，提高了油井管的断裂韧性，降低了其在含H_2S油气井的SSC敏感性（如C90、T95、C110钢级油井管）。

表3-15 API SPEC 5CT（2018）对不同钢级油井管化学成分要求 %（质量分数）

组别	钢级	类型	C		Mn		Mo		Cr		Ni	Cu	P	S	Si
			Min	Max	Min	Max	Min	Max	Min	Max	Max	Max	Max	Max	Max
I	H40	—	—	—	—	—	—	—	—	—	—	—	0.030	0.030	—
	J55	—	—	—	—	—	—	—	—	—	—	—	0.030	0.030	—
	K55	—	—	—	—	—	—	—	—	—	—	—	0.030	0.030	—
	N80	1	—	—	—	—	—	—	—	—	—	—	0.030	0.030	—
	N80	Q	—	—	—	—	—	—	—	—	—	—	0.030	0.030	—
	R95	—	—	0.45[c]	—	1.90	—	—	—	—	—	—	0.030	0.030	—
II	M65	—	—	—	—	—	—	—	—	—	—	—	0.030	0.030	—
	L80	1	—	0.43[a]	—	1.90	—	—	—	—	0.25	0.35	0.030	0.030	0.45

续表

组别	钢级	类型	C		Mn		Mo		Cr		Ni	Cu	P	S	Si
			Min	Max	Min	Max	Min	Max	Min	Max	Max	Max	Max	Max	Max
Ⅱ	L80	9Cr	—	0.15	0.30	0.60	0.90	1.10	8.00	10.0	0.50	0.25	0.020	0.010	1.00
	L80	13Cr	0.15	0.22	0.25	1.00	—	—	12.0	14.0	0.50	0.25	0.020	0.010	1.00
	C90	1	—	0.35	—	1.20	0.25[b]	0.85	—	1.50	0.99	—	0.020	0.010	—
	T95	1	—	0.35	—	1.20	0.25[d]	0.85	0.40	1.50	0.99	—	0.020	0.010	—
	C110	—	—	0.35	—	1.20	0.25	1.00	0.40	1.50	0.99	—	0.020	0.010	—
Ⅲ	P110	[e]	—	—	—	—	—	—	—	—	—	—	0.030[e]	0.030[e]	—
Ⅳ	Q125	1	—	0.35	—	1.35	—	0.85	—	1.50	0.99	—	0.020	0.010	—

注：[a]若产品采用油淬，则 L80 钢级的碳含量上限可增加到 0.50%；
[b]若壁厚小于 17.78mm，则 C90 钢级 1 类的钼含量无下限规定；
[c]若产品采用油淬，则 R95 钢级的碳含量上限可增加到 0.55%；
[d]若壁厚小于 17.78mm，则 T95 钢级 1 类的钼含量下限可减少到 0.15%；
[e]对于 P110 钢级的电焊管，磷的含量最大值是 0.020%；硫的含量最大值是 0.010%。

(1) 微合金化

一般而言，在钢中质量分数为 0.1%左右而对钢的微观组织和性能有显著或特殊影响的合金元素，称为微合金元素。在油井管用钢中，主要是指 Nb、V、Ti 等强烈碳化物形成元素。微合金化元素 Nb、V、Ti 在油井管用钢中的作用与这些元素的碳化物、氮化物和碳、氮化物的溶解和析出行为有关：TiN 最为稳定，当温度几乎高达 1400℃时才发生溶解；最不稳定的是 V、C。

微合金元素 Nb、V、Ti 的作用之一是阻止奥氏体晶粒的长大：在控轧及调质处理再热过程中，未溶微合金碳、氮化物将通过质点钉扎晶界的机制而明显阻止奥氏体晶粒的粗化过程。其中，Nb、Ti 可明显抑制 γ 晶粒长大，V 的作用较弱；Nb、V、Ti 的另一作用是在钢管连轧过程中延迟 γ 的再结晶，应变诱导沉淀析出的微合金碳、氮化物可通过质点钉扎晶界和亚晶界的作用而显著地阻止形变 γ 的再结晶，从而通过由 γ 未再结晶发生的相变而获得细小的相变组织，其中 Nb 具有明显的延迟 γ 再结晶的作用，Ti 次之，V 只有在含量较高时才有效。

微合金化元素 Nb、V、Ti 除了有上述细化晶粒的作用外，在连轧及轧后连续冷却过程中，还可通过正确地控制微合金碳、氮化物在 α 相中的沉淀析出过程来达到沉淀强化的目的(见图 3-2)：Nb 有显著的晶粒细化作用和中等的沉淀强化作用，万分之几的含量即十分有效。含量增加，效果的改善并不明显。Nb 在增加强度的同时还降低韧脆转变温度。Ti 有显著的沉淀强化作用和中等的晶粒细化作用，在与含 Nb 钢相同的强度水平下，含 Ti 钢的韧脆转变温度略高，钢中加 Ti 还可以改善硫化物的分布形态。V 有较高的沉淀强化和较弱的细化晶粒作用，因而其韧脆转变温度比含 Nb 和含 Ti 钢都高，因此在油井管用钢的合金设计中，一般不单独使用 V。

(2) 多元合金化

多元合金化油井管用钢中不同微合金元素之间以及微合金元素与其他合金元素之间的交互作用，会产生叠加效应，能赋予油井管用钢更完善的性能，因而现代油井管用钢正向少量多元合金化方向发展，如上述锰-钼-钒系、铬-锰-钼系、铬-锰-钼-钒系等油井管用钢。

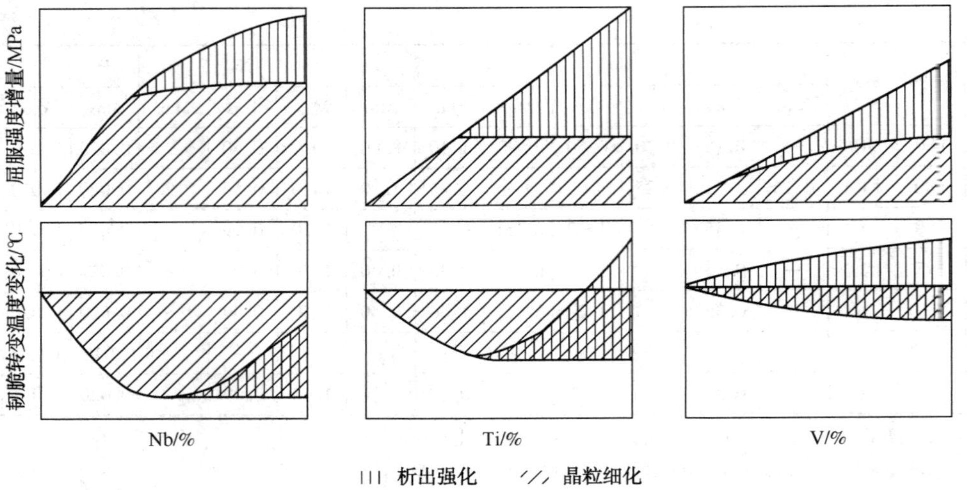

图 3-2　Nb、Ti、V 对油井管用钢晶粒细化、沉淀强化以及由此引起的强韧性的影响

Mo 能降低相变温度，抑制多边形铁素体的形成，并能提高 Nb(C、N) 的沉淀强化效果，因而 Mo 在提高钢的强度的同时可降低韧脆转变温度；加入微量的 B[不低于 0.0008%(质量分数)]可明显抑制铁素体在奥氏体晶界上形核，使铁素体转变曲线明显右移，从而即使在超低碳(<0.03%)情况下(如超级 13Cr 马氏体不锈钢)，在一个较大的冷却范围内，都能获得马氏体及贝氏体组织(见图 3-3)，提高了油井管用钢的强度级别。同时，油井管用钢奥氏体在淬火冷却过程中硼原子偏聚于晶界上，阻滞晶界原子的扩散，抑制了铁素体的形核，提高钢的淬透性。

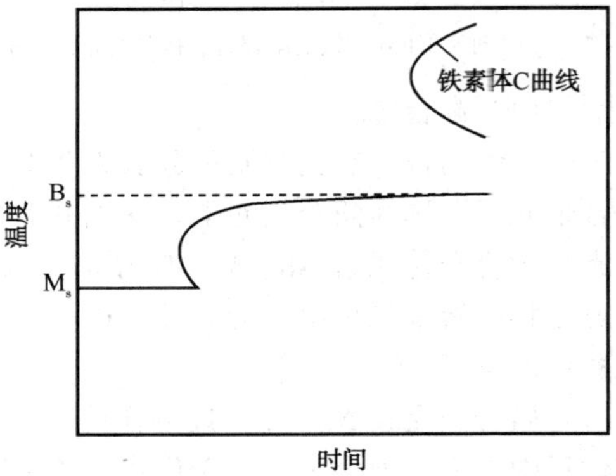

图 3-3　B 对油井管用钢等温转变曲线的影响

3.3.2　组织

API SPEC 5CT(2018)标准对列出的 4 组、15 个钢级油井管的显微组织和晶粒尺寸一般没有特殊要求，但根据不同钢级油井管的热处理状态(见表 3-16)，80ksi 以下钢级(包括Ⅰ类 N80)油井管的最终产品为正火状态，其显微组织为珠光体+铁素体组织，图 3-4 和图 3-5 为 80ksi 以下不同钢级油井管的显微组织，图中灰色部分为珠光体组织，白色部分为铁素体组织。

表 3-16　API SPEC 5CT(2018)所列油井管钢级及热处理状态

组别	钢级	热处理
Ⅰ	H40	无
	J55	
	K55	
	N80	
	N80	调质
	R95	调质

续表

组别	钢级	热处理
Ⅱ	M65	无
	L80	调质
	L80	
	L80	
	C90	
	T95	
	C110	调质
Ⅲ	P110	调质
Ⅳ	Q125	调质

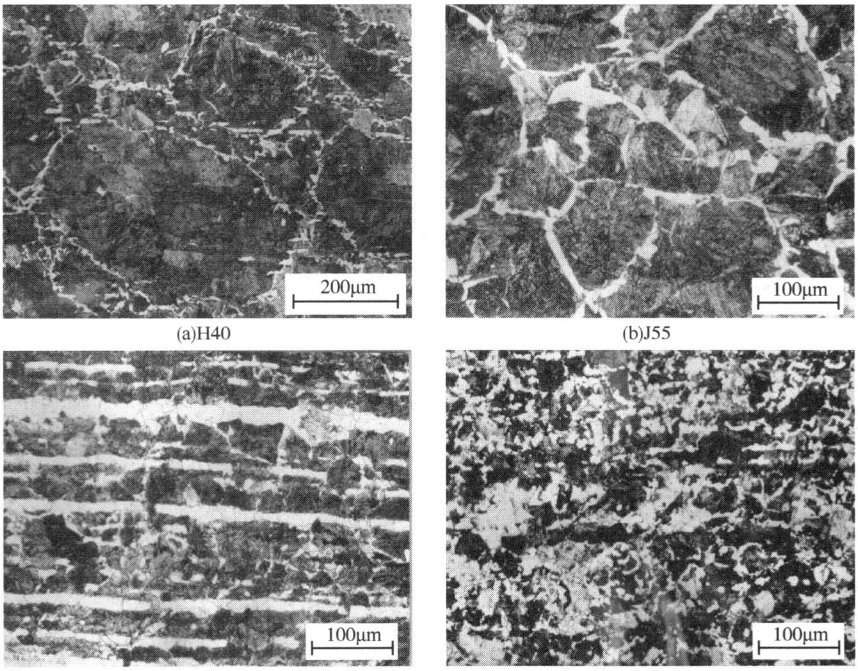

(a)H40 (b)J55 (c)K55 (d) Ⅰ类N80

图 3-4 80ksi 以下不同钢级(包括Ⅱ类 N80)油井管的金相显微组织

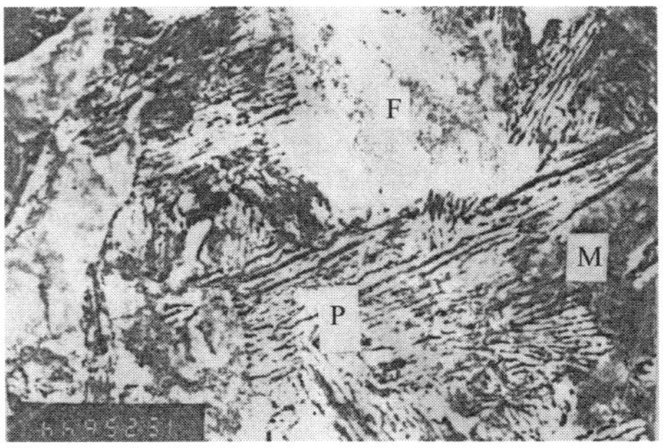

图 3-5 Ⅰ类 N80 油井管的 TEM 显微组织

80ksi 以上钢级(包括 N80Q)油井管一般要进行调质处理，其最终产品的显微组织主要为回火索氏体组织，图 3-6~图 3-8 为 80ksi 以上(包括 N80Q)不同钢级油井管的显微组织形貌[金相显微形貌、透射电镜(TEM)显微形貌和扫描透射电镜(STEM)显微形貌]。可以看出，在原始奥氏体晶界和 α 铁素体之间有细小的粒状碳化物析出。相较于 API P110 钢，抗酸性钢级油井管(C90、T95 和 C110 钢级油井管)及Ⅰ类 Q125 钢级油井管的 α 铁素体条束之间位相差大，晶粒内及晶界存在第二相析出物以及粒状碳、氮化合物的沉淀析出(在 API P110 钢的 TEM 显微组织中，这些析出物主要以带状形态存在)。晶粒里有较高密度的位错及位错纠结，由于体心立方结构层错能较高，不易分解成扩散位错而发生交滑移，亚晶的位错有很大的可动性，从而赋予材料良好的强韧性。同时，一些强碳化物形成元素形成弥散分布，可以对位错的运动起到钉扎作用，这些微观组织特征同样提高了 C90、T95 和 C110 钢级油井管的断裂韧性，增强其抗 SSC 性能。

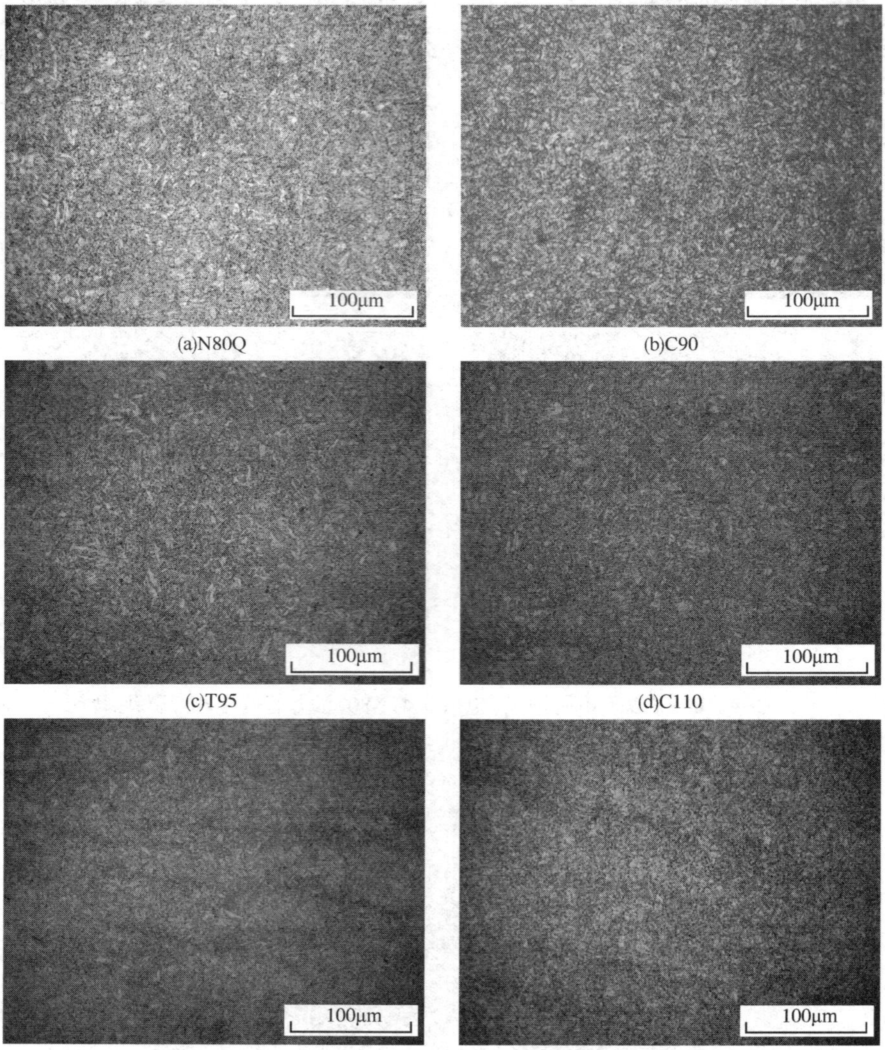

(a)N80Q (b)C90 (c)T95 (d)C110 (e)P110 (f)Ⅰ类Q125

图 3-6　80ksi 以上钢级(包括 N80Q)油井管的金相显微组织

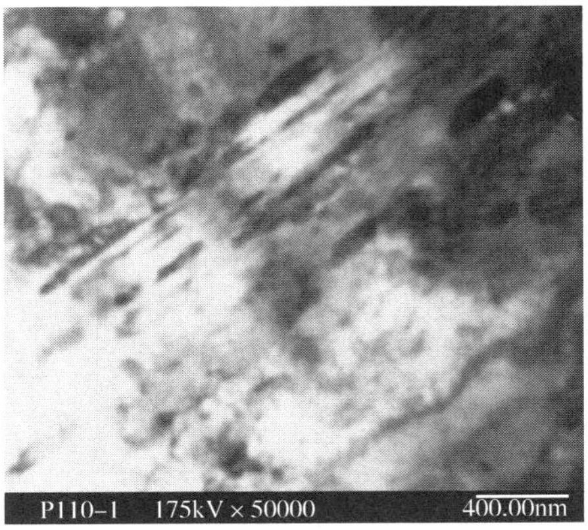

(a)P110

(b)C90

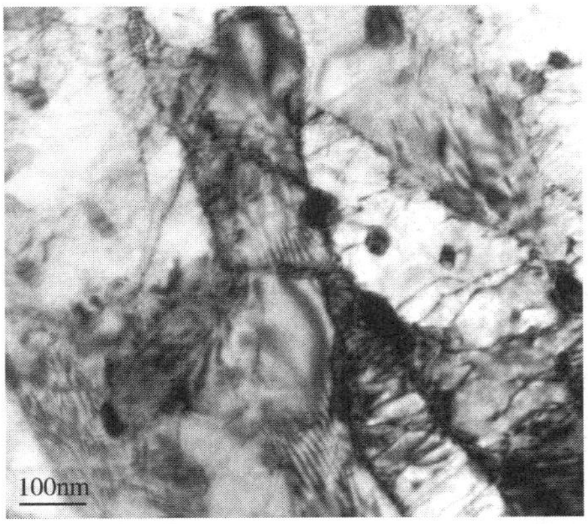

(c)T95

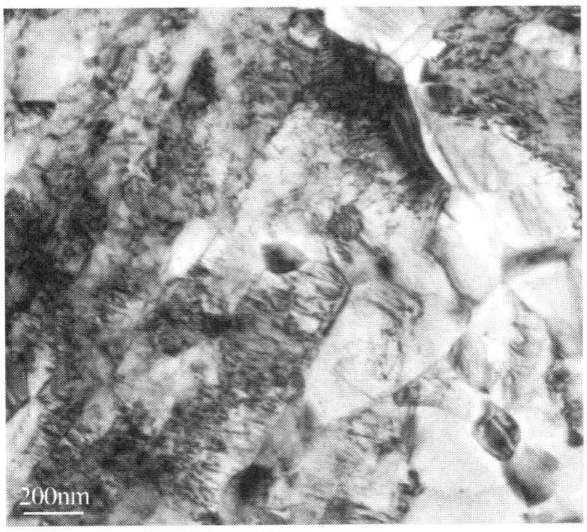

(d)C110

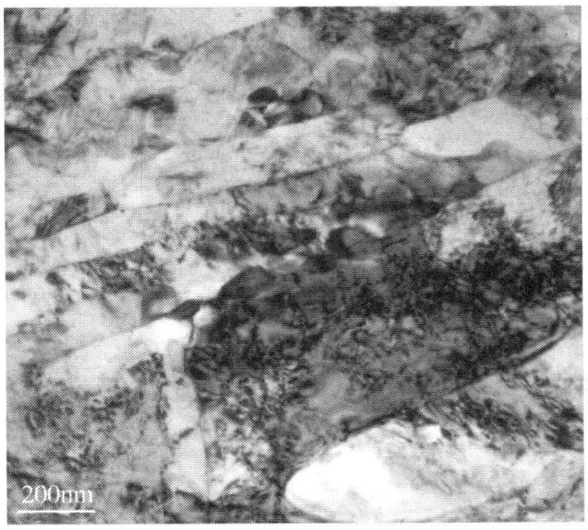

(e) Ⅰ类Q125

图 3-7　80ksi 以上钢级油井管的 TEM 显微组织

关于油井管的晶粒尺寸，尽管 API SPEC 5CT(2018)标准没有特殊规定，但国内外各大钢管生产厂家为提高高强度、超高强度油井管用钢的使用性能和断裂韧性，一般都会通过多元合金化和微合金化成分设计(Mo、Nb、Ti、V、B 等)及特殊热处理措施(控轧控冷)，对高强度、超高强度油井管用钢进行细晶化处理，其晶粒度等级一般在 ASTM 8 级以上。例如，为提高高强度抗酸性油井管的抗 SSC 能力，API SPEC 5CT(2018)对 C90、T95 和 C110

钢级油井管的原始奥氏体晶粒尺寸提出了特殊要求，即对 C90 和 T95 钢级油井管来说，其原始奥氏体晶粒度要高于 ASTM 5 级，而 C110 钢级油井管的原始奥氏体晶粒度要高于 ASTM 6 级(见图 3-9)。

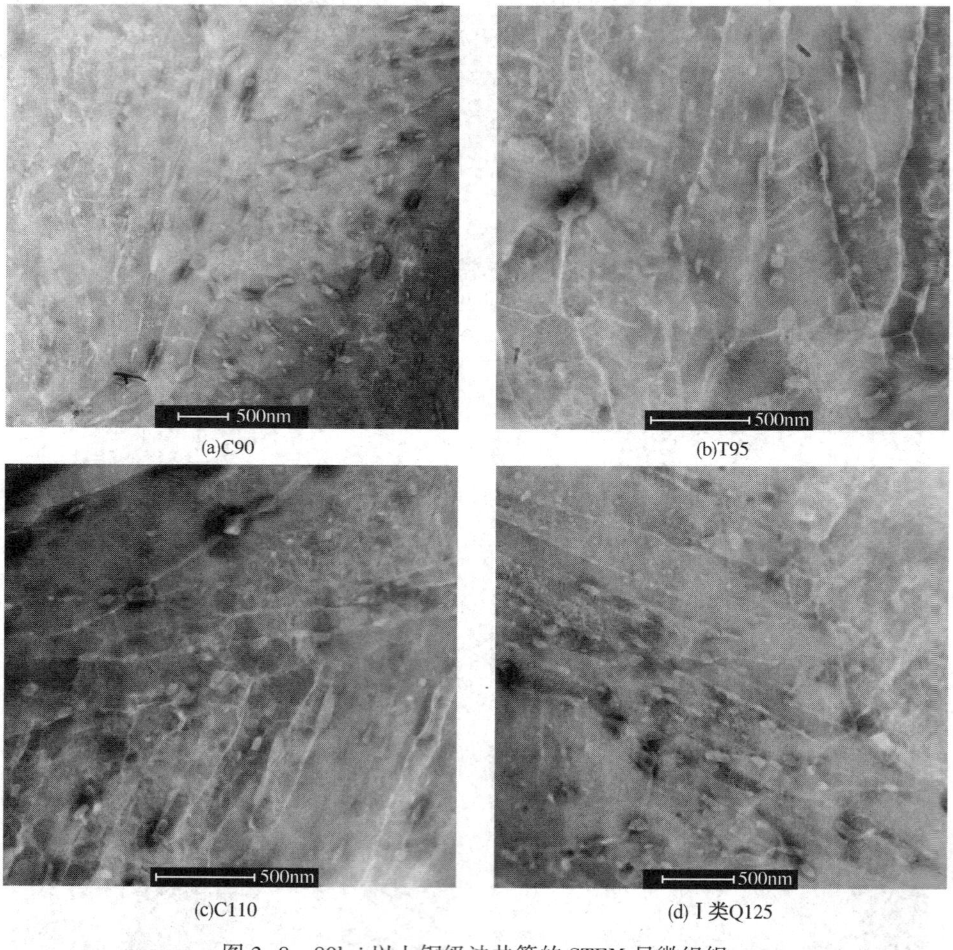

(a)C90 (b)T95 (c)C110 (d) Ⅰ类Q125

图 3-8　80ksi 以上钢级油井管的 STEM 显微组织

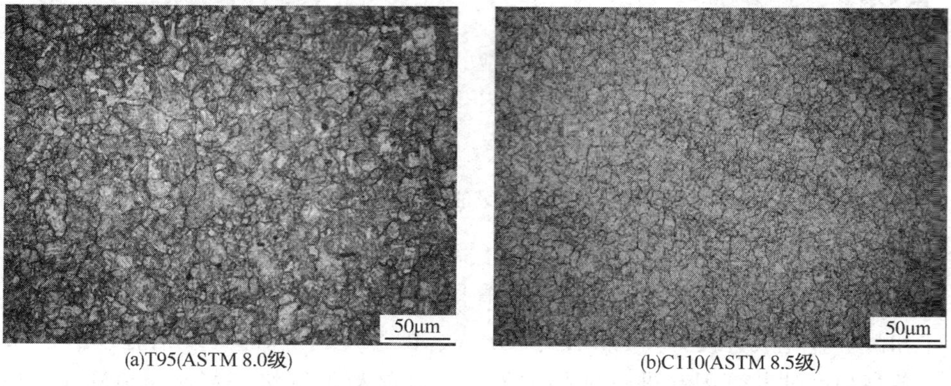

(a)T95(ASTM 8.0级) (b)C110(ASTM 8.5级)

图 3-9　80ksi 以上钢级油井管的晶粒度等级

3.3.3 力学性能

（1）强度

API 普通管一般采用碳素钢，其屈服强度小于 500MPa；高强度和超高强度管则采用锰系、锰-钼系、铬-钼系、锰-钼-钒系、铬-锰-钼系、铬-锰-钼-钒系等低合金高强度钢，其屈服强度在 500~900MPa，而超高强度管的屈服强度大于 900MPa。表 3-17 给出了 API SPEC 5CT(2018)标准中 4 组、15 个钢级油井管屈服强度范围、最低抗拉强度和延伸率。近年来，为了提高高强度抗酸性油井管的抗 SSC 性能，严格限制了屈服强度的窗口范围，例如对 110ksi 钢级油井管来说，P110 钢级油井管的屈服强度为 758~965MPa(30ksi)，而抗酸性 C110 钢级油井管的屈服强度范围仅为 758~828MPa(10ksi)，屈服强度的降低，有益于油井管硬度的减小，以及高强度抗酸性油井管的抗 SSC 性能的提高。

表 3-17 API SPEC 5CT(2018)标准对不同钢级油井管拉伸性能的要求

组别	钢级	类型	加载下的总伸长率/%	屈服强度/MPa		抗拉强度/MPa
				Min	Max	Min
Ⅰ	H40	—	0.5	276	552	414
	J55	—	0.5	379	552	517
	K55	—	0.5	379	552	655
	N80	1	0.5	552	758	689
	N80	Q	0.5	552	758	689
	R95	—	0.5	665	758	724
Ⅱ	M65	—	0.5	448	586	586
	L80	1	0.5	552	655	655
	L80	9Cr	0.5	552	655	655
	L80	13Cr	0.5	552	655	655
	C90	1	0.5	621	724	689
	T95	1	0.5	655	758	724
	C110	—	0.7	758	828	793
Ⅲ	P110	—	0.6	758	965	862
Ⅳ	Q125	全部	0.65	862	1034	931

（2）硬度

表 3-18 为 API SPEC 5CT(2018)标准对不同钢级油井管的表面硬度和全壁厚硬度的偏差范围要求。从中可以看出，API 标准对Ⅰ组不同钢级的油井管的表面硬度和全壁厚硬度的偏差没有要求；M65、L80、C90、T95、C110 及 Q125 钢级所有类型的表面硬度和全壁厚硬度的偏差应满足表 3-18 的要求。为满足高强度油井管抗 SSC 性能的要求，许多生产厂进行了大量的研发工作，制定了比 API 标准对钢管表面硬度及全壁厚硬度偏差更加严格的厂控标准，如要求 C110 钢级抗酸性油井管的最大表面硬度一般不超过 27HRC。

表 3-18 API SPEC 5CT(2018)标准对不同钢级油井管的硬度要求

组别	钢级	类型	硬度 Max		规定壁厚/mm	允许硬度变化 HRC
			HRC	HBW		
I	H40	—	—	—	—	—
	J55	—	—	—	—	—
	K55	—	—	—	—	—
	N80	1	—	—	—	—
	N80	Q	—	—	—	—
	R95	—	—	—	—	—
Ⅱ	M65	—	22	235	—	—
	L80	1	23	241	—	—
	L80	9Cr	23	241	—	—
	L80	13Cr	23	241	—	—
	C90	1	25. 4	255	≤12. 70	3. 0
					12. 71~19. 04	4. 0
					19. 05~25. 39	5. 0
					≥25. 40	6. 0
	T95	1	25. 4	255	≤12. 70	3. 0
					12. 71~19. 04	4. 0
					19. 05~25. 39	5. 0
					≥25. 40	6. 0
	C110	—	30	286	≤12. 70	3. 0
					12. 71~19. 04	4. 0
					19. 05~25. 39	5. 0
					≥25. 40	6. 0
Ⅲ	P110	—	—	—	—	—
Ⅳ	Q125	—	—	—	≤12. 70	3. 0
					12. 71~19. 04	4. 0
					≥19. 05	5. 0

（3）韧性

从油井管柱的安全性和可靠性方面考虑，韧性是其最重要的性能之一。韧性总是和断裂过程联系在一起，足够的韧性可以延缓或阻止断裂事件的进程。API SPEC 5CT(2018)标准对 H40、J55、K55 钢级和 N80 钢级 I 类管体的夏比 V 型缺口冲击韧性(CVN 吸收能)没有强制性要求。表 3-19 给出 API SPEC 5CT(2018)标准中 M65、N80Q、R95、L80、C90、T95、P110、C110 和 Q125 钢级对全尺寸试样最低吸收能的要求。同样，为了提高高强度油井管的使用性能和应用范围，国内外各大钢管生产厂家在改进合金成分及热处理措施的基础上，大幅度提高了高强度油井管用钢的韧性，以满足苛刻环境对材料的韧性要求，如表 3-20 给出国产 110ksi 钢级抗酸性油井管的管体全尺寸(10mm×10mm)夏比 V 型缺口试样的冲击韧性数值，其冲击韧性(≥0℃)在 100J 以上。

表 3-19 API SPEC 5CT(2018)标准对不同钢级油井管的韧性要求

钢级	横向要求 Cv	纵向要求 Cv
M65	20J	41J
N80Q，R95，L80，C90，T95	SYMS(0.00118t+0.01259) 或 14J，取二者的较大者	SYMS(0.00236t+0.02518) 或 27J，取二者的较大者
P110	SYMS(0.00118t+0.01259) 或 20J，取二者的较大者	SYMS(0.00236t+0.02518) 或 41J，取二者的较大者
C110，Q125	SYMS(0.00118t+0.01259) 或 20J，取二者的较大者	SYMS(0.00236t+0.02518) 或 41J，取二者的较大者

表 3-20 国产 110ksi 钢级抗酸性油井管管体夏比冲击韧性试验结果

样品	试样类型	试验温度/℃	吸收能量/J	吸收能量平均值/J
110SS-3Cr	10mm×10mm×55mm 纵向 V 型	20	130	130
			130	
			130	
		0	117	119
			120	
			120	
		-20	115	116
			119	
			115	
		-40	110	110
			110	
			110	
		-60	88.0	84.5
			79.0	
			86.0	
		-80	57.0	53.5
			53.0	
			50.0	

3.4 油井管的生产

由于各生产厂家生产油井管所选定的钢种(成分)、所用设备等不尽相同，并且一些高端油井管产品(如超级 13Cr、15Cr 马氏体不锈钢油井管、双相不锈钢油井管等)的生产还处于保密阶段，本节以普通 API 13Cr 为例介绍国内外油井管(无缝管)普遍采用的制造工艺和生产流程。

3.4.1 油井管用钢的冶炼

苛刻油气田条件要求提供高度的“洁净钢”，现代冶金技术的发展已经能够确保杂质元素和气体元素低或超低含量水平的油井管用钢的生产。通过合金化和微合金化处理，采用预脱磷、硫铁水炼钢技术，以及炉外精炼(RH、喷钙、吹氩)等技术得到钢坯，再曰电炉熔炼、LF+VD、喂 Si-Ca 丝夹杂物变态处理、全程吹氩精炼、细晶化处理等工艺获得超纯净钢。在 Ca 处理过程中，严格控制 Ca/S 比，使硫化锰夹杂球化，降低裂纹敏感性。

3.4.2 穿孔、轧制和热处理

油井管一般采用连铸坯经穿孔和多机架热连轧无缝工艺。热轧后全长淬火和回火处理，最终热处理后钢管若须矫直，均采用热旋转矫直，其工艺流程见图 3-10。

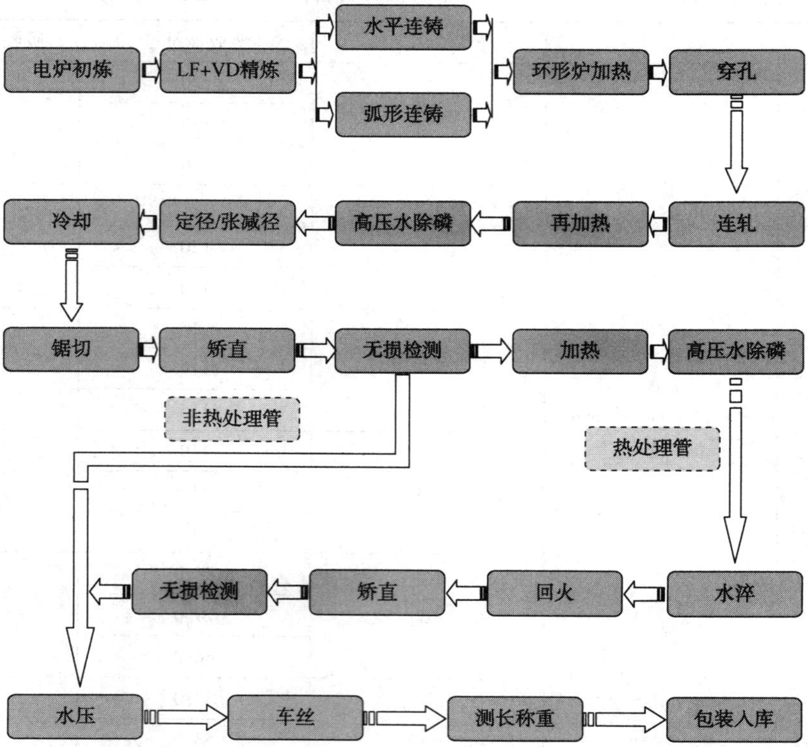

图 3-10 电炉-圆管坯连铸-大口径连轧管机组生产工艺流程图

(1) 管坯加热前检查、修磨

热轧前应进行管坯验收、管坯成分复验、相变点和 CCT 曲线测定，以及进行扒皮管坯外观检查、超声波探伤和定切，外表面补充修整。管坯的剥皮检验以及检测管坯缺陷是否彻底消除是保证管坯穿孔质量的关键。

(2) 管坯加热

管坯加热：坯料在环形炉中加热。入炉温度在 600℃左右，加热开始阶段至 850~900℃以下时加热速度要缓慢，以保证管坯不因热应力而内裂，管坯热透、均热。均热温度在 1150~1200℃范围，加热炉应控制好炉内气氛和炉内各段温度。加热中既要保证烧透烧匀，又要防止过热。要按设定加热时间有节奏出钢，防止驻炉时间过长。

（3）穿孔、热连轧

穿孔温度为1100～1150℃，材料在1000～1200℃的温度范围表现出好的热加工性能。穿孔变形温升控制在100℃以内，钢温不超过1250℃，防止钢进入双相区($\gamma+\alpha$)，在高温下出现第2相(α)会使钢因高温导致塑性恶化，变形性能差而造成内裂。穿孔过程要保证表面润滑充分(可用玻璃粉润滑)，要注意保护钼顶头。顶杆可循环使用，顶杆/顶头从毛坯管内抽出后在线外用回转式装置进行冷却，既保证了顶杆的直度和刚性，又使顶头得到充分冷却，提高了顶头的使用寿命。

穿孔时要注意管坯出炉的节奏，保证穿孔机准备好，随时等材料进入。

热连轧的开轧温度1100℃，终轧温度不低于900～925℃。轧制前应认真检查各工序的工具，提高芯棒润滑度。为防止穿孔机和轧机导盘粘钢，须加强对导盘的润滑。轧制时，除正常的工具冷却水可打开外，其余冷却水应关闭，以防止冷却水溅到钢管表面导致钢管开裂。

（4）定(减)径

热连轧后，热料直接进再加热炉，由于定(减)径变形量不大，所以再加热温度不宜太高，以防止晶粒粗化。再加热温度一般定为960～970℃，若定(减)径变形量不足，应调整再加热温度。如果13Cr接箍管坯再加热温度波动小，定(减)径过程快，温降不大，温度仍保持在950℃左右，则可利用余热，直接进行空淬，然后进行回火，可免去进炉淬火加热程序。

（5）淬火(空淬)或镦粗油管退火

淬火(空淬)：13Cr半成品管最终热处理淬火加热温度为950～960℃，加热气氛控制为还原性气氛，保温时间根据壁厚确定。若淬火加热温度过高(如1000℃)，则钢的马氏体针较长、回火后韧性降低、耐NaCl盐雾腐蚀性也降低。950～960℃淬火有利于细化奥氏体晶粒，有一定数量细小分散的铁素体，回火时可减少碳化物在原奥氏体晶界的析出，提高回火后韧性。超级13Cr半成品管最终热处理淬火加热温度为950～1000℃。13Cr、超级13Cr半成品管最终热处理淬火加热可通过工艺评定试验确定。

镦粗13Cr油管采用Ac1温度以上不完全退火，作为一种软化处理方法，其可以防止镦粗前半成品管开裂(如进行完全退火，碳化物充分固溶于奥氏体晶粒中，则冷却后形成马氏体钢的强度、硬度增高)。退火温度为700～800℃，加热保温后以30～50℃/h速度炉冷至650℃以下，最终出炉空冷。

（6）回火

根据强度级别和硬度限制，回火温度可通过工艺评定确定，如L80-13Cr，硬度23HRC，淬火温度1000℃，回火温度约700℃。13Cr回火应避开敏化回火温度区，即避开造成氯离子晶间应力腐蚀开裂或晶间腐蚀的临界区(398.9～593.3℃)；超级13Cr的淬火温度为950～1000℃，双重回火温度为650～670℃或690～710℃。

第4章 钻　杆

4.1　钻杆的发展历程

人类利用工具钻探而获取资源的历史可以追溯到11世纪，那时人们将竹木做成工具，以人畜为动力，冲击钻凿盐井，并利用开采出来的天然气煮盐水以获得食盐。这些最早用来钻井的竹木可以被称为第一代钻杆。20世纪初，利用钢铁工具和设备，以蒸汽机提供动力，开始了顿钻打井，当时的钻探工具可以称得上是第二代钻杆。真正意义的钻杆产生于20世纪40年代，那时利用钻头钻取岩屑，利用钻杆传递扭矩和泥浆液，钻井速度和深度也大大提高。到了70年代，随着计算机技术的高速发展，钻井进入自动化阶段，同时对钻杆性能提出了更高的要求，这个时期到现在使用的钻杆被称为第三代钻杆。

钻杆是一种尾部带有螺纹的钢管，用于连接钻机地表设备和位于钻井底端钻磨设备或底孔装置，起到传递动力和输送泥浆的作用，并与钻头一起提高、降低或旋转钻磨设备，同时高压洗井液通过钻杆内孔流向井底。钻杆是钻井的主要工具，在钻具用钢管中，钻杆的使用量最大。钻杆必须能够承受巨大的内外压、扭曲、弯曲和振动。在油气开采和提炼过程中，钻杆可以多次使用。钻杆分为方钻杆、钻杆和加重钻杆三类。连接次序为方钻杆(1根)+钻杆(n根，由井深决定)+加重钻杆(n根，由钻具组合设计决定)。

随着油气田开采技术的不断发展和需求，油气开采环境和条件变得越来越复杂。水平井、深井和超深井、大位移井、稠油井、页岩井等钻井技术的应用，使得钻井成本和钻井风险在不断提高，传统意义上的钻杆已不能满足使用要求。新一代钻杆正向着高强度、高韧性、智能化、数字化、防腐蚀、页岩层开采、深海开采、安全环保等方向发展，从而促使石油钻杆生产厂家和材料厂家更多地关注超高强度钻杆或非钢材料钻杆，以提高钻柱对钻井工艺下的服役工况和服役环境的适应能力。随着材料的冶炼工艺、热处理工艺和加工制造工艺的不断提高和完善，抗腐蚀钻杆、超高强度钻杆、钛合金钻杆、铝合金钻杆、复合材料钻杆、智能钻杆等一些高性能钻杆产品应运而生，产品的性价比也在不断提高，新一代钻杆将得到进一步的发展和广泛应用，为油气田勘探开发提供有力支持。

4.2　钻杆的分类

随着钻井深度的不断增加，特别是在深井、超深井、定向井、丛式井和大斜度水平井等的钻井中，钻杆一根接一根地不断加长，同时高压的洗井液通过钻杆内孔流向井底。在钻井时钻杆承受着拉伸、压缩、扭转、弯曲及冲击载荷等各种交变应力的作用，其内孔还承受着高压泥浆的冲刷和腐蚀，在含有 H_2S、CO_2 和 Cl^- 的环境中，还要求钻杆具有抗 H_2S、CO_2 等腐蚀能力，工况极为复杂，工作条件极为恶劣。因此，人们对钻杆的使用性能提出了更高的要求，已研制出一批高性能的钻杆产品。

4.2.1 钢制钻杆

钻杆是钻井的主要工具，连接在方钻杆的下端，主要起到传递动力和输送泥浆的作用。钻杆主要有 E75、X95、G105、S135 等钢级，屈服强度依次增高。常用规格为 60.30mm（2⅜in）、80.90mm（3½in）、114.30mm（4½in）、127.00mm（5in）等，长度为二级长度 8.23~9.14m，壁厚一般为 7.11mm、9.19mm、9.35mm、10.92mm、11.40mm。2018 年发布的最新 ISO 11961 钻杆标准增加了 D95 和 F105 两个钢级，供含硫化氢环境下选用，其力学性能见表 4-1 和表 4-2。

表 4-1 钻杆材料的强度和伸长率的要求

钢级	屈服强度/MPa		抗拉强度/MPa		伸长率/%
	最小	最大	最小	最大	最小
E	517	724	689	—	根据壁厚计算
X	655	862	724	—	根据壁厚计算
D	655	758	724	—	根据壁厚计算
G	724	931	793	—	根据壁厚计算
F	724	827	793	965	根据壁厚计算
S	931	1138	965	—	根据壁厚计算
E，G，X 和 S 钢级钻杆接头	827	1138	965	—	13
D 和 F 钢级钻杆接头	758	862	862	1000	13

注：钻杆管体采用全壁厚板拉伸试样，钻杆接头采用圆棒拉伸试样。

表 4-2 −20℃下钻杆材料夏比 V 型缺口纵向冲击吸收功指标

项目	最小平均吸收能 Akv/J			试样最小吸收能 Akv/J		
	试样尺寸/（mm×mm）			试样尺寸/（mm×mm）		
	10×10	10×7.5	10×5	10×10	10×7.5	10×5
普通钻杆管体所有钢级	100	80	55	80	64	44
普通钻杆接头	80	64	44	60	48	33
抗硫钻杆管体	100	80	55	80	64	44
抗硫钻杆接头	90	72	50	70	56	39

注：由于钻杆产品存在质量等级，本表中的性能指标为Ⅲ级钻杆材料要求。

4.2.2 抗硫钻杆

抗硫钻杆是目前国内应用最广的一种高性能钻具，主要用于酸性气田。在一些高含 H_2S 的油气田中，由于 H_2S 对钻杆尤其是对高强度的钻杆具有很强的腐蚀性以及应力腐蚀开裂的敏感性。因此，抗硫钻杆在国内气田得到了大量的应用，从95SS钢级的钻杆到105SS钢级的钻杆。由于材料强度的提高，使得材料对应力腐蚀开裂的敏感性增加，发生腐蚀和应力腐蚀的风险性就越高。因此，抗硫钻杆材料的强度受到了很大的限制。目前，美国格兰特钻杆有限公司成功研发了120SS钢级的抗硫钻杆，并在油田得到应用。我国的抗硫钻杆研究已取得阶段性成果，包括上海宝钢和渤海能克在内的多家国内钻杆厂家研发出SS95和SS105钢级的抗硫钻杆，并在油田得到应用。120SS钢级抗硫钻杆已在研发过程。表4-3为IRP1(加拿大石油安全委员会制定工业推荐作法)标准抗硫钻杆的性能参数。

表4-3 IRP1标准抗硫钻杆的性能

钢级	屈服强度/MPa	抗拉强度/MPa	冲击功*/J	抗硫性能**
SS75	517-655	655-793	≥88	85%SMYS
SS95	655-758	724-896	≥100	
SS105	724-827	793-965	≥100	
工具接头	758-862	862-1000	≥90	65%SMYS

注：*室温全尺寸纵向冲击功单个值；**采用NACE 0177—2005标准A方法在A溶液中进行试验。

4.2.3 铝合金钻杆

铝合金钻杆在石油工业的应用已有多年的历史，目前铝合金钻杆已经形成了产品系列。从20世纪50年代开始，俄罗斯开始从事铝合金钻杆的研制和推广应用。20世纪60、70年代，铝合金钻杆开始应用于北美和南美洲。铝合金钻杆的成本大约是常规钢钻杆的2倍。其性能优点为：重量降低，高耐腐蚀性，高抗疲劳特性，无磁性。表4-4为铝合金钻杆的力学性能参数。

表4-4 铝合金钻杆的力学性能

钢级	屈服强度/MPa	抗拉强度/MPa	延伸率/%	屈服强度与容重比
7E04	585	645	10.2	36563
D16T	325	460	12.0	20313
AK4-1T1	340	410	8.0	21251
1953 T1	480	530	7.0	3001

4.2.4 超高强度钢钻杆

超高强度钢钻杆是为实现深井、超深井钻井而研制的。目前，超高强度钻杆羽包括140ksi(965MPa)和150ksi(1034MPa)最小屈服强度。140钢级钻杆使用量约是16.8×104m^2，150钢级为6.1×104m^2，这些钢级钻杆和S135钻杆成本相当。与S135钻杆的强度重量比相比，165钢级钻杆的强重比提高了22%，仅比钛合金钻杆低15%，位于第2位，但其成本却远低于钛合金钻杆。国外某钻杆生产厂家生产的Z140型高强度钻杆的强度质量比为123.3kPa·m^3/g，比S135高强度钻杆强度重量比高出4%。V150型高强度钻杆的强度质量比为132kPa·m^3/g，比S135高强度钻杆强度重量比高出11%。表4-5为V150和U165超高强度钻杆钢的力学性能。

表 4-5 V150 和 U165 超高强度钻杆钢的力学性能

钢级	屈服强度/MPa	抗拉强度/MPa	冲击功/J		
			平均值	温度	尺寸
V150	≥1103	≥1171	54	21℃	10mm×10mm
				-20℃	7.5mm×10mm
U165	≥1138	≥1275	96	20℃	10mm×10mm
			56	-20℃	10mm×10mm

4.2.5 钛合金钻杆

钛合金钻杆主要用于超短半径钻井。在超短半径钻井、超深井和深水钻井应用中，钛合金钻杆的优势明显。其优点是重量轻，钛要比钢轻 56%，钛合金钻杆的最小屈服强度为 120ksi(827MPa)，比 S135 钢钻杆强度质量比提高了 37%。

钛具有高抗腐蚀、抗冲蚀和良好的耐疲劳特性。因此，钛可以用于制造高性能的钻杆，钛合金钻杆的应用为超深井和超短半径水平井的发展提供技术解决方案。但钛合金钻杆对疲劳缺口的敏感性和其高成本制约了其在石油行业中的应用。GB/T 41343—2022《石油天然气工业 钛合金钻杆》中规定了石油天然气钻井和生产操作中使用的全钛合金钻杆(TD95、TD105、TD120 三个级别)的制造工艺、技术要求等。表 4-6、表 4-7 为钛合金钻杆的力学性能。

表 4-6 钛合金钻杆的拉伸性能

钢级		屈服强度/MPa		最小抗拉强度/MPa	伸长率/%
		Min	Max		
管体	TD95	655	862	760	≥10
	TD105	724	931	827	
	TD120	827	1034	931	
接头	TD95	793	965	896	≥12
	TD105				
	TD120				

表 4-7 钛合金钻杆的夏比 V 型缺口纵向吸收能

钢级	最小平均吸收能/J			单个试样最小吸收能/J		
	试样尺寸/(mm×mm)			试样尺寸/(mm×mm)		
	10×10	10×7.5	10×5	10×10	10×7.5	10×5
试验温度：(21±3)℃						
TD95 管体	41	33	22	35	28	19
TD105 管体	36	29	20	31	25	17
TD120 管体						
接头	36	29	20	31	25	17
焊区	22	18	12	19	15	10

4.2.6 复合材料钻杆

复合材料钻杆是通过在卷筒上缠绕碳纤维，然后应用一种环氧基复合材料覆盖并密封而成。目前生产的复合钻杆，其成本大约是常规钢钻杆成本的3倍，但复合材料钻杆具有许多潜在的优势，包括质量轻、超高的抗腐蚀能力、高的强度质量比以及高的抗疲劳能力。

阻碍复合材料钻杆在大位移井、超深井和深水钻井中应用的一个主要问题是其水力特性和效率。为了获得必要的结构特性，复合材料钻杆必须比常规钢钻杆厚许多，复合材料钻杆的壁厚可能要达到常规钢钻杆壁厚的2倍。因此，对复合材料的选择应充分考虑以下特点：

（1）复合材料具有较高的耐热性，其玻璃化转变温度（T_g）应超过实际使用温度约30℃，即$T_g \geqslant 200$℃；

（2）复合材料具有较高的致密性，防止高压下水分的渗入，也就要求复合材料必须具有很低的孔隙率；

（3）为了防止水汽渗入复合材料/芯层的界面中，复合材料必须与芯层具有很好的黏接强度；

（4）由于复合材料与钢材的膨胀系数差距较大，在实际使用过程中，高低温多次反复容易造成复合材料/芯层界面破坏，使其黏接强度下降，所以复合材料应具有很好的韧性，足以抵消膨胀系数的差距。

4.3 钻杆的成分、组织和性能

4.3.1 成分

在API Spec 5DP及GB/T 29166—2021最新标准中，钻杆是按钢级分类和验收的，主要包括E钢级、高强度（G、S、X、V及U钢级）、抗硫化氢增强型钻杆（D和F钢级，也称为SS钢级），表4-8给出了化学成分的要求。

表4-8 化学成分要求

产品构件	磷（最大）/% （质量分数）	硫（最大）/% （质量分数）
管体：E钢级	0.030	0.020
管体：X、G、S、V和U钢级	0.020	0.015
管体：D和F钢级	0.013	0.006
钻杆接头：E、X、G、S、V和U钢级	0.020	0.015
钻杆接头：D和F钢级	0.015	0.010

根据钻杆的实际工况条件，总体上要求钻杆钢具有良好的综合机械性能。为了保证钻杆的钢级，以往钻杆的C含量在中碳范围，如35CrMo、40CrMnMo、37CrMnV，其C含量在0.35%以上，经淬火+高温回火后，可获得良好的综合机械性能。统计分析后认为，在大量的钻杆过早失效事故中，其过早失效的基本原因几乎都归结于材料的韧性偏低。近年来，为

了解决钻杆韧性偏低的问题，钻杆用钢的 C 含量呈降低趋势，有些厂商采用微合金化的方法，采用低碳合金钢获得不同钢级的钻杆，但有关不同钢级低碳钻杆钢的显微组织尚未开展深入的研究。提高钻杆韧性的另一种方法是通过亚温淬火的复相化处理工艺，获得马氏体-铁素体双相组织的钢，该钢是在铁素体基体上分布着一定数量的马氏体组织，可以达到强韧性的目的，使钻杆在保证高强度的同时又具有足够的韧性。

钻杆材质根据要求不同，可以采用碳钢、合金钢、不锈钢、铝合金、钛合金等材质。其中，碳钢钻杆用途最为广泛，其主要成分是碳和铁，具有良好的韧性和可塑性，但强度相对较低；合金钢钻杆在碳钢钻杆的基础上加入了一定比例的合金元素，如 Cr、Ni、Co 等，提高了强度和硬度；不锈钢钻杆具有优异的耐腐蚀性和耐高温性能，通常用于特殊环境下的钻井作业；铝合金钻杆在地探深孔中得到广泛应用；钛合金钻杆适用于在超深井和特殊作业条件下的使用。

4.3.2 显微组织

钻杆在使用过程中必须能够承受巨大的内外压，这使得钻杆必须要有足够高的强度、硬度和耐磨性。而在钻头扭曲改变钻探方向时，又不能使管体发生弯曲变形，所以钻杆又要有足够高的塑性和韧性。通过调质处理得到的回火索氏体可以满足这样的要求，想要获得具有良好的回火索氏体组织，前提是必须得到马氏体，因此调质效果和钢的淬透性有着密切的关系，必须保证所用材料具有足够的淬透性。回火索氏体是马氏体于回火时形成的，在光学显微镜下放大 500~600 倍以上才能被分辨出来，其为铁素体基体分布的碳化物(包括渗碳体)球粒的复合组织。它也是马氏体的一种回火组织、铁素体与粒状碳化物的混合物。

E75 是最初使用的钻杆钢级，API 标准规定，对 X95 级及以上的钻杆管应经淬火加回火或正火加回火热处理。常见钻杆钢级材料的化学成分及显微组织见表 4-9 和图 4-1 所示。

表 4-9 常见钻杆钢的化学成分 %

钢级	C	Si	Mn	P	S	Ni	Cr	Mo	Ti	Cu	V	Fe
E75	0.38	0.28	1.42	0.008	0.002	0.06	0.07	0.20	—	—	—	余量
X95	0.19	0.25	0.98	0.011	0.0024	0.038	0.64	0.15	0.007	0.051	0.007	余量
G105	0.23	0.25	0.47	0.006	0.002	0.011	0.888	0.658	0.06	0.06	—	余量
S135	0.20	0.24	0.54	0.007	0.0035	0.403	0.0861	0.858	0.007	0.06	—	余量
V150	0.24	0.22	0.59	0.0064	0.0013	0.58	0.97	0.81	0.003	0.052	0.15	余量
U165	0.28	0.4	0.452	<0.005	0.0024	0.0038	1.347	0.689	0.0038	0.033	0.091	余量

E75 为正火组织，X95 为回火索氏体组织。G105 钻杆钢中碳化物主要为块状和针状两类，为典型的回火索氏体组织，即细小等轴铁素体+颗粒状渗碳体。S135 钻杆钢材料中除了在铁素体晶界形成片状碳化物外，在片状铁素体上存在细小的碳化物，为典型的回火屈氏体组织，即保持马氏体形态的铁素体+细小碳化物。V150 和 U165 钢级为超高钢级的钻杆钢，其组织均为回火索氏体组织，随着钢级的增加，显微组织更细小，尤其是 U165 钢，晶粒度高于 12 级。

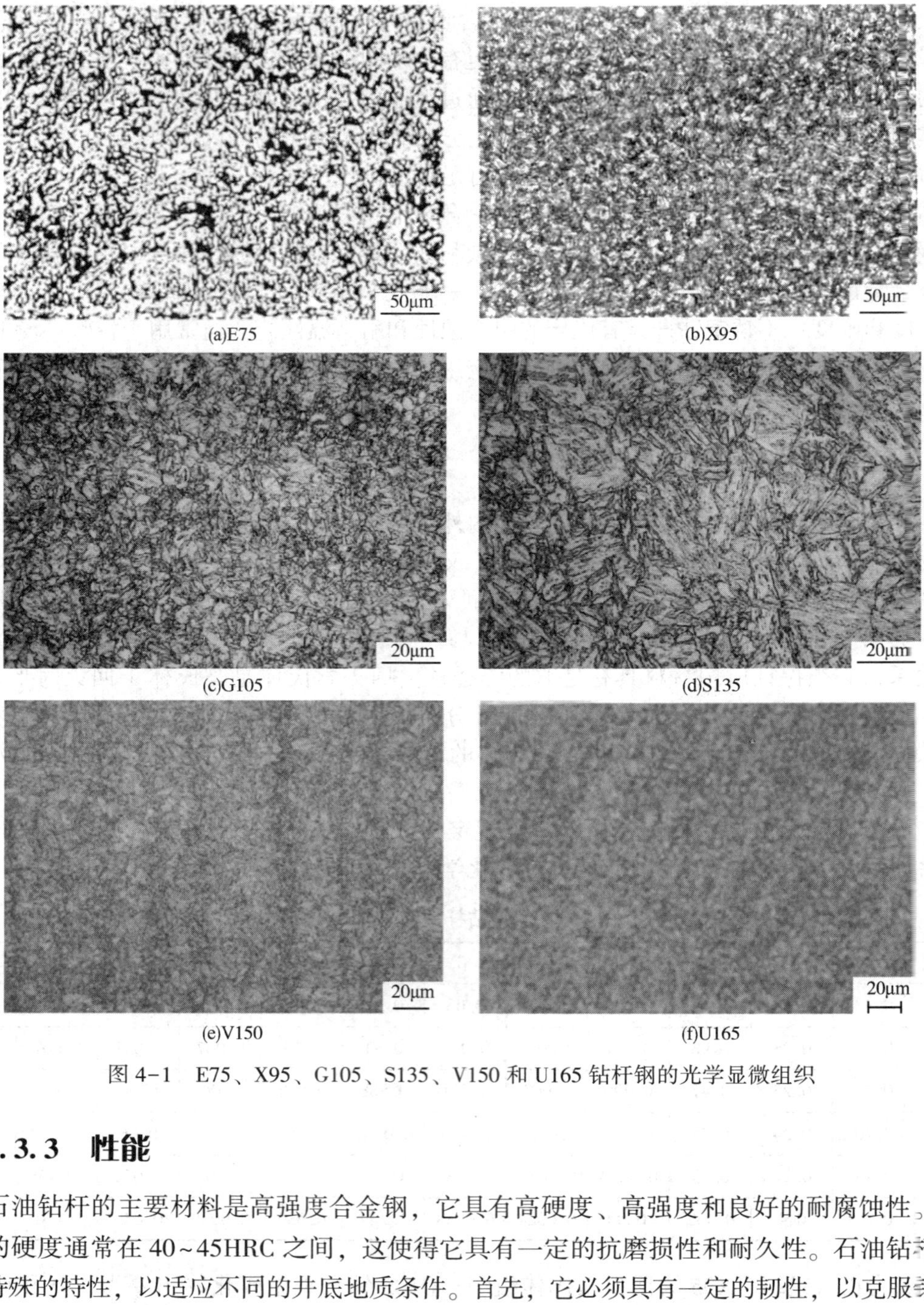

图 4-1　E75、X95、G105、S135、V150 和 U165 钻杆钢的光学显微组织

4.3.3　性能

石油钻杆的主要材料是高强度合金钢，它具有高硬度、高强度和良好的耐腐蚀性。石油钻杆的硬度通常在 40~45HRC 之间，这使得它具有一定的抗磨损性和耐久性。石油钻杆具有一些特殊的特性，以适应不同的井底地质条件。首先，它必须具有一定的韧性，以克服钻井过程中的冲击和振动。其次，它需要具有一定的弹性，以适应井底地质条件的变化。此外，石油钻杆还需要具有良好的耐腐蚀性，在复杂的地质条件下能够长时间地使用。表 4-10 给出了 GB/T 29166—2021 标准中对钻杆及钻杆接头要求的拉伸性能。除对伸长率没有要求外，加厚端应符合对管体的要求。表 4-11 为钻杆管体在屈服强度下的标距总伸长，表 4-12 给出了对钻杆的夏比 V 型缺口纵向吸收能要求，表 4-13 给出了对钻杆内螺纹接头横向冲击吸收能要求。

表 4-10 拉伸要求

钢级	屈服强度/MPa		抗拉强度/MPa		伸长率/%
	最小	最大	最小	最大	最小
钻杆管体					
E 钢级	517	724	689	—	—
X 钢级	655	862	724	—	—
D 钢级	655	758	724	896	—
G 钢级	724	931	793	—	—
F 钢级	724	827	793	965	—
S 钢级	931	1138	1000	—	—
V 钢级	1034	1171	1103	1310	—
U 钢级	1138	1275	1207	1413	—
钻杆接头					
E、X、G、S、V 和 U 钢级	827	1138	965	—	13
SR25(B.8)高强度钻杆接头	896	1207	965	—	
D 和 F 钢级	758	865	862	1000	15

在 50.8mm(2.0in)标距内管体的最小伸长率 e(%)应由式(4-1)确定，伸长率小于 10%圆整至最接近的 0.5%，伸长率不小于 10%圆整至最接近的 1%：

$$e=k\times A^{0.2}/U_{dp}^{0.9} \tag{4-1}$$

式中 k——常数，等于 1944；

A——拉伸试样的横截面积，平方毫米(mm^2)。根据规定外径或试样的名义宽度和规定壁厚计算，圆整到接近的 $10mm^2$。A 值取计算值和 $490mm^2$ 中的较小者；

U_{dp}——规定的最小抗拉强度，MPa。

表 4-11 钻杆管体在屈服强度下的标距总伸长

钻杆管体钢级	标距长度的总伸长/%
E、X、D	0.5
G、F	0.6
S、V、U	0.7

表 4-12 夏比 V 型缺口纵向吸收能要求

产品构件	最小平均吸收能/J			试样最小吸收能/J		
	试样尺寸/(mm×mm)			试样尺寸/(mm×mm)		
	10×10	10×7.5	10×5	10×10	10×7.5	10×5
PSL—试验温度：(21±3)℃						
钻杆管体：X、G、S、V 和 U 钢级	54	43	30	47	38	26
钻杆管体：D、F 钢级	100	80	56	81	65	45

续表

产品构件	最小平均吸收能/J			试样最小吸收能/J		
	试样尺寸/(mm×mm)			试样尺寸/(mm×mm)		
	10×10	10×7.5	10×5	10×10	10×7.5	10×5
PSL—试验温度：(21±3)℃						
钻杆接头(内螺纹和外螺纹)	54	43	30	47	38	26
焊区：D、F 钢级	27	22	16	27	22	16
焊区：X、G、S、V 和 U 钢级	16	14	—	14	11	—
SR19—试验温度：(21±3)℃						
钻杆管体：E 钢级	54	43	30	47	38	26
SR20—试验温度：(-10±3)℃						
钻杆管体：所有钢级	41	33	27	30	24	20
钻杆接头(内螺纹和外螺纹)	41	33	27	30	24	20
焊区	16	14	—	14	11	—
SR24—试验温度：(21±3)℃						
焊区	27	22	—	23	19	—
SR25—试验温度：(21±3)℃						
钻杆接头(内螺纹和外螺纹)	47	38	31	33	26	22
PSL-3—试验温度：(-20±3)℃						
钻杆管体：E、X、G、S、D 和 F 钢级	100	80	56	80	64	43
钻杆管体：V、U 钢级	54	43	30	47	38	26
钻杆接头(内螺纹和外螺纹)	54	43	30	47	38	26
焊区	42	34	—	32	26	—

表 4-13　钻杆内螺纹接头横向冲击吸收能要求

产品等级及试样温度	最小平均吸收能/J	试样最小吸收能/J
PSL-1，(21±3)℃	43	37
PSL-2，(21±3)℃	52	43
PSL-3，(-20±3)℃	60	50

注：本表中的冲击吸收能值是夏比 V 型缺口 10mm×10mm 全尺寸试样的试验值。

4.4　钻杆的生产

国外钻杆生产厂家有美国格兰特公司和法德合资的瓦母公司，两家的产能占全世界的一半。国内具有代表性的钻杆生产厂家有上海宝钢、渤海能克钻杆有限公司等。

20 世纪 60 年代以前，钻杆的生产是采用管体与接头烘装而成，这种结构的钻杆经常会在螺纹啮合处发生疲劳断裂，造成井下钻杆断裂的恶性事故，钻杆断后无法被修复，这种方法已被淘汰。70 年代初，新钻杆的生产和旧钻杆的修复采用加压气焊和闪光对焊技术，这两种焊接方法存在的缺点是焊接工艺参数不易被控制，经常会在焊接部位因粒状或块状氧化物和硅酸盐类非金属夹杂物的存在，形成致命的浅平微坑状焊接灰斑缺陷而导致钻杆早期的脆性断裂。因此，这两种焊接方法很快被淘汰。摩擦焊作为一种新型的焊接方法，具有加热时间短、焊接质量稳定、热影响区小、高效环保等特点，在钻杆生产中得到广泛的应用。我国钻杆生产起始于20世纪90年代，钻杆的生产大致包括三个部分：管端加厚、工具接头加工、摩擦对焊及后续处理。图4-2为钻杆的生产工艺流程。

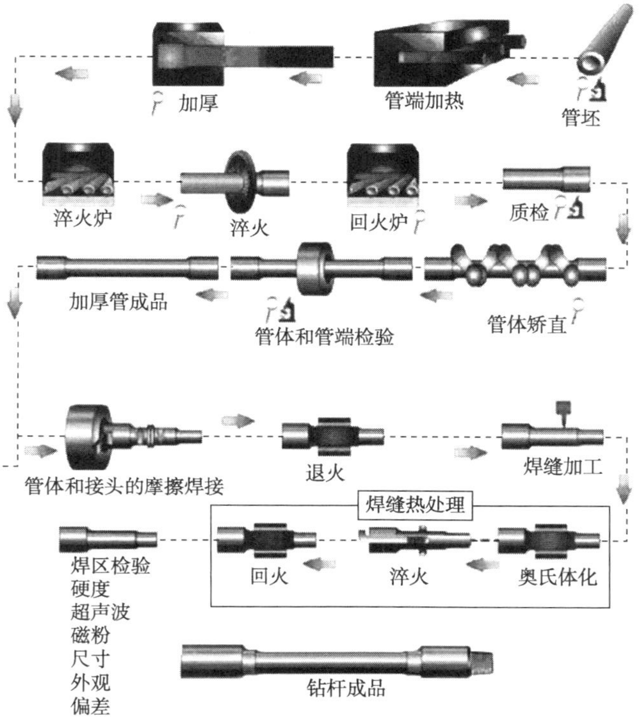

图4-2 钻杆产品工艺流程

（1）管端加厚

石油钻杆在使用过程中，焊缝部位是最薄弱的环节，在焊接前要对无缝管管体的两端进行管端加厚，以提高其强度。根据管子直径不同，一般分为内加厚、外加厚和内外加厚三种形式，其中以内外加厚形式为主。

管端加厚的过程首先是对无缝管的管端进行加热、均热；其次是用气动或者液压的方式对管端进行镦打，外表面靠模具成型，内表面靠温度梯度自然成型；最后对整个管体进行热处理、矫直、无损探伤检查。成型中内表面过渡带由于薄弱、受力复杂，所以其成型十分关键。

（2）工具接头加工

工具接头的材料一般采用中碳合金钢，毛坯经过加热后分三次冲压成型，经过正火后进行机械加工。首先对毛坯进行内孔、外圆、端面的车削加工，其次是对接头进行调质热处理以获取综合的力学性能，最后对接头进行螺纹加工，螺纹部分要进行镀铜或磷化处理，防止在使用过程中发生黏扣现象。

（3）摩擦焊及后续处理

钻杆管体与工具接头的摩擦对焊是整个钻杆生产的重要一环，为保证焊接质量，几乎所有钻杆厂都采用全自动摩擦焊机。焊后需要去除焊接毛刺，对焊接热影响区进行调质处理，对焊缝进行无损探伤检查。其中对焊缝的调质处理十分重要，一般采用中频加热方式进行。这种焊缝热处理的优点是：加热影响区窄，加热时间短、焊区组织均匀稳定，性能可靠、焊区表面的残余应力小。

第5章 油气田的腐蚀类型及腐蚀机理

5.1 CO_2 腐蚀

5.1.1 CO_2 腐蚀环境

CO_2 溶于水后对钢铁具有腐蚀性，这早已被人们所认识，在油气工业中通常也被叫作甜腐蚀(Sweet Corrosion)。在油气钻采过程中，CO_2 腐蚀问题日益严重，特别是70年代以来，随着深层含 CO_2 油气层的开发(表5-1为国内某高温高压气田不同区块的气井 CO_2 含量)，回注 CO_2 强化采油工艺的应用，CO_2 腐蚀越来越引起人们的重视。干燥纯净的 CO_2 气体是没有腐蚀性或腐蚀非常轻微的，但含有一定水分的 CO_2 气体腐蚀性较强。在油气田中，绝对干的环境是没有的，油气中所含水分的凝析、地层产出水及盐类电解质的存在等都使油气中不可避免地含有水分。另外，由于回注 CO_2 气体强化采油，往往是采用 CO_2 和 H_2O 交替注入井中，因此，地面和井下的金属设备受 CO_2 腐蚀严重。国内外 CO_2 腐蚀的实例很多，如美国 Mississipi 的 Little Greek 油田在进行 CO_2 的 EOR 现场试验时发现，在未采取抑制 CO_2 腐蚀措施时，生产井的管壁不到五个月即腐蚀穿孔，折算成腐蚀速率相当于12.5mm/a；美国的另一个 Sacroc 油田进行 CO_2 的 EOR 采油，井口虽然用了 AISI 410 不锈钢材料，但仍遭到 CO_2 严重腐蚀。其他一些国家富含 CO_2 油气的生产设备也遭到 CO_2 严重腐蚀，如 Nigeria 的 Okopok 油田，现场条件为 P_{CO_2} 小于0.02MPa，温度为58℃，设备穿孔率为3.3mm/a。在我国石油工业生产中，CO_2 腐蚀问题也很严重，华北油田采油三厂留58断块富含 CO_2 气体，自1984年7月，仅14个月时间，就有三口日产原油100~400t、天然气1000m^3的高产油井因油层套管严重腐蚀而相继报废，造成直接经济损失达150万元；吉林油田万五井于1985年8月投产，产量为2×10^4m^3/d，投产不到三年，由于油管被 CO_2 腐蚀得千疮百孔，致使800m油管掉到井下；中坝油田须二气藏不含 H_2S，只含0.54%CO_2，但从气井中起出的油管却被腐蚀穿孔；四川油田、长庆油田以及南海涠103油田也都因严重的 CO_2 腐蚀而造成巨大的经济损失。

表5-1 国内某高温高压气田不同区块的气井 CO_2 含量及环境数据

区块	井深/m	井口温度/℃	井底温度/℃	井口压力/MPa	井底压力/MPa	CO_2 含量/%	Cl^-浓度/(×10^4mg/L)
1	7091	70	147	95	119	1.78	15.5
2	6050	76	137	78	111	4.86	11.8
3	6240	62	105	46	75	0.74	11.6
4	7600	100	167	90	115	0.84	4.79

5.1.2 CO_2 腐蚀机理及影响因素

CO_2 腐蚀在油气工业中也叫甜腐蚀。干的 CO_2 气体，即使温度高达 400℃，也不会发生 CO_2 腐蚀。但是，遇水后即会产生 CO_2 腐蚀，其实质为 CO_2 溶解于水生成 H_2CO_3，金属在 H_2CO_3 溶液中发生电化学腐蚀。含 CO_2 环境指不含 H_2S 或者 CO_2 与 H_2S 共存时，H_2S 分压低于 3.45×10^{-4}MPa 的油气井，一般规律为 CO_2 分压达到 0.05MPa 时没有明显的腐蚀，分压超过 0.2MPa 才有严重的腐蚀。

（1）腐蚀机理

关于在 CO_2 腐蚀过程中的阳极反应，目前还没有形成一致的认识。通常认为在含有 CO_2 溶液中，阳极反应为：

$$Fe+OH^- \longrightarrow FeOH+e^- \tag{5-1}$$

$$FeOH \longrightarrow FeOH^+ +e^- \tag{5-2}$$

$$FeOH^+ \longrightarrow Fe^{2+} +OH^- \tag{5-3}$$

总的阳极反应为：

$$Fe \longrightarrow Fe^{2+} +2e^- \tag{5-4}$$

同时，在 CO_2 腐蚀的过程中，阴极反应过程控制着钢的腐蚀速率，因此围绕阴极还原机理各国学者已展开了不少研究，所论述的阴极反应过程主要涉及 H^+ 或 H_3O^+ 以及 H_2CO_3、HCO_3^- 的还原。

① CO_2 腐蚀阴极反应只有 H_2CO_3 还原生成 H_2 与 HCO_3^-，即：

$$2H_2CO_3+2e^- \longrightarrow 2HCO_3^- +H_2 \tag{5-5}$$

② H^+ 和 H_2CO_3 均可在电极上被还原。其中 H^+ 的还原表示为：

$$2H_3O^+ +2e^- \longrightarrow H_2+2H_2O \tag{5-6}$$

③ 阴极过程包括 H_2O 和 HCO_3^- 的还原，即：

$$2H_2O+2e^- \longrightarrow 2OH^- +H_2 \tag{5-7}$$

$$2HCO_3^- +2e^- \longrightarrow H_2+2CO_3^{2-} \tag{5-8}$$

其中 HCO_3^- 对阴极反应的影响很大，阴极还原受 HCO_3^- 的扩散控制。当溶液 $pH<4$ 时，阴极过程以 H^+ 还原为主，反应速度受扩散控制；当溶液 $4<pH<6$ 时，以 HCO_3^- 和 H_2CO_3 的还原为主，反应受活化控制；H_2O 的还原只在阴极过电位较高的情况下才成为阴极反应的主要部分。H^+、H_2O、H_2CO_3、HCO_3^- 在阴极过程中谁占主导地位，还存在一定分歧。

（2）影响因素

钢铁表面在进行腐蚀反应的同时，也存在着腐蚀产物 $FeCO_3$、Fe_3O_4 等在金属表面形成保护膜的过程，成膜的情况对 CO_2 腐蚀有十分重要的影响。在有保护膜时，腐蚀速度大大降低，图 5-1 为不同实验时间 P110 钢试样表面腐蚀产物膜的 SEM 形貌（CO_2 分压为 2MPa，温度为 100℃）。从图上可以看出，随着腐蚀的进行，试样表面的腐蚀产物膜是逐渐堆积形成的。腐蚀 24h 后，试样表面已经有腐蚀产物形成，在试验时间达到 72h 后，试样表面的腐蚀产物已经堆满试样表面，构成对腐蚀传质过程的阻挡。图 5-2 为腐蚀速率随时间的变化关系图，$FeCO_3$ 腐蚀产物膜的形成，显著降低了 P110 钢的 CO_2 腐蚀速率，当试验时间达到 72h 后，基本保持在一稳定值。

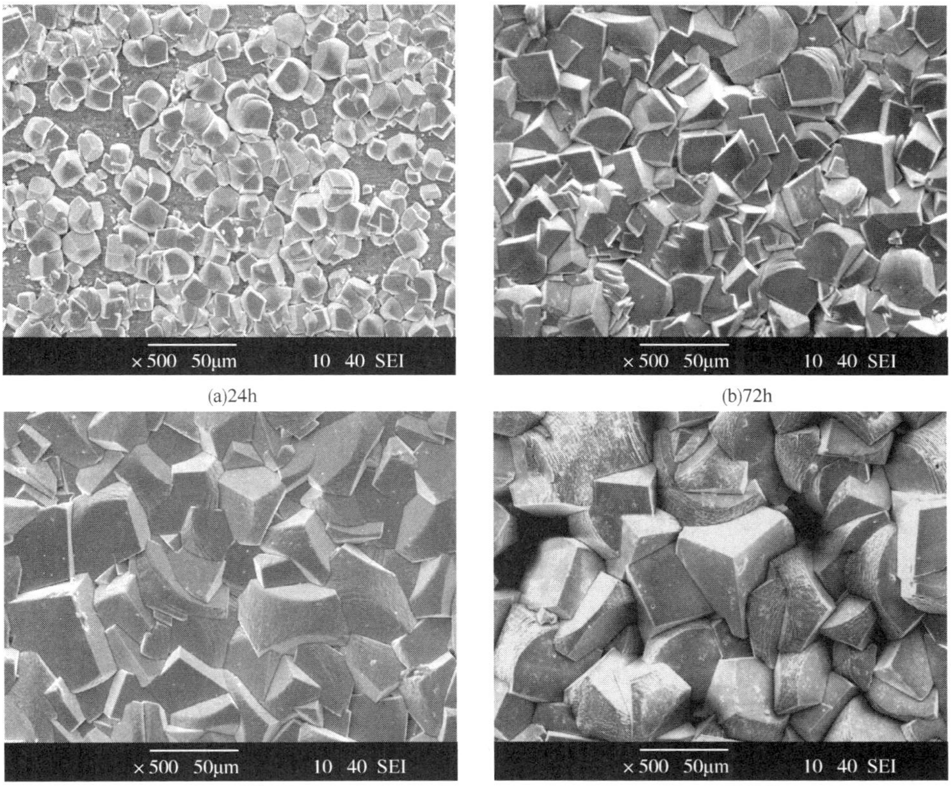

(a)24h (b)72h (c)168h (d)360h

图 5-1 P110 钢表面腐蚀产物膜微观形貌

因膜生成的不均匀或破损及各种影响因素的变化，常常出现局部的不均匀腐蚀，如坑点腐蚀、轮癣状腐蚀和台地状腐蚀等，能否在金属表面生成均匀稳定的保护膜受到温度、CO_2 分压、流速、水中金属离子或非金属离子的含量、pH 值以及钢材的金相变化等各种条件的影响，现将各种因素的影响分述如下：

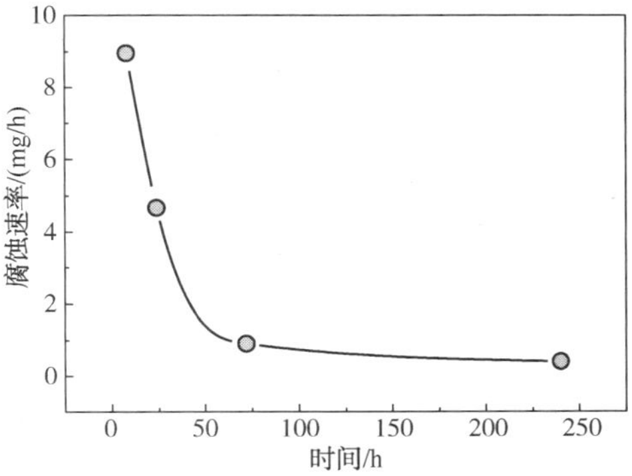

图 5-2 P110 钢腐蚀速率与时间的关系

① 温度对 CO_2 腐蚀的影响

温度对 CO_2 腐蚀的影响较为复杂，在一定温度范围内，铁在 CO_2 溶液中的溶解速度随温度升高而增加，但在温度较高时，当铁表面生成致密的腐蚀产物膜（$FeCO_3$）后，铁的溶解速度随温度升高而降低，前者加剧腐蚀，后者有利于保护膜的形成，造成了错综复杂的关系。

Ikeda 认为随着温度的升高，CO_2 腐蚀速率先升高然后又降低，在 100℃ 时腐蚀速率最高，温度与腐蚀速率的关系曲线如图 5-3 所示。Mukai 等研究温度对不同材质油套管用钢

CO_2 腐蚀影响时提出：C 钢、2Cr 钢和 5Cr 钢的腐蚀速度随温度升高而增加，温度达到 100℃附近时腐蚀速度达最大值，而当温度超过 150℃时，腐蚀速度基本恒定，而对于 13Cr 钢或含 Cr 量更高的钢来说，即使温度达到 150℃，其腐蚀速度也很小(见图 5-4)。

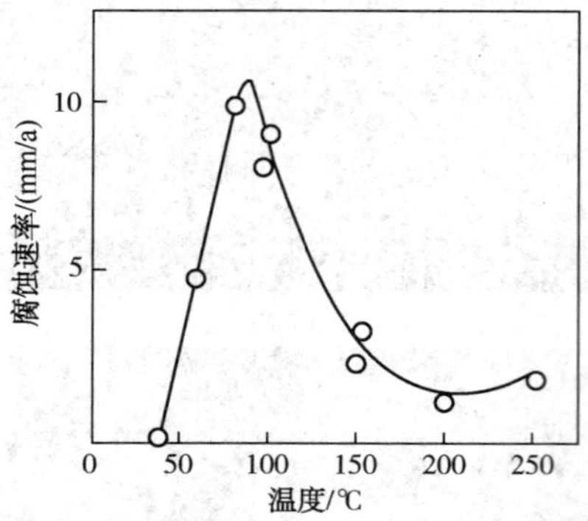

图 5-3　温度与碳钢 CO_2 腐蚀速率影响曲线

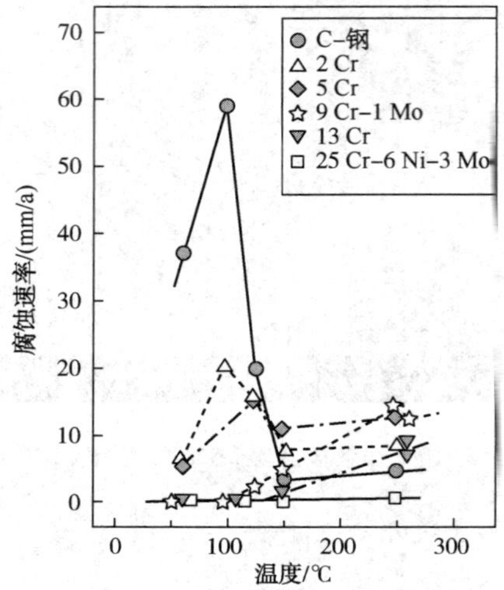

图 5-4　温度对不同材质油套管用钢 CO_2 腐蚀速率的影响

② CO_2 分压的影响

CO_2 分压(P_{CO_2})是衡量 CO_2 腐蚀性的一个重要参数，一般规律为 CO_2 分压达到 0.05MPa 时没有明显的腐蚀，分压超过 0.2MPa 才有严重的腐蚀，而现场观测到的实际情况经常与一般规律不符。

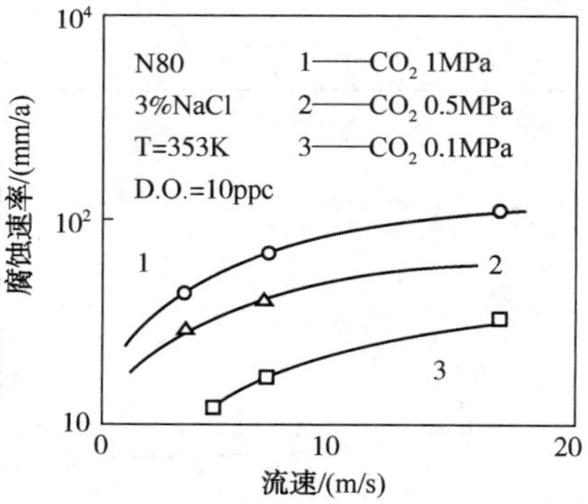

图 5-5　CO_2 分压及流速对腐蚀速度的影响

图 5-5 为在一定的流速条件下，随 CO_2 分压增加，腐蚀速度增大。Milliams 根据实验结果归纳出碳钢在 CO_2 溶液中腐蚀速度与 P_{CO_2} 的对数关系式：

$$\lg CR = 0.67\lg P_{CO_2} + C \tag{5-9}$$

式中　C——校正温度影响的常数；

CR——腐蚀速度，mm/a。

此式的适用条件为温度低于 60℃，P_{CO_2} 小于 0.2MPa。

Dugstad 的研究表明：$P_{CO_2}<0.5$MPa 时，关系式中都可应用相同的指数值 0.7，与温度、流速和 pH 值的适度增加无关；在高 pH 值时，$FeCO_3$ 的溶解度下降，在这种情况下，影响 $FeCO_3$ 膜保护性质的因素变得重要而掩盖了 CO_2 分压变化的影响。

Lotz 和 Dugstad 认为 $\lg(V\mathrm{corr}) = n\lg(P_{CO_2}) + \mathrm{constant}$ 式中的 n 不是常数，取决于流速和温度，低速时 n 增加，甚至接近于 1。Videm 的研究结果表明，腐蚀速度随 CO_2 分压的 0.5~0.8 次幂成正比。Bluth 认为，较高的 CO_2 分压通过降低 pH 值和增加碳酸还原反应的速度而导致较高的腐蚀速度。

③ 流速的影响

流速对腐蚀速率的影响可分为两种情况，一是金属表面没有腐蚀产物膜存在的条件，二是金属表面有腐蚀产物膜存在的条件。当金属表面没有腐蚀产物膜覆盖时，流速会使 CO_2 腐蚀速率明显的增加。流速增大，使介质中的去极化剂更快地扩散到电极表面，阴极去极化增强，同时产生的 Fe^{2+} 迅速地离开腐蚀金属表面，这些作用使得腐蚀速率增大。即在流速较低的情况下腐蚀速率受离子扩散控制，在流速较高的情况下腐蚀速率受电荷转移控制。Videm 总结得出无膜存在时，随流速增加，腐蚀速度增大，腐蚀速度可用下式表达：

$$腐蚀速度=常数\times流速^{n} \qquad (5-10)$$

根据流体力学，在完全湍流的流动状态下 $n=0.8$。

当金属表面被腐蚀产物膜覆盖以后，由于此时腐蚀速率主要是受腐蚀产物膜的控制，因此，流速对腐蚀速率的影响不大，如 13Cr 不锈钢在 4m/s 以下速度时，随流速增加而迅速增大，当流速增大到 4m/s 以上时，腐蚀速度为一恒定值，与流速无关。

但是，像段塞流这样的流型对腐蚀产物膜具有很强的破坏作用，在腐蚀产物膜破坏的地方会形成严重的局部腐蚀。

④ pH 值的影响

pH 影响腐蚀速度有不同的机理：在给定电位，阳极溶解速度与 H^+ 浓度成正比。直到 pH>5，腐蚀速率不受 pH 增加的影响。随 pH 增加，H^+ 的阴极还原速度下降，pH 除了影响阴阳极反应速度外，还对腐蚀膜的形成有主要影响，这体现对 $FeCO_3$ 溶解度的影响。pH 从 4 增加到 5，$FeCO_3$ 的溶解度下降了 5 倍，而当 pH 从 5 增加到 6 时，要下降上百倍，这就解释了为什么当 pH>5 时腐蚀速度下降很快。在 pH<5 时，$FeCO_3$ 沉淀膜是多孔的。因此，在低 pH 值时，多孔的 $FeCO_3$ 膜没有被致密的保护性的腐蚀产物膜封闭，腐蚀速率较大。图 5-6 为 $FeCO_3$ 的溶解度随 pH 值的变化关系，可以看出，在 pH 为 5.5~5.6 以上时，CO_2 腐蚀轻微。

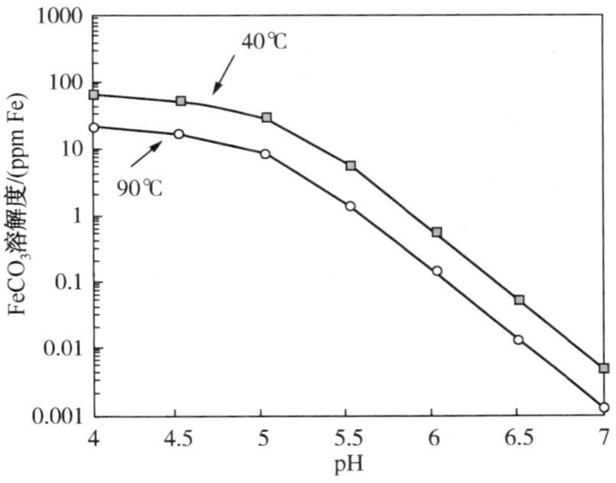

图 5-6 缓冲水溶液中 $FeCO_3$ 在 0.2MPa CO_2 分压下的溶解度

⑤ 不同金属阳离子浓度对 CO_2 腐蚀的影响

Fe^{2+} 浓度在纯的含有 CO_2 的水中对腐蚀速度有很大的影响。当 Fe^{2+} 浓度低时，腐蚀速度较大。低 Fe^{2+} 浓度使水溶液具有低 pH 值，使腐蚀速度比 Fe^{2+} 浓度达到溶解度极限时高两倍。30mg/L Fe^{2+} 引起的腐蚀速度的变化可能与由 1000mg/L 的 CO_2 在 0.2MPa、90℃条件下引起的腐蚀速度变化相当。当 Fe^{2+} 的量超过溶解度极限时，有形成保护膜的趋势。Fe^{2+} 的溶解度随 CO_2 的浓度、温度、pH 值和溶液中其他离子的量而变化。

Ca^{2+}、Mg^{2+} 的存在，导致 CO_2 含量减少，此外，这两种离子的存在会使介质的导电性增强，介质的结垢倾向会因此增大。在其他条件相同时，这两种离子的存在，会降低全面腐蚀，但局部腐蚀严重性增强。

⑥介质中 Cl^-、HCO_3^- 含量对 CO_2 腐蚀的影响

一般条件下，Cl^- 的加入使得 CO_2 在溶液中的溶解度减小，结果碳钢的平均腐蚀速度下

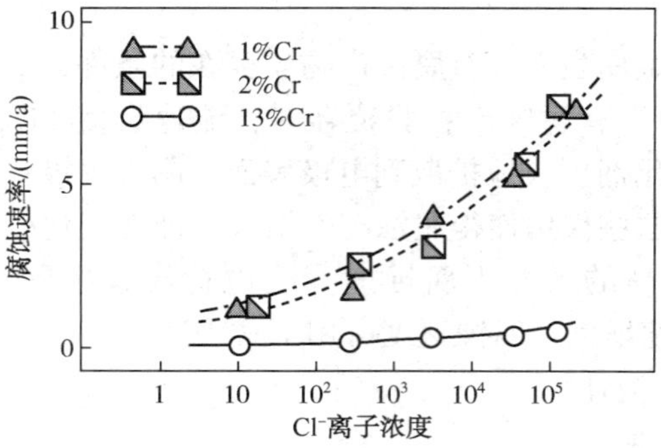

图 5-7　Cl^-浓度对含 Cr 钢腐蚀速率的影响

降。但Cl^-含量增大，溶液导电性增强，电化学腐蚀速率增大。这种正反两方面的影响导致碳钢的腐蚀速率在某一Cl^-浓度出现极值点。但对碳钢、低合金钢和不锈钢的CO_2腐蚀来说，由于H^+浓度足够高，在含盐量较低的情况下，随着Cl^-含量增大，CO_2腐蚀速率增大。图 5-7 为Cl^-对含 Cr 钢腐蚀速率的影响。另外，对于合金钢，Cl^-可导致其产生孔蚀、缝隙腐蚀等局部腐蚀。一般认为，Cl^-浓度只有达到一定程度时才可发生点蚀[见式(5-11)]：

$$E_{b,Cl^-}=a+\lg C_{Cl^-} \tag{5-11}$$

式中　E_{b,Cl^-}——点蚀电位；

a——常数；

C_{Cl^-}——Cl^-浓度。

HCO_3^-的存在会抑制$FeCO_3$的溶解，促进钝化膜的形成，从而降低碳钢的腐蚀速度。

⑦ 腐蚀产物膜的影响

从沉淀动力学和 $Fe-H_2O-CO_2$ 体系的电位-pH 图的角度分析，多数学者认为碳钢和含 Cr 钢的腐蚀产物膜是$FeCO_3$和 Cr-OH 的沉淀膜，但对$FeCO_3$膜和$FeCO_3$、Cr-OH 混合物沉淀膜的形成过程有不同的解释：碳钢在含CO_2的 NaCl 溶液中初始形成的腐蚀产物是紧固的附着力好的$Fe(HCO_3)_2$膜，随着腐蚀时间的延长，$Fe(HCO_3)_2$转变成体积小的、附着力差的多孔$FeCO_3$层，这些腐蚀产物能阻挡HCO_3^-离子侵蚀金属表面的某些位置，另一些位置处于暴露状态，引起孔蚀的产生和发展；而对含 Cr 钢来说，在低温时形成热力学和化学稳定的$FeCO_3$和非晶态 Cr 的化合物，在中温时形成多孔的无保护性的$FeCO_3$、Cr-OH 混合物沉淀膜，在高温时形成具有保护性的、致密的$FeCO_3$、Cr-OH 混合物沉淀膜(见图 5-8)。

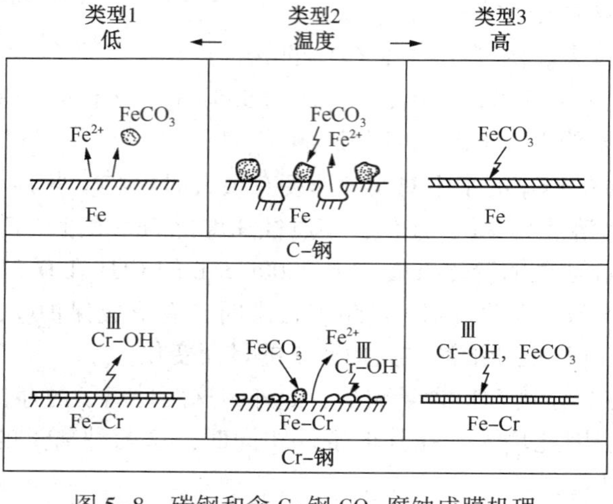

图 5-8　碳钢和含 Cr 钢CO_2腐蚀成膜机理

5.2　H_2S 腐蚀

5.2.1　H_2S 腐蚀环境

H_2S 溶解于水会生成一种弱酸，溶液的 pH 值下降，从而导致油套管材料的腐蚀，石油天然气工业上通常称之为“酸性”（Sour Corrosion）腐蚀。API RP 49 建议当大气中硫化氢浓度超过 20mg/L 就定义为酸气，加拿大也采用了 20mg/L 这个标准。在美国和加拿大，允许工作环境含硫浓度的上限是 10mg/L。NACE 从材料的观点对酸气加以定义，认为气体中硫化氢的分压大于或者等于 0.34kPa 就属于含硫气体。

ISO 15156—2《石油天然气工业-油气开采中用于含 H_2S 的材料：第二部分　抗开裂碳钢和低合金钢及铸铁》标准对含 H_2S 的酸性环境进行了分区，结果见图 5-9。图 5-9 中，$P_{H_2S}<0.3$kPa 的环境为 0 区，通常在这些条件下选择使用的钢材不用特别的预防措施，但是高敏感性的钢可能会开裂。H_2S 分压在 1MPa$\geq P_{H_2S}\geq$0.3kPa 范围的环境分为 SSC 1 区、SSC 2 区和 SSC 3 区，属酸性环境。酸性环境的严重程度：SSC 3 区> SSC 2 区> SSC 1 区>0 区。根据 H_2S 分压和溶液的在位 pH 值，将坐标图中的各个区块详细划分，结果见表 5-2。

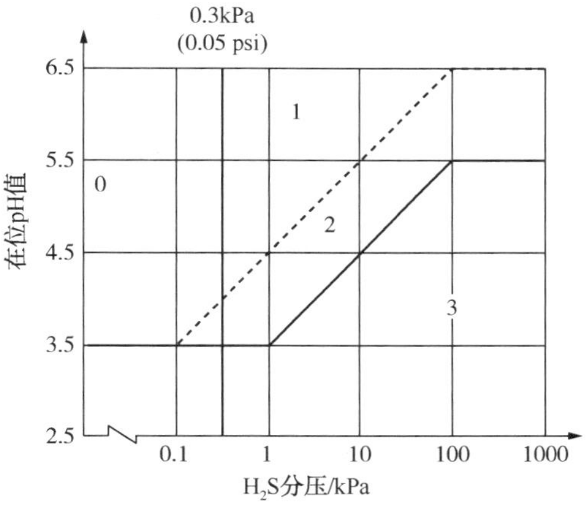

图 5-9　碳钢和低合金钢 SSC 环境严重程度的区域

注：0—0 区，1—SSC 1 区，2—SSC 2 区，3—SSC 3 区。

表 5-2　ISO 15156 标准对酸性环境的划分

环境分区	在位 pH 值	硫化氢分压/kPa
0	3.5~6.5	<0.3
1	3.8~6.5	0.3~100
2	3.5~3.8	0.3~1
	3.8~4.5	0.3~1
	4.5~5.5	1~10
	5.5~6.5	10~100
	5.5~6.5	100~1000
3	3.5~5.5	1~100
	3.5~5.5	100~1000

5.2.2 H_2S 腐蚀机理及影响因素

(1) 腐蚀机理

① 电化学腐蚀机理

对于 H_2S 腐蚀的机理，Iofa 等认为 H_2S 在铁的表面形成了离子或偶极子化合物，而且它的负极指向溶液。因此，H_2S 溶液中的腐蚀阳极反应分以下两步进行：

$$Fe+H_2S+H_2O \longrightarrow FeSH^-_{ads}+H_3O^+ \tag{5-12a}$$

$$FeSH^-_{ads} \longrightarrow FeSH^+_{ads}+2e^- \tag{5-12b}$$

Shoesmith 等人认为，继反应(5-12b)后，在少部分酸性溶液中，$FeSH^+_{ads}$ 可能按方程式(5-13a)直接转化为 FeS；而在大多数酸溶液中，将按方程式(5-13b)进行水解：

$$FeSH^+_{ads} \longrightarrow FeS+H^+ \tag{5-13a}$$

$$FeSH^+_{ads}+H_3O^+ \longrightarrow Fe^{2+}+H_2S+H_2O \tag{5-13b}$$

对于其阴极反应机制，Schmitt 认为，腐蚀速率比仅由 pH 值引起的阴极反应高，因此 H_2S、HS^- 和 H^+ 都有参与阴极反应的可能：

$$2H_2S+2e^- \longrightarrow 2HS^-+[H]_{ads}+[H]_{ads} \longrightarrow 2HS^-+H_2 \tag{5-14a}$$

$$2HS^-+2e^- \longrightarrow 2S^{2-}+[H]_{ads}+[H]_{ads} \longrightarrow 2S^{2-}+H_2 \tag{5-14b}$$

$$2H^++2e^- \longrightarrow [H]_{ads}+[H]_{ads} \longrightarrow H_2 \tag{5-14c}$$

具体哪一个反应占主导地位，目前还不十分清楚。

② 氢损伤机理

H_2S 除了引起上述电化学腐蚀外，还会导致油套管用钢的氢损伤。如式(5-14)的阴极过程生成的活性 $[H]_{ads}$ 原子主要以两种形式从电极表面脱附[见式(5-15)]：

$$H^++e^- \longrightarrow [H]_{ads} \longrightarrow \begin{cases} [H]_{ads}+[H]_{ads} \longrightarrow H_2(\text{逸出}) \\ [H]_{ads} \longrightarrow \text{扩散进入金属集体} \end{cases} \tag{5-15}$$

氢损伤机理是由于 H_2S、HS^- 及 S^{2-} 在电极表面具有极强的吸附性，阻滞了还原反应生成的活性氢原子结合成氢分子过程，加速了氢原子向金属基体中的扩散，在缺陷处(夹杂、晶格、晶界缺陷等)聚集或者氢原子以间隙原子的形式存在于晶格中，显著降低材料的塑性和韧性，增加材料的开裂敏感性，导致材料灾难性失效。最为常见的氢损伤主要有硫化物应力开裂(SSC)、氢致开裂(HIC)及应力导向氢致裂纹(SOHIC)等。

a. SSC

SSC 过程是一个复杂的过程，关于其机理迄今还没有一个确定的解释。它涉及电化学、力学以及金属物理等方面的知识。首先，钢材表面比较粗糙，存在划痕、凹坑和钝化膜的不连续性，由于其电位比其他部位低，存在电化学不均匀性而成为腐蚀的活泼点，以致成为裂纹源。其次，在 H_2S 的作用下，阴极反应生成的活性氢原子结合成氢分子的过程受到阻滞，其扩散到金属内部，致使材料脆性增大。最终，在应力与腐蚀的交替作用下，裂纹源很快形成裂纹，应力集中于裂纹尖端，而该处高的 H^+ 离子浓度(裂纹内局部酸化)和应力集中，极大地促进了活性氢原子的吸收，致使裂纹拉应力的作用下向纵深方向发展，直至断裂。

SSC 与高温条件下 H_2S 或 Cl^- 等引发的应力腐蚀开裂(SCC)有一定的区别和联系。相同点在于都是腐蚀引发的开裂现象，腐蚀是诱因，如 SSC 的阴极反应产物活性氢原子[H]，SCC 的阳极局部溶解形成裂纹源等；不同点为 SSC 的本质是金属中的活性[H]或 H_2改变了金属的特性(韧性、强度降低、脆性增大)，在腐蚀和拉应力的作用下导致裂纹的萌生、扩展，直至最终失效，其裂纹源并不全是起源于材料表面，钢材内部缺陷也可能成为裂纹源。温度升高将促进[H]从金属表面的脱附，降低 SSC 敏感性。因此，SSC 用阴极析氢致脆理论解释更为合理；而 SCC 的发生则是首先要有局部腐蚀存在，如不锈钢的点蚀(而材料的特性并未发生改变)，这样才可能在拉应力的作用下引起裂纹的萌生、扩展，局部腐蚀占主导作用(如不锈钢高温条件下在环空保护液中的 Cl^-应力腐蚀开裂；碳钢在高温条件下的 H_2S 应力腐蚀开裂等)。因此，SCC 为表面裂纹，用阳极溶解理论解释更为合理。

b. HIC

HIC 同样是由于 H_2S 的作用，氢难以结合成氢分子逸出而进入钢中。进入钢中的氢，以高的内压产生的表面裂纹称为氢致鼓泡；进入钢内部的氢，在夹杂物和偏析带富聚而产生的阶梯状裂纹称为氢致台阶式开裂。HIC 与 SSC 的区别在于 HIC 不需要外加应力就可以产生，而 SSC 则必须有拉应力作用；SSC 在不同强度级别的钢材中均可发生，尤其在高强度钢和较硬的焊缝区易于发生，开裂方向常垂直于应力方向，介质浓度可以很小；而 HIC 则主要在低、中强度材料中产生，裂纹方向平行于管表面，介质浓度相对较大；HIC 裂纹一般在钢中的非金属夹杂物和偏析带处萌生，沿着珠光体带或低温转变产物马氏体、贝氏体带扩展。抗 HIC 材料应该具有低的硫含量($<0.005\%$，在严重酸性条件下$<0.002\%$)，同时进行有效的非金属夹杂物形态控制和减少显微成分偏析。

(2) H_2S 腐蚀影响因素

H_2S 的出现会明显降低油套管用钢的全面腐蚀速率，原因在于钢表面形成了不同铁的硫化物保护膜，对金属基体有着较强的保护作用。在相同腐蚀条件下(溶解量相同)，碳钢的 H_2S 腐蚀速率为 O_2腐蚀速率的 1/400，为 CO_2 腐蚀速率的 1/80。因此，关于油套管用钢的 H_2S 腐蚀影响因素，更应关注环境及材料理化性能对其抗氢损伤性能的影响。

① 硫化氢浓度和腐蚀产物膜特性

当环境的其他参数相同时，SSC、HIC 敏感性随 H_2S 浓度的增加而增加，并在饱和 H_2S 溶液中达到最大值。对于强度与硬度相同的材料，发生 SSC 所需时间一般随 H_2S 浓度的增加而缩短。H_2S 分压表示式如下：

$$P_{H_2S}=P\times H_2S\% \tag{5-16}$$

式中 P_{H_2S}——H_2S 分压，MPa；

P——工作压力，MPa；

$H_2S\%$——H_2S 的体积分数。

$P_{H_2S}=0.0003$MPa 是产生 SSC 的临界值。在工作压力范围内，当 $P_{H_2S}\geqslant 0.0003$MPa 时，即可产生 SSC。当工作压力确定时，引起 SSC 的 H_2S 体积分数有一临界值。

H_2S 浓度对腐蚀产物膜也有影响，油套管用钢的腐蚀产物除 FeS 外，还有 FeS_2、$Fe_{1-x}S$、$FeS_{0.9}$等。有研究资料表明，H_2S 质量浓度为 2.0mg/L 时，腐蚀产物为 FeS_2和 FeS；H_2S 质量浓度为 2.0~20mg/L 时，腐蚀产物除 FeS_2和 FeS 外，还有少量的 S 生成；H_2S 质量浓度为 20~600mg/L 时，腐蚀产物中 S 的含量最高。图 5-10 为不同铁的硫化物腐蚀产物膜微观形貌，其中 $FeS_{0.9}$(马基诺矿)和六方 FeS(陨铁矿)缝隙明显，保护性差；而六方 $Fe_{1-x}S$(磁黄铁矿)、立方 FeS_2(黄铁矿)比较致密，保护性最好。

图 5-10 为 H_2S 分压对 T95、100S、C110、Q125S 四种材料 H_2S 腐蚀速率影响(130℃)。从中可以看出，当 H_2S 分压小于 9MPa，随着 H_2S 分压增大，四种材料的均匀腐蚀速率大体上呈下降趋势，这主要是因为在 H_2S 腐蚀占主导作用的条件下，表面腐蚀产物膜(主要为 FeS_2)随着 H_2S 分压增大越来越致密(见图 5-11)，可以对金属基体提供良好的保护作用，降低材料的 H_2S 腐蚀速率。但当 H_2S 分压进一步升高(12MPa)，其腐蚀速率显著升高，这种腐蚀速率显著上升现象可能与超临界流体密切相关，因为当 H_2S 处于超临界状态时，有较好的流动性和传递性能，对 H_2S 腐蚀速率产生显著的影响。同时，当 H_2S 分压大于 10MPa，腐蚀产物膜出现明显的孔洞(见图 5-12)，膜的保护性下降，这将有利于反应物及反应产物的传输，腐蚀速率上升。

(a) $FeS_{0.9}$ 马基诺矿　(b)六方FeS陨铁矿　(c)立方FeS

(d)六方 $Fe_{1-x}S$ 磁黄铁矿　(e)立方 FeS_2 黄铁矿

图 5-10　不同铁的硫化物腐蚀产物膜微观形貌

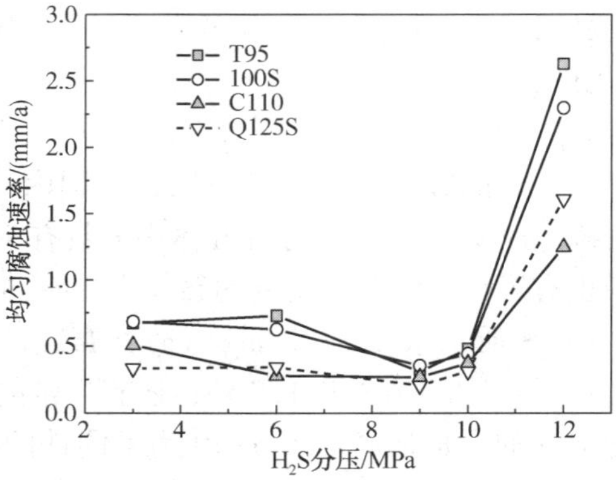

图 5-11　H_2S 分压变化对腐蚀速率的影响

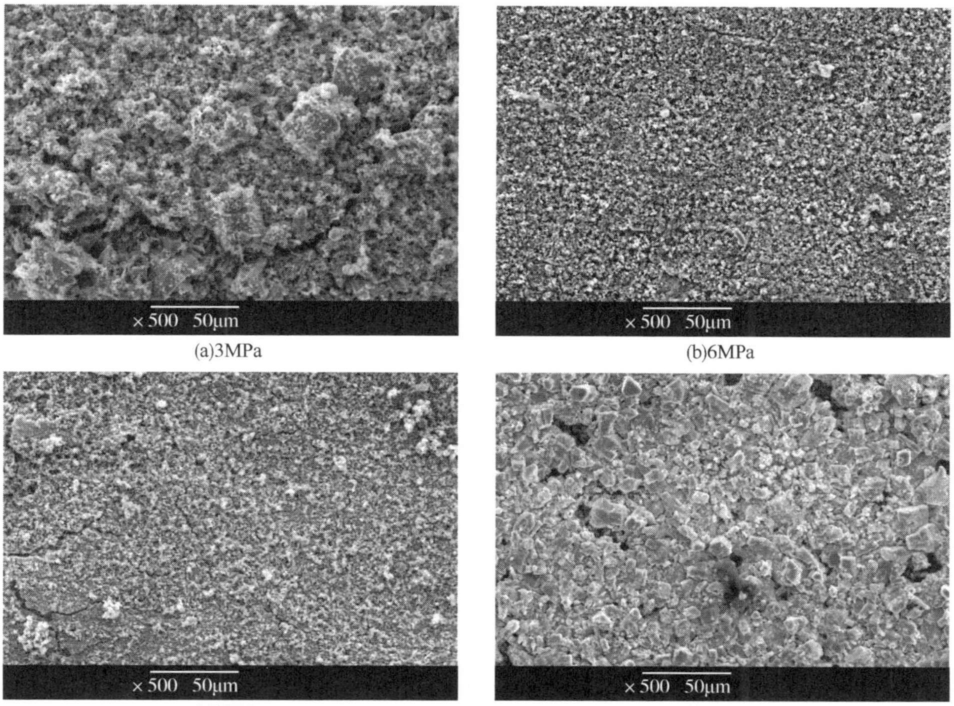

(a)3MPa (b)6MPa (c)9MPa (d)12MPa

图 5-12 H_2S 分压变化对 C110 表面腐蚀产物膜的影响

② 介质的 pH 值

介质的 pH 值越低，氢离子浓度越大，氢原子向钢材内部渗透的能力增加，SSC 及 HIC 敏感性增强。在不同 H_2S 浓度下，随着 pH 值的增加，应力腐蚀开裂临界值增加。油井酸化后，由于残余酸的影响，往往加速井下以及井口的应力腐蚀开裂，油气井的套管破裂多发生在酸化后，向井内加入碱性缓蚀剂则可以减缓破坏现象的发生。

一般规律为，随 pH 值增加，氢致裂纹敏感性减少。pH 达一临界值，则不产生氢致裂纹。实验结果表明，对石油专用管而言，这一临界值为 6，即当 $pH \leq 6$ 时，SSC、HIC 严重；在 $6<pH \leq 9$ 时，SSC、HIC 敏感性开始显著下降，但达到断裂的时间仍然很短；$pH>9$ 时就很少发生 HIC 及 SSC。图 5-13 为 pH 值对石油专用管用钢氢鼓泡敏感性的影响。

③ 介质的温度

图 5-14 为碳钢 SSC 断裂时间与温度的关系，其最敏感的温度区间为 30℃左右：随温度升高，H_2S 在水中溶解度降低，而氢的扩散速度加快。这两个相反趋势的结果造成 H_2S 应力腐蚀的极值点。

温度对 HIC 的影响与对 SSC 的影响类似：氢致裂纹敏感性在 30℃附近取最大值。这是由于氢在钢表面的吸附、在钢中的扩散以及氢的存在状态与温度有关。温度低于 30℃，氢的扩散速度和活性逐渐减少；温度高于 30℃，活性氢难于聚集。对碳钢和低合金钢来说，其对 SSC 敏感性随温度升高而降低，温度高于约 100℃时通常不会观察到开裂现象。

在低温范围内，油套管用钢(碳钢及低合金钢)的 H_2S 腐蚀速率随温度上升而增大，当温度上升到 100℃左右时，腐蚀速率达到最大值，若温度继续升高，腐蚀速率反而下降。

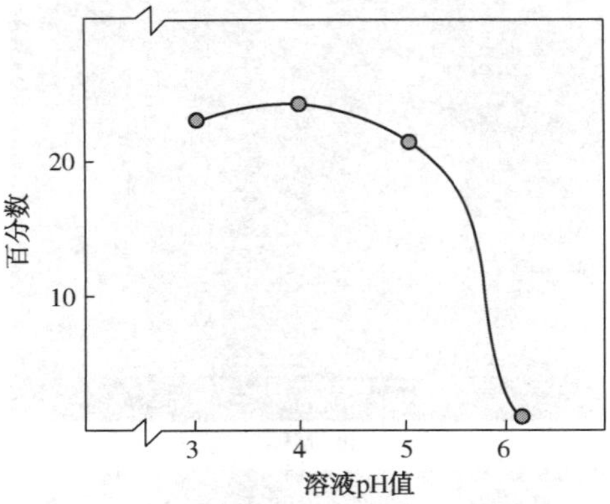

图 5-13　pH 值对石油专用管钢氢鼓泡敏感性的影响

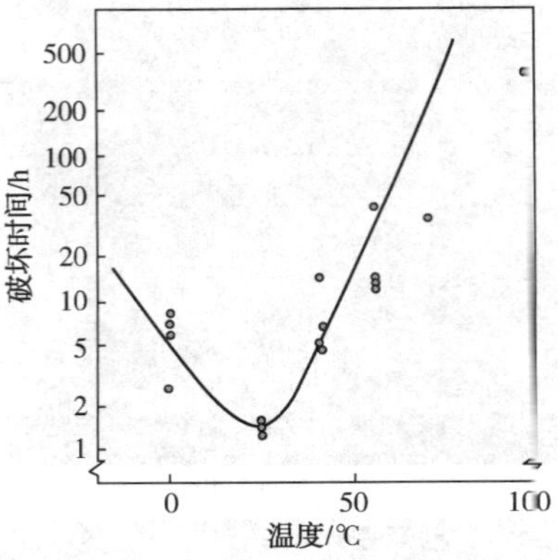

图 5-14　SSC 断裂时间与温度关系

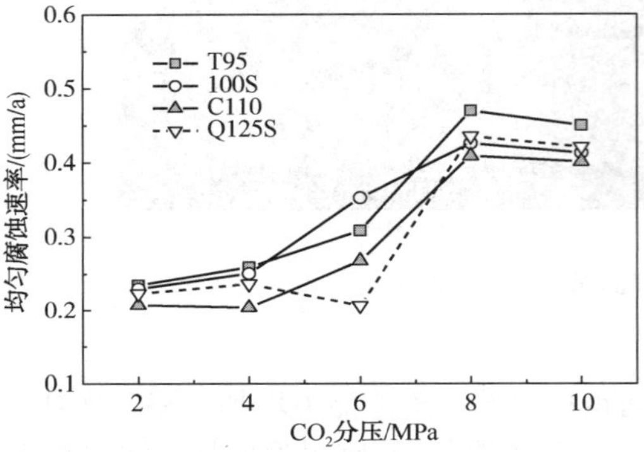

图 5-15　CO_2 分压变化对油套管用钢腐蚀速率的影响

④ CO_2 含量

含 H_2S 的油气田往往含有 CO_2，CO_2 一旦溶于水便形成碳酸，释放出氢离子，降低了含 H_2S 酸性油气环境的 pH 值，从而增大氢损伤的敏感性。

图 5-15 为 CO_2 分压对 T95、100S、C110、Q125S 四种材料 H_2S/CO_2 腐蚀速率的影响（温度 130℃，H_2S 分压 9MPa）。从中可以看出，在 H_2S 腐蚀占主导作用的前提下，随着 CO_2 分压增大，四种材料的均匀腐蚀速率大体上呈上升趋势。主要原因是随着 CO_2 分压增大，材料表面活性增大，腐蚀产物膜的致密度下降（图 5-16 表明 CO_2 分压增大，腐蚀产物膜越来越疏松），膜的保护性减弱，阳极反应受到较大程度的促进，腐蚀加速。

(a)2MPa　　(b)4MPa

图 5-16　CO_2 分压变化对 C110 腐蚀产物膜的影响

(c)6MPa (d)8MPa

图 5-16 CO_2 分压变化对 C110 腐蚀产物膜的影响(续)

⑤ 流速的影响

对于碳钢和低合金钢油管来说，由于 H_2S 腐蚀环境 H^+浓度较大，电化学腐蚀一般为化学反应速度控制，扩散传质影响较小。流速的影响主要表现在流体对腐蚀产物膜或钝化膜的冲刷作用，改变了腐蚀产物膜或钝化膜的保护性，从而影响到腐蚀速率的变化关系。研究表明，当流速增加使流体达到湍流状态，会对金属产生很高的切应力时，可剥除金属表面的保护膜，因而使腐蚀速率提高。图 5-17 为流速变化对 C110 油套管用钢 H_2S 腐蚀速率影响(温度 130℃，H_2S 分压 9MPa)。可以看出，随着流速的增加，试样表面腐蚀产物膜的致密度下降(见图 5-18)，均匀腐蚀速率均增大。基于同样原因，流速增加，腐蚀产物膜保护性下降，局部腐蚀倾向性增强(见图 5-19)。

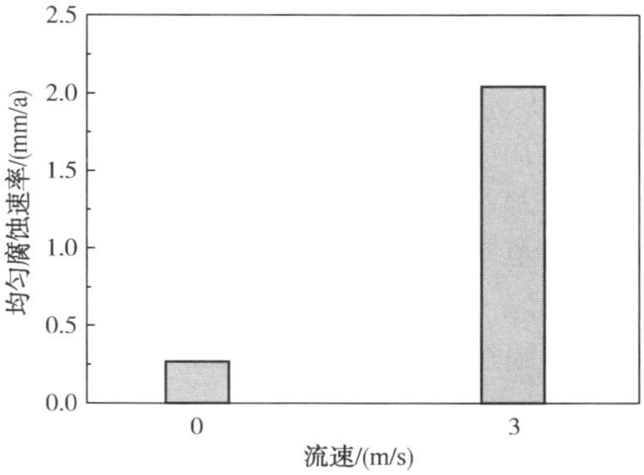

图 5-17 流速变化对 C110 油套管用钢腐蚀速率的影响

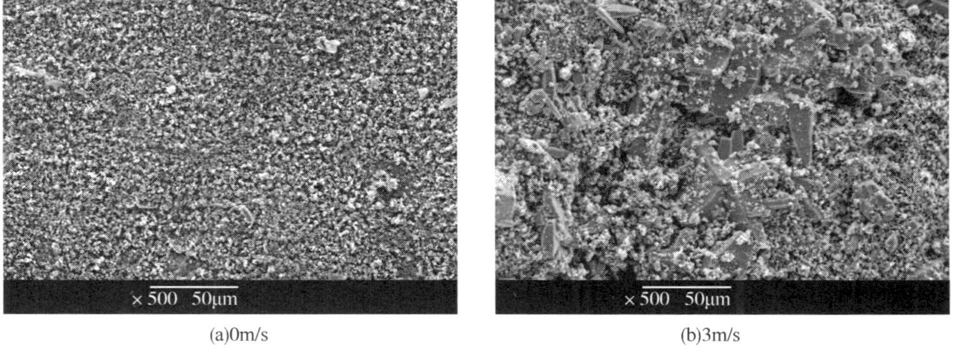

(a)0m/s (b)3m/s

图 5-18 流速变化对 C110 腐蚀产物膜的影响

(a)0m/s

(b)3m/s

图 5-19 流速变化对 C110 局部腐蚀的影响

⑥ 材料因素

钢的化学成分、显微组织、强度以及硬度等因素对同一类别的油套管用钢的腐蚀速率影响不大，但其对油套管用钢的抗氢损伤性能有着显著的影响。一般来说，强度越高，硬度越大，SSC 或 SCC 开裂敏感性越大，发生断裂越快。因此，为防止油套管用钢的硫化氢应力腐蚀，在成分上多采用多元合金设计（如 Cr、Mo 合金化）及微合金化设计（如 Nb、Ti、V 微合金化）；通过严格的热处理工艺（控轧控冷）进行细晶化处理；在强度上严格控制屈服强度的窗口范围（满足标准规定的最小屈服强度）；在管体（特别是高钢级的抗酸性油套管）硬度上，规定了最大硬度值，如 80ksi 钢级的最大硬度不超过 23HRC，90ksi 和 95ksi 钢级的最大硬度不超过 25.4HRC，110ksi 钢级的最大硬度不超过 30HRC（尽量不超过 28HRC）。

5.2.3 H_2S 和 CO_2 腐蚀环境

一般含 H_2S 油气田均含有 CO_2，世界油气田中大约 1/2 含有 H_2S 和 CO_2 气体。API RP 49 建议当气相中硫化氢浓度超过 20mg/L 就定义为酸气，加拿大也采用了 20mg/L 这个标准。在美国和加拿大，允许工作环境含硫浓度的上限是 10mg/L。NACE 从材料的观点对酸气加以定义，认为气体中硫化氢的分压大于或者等于 0.34kPa 就属于含硫气体。国外酸性油气田主要分布于加拿大、美国、德国、法国。含硫油气田开发从 20 世纪中叶开始至今已有半个多世纪，拉克气田位于法国西南，井口压力 41.21MPa，井口温度 90℃。气田所产天然气为酸性气体，气体成分为：CH_4 含量为 74%、H_2S 含量为 15%、CO_2 含量为 9%；加拿大阿尔伯塔省的 Pincher Creek 油田、Jumping-Pound 油田、美国阿肯色州的 McKamie-Patton 油田在开发过程中均发生由于 H_2S 腐蚀导致的井下管柱以及集输管线开裂现象。表 5-3 为国外 H_2S&CO_2 气田的 H_2S、CO_2 含量及环境数据。

20 世纪 80 年代初期，我国探明的含硫化氢天然气占全国气层气储量的 1/4。近年来在我国勘探工作中不断发现高含硫气田，如四川、长庆、华北、新疆、江汉等油田。其中尤以华北油田、四川油田最为严重，如华北油田赵兰庄含硫气藏，天然气中的 H_2S 含量高达 92%；四川罗家寨气田产出的天然气中 H_2S 平均含量为 10.49%（H_2S 分压最高达 9MPa，CO_2 分压达到 6MPa，地层温度 130℃），是世界上腐蚀最严重的油气田之一。

表 5-3 国外 H_2S&CO_2 气田的 H_2S、CO_2 含量及环境数据

油田	井深/m	井底温度/℃	井底压力/MPa	CO_2 含量		H_2S 含量		Cl^-浓度/(mg/L)	选择材料
				%	MPa	%	MPa		
Tuscaloosa Trend	5486. 3~6400. 7	190. 6	96. 53~110. 32	8	7. 7~8. 8	0. 004	—	35000	13Cr
沙特南部油田	—	135	51. 8	2. 5		0. 01	—	—	超级 13Cr
马来西亚 Resak-A6 气田	—	140~156	39. 5	—	4. 4~9. 6	—	0. 0004~0. 0014	3000~8000	超级 13Cr
墨西哥湾 Deep Alex 气田	—	188	116	—	0. 467	0. 002	—	>100000	2205 双相不锈钢
北海油田	—	140~190	100	—	1. 5~3	—	0. 005	—	超级 13Cr
美国得克萨斯州 Sugar Land 气田	—	181	10. 72	—	1. 558	—	0. 001	89952	低碳钢+缓蚀剂
美国 Thomasville 气田	7010	204	158	2. 0	—	29	—	100000	耐蚀合金+缓蚀剂
美国 Fairway 气田	—	200	90	3. 5	—	1. 6	—	150000	825 镍基合金
阿曼 Makarem 油田	5103	170	90	4	—	2~4	—	—	C95+缓蚀剂

硫化氢腐蚀是井下油套管的主要腐蚀类型，并且大多在含 H_2S、CO_2、Cl^- 等多种腐蚀成分的高温高压多相流环境中工作，在这种环境下，油套管很容易被腐蚀。四川油田、长庆油田、塔里木油田以及中海油南海油田也都因严重的 H_2S&CO_2 腐蚀而造成巨大的经济损失。近几十年来，高含硫化氢腐蚀介质的油气田相继出现，硫化氢腐蚀问题越来越引起人们的关注。同时，H_2S 的剧毒性也直接威胁着人身安全。2004 年 12 月 23 日，四川开县特大井喷失控导致 243 人硫化氢中毒死亡，给国家和人民造成了巨大损失。2005 年 5 月，开县罗家 2 井发生井漏事故，紧急疏散十万人，社会震动巨大。其原因就是井下 2190m 至 2600m 之间的套管受到硫化氢侵蚀开裂，抢险过程中又发生钻具断裂以及打捞工具断裂事故，大大增大了封堵困难。

5.3 自然环境腐蚀

5.3.1 大气腐蚀

近年来，随着工业化和城市化进度加快，大气污染物如 SO_2、NO_x、固体颗粒物等含量增多，这使得大气环境的腐蚀性发生了显著的变化。大量调查和研究表明，大气污染大大加速了材料的腐蚀进程，是造成裸露管材、装置等早期失效和破坏的重要原因。在化工企业上空的大气中，SO_2 的含量较高，裸露在大气环境中的碳钢管道腐蚀较为严重，造成的经济损失也是十分严重的。

(1) 大气腐蚀机理

大气腐蚀是一个复杂过程，依赖于相对湿度(Relative Humidity，RH)、温度、溶解氧含量、污染物和风等多种环境因素的相互作用。其中一些因素在相互依赖的同时，也受到大气中其他环境因素的影响。多种非恒定的环境因素会随时间的推移不断变化，并以复杂的机制影响大气腐蚀过程。大气腐蚀速率主要取决于金属表面电解液膜中的电化学反应，当大气环境的 RH 高于临界相对湿度(Critical Relative Humidity，CRH)时，金属表面可以形成薄液膜。在此条件下，大气中的 O_2、SO_2、Cl^-、NO_2 等可以溶解在电解液膜中并与金属表面相接触，从而发生电化学腐蚀。大气腐蚀是以 O_2 作为主要的腐蚀剂，O_2 的还原反应与金属的氧化反应构成薄液膜下的电化学腐蚀。图 5-20 为大气腐蚀机理示意图。

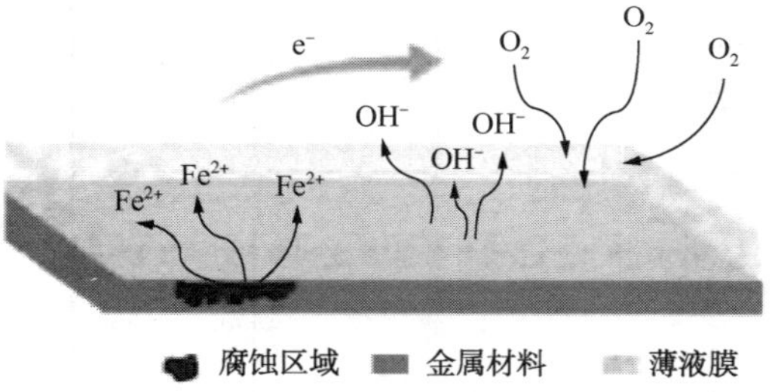

图 5-20　大气腐蚀机理示意图

金属基体中的单质铁在电解液膜中氧化溶解为 Fe^{2+}，并在金属表面形成蚀坑，其阴极过程主要为 O_2 的还原。具体腐蚀机理如下：

阳极反应为：

$$Fe \longrightarrow Fe^{2+}+2e^- \tag{5-17}$$

阴极反应为：

$$O_2+2H_2O+4e^- \longrightarrow 4OH^- \tag{5-18}$$

（2）大气腐蚀影响因素

金属在大气中的腐蚀过程受温度、RH、大气污染物、太阳辐射、风等多种环境因素的影响。这些因素相互耦合，以复杂的机理影响着大气腐蚀的进程。

① 温度

大气腐蚀过程中，温度及其变化可以直接影响腐蚀反应速率以及电解液膜的形成和蒸发，成为影响大气腐蚀的重要因素。当 RH 低于 CRH 时，温度对大气腐蚀的影响可以忽略不计。例如，当 RH 低于 80%～85%时，碳钢几乎不会发生腐蚀；当 RH 高于 CRH 时，温度的升高使反应活化能和腐蚀速率增加。根据 Arrhenius 方程，当温度升高 2K 时，腐蚀速率最高可增加 15%。温度的升高在提升腐蚀反应性的同时使金属表面液膜蒸发，降低了 RH 和腐蚀速率，因此必须考虑 RH 与温度的综合作用。室外环境中其他大气环境因子的存在使温度的影响更为复杂，其影响会出现耦合效应，需要具体分析这些环境因素之间可能的交互作用。

② 相对湿度 RH

RH 是影响大气腐蚀过程中最重要、复杂的环境因素之一，且 RH 的升高会加剧大气腐蚀。当 RH 从 53%增加到 92%时，腐蚀电流按照近似指数关系增加。大气腐蚀速率主要取决于金属表面电解液膜中的电化学反应。当 RH 高于 CRH 时，金属表面形成电解液膜，氧的退极化可以顺利进行，电化学腐蚀发生。在自然环境中，CRH 受材料类型、腐蚀产物成分、大气污染物浓度、盐粒沉积等因素影响。表面清洁时，钢、锌和镍的 CRH 约为 70%，铝的 CRH 约为 76%。金属表面被灰尘或腐蚀产物覆盖时，CRH 会大大降低。

③ 大气污染物

大气中的污染物有 SO_2、Cl^-、NO_2、H_2S 和灰尘等。在这些污染物中，SO_2 和 Cl^-是大气腐蚀中主要的研究因素。工业生产会产生大量的 SO_2，使空气中 SO_2 浓度过高从而导致腐蚀速率升高。SO_2 在金属表面薄液膜中溶解形成SO_3^{2-}，并与 O_2反应形成SO_4^{2-}和 H^+，使得电解液酸度上升，增加腐蚀速率，导致腐蚀产物溶解。同时，碳钢表面 Fe^{2+}发生氧化，并形成新的SO_4^{2-}和 H^+与金属反应。这个循环过程就是“酸的再生循环机制”。暴露在大气环境中的铜和钢的腐蚀速率基本上与 SO_2 浓度成正比，SO_2 可以加速碳钢的腐蚀过程。首先，SO_2 的高溶解度使阴极反应更加活跃；其次，SO_3^{2-}可以降低 CRH，延长金属表面的湿润时间；最后，SO_2 可以作为催化剂促进 Fe 的溶解。此外，当 SO_2 浓度较低或其他污染物浓度较高时，SO_2 的影响会更加复杂，各因素的交互作用影响显著。

Cl^-是影响腐蚀过程的另一种重要大气污染物。金属表面 Cl^-的沉积可以显著提高各种金属的腐蚀速率。Cl^-对大气腐蚀的影响主要有两个方面：一方面，Cl^-水化能小，容易吸附在金属表面，导致保护膜击穿并产生缺陷，从而促进腐蚀反应；另一方面，Cl^-会使金属表面具有强烈的吸湿性，更容易形成电解液膜，增加润湿时间。氯化物的影响与离海的距离有显著关系，随着离海距离的增加，Cl^-的沉积速率迅速降低，其对腐蚀的影响迅速减弱。

5.3.2 海水腐蚀

海底油气管道是海洋油气田内部设施连接和开采油气资源外输的重要方式，而海洋环境是一种复杂的腐蚀环境。在这种环境中，海水本身是一种强的腐蚀介质，同时波、浪、潮、流又对管道产生低频往复应力和冲击，加上海洋微生物、附着生物及它们的代谢产物等都对腐蚀过程产生直接或间接的加速作用。

(1) 海水腐蚀机理

金属在海水中的电极电位是不平衡电位，可称为腐蚀电位或开路电位，与它的标准电位是不同的。表5-4列出了一些金属在充气的流动海水中的腐蚀电位值，相对于饱和甘汞电极。表5-4中的金属电位是按负值递减的顺序排列的，这样的排列也可称为金属在海水中的电偶序。一种金属与其后面的任何一种金属在海水中直接接触时，将构成宏观腐蚀电池，电位较负的金属将成为腐蚀电池中的阳极而被腐蚀，电位较正的金属将作为腐蚀电池中的阴极而得到保护。例如，锌与铁在海水中直接接触时，锌被腐蚀，铁得到保护；铁与铜在海水中直接接触时，铁被加速腐蚀，而铜则不发生腐蚀；不同金属直接接触时发生的电偶腐蚀。海水中金属的电偶腐蚀除了与两种金属的电位差值有关外，还与腐蚀产物的性质、海水流速、阴阳极面积比等因素有关。

表5-4　金属在充气流动海水中的腐蚀电位(vs. SCE)

金属	电极电位/V	金属	电极电位/V
镁	-1.5	锡	-0.42
锌	-1.03	海军黄铜	-0.40
铝	-0.79	铜	-0.36
镉	-0.70	镍	-0.22
铁	-0.61	银	-0.13
Cr18Ni8(活化态)	-0.53	钛	-0.10
铅	-0.5	Cr18Ni8(钝化态)	-0.08

当金属处于海水环境中，会形成腐蚀微电极，钢的阳极反应为 $Fe \longrightarrow Fe^{2+}+2e^-$，阴极反应为$\frac{1}{2}O_2+H_2O+2e^- \longrightarrow 2OH^-$。由于海水的电导率大，海水腐蚀的电阻性阻滞很小，即不容易产生电阻极化。海水中不仅腐蚀微电池的活性大，而且腐蚀宏观电池的活性也很大。

海水中金属腐蚀行为按腐蚀速率受控制的情况可分为两大类：一类是受阴极过程的控制，主要受氧扩散的控制，当海水中的含氧量增加时会加速碳钢和低合金钢的腐蚀；另一类是受表面钝化膜的控制，如钛及其合金、不锈钢和铝及其合金会形成钝化膜，对腐蚀过程产生明显的阻滞。

(2) 海水腐蚀影响因素

① 金属特性和合金元素

碳钢和低合金钢的海水腐蚀速度主要受氧的扩散速度控制。由于微阴极面积的增加对氧的扩散并无多大影响，所以低合金钢中的含碳量和合金元素的含量对腐蚀速率影响不大。海水流速的增加则可加快碳钢和低合金钢的腐蚀，提高其腐蚀速率，这是因为海水流速的加快使得到达阴极的氧量增加。当碳钢及低合金钢表面的氧化膜未除掉时，由于其易脆性产生裂纹而露出基体金属，因此在海水中暴露的基体金属就与比其面积大得多的氧化膜构成腐蚀电池，两者的电位差有时可达0.26V，裂纹中的基体金属将作为阳极而被腐蚀。由于阳极面积很小，腐蚀电流很大，使得腐蚀在小面积上向深处发展，其腐蚀速率比碳钢在平静海水中的腐蚀速率(0.08~0.12mm/a)要大得多，一般可达1.5~2mm/a。金属结构物上的焊缝与邻近的钢板有电位差，其值可达20~40mV，焊缝将作为阳极而被腐蚀。由于焊缝面积比邻近钢板的面积小得多，所以受到强烈的腐蚀，有时焊缝处的最大腐蚀速率可达0.77~1.3mm/a。

在碳钢的基础上加入合金元素，一般可提高钢对海水腐蚀的抗力，如图5-21所示。在不同的阶段，有些合金元素抗海水腐蚀的作用不同，但Al、Ti、Mo总是提高钢对海水腐蚀的抗力。

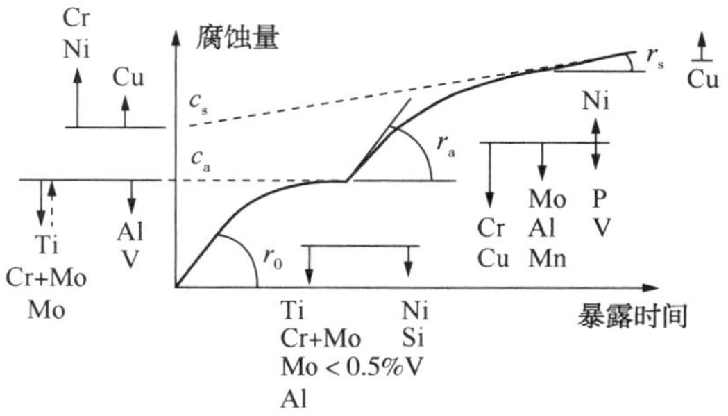

图5-21 合金元素对钢海水腐蚀的影响

② 其他影响因素

海水中含盐量增加，海水的电导率增加，但含氧量却下降，在某一含盐量下存在腐蚀速率的最大值。

绝大多数金属在海水中的腐蚀属于氧去极化腐蚀，即吸氧腐蚀，含氧量增加时腐蚀速率增加。海水表面与大气接触，其含氧较多，一般在12ppm以下。海水的深度增加，其含氧量下降。海水中含盐量增加，海水的含氧量也相应下降。

一般海水温度每增加10℃，金属的腐蚀速率升高1倍。

海洋生物对金属的腐蚀也具有明显的影响。当海洋生物附着在金属表面，因其生命活动释放二氧化碳或死亡析出硫化氢，可使金属表面局部呈现酸性，加速腐蚀。

当海水流速增加时，会加速金属的腐蚀。

5.3.3 土壤腐蚀

(1) 土壤腐蚀特点

金属在土壤环境中所产生的腐蚀，称为土壤腐蚀(Soil Corrosion)。各种地下设施、管道、电缆等都要遭受土壤腐蚀威胁，因而土壤腐蚀是最重要的实际腐蚀控制之例，是各种介质中腐蚀过程最复杂的。常见的土壤腐蚀形式有充气不均引起的腐蚀、杂散电流引起的腐蚀和微生物引起的腐蚀。

土壤是具有毛细管多孔性的特殊固体电解质，是由固体、液体和气体组成的三相结构。固体，即土粒，含多种无机矿物质和有机矿物质，组成土壤的土粒大小不等。液体，即存在于土壤中的水分，其中溶解了土壤中的各种盐分。气体是存在于土壤的空气，其中氧气是直接参与腐蚀过程的气体。

土壤具有毛细管多孔性，通常形成胶体体系。在土壤土粒之间，存在大量的毛细管微孔和孔隙，其中充满空气和水。由于水分的存在，土壤成为离子导体，具有电解质溶液的特征。土壤中的孔隙度和含水率又影响土壤的透气性和电导率。

一般来说土壤介质相对稳定，但又存在不均匀性，往往形成各种浓差电池。从大范围讲，具有不同性质土壤的交替和更换，与腐蚀相关的土壤电化学性质也会发生明显的变化。从小范围讲，各种微结构组成的土粒、气孔、水分存在一定的差别，土壤的结构紧密程度也存在一定的差别。

（2）土壤腐蚀影响因素

影响土壤腐蚀的因素众多，研究各主要影响因素的作用及各主要因素间的交互作用是土壤腐蚀研究的重点。

在土壤环境中，土壤腐蚀的阴极过程主要是氧去极化作用，由于氧要透过固体的微孔电解质到达阴极，此过程比较复杂，进行得也比较慢，而且土壤的结构和湿度对氧的传输有很大的影响。

影响土壤腐蚀的因素可以分为三类：第一类是土壤的理化性能、第二类是土壤的组成、第三类是土壤的温度。

土壤的理化性能包括土壤的电阻率、氧化-还原电位、pH 值和土壤密度等。土壤的电阻率是一个综合性因素，反映土壤的导电能力，会明显影响宏观的腐蚀电池效应。氧化-还原电位综合反映土壤氧化还原程度的轻度指标，与土壤中的有机质、pH 值和含氧量（透气性）有关。当氧化-还原电位（E_h）较高时，土壤的氧化剂占主导地位。在 pH＝5.5～8.5 范围，E_h值越低，土壤中还原剂占主导地位，也表明微生物的作用愈强。

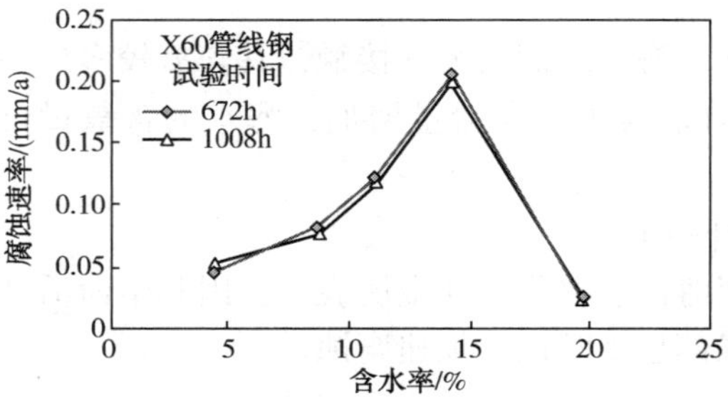

图 5-22　钢腐蚀速率与土壤含水率的关系

土壤的组成包括土壤含水率、土壤中的盐分和土壤含气量等。土壤中的含水量使土壤介质具有电解质溶液的特性，是造成电化学腐蚀的先决条件。在干燥的土壤中，金属几乎不会发生腐蚀，随土壤含水量的增加，金属在土壤中的腐蚀速率增加，并达到极大值，土壤含水量继续增加腐蚀速率又下降，如图 5-22 所示。

大多数土壤的含盐量在 2%以内，很少超过 5%。随土壤含盐量的增加，土壤的电阻率降低，促进金属的腐蚀，其中 Cl^-促进腐蚀的作用最强，一方面通过破坏金属表面的钝化膜促进阳极过程，另一方面与阳极溶解的金属正离子形成可溶性腐蚀产物，降低浓差极化。其他阴离子往往会促进钢铁材料的土壤腐蚀，促进土壤腐蚀强度减低的顺序依次为 SO_4^{2-}、CO_3^{2-}、HCO_3^-。

对钢铁材料的土壤腐蚀，硫离子会与铁离子反应生成硫化铁，主要与土壤中硫酸盐还原菌的生命活动有关。CO_3^{2-} 能与土壤中的 Ca^{2+}形成 $CaCO_3$，它与土壤中砂粒结合成坚硬的“混凝土”层，使腐蚀产物与金属结合牢固，抑制电化学反应的阳极过程，对腐蚀具有阻碍作用。土壤中的阳离子 K^+、Na^+、Ca^{2+}、Mg^{2+}、Al^{3+}离子等除了起导电作用以外，并不直接参与土壤腐蚀的电化学过程，对土壤腐蚀影响不大。土壤含气率是指单位体积土壤孔隙中气体体积占有的比率，它是一个与土壤容量、含水率和土壤密度相关的指标。氧是土壤腐蚀不可缺少的一个因素，氧存在于土壤的气体中。土壤中氧的来源主要是空气的渗透，土壤的透气性与土壤的孔隙度、松紧度、土粒的结构有密切的关系。由于在土壤中金属的腐蚀主要是氧的去极化，所以土壤中含气量增加会促进腐蚀。

金属在土壤中的腐蚀主要是电化学过程，土壤温度的提高，会加速阴极的扩散过程和电化学反应的离子化过程，从而加速金属的腐蚀。

土壤中存在的微生物也能促进金属的腐蚀。在土壤中，与土壤腐蚀有关的微生物主要是 SRB，它倾向于聚集在钢铁结构的表面，导致金属材料的腐蚀。硫酸盐还原菌主要是促进阴极去极化，土壤中的 SO_4^{2-} 在 SRB 的作用下与 H^+ 反应生成 S^{2-}，即 $SO_4^{2-}+8H^++8e^-\xrightarrow{SRB}S^{2-}+4H_2O$，然后 S^{2-} 与钢铁溶解的 Fe^{2+} 生成 FeS，$Fe^{2+}+S^{2-}\longrightarrow FeS$，所以钢铁材料在土壤腐蚀产物中存在 FeS，它是微生物腐蚀的一个佐证。

杂散电流是指土壤介质中存在的一种大小和方向不固定的电流，它所引起的金属腐蚀称为杂散电流腐蚀。杂散电流来源于电气化铁路、有轨电车、无轨电车地下电缆露电、直流电焊机以及其他电器设备的接地装置。杂散电流可分为直流杂散电流和交流杂散电流。

当管道通过存在直流杂散电流的土壤时，杂散电流会沿管道涂层的裸露点流入管道，然后从其他涂层的裸露点流出管道。电流进入管道的地方带有负电为阴极区，产生析氢反应，造成管道涂层的剥落。杂散电流流出管道的地方带正电，该部位便成为阳极区，产生严重的腐蚀，如图 5-23 所示。

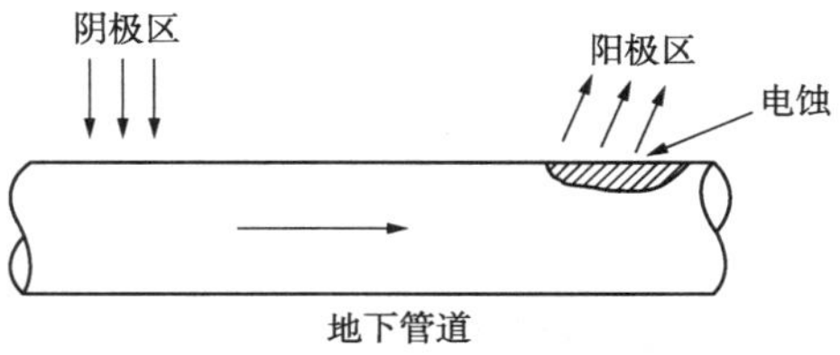

图 5-23 直流杂散电流的腐蚀

5.4 微生物腐蚀

5.4.1 微生物腐蚀环境

微生物诱导腐蚀(Microbiologically Influenced Corrosion，MIC)是指发生在金属或合金与微生物体或周围环境之间复杂的相互反应。微生物细胞新陈代谢的中间产物和/或最终产物的分泌物以及外酵素都能够引起材料失效。国内外的资料表明，微生物腐蚀广泛地存在于石油、化工、海洋运输等系统中。另外，铺设在海底的输油管道、地下长输管线经过含水率达到饱和的土壤时也都在遭受各种微生物的腐蚀，管道外部的腐蚀沉积有 27%与 MIC 有关。美国现在每年因腐蚀造成的损失达 1570 亿美元，其中相当大一部分是由微生物腐蚀造成的。

习惯上将细菌腐蚀分为厌氧腐蚀和好氧腐蚀，实际上在生物膜与细菌群体之中，多种菌类是共处一起的，在发生厌氧腐蚀的同时也在发生好氧腐蚀。参与腐蚀的菌主要有以下几类：硫酸盐还原菌、硫氧化菌、腐生菌、铁细菌和真菌。在微生物腐蚀中，硫酸盐还原菌(Sulfate-Reducing Bacteria，SRB)是一种厌氧的微生物，是引起金属腐蚀的主要微生物，广泛存在于土壤、海水、河水、地下管道以及油气井等缺氧环境中。生物界一直将 SRB 归为严格的厌氧菌。但最新研究表明，硫酸盐还原菌不是严格厌氧，而是兼性厌氧，能够承受 4.5mg/L 的环境溶解氧浓度。实际工况下 SRB 腐蚀形貌多为高度的局部点蚀，去除表面腐蚀产物后，金属表面保护膜脱落，呈现光亮活性的表面极易发生腐蚀，蚀坑是开口的圆孔，纵切面呈锥形，孔内部是许多同心圆环或阶梯形的圆锥。

注水管道、输油管道、油气设施在试压、试运行过程中若使用未经处理的海水，也可能导致管道发生细菌腐蚀(如图 5-24 所示)，细菌腐蚀很少发生在正常运行的凝析油管道、湿气管道、干气管道，这与 SRB 的生存条件有很大的关系。研究表明：SRB 在含水率大于 2%~3%的环境才能存活，SRB 代谢过程中需要海水或生产水中的矿物质和有机质。最适合 SRB 生长的 pH 值范围是 5~9.5，大多数的油气管生产环境的 pH 值都落在这个范围内。同时，SRB 代谢需要硫酸盐离子参与，将硫酸盐离子还原成其他产物，一般硫酸根离子含量大于 10mg/kg 比较适合 SRB 存活。

图 5-24　沼泽地下输气管道发生硫酸盐还原菌腐蚀的形貌

5.4.2　微生物腐蚀机理及影响因素

（1）SRB 的腐蚀机理

目前，SRB 的腐蚀机理仍在研究中，许多学者尝试用不同的方法对腐蚀机理进行描述。其中，Kukr 在 1934 年提出的阴极去极化理论依然是目前应用最普遍的理论。在没有氧的条件下，金属腐蚀的阴极反应应该是氢的逸出，但是由于放出氢的活化过电位太高，腐蚀电池本身难于供给这样的电位，因而阴极就被一层原子态氢覆盖，使得腐蚀终止。硫酸盐还原菌的作用就是从金属表面除去氢原子，而使腐蚀过程继续下去。根据阴极去极化理论，在缺氧、中性 pH 值条件下，SRB 的存在促进阴极和阳极表面去极化作用，使反应加快，碳钢腐蚀加剧。SRB 参与阴极氢去极化，产生的 S^{2-} 进一步形成腐蚀产物 FeS 和 $Fe(OH)_2$，沉积于金属管壁，呈锈垢状，而锈垢作为金属的阴极可加速腐蚀作用。而且，SRB 的生长繁殖又产生更多的 FeS 和 $Fe(OH)_2$ 等产物，由此恶性循环导致锈垢底部迅速产生破坏性点蚀，其深度可达 10mm 以上。此外，电化学腐蚀过程中（见图 5-25 示意图），阴极还原出的氢原子有一部分能够扩散到金属内部引起氢脆，导致金属强度、韧性降低，从而引起应力破坏，造成设备报废。

其腐蚀反应公式为：

阳极反应：

$$4Fe \longrightarrow 4Fe^{2+} + 8e^- \qquad (5-19)$$

阴极反应

$$8H^+ + 8e^- \longrightarrow 8H \qquad (5-20)$$

硫酸盐还原菌阴极去极化作用（见图 5-25）公式为：

$$SO_4^{2-} + 8H \longrightarrow S^{2-} + 4H_2O \qquad (5-21)$$

水的分解：

$$8H_2O \longrightarrow 8H^+ + 8OH^- \qquad (5-22)$$

反应产物：

$$Fe^{2+}+S^{2-} \longrightarrow FeS \quad (5-23)$$

$$3Fe^{2+}+6OH^{-} \longrightarrow 3Fe(OH)_2 \quad (5-24)$$

总反应式：

$$4Fe+SO_4^{2-}+4H_2O \longrightarrow FeS+3Fe(OH)_2+2OH^{-} \quad (5-25)$$

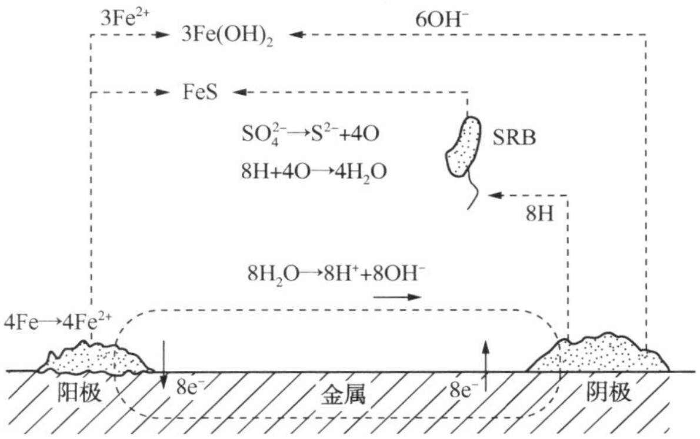

图 5-25 酸性条件下硫酸盐还原菌参与厌氧腐蚀的电化学过程示意图

除此之外，主要的理论还包括认为形成局部浓度差异电池的浓差极化理论，认为微生物代谢产物对材料起腐蚀作用的沉积物下的酸腐蚀理论，以及阳极区固定理论等。

到目前为止，由于对 SRB 腐蚀机理缺乏全面的认识，还没有一个数学化的机理模型对 SRB 腐蚀进行预测。近年来发展的生物催化阴极硫酸盐还原理论(BCSR)不将注意力放在真实的复杂的反应过程中，而是只考虑其整体效果，即阳极铁溶解释放的电子在阴极被用于硫酸盐还原。

其腐蚀反应公式为：

阳极反应：

$$Fe \longrightarrow Fe^{2+}+2e^{-} \quad (5-26)$$

阴极反应：

$$SO_4^{2-}+8H^{+}+8e^{-} \longrightarrow HS^{-}+OH^{-}+3H_2O \quad (5-27)$$

该模型重点考虑了 SRB 腐蚀中点蚀发展的规律，并指出在点蚀发展开始阶段，电荷转移为控制步骤。而在点蚀发展到一定程度之后，传质过程将成为控制步骤。所以说，较深的点蚀坑都是由传质过程控制的。

(2) 影响因素

SRB 腐蚀是个非常复杂的问题，一方面是由细菌本身的属性决定的，另一方面 SRB 腐蚀往往在复杂的介质环境中发生，涉及与沙、流动介质、缓蚀剂等的耦合，进一步增加了研究的难度。有研究也指出，在石油集输系统中，在 H_2S 初始浓度不高，且环境条件适宜的情况下(如水样)，SRB 的增加会导致 H_2S 的增多；但是，在 H_2S 初始浓度很高，且含水量下降的情况下(如油样)，SRB 的数量增加很少。H_2S 对 SRB 生长的抑制作用是一个需要深入考虑的问题。

5.5 其他介质中的腐蚀

5.5.1 地层水腐蚀环境

国内外各油田所处的地理位置不同，地下产出水的水体性质也不同；同一个油田、不同油区、不同地层的水体性质也不同，腐蚀状况及腐蚀因素也不同。因此，了解不同的水体性质、腐蚀因素，才能有针对性地采取有效防腐措施。表5-5列出了我国部分油田的水质参数。

表5-5 部分油田水体性质

油田	水型	总矿化度/(mg/L)	Cl^-/(mg/L)
大庆油田	$NaHCO_3$	6000~9000	1600~3500
胜利油田	$CaCl_2$，$NaHCO_3$	15000~200000	14000~128000
辽河油田	$NaHCO_3$	1500~6100	100~1300
中原油田	$CaCl_2$	30000~180000	13000~100000
江苏油田	$NaHCO_3$	4800~33000	1800~15000
克拉玛依油田	$NaHCO_3$，$CaCl_2$	7000~49000	200~20000
吉林油田	$NaHCO_3$	6100	2300
大港油田	$NaHCO_3$，$CaCl_2$	3500~46000	—
华北油田	$NaHCO_3$，$CaCl_2$	1300~19000	490~11000
青海油田	$CaCl_2$	1000~170000	60000~100000
玉门油田	$CaCl_2$，Na_2SO_4	9000	—
江汉油田	Na_2SO_4	310000	180000

5.5.2 其他腐蚀环境

油套管所处的工况腐蚀环境除了含H_2S、CO_2及高矿化度的地层水外，在高温高压下，有时还含有多硫和单质硫类络合物，具有很强的腐蚀性。另外，在完井过程中注入的完井液或环空保护液，特别是高密度的$CaCl_2$、$CaBr_2$等完井液，在高温条件下会引起完井管柱发生SCC；在开采油气田的过程中，有时必须对低渗透度底层进行酸化处理，尽管在极低pH值的酸化液中加入了不同类型的缓蚀剂，酸化液仍对酸化管柱或完井管柱产生较为严重的腐蚀。同时，残留于井下的酸化液，使产出液的pH很低。从井底到井口，某些特定的部位，由于微生物活动，特别是硫酸盐还原菌，不仅使金属产生点蚀，还会生成强腐蚀性的H_2S。修井、添加化学药剂等作业均可能把氧气带入井下等，这些因素无疑会促进油套管柱的腐蚀进程。

第6章 石油管材防腐蚀措施及腐蚀控制

6.1 石油管材腐蚀防护的重要意义

石油管材使用工况环境条件恶劣，失效事故频繁发生。例如油管柱和套管柱通常要承受几百甚至上千个大气压的内压或外压、几百吨的拉伸载荷，还有温度及苛刻腐蚀介质(如酸化压裂过程中极低 pH 值的 HCl+HF 溶液)的作用。石油管材柱是保证油气井安全和使用寿命的主要基础，特别是套管柱损坏有时会导致油井报废，这是因为套管柱在油井管系列中非常特殊，一旦下井投产则管柱无法回收，套管一旦发生损坏，不但导致油气减产，更严重的是破坏了储层，影响正常的勘探开发与生产，全国各油田每年因套管损坏造成的油井破坏或报废其经济损失就达几十亿元。而油管柱是试油试气、采油采气的唯一通道，发生油管事故，虽然不像套损导致全井报废，但每年由于更换油管作业、原油漏失、报废油管造成的经济损失也是非常巨大的，最为严重的是测试等作业管柱，在深井、超深井、高压井作业中一旦发生事故，往往造成严重的后果，不但会造成油气井失效，往往还会导致人员伤亡。

套管的寿命决定了油井的寿命，油井的寿命又决定了油田的寿命，而我国西部油田一口油井的成本约几千万元甚至上亿元人民币，中海油一口油井的成本约八千多万美元，建井成本极大。石油管材的腐蚀破坏，不仅可以造成灾难性事故和环境污染，还会导致重大的经济损失，如中海油-康菲石油(美国)渤海湾漏油事件：关闭 B(15 万桶/天)、C(8 万桶/天)两平台，中海油减产 20%。因此，在油气井设计之初，根据井下腐蚀工况环境，对石油管材柱进行合理选材和结构设计，采取有针对性的防腐蚀措施，并对石油管材使用的安全可靠性、使用寿命和经济性进行评估，从而达到一个良好的石油管材腐蚀控制，这对于保障油田的安全生产及油气资源的顺利开发具有十分重要的意义。

6.2 石油管材腐蚀防护的目的和作用

石油管材的腐蚀存在于钻井、完井及生产的每一个环节，其腐蚀的防护是采取相应的技术措施尽可能使腐蚀破坏的速度减小，而并不是不惜一切代价避免石油管材柱的腐蚀。因此，防腐措施的采用应技术可靠、经济合理。众所周知，防腐蚀的目的在于延长设备的使用寿命、确保安全生产、提高综合经济效益。如果采用的防腐蚀技术不成熟可靠，则有可能事与愿违，出现相反的结果。然而如果片面地强调技术的先进性而忽略了经济上的可行性，同样达不到防腐蚀的目的。因此，设计选用的任何一种防腐蚀技术，既是实践证明而行之有效的，同时也必须是经过经济核算而切实可行的。

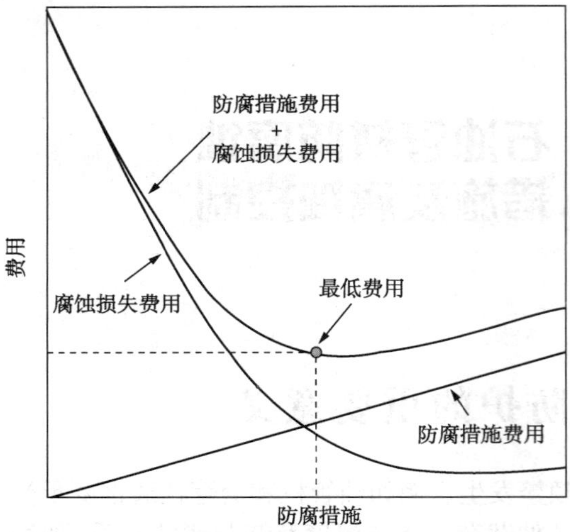

图 6-1　石油管材腐蚀防护技术措施的有效性和经济性

由此看来，腐蚀控制是为降低或延缓石油管材在井下环境作用下因腐蚀失效而采取的相应技术工艺措施，其追求的目标是使油田为腐蚀付出的代价为最小，也就是设法使腐蚀损失与花费的防护费用的总和为最小，见图 6-1。所以，石油管材柱腐蚀防护技术措施的采用应达到有效性和经济性的统一，一个良好的腐蚀控制，应该达到保护资源和节约能源、节省原材料、减少腐蚀经济损失和腐蚀事故、提高管材的服役性能和使用寿命、保证资源开发的安全运行、促进新技术和新材料发展的目的。

相关学者对不同材质油管及不同防护技术在甜性和酸性环境中的适用性进行了研究(见图 6-2)，得出在设计寿命为 4 年、6 年、10 年、15 年和 20 年，深 12000ft，4½″(线重 12.6lb/ft) L80 钢级油管(不同材料)的净现值：在不同的材质选择上，碳钢的经济性最好，而超级奥氏体不锈钢最差。从碳钢到耐蚀合金，成本逐渐上升，并且这些分析并没有考虑到油井管失效及维修所带来的成本增长。除了 13Cr 以外，随着设计寿命的延长，连续注入缓蚀剂也带来成本的增大，几乎与使用耐蚀合金差别不大。相比于其他材料来说，新型 3%Cr 钢油管表现出良好和显著的经济效益，可以达到防腐蚀有效性和经济性的统一，它突出表现在以下几个方面：

(1) 相比较于碳钢及低合金钢来说，提高了抗腐蚀行为、延长了修井期限、扩大了油井使用寿命；

(2) 在中等腐蚀条件下，相比于 13Cr 钢及耐蚀合金来说，减少了总寿命成本；

(3) 保证安全操作运行，不进行早期修井工作；

(4) 在除氧不充分的注水井中也表现出可喜的抗腐蚀能力；

(5) 当腐蚀速率显著低于碳钢及低合金钢时，仍具有较大壁厚，改善了打捞操作。

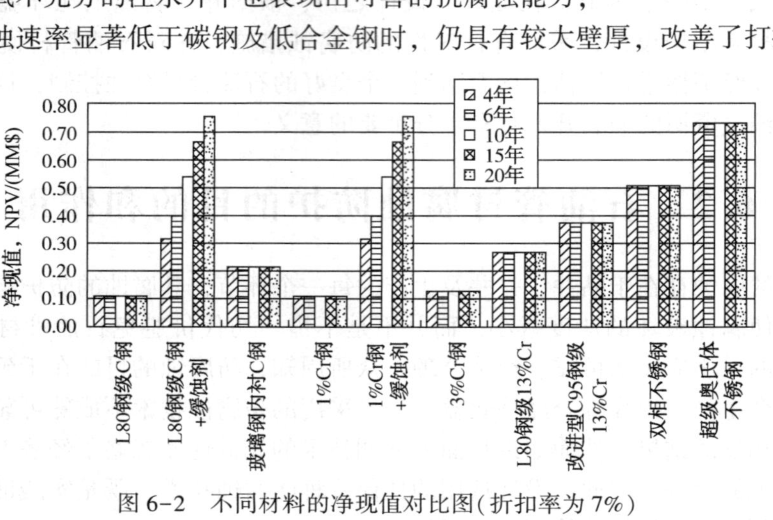

图 6-2　不同材料的净现值对比图(折扣率为 7%)

6.3 腐蚀环境调查

油气井井下腐蚀因素千差万别，在防腐蚀工程设计中，首先要对石油管材所处的工况环境以及输送介质(包括入境流体和产出流体)或封隔的介质(封隔液或环空保护液等)进行调查，抓住影响腐蚀的主控因素，做到对症下药，发挥防腐投资的最佳经济与社会效益，提高石油管材柱防腐的整体技术水平。在井下最常见的腐蚀性介质有钻井过程中的泥浆，固井过程中的水泥浆(不完全固井中的地层介质，如膏盐层等)，完井过程的所用的完井液(如酸化液、封隔液及修井液等)，生产过程中地层水、凝析水、原油、天然气、CO_2、H_2S 及单质 S 等。

6.3.1 地层腐蚀性调查

地层腐蚀性调查的对象为上部松软的易塌和易漏地层(土壤)、中部钻井过程难于控制的复杂地层(如膏盐层和盐水层)以及下部的储油(气)层，调查内容主要包括地层电阻率、土壤结构、含水量、细菌含量、pH 值等。

6.3.2 钻井液腐蚀性调查

钻井过程中的套管的腐蚀介质主要来自大气、钻井液及地层产出物。由于不同的钻井目的和地质条件，选用的钻井液体系不尽相同，它们对金属材料的腐蚀程度亦不同，未经处理的钻井液的腐蚀速率见表 6-1。因此，调查内容主要包括钻井液类型、溶解氧含量、地层产出介质成分和温度等。

表 6-1 未经处理的钻井液的腐蚀速率

钻井液类型	腐蚀速率/(mm/a)	钻井液类型	腐蚀速率/(mm/a)
新鲜水	1.85~9.26	KCl 聚合物	9.26
非分散低固相	1.85~9.26	饱和 NaCl	1.23~3.09
海水	9.26	油基泥浆	<1.23

6.3.3 完井液腐蚀性调查

完井液腐蚀性调查包括所用完井液类型，如封隔液、酸化液、压裂液及修井液等。重点在于腐蚀性较强的酸化液和在油套环空长时间存在的封隔液或环空保护液，如酸化液的调查内容主要包括酸化液类型(是有机酸体系，还是无机酸体系)、酸化工艺、缓蚀剂的类型和加量、井底(储层)温度等；封隔液或环空保护液的调查内容主要包括封隔液或环空保护液的类型(是有机盐封隔液，还是卤化物封隔液)，缓蚀剂、杀菌剂和阻垢剂的加量、温度等。

6.3.4 地层水和凝析水腐蚀性调查

调查内容主要包括地层水和凝析水中的溶解氧、二氧化碳、硫化氢、Cl^- 含量、总矿化度、pH 值、细菌、导电率和气水界面等(一般水线部位，石油管材的腐蚀相对严重)。

6.3.5 原油和天然气腐蚀性调查

腐蚀性调查内容主要包括原油和天然气中的水(汽)、硫化氢、二氧化碳、细菌以及盐类的含量(如原油中的含水率低于30%~40%、天然气中的汽油比小于890时，金属的腐蚀趋势降低)、井底和井口温度、温度梯度、流速等。

6.4 石油管材腐蚀防护的基本途径和原理

6.4.1 合理选材

根据井下工况环境正确选用石油管材材料以减轻腐蚀影响。介质所处的温度、压力是要考虑的重要因素，通常温度升高，腐蚀速度加快，在高温下稳定的材料，在常温下往往也是稳定的(碳钢和低合金钢的SSC除外)；在常温下稳定的材料，在高温下就不一定稳定，例如13Cr马氏体不锈钢在100℃以下的CO_2腐蚀环境中具有良好的抗腐蚀能力，但温度升高到150℃，就会发生明显点蚀现象。此外，还应注意管柱材质的相容性，避免电偶腐蚀的发生(一般情况下，当两种管柱材质的电位差在50mV以上时，将发生电偶腐蚀，电位差达到250mV以上时，将发生严重的电偶腐蚀)。

如上所述，管柱材质的选用还应考虑其经济适用性。因此，应对管柱材质进行最优化选择。管柱材质的最优化选择由大量的关键性因素所控制，包括足够的机械性能、抗腐蚀性能和成本等。当前所使用材料的最优化选择方法涵覆盖了这些与材料有关的关键性成分，并带有已被证实的现场和试验记录，图6-3为石油管材材质最优化选择方法的流程图。

6.4.2 合理的结构设计

(1) 井身结构形式尽量简单，便于防腐施工与检修。

(2) 石油管材接头内表面应平滑过渡，防止残留液腐蚀与沉积物的垢下腐蚀。图6-4为超级13Cr油管接头部位存在5°内倒角加工形成的棱角，其有利于固相沉积物的形成，导致该处发生严重的垢下腐蚀。另外，油管与接箍连接部位或直连型油管的连接部位应尽量采用内平处理，否则在不内平处易形成湍流或紊流，导致腐蚀介质与台肩内壁金属长时间冲刷和接触，造成油管腐蚀或发生严重点蚀(见图6-5)。

(3) 上扣后油管与接箍或直连型油管连接部位的台肩面应紧密配合(见图6-6)，减小溶液的停滞与积聚，避免形成缝隙腐蚀。图6-7为台肩面存在缝隙导致不锈钢油管发生严重缝隙腐蚀的宏观形貌。因此，在接头连接结构设计上可以在台肩面处加入弹性密封垫片(如聚四氟乙烯垫片)，防止缝隙腐蚀的发生(图6-8为国外某钢管公司超级13Cr油管特殊扣连接部位的宏观形貌)。

(4) 提高石油管材表面光洁度和洁净度。如油管表面氧化皮去除不彻底，光洁度和洁净度较差，表面将会出现较为严重泥浆附着，促进点蚀的萌生及发展(见图6-9)。

(5) 同一管柱结构中应尽可能采用同一种金属材料或电偶序中位置相近的石油管材材料，避免产生电偶腐蚀。

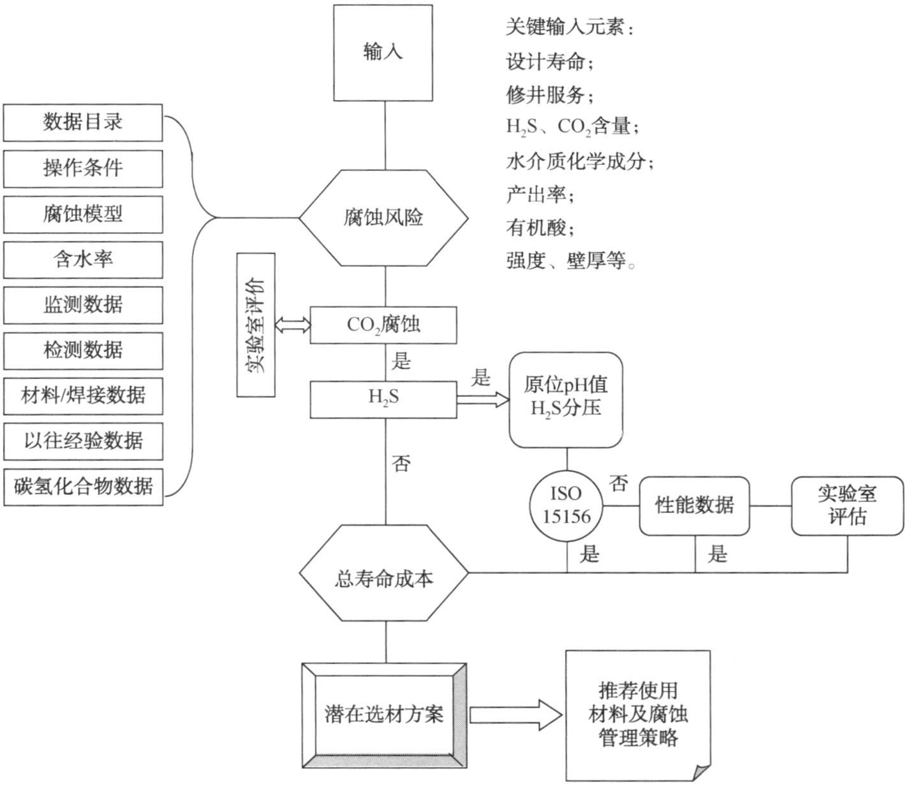

图 6-3　石油管材材质最优化选择方法的流程图

图 6-4　不锈钢油管接头内表面加工棱角导致的垢下腐蚀

图 6-5　不锈钢油管接箍连接部位不内平导致台肩面附近发生严重的点蚀

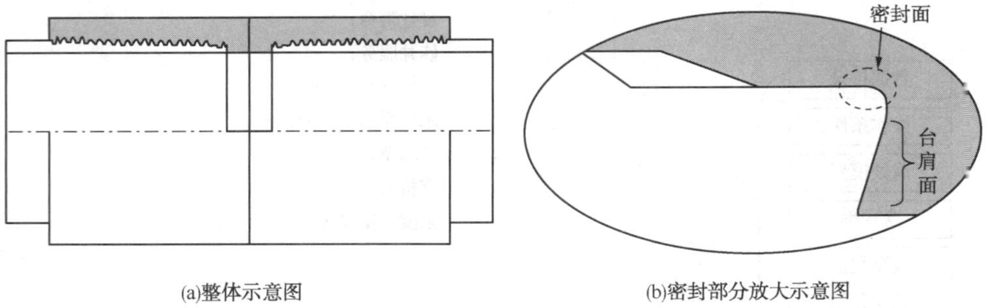

图 6-6 特殊螺纹结构示意图

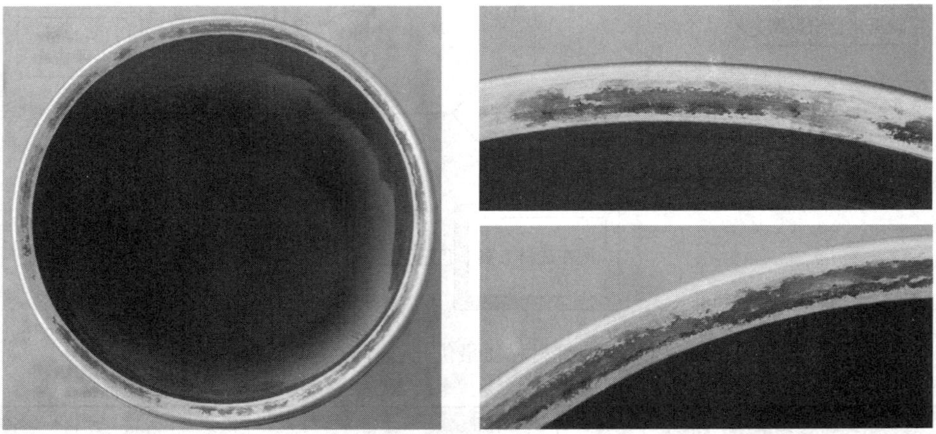

图 6-7 台肩面存在缝隙导致不锈钢油管发生严重缝隙腐蚀的宏观形貌

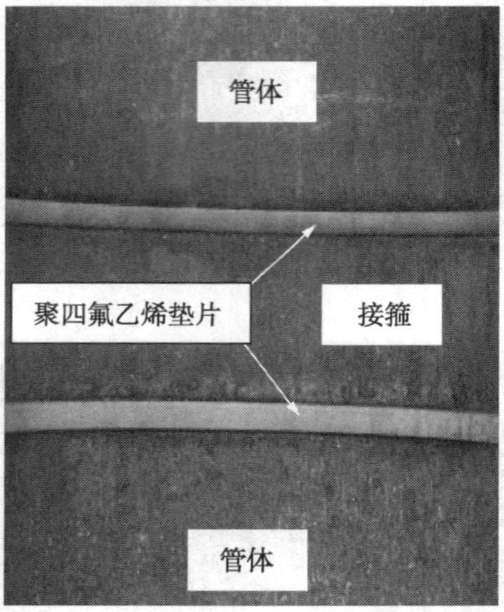

图 6-8 超级 13Cr 油管特殊扣连接部位的宏观形貌

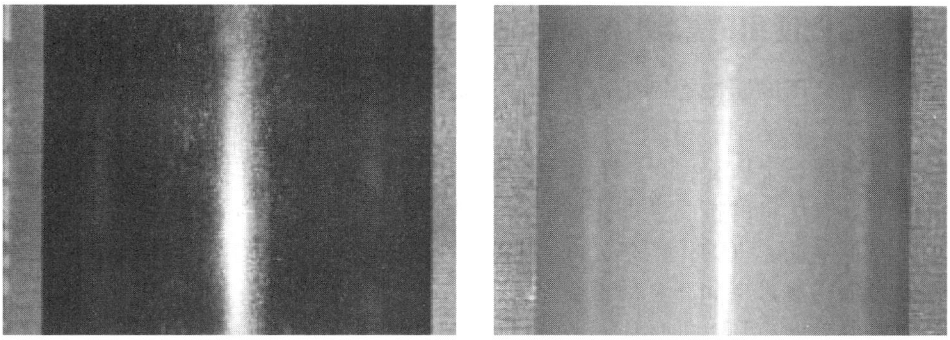

(a)腐蚀前宏观形貌

(b)腐蚀前微观形貌

(c)腐蚀后宏观形貌

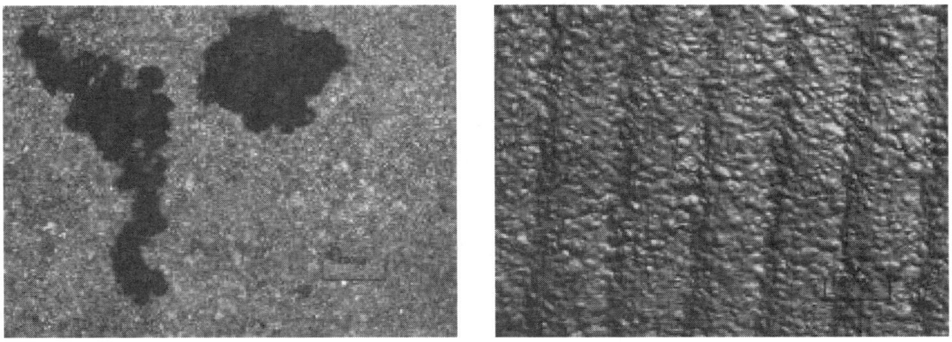

含氧化皮　　　　表面喷砂(喷丸)处理后

(d)腐蚀后微观形貌

图 6-9　油管内表面光洁度和洁净度对其腐蚀行为的影响

6.4.3 合理使用覆盖层

覆盖层在油气田的腐蚀控制中占有十分重要的位置，它的主要作用是将腐蚀性介质与金属构筑物隔离开来以达到防腐蚀的目的。国内外油气田在油管内防腐方面广泛采取内涂层技术，包括有机涂层、金属涂镀层、有机-金属涂层。涂层施工简单、费用很低。在入井流体和产出流体中具有优良的抗腐蚀能力。同时，油管内壁涂层后，由于粗糙度减小，使水力摩阻减小，提高了采油、气的生产率，并且具有良好的防蜡、防垢作用。根据表面覆盖层材料的不同可分为金属覆盖层和非金属覆盖层：

（1）金属覆盖层应具有的性质

① 覆盖层本身在介质中耐蚀且与基体金属结合牢固，附着力好；

② 覆盖层完好，孔隙率小；

③ 有良好的物理机械性能；

④ 有一定的厚度和均匀性。

（2）非金属覆盖层应具有的性质

① 有良好的电绝缘性：覆盖层的表面电阻不小于 $10000\Omega \cdot m^2$；耐击穿电压不低于下式计算的数值。

当覆盖层厚度 $\delta>1mm$ 时：

$$\mu = 7843\sqrt{\delta} \tag{6-1}$$

当覆盖层厚度 $\delta<1mm$ 时：

$$\mu = 3294\sqrt{\delta} \tag{6-2}$$

式中 μ——覆盖层的耐击穿电压，V；

δ——覆盖层厚度，mm。

② 覆盖层应具有一定的耐阴极剥离强度的能力，并能长期保持恒定的电阻率。

③ 应有足够的强度：有一定的抗冲击强度，以防止外力造成损伤；有良好的柔韧性，以避免管柱弯曲而导致覆盖层损伤；有良好的耐磨性，以防止介质对覆盖层的冲蚀或自然摩擦；与金属必须有良好的黏结性，即附着力要好。

④ 应有良好的稳定性：耐水性好，吸水率小；在各类气相介质中耐老化时间长，保色时间长；化学稳定性好，在所使用的介质中不变质、不脱落、不开裂、不溶胀；有足够的耐热性。

⑤ 覆盖层的破损要易于修补：选择覆盖层类型时，既要考虑覆盖层本身的性质，也要考虑使用的环境与投资的效益回报。例如选择某种覆盖层时，不仅要考虑被涂物的使用条件与选用的覆盖层适应范围的一致性，考虑被涂物表面的材料性质与施工条件的可能性，还要考虑选择该覆盖层的经济效果与覆盖层产品的正确配套。

目前，就油管防腐涂层的研发及应用状况来看，其耐磨性及高温条件下的稳定性还有待于进一步提高，如油管内涂层由于井底温度过高或压力波动较大而大量脱落，造成井口油嘴堵塞，不仅没有起到有效防腐作用，而且给修井带来巨大困难。

6.4.4 阴极保护

阴极保护是目前国内外公认的经济有效的防腐蚀措施。阴极保护系统分外加电流与牺牲阳极两种，在油田石油管材柱的阴极保护中，对井深不大的套管柱一般实施外加电流的阴极保护措施，而对于油管柱一般采用牺牲阳极(外挂牺牲阳极或牺牲阳极短节)的阴极保护措施。

(1) 阴极保护系统设计的主要目标

① 对被保护金属提供足够的保护电流，并使保护电流的分布达到理想的保护效果；

② 尽可能降低对邻近地下金属构筑物的干扰影响；

③ 设计的阴极保护系统，其寿命应与被保护金属的寿命相一致；

④ 阳极装置应设置在不易受干扰与损伤的地方。

(2) 外加电流阴极保护的设计原则

① 在金属构筑物的外加电流阴极保护系统的设计中，对其保护范围要留有10%的余量。其辅助阳极的设计寿命应与被保护金属的设计要求相匹配，一般不宜小于20年；

② 设计外加电流阴极保护时，应注意保护系统与外部金属构筑物之间的干扰影响，在需要的场合，应采取必要的防护措施。其直流电源的额定功率应留有50%的余量，其输出阻抗应与回路的电阻相匹配。

(3) 牺牲阳极阴极保护的设计原则

① 镁阳极适用于电阻率较高的介质，当介质电阻率小于10Ω·m^2，pH值不大于4时不宜采用，在交流干扰地区应用镁阳极时应注意其电位的稳定性，防止极性逆转；

② 铝阳极一般在油田生产环境中可以使用；

③ 锌阳极一般应用于介质电阻率在15Ω·m^{2}以下的环境。当技术经济合理时，锌阳极的应用范围可扩大到介质电阻率约30Ω·m^{2}的地点，当环境温度高于65℃时严禁应用锌阳极，以免产生极性逆转。

6.4.5 介质处理

关于石油管材所处环境的介质处理，主要是针对入井流体(钻井液、封隔液、酸化液及修井液等完井液)而言的，一般在钻完井过程中对入井的腐蚀性介质进行机械的、化学的、生物的处理，从而降低介质的腐蚀性，是石油管材柱常用的防腐蚀技术之一。介质处理设计的一般原则是：

(1) 脱除钻井液和完井液中的氧，使介质中溶解氧含量小于0.05mg/L，抑制氧腐蚀；

(2) 脱除水中的硫化物与游离二氧化碳，使其在水中的含量小于10mg/L；

(3) 加入杀菌剂杀菌，使水中硫酸盐还原菌(SRB)小于10^{2}个/mL；

(4) 加入阻垢剂，阻垢率应大于等于90%；

(5) 加入缓蚀剂，如控制封隔液中的腐蚀速率在0.076mm/a以下，酸化液中的腐蚀速率在SY/T 5405-1996标准规定的一级标准范围以内；

(6) 沉降去除水中的悬浮固体含量，使其小于3mg/L。

6.4.6 添加缓蚀剂

缓蚀剂保护是油气田控制金属腐蚀的一种重要措施，关于石油管材柱的缓蚀剂保护，一般采取环空注入和固体缓蚀剂投放两种手段来实现。采用缓蚀剂保护时，整个系统中凡是与介质接触的金属体均可受到保护，这是任何其他防腐蚀措施都不可比拟的。由于腐蚀介质的多样性与复杂性，因此，缓蚀剂保护的应用具有严格的选择性。对于一个特定的介质条件，设计缓蚀剂保护前一般要进行缓蚀剂的评选，以求得合适的品种、正确的工艺、合当的用量，从而获得较好的防腐效果。缓蚀剂保护设计时一般应考虑以下因素：

（1）缓蚀剂用量：一般情况下，金属腐蚀的速率是随缓蚀剂浓度的增加而降低的，但二者的关系有极限值，当缓蚀剂的浓度超过极限值时，金属的腐蚀速率不仅不下降，反而会升高。

（2）温度的影响：大多数有机缓蚀剂与许多无机缓蚀剂，随温度的升高，其缓蚀率降低。但有些缓蚀剂随温度的升高，其缓蚀率也增高。

（3）介质的流动速度：在大多数情况下，介质流速加快、缓蚀率降低，但有时缓蚀率也可能提高，这取决于缓蚀剂在介质中的分散状况。

缓蚀剂的选择原则：

（1）在油、水中溶解性能好，即在水中分散性好，并微溶于油；

（2）缓蚀剂与其他添加剂配伍性能好；

（3）对细菌有一定的抑制作用，不能助长细菌繁殖；

（4）不产生沉淀、结垢且缓蚀率高。

就目前石油管材柱缓蚀剂防腐的应用状况来看，其加注工艺较为复杂，并且缓蚀剂在高温条件下（>150℃）的稳定性较差、缓蚀效率较低，其在我国西部油田一些高温高压、超高温高压井的应用还受到极大限制。

6.5 耐蚀管材的设计和原理

6.5.1 提高抗腐蚀性的合金化

材料的腐蚀性首先或主要是由组成材料的合金元素决定，所以合金化是提高材料抗腐蚀性的基本方法。

（1）提高合金的热力学稳定性

采用热力学稳定性高的合金元素进行合金化，可以提高材料的热力学稳定性，从而达到提高抗腐蚀性的目的。

热稳定性比较高的金属，往往是贵金属，可在金属表面形成由贵金属元素组成的连续保护层，提高金属的耐腐蚀性。如在 Cu 中加入 5% 的 Au，可以使 Cu 合金达到 Au 的耐蚀性，但这样的合金很昂贵。

一般合金化时，合金元素首先溶入基体的晶格中，形成固溶体。但是，由于溶解度的限制，要获得多组元的单一固溶体是困难的。当合金元素的含量超过固溶体的溶解度时，合金的组元之间会形成金属化合物。当形成固溶体或金属化合物时，合金中原子的电子壳层结构要发生变化，合金的能量也发生相应的变化。当合金形成时可看到有热量的放出，大体上相当于自由能降低了，热力学稳定性提高了。对工业合金在腐蚀过程中，热力学稳定性往往发生显著的变化。相对腐蚀过程热力学稳定性的变化，合金反应的热效应是相当低的。故以形成合金时自由能的降低提高热力学稳定性的办法获得固溶体型耐腐蚀合金的可能性很小。

要显著提高固溶体型耐蚀合金的热力学稳定性，就需要采用大量热力学稳定性的组分进行合金化。塔曼在研究单相(固溶体)合金的耐蚀性时发现，单相合金耐蚀能力随耐蚀组分的原子数与合金总原子数之比为 $n/8$($n=1$，2，3…)呈阶梯式升高，合金的电极电位相应升高，这一规律称 $n/8$ 规律，n 称为稳定性台阶。如不锈钢，在铁的基体中加入大于 12%的 Cr，正好对应 Cr 的原子数比为 1/8。

(2) 阻滞阴极过程

电化学腐蚀过程存在一对共轭的阴极反应和阳极反应，其中任何一个反应过程变慢，总的腐蚀反应过程也相应地变慢，结果腐蚀速率降低。当腐蚀过程主要受阴极过程控制时，可通过增强阴极极化的办法降低材料的腐蚀性。

在非氧化性酸溶液中，减少金属中阴极相或夹杂物，可减少活性阴极的面积，阻滞阴极过程提高材料的耐蚀性。如减少 Zn、Al、Mg、Fe 金属中的阴极性加杂物，不同金属中产生阴极性夹杂物的元素往往不同。

使金属组织均匀化的淬火提高材料的耐蚀性，反之，退火、时效处理降低材料的腐蚀稳定性，其主要原因是淬火得到单相组织，退火、时效处理后得到多相组织。例如，硬铝淬火后得到过饱和的单相固溶体，退火或时效后，固溶体中析出 $CuAl_2$ 阴极相，所以硬铝的耐腐蚀性下降。

非氧化性酸溶液中阴极反应为氢的还原反应时，加入氢超电位高的合金元素，可以提高阴极的析氢电位，降低合金在酸性溶液中的腐蚀。如在 Zn 中，当含有杂质 Fe、Cu 时，加入氢超电压高的 Cd(镉)、Hg(汞)元素，使 Zn 在酸液中耐腐蚀；当 Mg 中含有 Fe 时，加入 Mn 提高工业纯镁在氯化物水溶液中的耐腐蚀性，因为 Mn 比 Fe 析氢电位高。

(3) 阻滞阳极的活性

采用合金化的方法降低合金阳极活性，尤其是用提高合金钝化的方法阻滞阳极过程的进行，即电阻极化，可提高合金的耐腐蚀性，是耐腐蚀合金化中应用最有效、最广泛的方法。

对于工业合金，大多数为多相合金，从抗腐蚀的观点，最希望阳极组成相的相对面积尽量的少，最好是合金中的强化相相对基体相是阳极，实际上绝大多数合金难以实现，因为第二相作为阳极的情况极少。在碳钢、铸铁中，铁素体相为阳极，渗碳体相为阴极。对铝合金，强化相 $CuAl_2$ 相对铝基固溶体是阴极。在 Mg 基合金中，采用 Al 合金化形成的强化相 Al_2Mg_3 相对基体是阳极。当合金发生晶间腐蚀时，晶界往往是阳极区，但在常温下减少晶界面积总是不希望的，可通过提高合金的纯度或适当的热处理使晶界变薄、变纯净，达到防止或减轻晶间腐蚀的目的，提高合金的耐腐蚀性。

由于合金的基体往往是阳极相，采用容易钝化的合金元素进行合金化是提高耐腐蚀性的有效方法，这与合金的使用条件及合金元素的含量有很大的关系，如在 Fe 基合金中加入 Cr 含量超过 12%，即满足原子数比 1/8，才显著提高耐腐蚀性。一般不锈钢中，Cr>12%；镍基耐腐蚀合金中，Cr 含量控制在 10%~30%；钛基合金中则需要加入钼。

合金的钝化性能还与环境介质的性质有关，如 Fe、Ni 在某些条件下是能够钝化的元素，而在一般自然环境下则不能产生有效的钝化。

对钢铁材料，在合金元素中能达到有效钝化的合金元素主要有 Cr、Al、Si、Mo，它们往往作为附加元素提高耐腐蚀性。所以，含有一定量的 Cr、Mo、Al 的钢被认为是抗海水腐蚀用钢。

另外，在合金中加入阴极性合金元素可促使合金阳极相的钝化，可以制成耐腐蚀合金。

产生这种效应的原因是因为阳极钝化需要一个很小的维钝电流，阴极性很强的合金元素与阳极相形成腐蚀电池，提供阳极钝化所需要的这一维钝电流，保证阳极始终处于钝化区。

利用腐蚀过程在合金表面形成高电阻腐蚀产物膜也是提高合金耐腐蚀性的有效途径。采用合金化，一些合金元素会富集在腐蚀产物中促使腐蚀产物的性质发生改变，由原来疏松的腐蚀产物转变为致密的腐蚀产物膜，进一步增加体系的电阻，使得腐蚀速率降低。在钢加入Cu、P，促使在钢表面生成致密的非晶态羟基氧化铁 $FeO_x \cdot (OH)_{3-2x}$，使钢耐大气腐蚀，如耐候钢均含有适量的Cu、P。

6.5.2 耐蚀合金化的机理

(1) 有序固溶体说

在给定的腐蚀介质中，当耐腐蚀组元(热力学上稳定或容易发生钝化)与相对不耐腐蚀的组元组成长程有序固溶体，随着腐蚀过程的进行，不耐腐蚀的组元优先发生腐蚀，而后形成了耐腐蚀组元原子构成的合金表面层如图6-10所示，阻滞或减缓腐蚀的进一步发展，结果使得合金在该腐蚀体系具有很高的耐腐蚀性。

耐腐蚀合金的长程有序化，是在耐腐蚀组元占一定原子分数的情况下发生，其原子分数服从 $n/8$ 定律，如各种不锈钢，其最少的含Cr量超过12%(质量分数)。

(2) 电子结构说

一些过渡族金属在形成固溶体时，原子内部的电子结构发生了变化，合金在腐蚀介质中不容易失去原子核外的自由电子，氧化反应难以进行，从而提高了耐腐蚀性。如Cr和Fe组成固溶体时，每个Cr原子(3d层缺少5个电子)从Fe原子夺取5个电子，并使5个Fe原子转入钝态，提高了耐腐蚀性。

(3) 表面富集耐腐蚀相说

对多相合金，组成合金的相因化学成分不同，其电化学活性总是存在差别，在腐蚀介质中总会产生选择性腐蚀。依腐蚀电位和钝化能力的不同，通常有一相优先发生溶解，导致表面金属损失，并在金属表面形成腐蚀产物，结果另外一相则富集于合金表面如图6-11所示。但较稳定的腐蚀相不一定提高合金的耐腐蚀性，这主要取决于富集相能否形成完整的表面覆盖层和阳极相的钝化能力，可划归为三种情况。

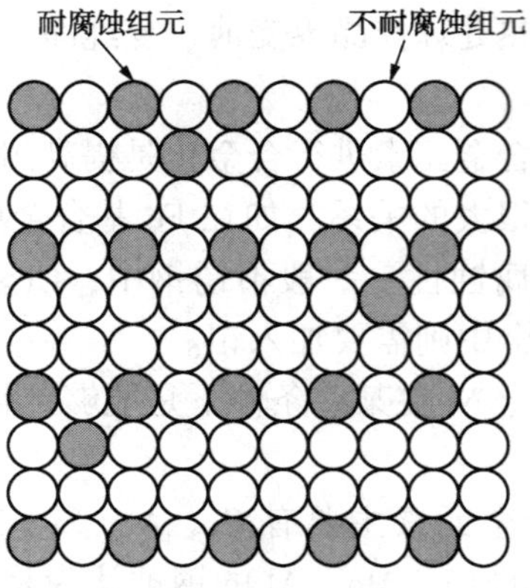

图6-10　合金表面形成耐腐蚀组元层示意图

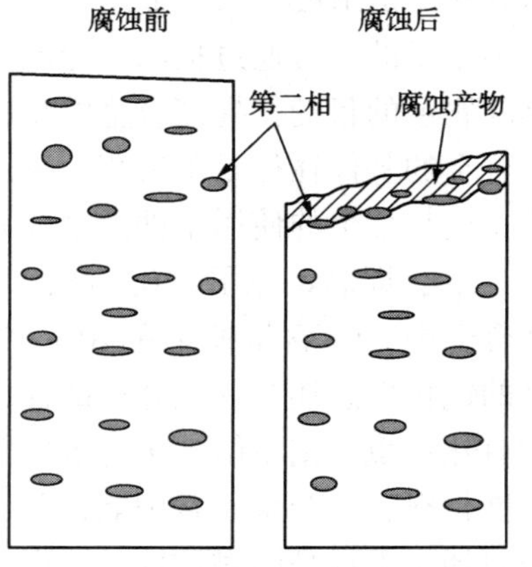

图6-11　合金表面富集第二相示意图

若基体相为阳极，体积分数比较少的第二相为阴极，基体相无钝化能力，往往加速腐蚀。如灰口铸铁或高碳钢在稀硫酸溶液中，腐蚀后碳和渗碳体保留在合金表面，作为阴极起阴极去极化作用，反而会加速腐蚀。只有基体(阳极组分)能在钝化的条件下，疏松堆积的阴极相可促进基体钝化，使得腐蚀速率降低，如灰口铸铁在浓硝酸、浓硫酸中抗腐蚀性比纯铁高。

若合金基体相为阴极，少量的第二相或夹杂物为阳极，腐蚀一段时间后，合金表面阳极相溶解掉，使合金表面变成完全由稳定相组成的连续层，会提高合金的耐腐蚀性。在 Al-Mg 及 Al-Mg-Si 合金中，第二相 Mg_2Al_3、Mg_2Si 为阳极相，基体为阴极相，故它们在海水中的耐腐蚀性比 Al-Cu 合金高。

若组成合金两相的体积分数相近，钝化相为连续的锁边形态，提高合金的耐腐蚀性，如双相不锈钢。

(4) 表面富集耐腐蚀组元说

一般来说，固溶体在腐蚀环境中的腐蚀是一种元素优先腐蚀，合金表面相对富集另一种耐腐蚀的组元，这些耐腐蚀组元如能通过表面扩散或体积扩散发生重结晶形成一层极薄的完整表面层，则会提高合金的耐腐蚀性。

固溶体组元的选择性腐蚀溶解理论是以这个学说为基础。

(5) 表面富集阴极性合金元素说

对于采用阴极性合金元素促进阳极钝化的合金，阴极性合金元素加入量极少，通常在 0.2%~0.5%，但当合金实现阳极钝化时，在合金表面却富集了比平均含量高的阴极性合金元素。当阴极性合金元素足够高时，才促使阳极钝化，使得合金的腐蚀速率明显降低。

(6) 表面腐蚀电位较正元素的机理

根据平衡电极电位序列表，贵金属具有正的电极电位，如果合金中的贵金属富集于合金表面，形成一层贵金属层，则显著提高合金的耐腐蚀性。贵金属组元在合金表面富集的机理有两种不同的观点。

一种观点认为，贵金属与电位较低的组元一起以离子的形式预先进入溶液，由于贵金属组元的离子析出电位高于固溶体的腐蚀电位，贵金属就以金属相的形式在合金表面上进行二次电化学析出或电结晶，从而富集在合金表面。

另一种观点认为，电位较负的组元原子优先发生选择性溶解，使贵金属组元在合金表面逐渐积累。这样在合金表面薄层内发生合金组元原子的相互体扩散，使贵金属组元的原子能够重新结晶出自己的纯金属。

(7) 致密腐蚀产物的形成

腐蚀过程生成的产物统称腐蚀产物，包括腐蚀过程中发生化学作用时在金属表面直接生成的产物。随着腐蚀过程的进行，由于靠近金属表面的液层中组分变化引起的次生反应所产生并黏附在金属表面的产物。

这些腐蚀产物往往成膜覆盖在金属表面，而腐蚀过程的许多特点与膜的性质变化有关。致密的膜，对金属有保护性；疏松的膜，可能促进腐蚀。

在防腐工程设计中，推广采用防腐蚀的“四新”(即新材料、新设备、新工艺、新技术)，必须有完整的鉴定材料，充分的理论依据。并应在此基础上，结合相关油气田的实际工况环境进行小型室内试验和现场挂片试验，验证并积累技术数据，得到所在单位及有关专家的认可后方能大面积推广。另外，防腐蚀工程设计必须严格遵守国家和行业制定的技术标准与规范，使防腐设计有章可循、有法可依，避免主观性。

迄今为止，国内外在石油管材柱的腐蚀防护方面，除在苛刻腐蚀环境条件下选用耐蚀材料外，对油管柱普遍采用的是阴极保护和内涂层保护技术；而对套管柱普遍采取的是阴极保护和缓蚀剂防腐技术。后续章节主要介绍石油管材腐蚀防护的一般做法，即抗腐蚀石油管材材料、涂层保护、缓蚀剂保护和阴极保护。

第 7 章 耐蚀管材

随着世界对油气资源需求的日益增长，促使油气田的开发逐渐向纵深发展。苛刻工况油气田的开发致使管材面临的腐蚀环境越来越复杂，如高含硫腐蚀环境、超深超高压高温腐蚀环境、高矿化度(Cl^-浓度>150g/L)腐蚀环境、稠油热采高温腐蚀环境、高温高压完井液或环空保护液腐蚀环境及苛刻酸化压裂储层改造腐蚀环境等。根据井下温度、压力、流速和气流中腐蚀性组分(H_2S、CO_2、Cl^-及单质 S)等，抗腐蚀管材材料可以涵盖碳钢和低合金钢、不锈钢、镍基合金和钛合金等。

7.1 低 Cr 钢管材

低 Cr 钢一般指 Cr 含量小于 5%(质量分数)的低合金钢。从 20 世纪 90 年代起，日本、阿根廷、奥钢联及国内的宝钢、天钢、衡钢等单位陆续开始开发经济型低 Cr 管，其抗 CO_2 腐蚀能力是当前所使用碳钢的 3~4 倍，但成本不超过碳钢的 1.5 倍。

7.1.1 成分设计

表 7-1 为低 Cr 管材管体的化学成分分析结果。从中可以看出，低 Cr 管材的开发和使用主要集中在 3%Cr(质量分数)上，这主要是因为 Cr 是提高合金耐 CO_2 腐蚀最常用的元素之一，在 90℃以下的饱和 CO_2 水溶液中，很少量的铬就能明显地提高合金材料的耐腐蚀效果。国内外研究表明(见图 7-1)，Cr 含量达到 3%时，低 Cr 钢抗 CO_2 腐蚀性能提高的非常明显，但是 3Cr 和 5Cr 钢抗 CO_2 腐蚀的能力区别则不明显。为了提高基体中 Cr 的利用效率，应当降低 C 的含量。同时添加一定量的 Mo 和 V、Ti、Nb 等强碳化物形成元素，以提高 Cr 的合金化效果，确保其固溶于基体而不是形成碳化物，从而提高固溶的有效 Cr 含量，以此提高材料抗腐蚀能力。

关于低 Cr 管材用钢的抗 SSC 性能，从成分设计上来看，适当降低含碳量(表 7-1 中低 Cr 钢的含碳量普遍在 0.3%以下)及 Mn 含量(远低于 API SPEC 5CT 中的 Mn 元素最大含量)，严格控制 S、P 等有害杂质元素的含量，可以有效抑制有害元素的晶界偏聚及不良夹杂物的形成；加入 Cr、Mo 元素，降低了贝氏体和马氏体开始转变温度(B_S及 M_S)，阻止铁素体-珠光体转变。因此，添加 Cr、Mo 元素，有助于低温转变组织的形成，增加材料的强度，尤其对于低碳钢来说，添加 Mo 元素，有助于获得理想的强度-韧性平衡点；同时，添加一些微量合金元素(如 Ti、Nb、V 等强碳化物形成元素)，可以起到细化晶粒，抑制氢在材料表面的吸附，降低了材料的 SSC 敏感性。

表 7-1 低 Cr 管材管体化学成分分析结果 %(质量分数)

材料	C	Si	Mn	P	S	Cr	Mo	Ni	Cu	Ti、Nb、V
80-3Cr	<0.3	<0.3	<1.0	<0.015	<0.01	2.8~3.3	<0.5	0.15~0.25	<0.3	微量
110-3Cr										
L80-5Cr	<0.2	<0.4	<0.5	<0.015	<0.01	4.8~5.3	<0.5	<0.1	<0.1	
80S-3Cr	<0.3	<0.3	<0.5	<0.015	<0.01	2.8~3.3	<0.5	0.15~0.25	<0.3	
90S-3Cr										
80SS-3Cr	<0.25	<0.35	<0.5	<0.015	<0.01	2.8~3.3	0.5~1.0	<0.1	<0.3	
90SS-3Cr										
95SS-3Cr										
110SS-3Cr										

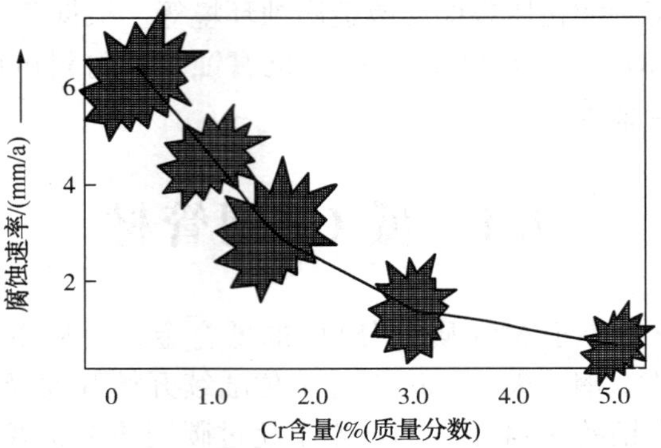

图 7-1 Cr 含量对低 Cr 钢抗 CO_2 腐蚀性能的影响

7.1.2 机械性能

表 7-2~表 7-4 为低 Cr 管材管体的拉伸、硬度及冲击性能的测试结果。可以看出，低 Cr 管材管体的拉伸强度、硬度及冲击韧性均满足 API SPEC 5CT 中所列钢级材料性能要求。

表 7-2 低 Cr 钢管材管体拉伸性能

组别	样品	条形试样宽度/mm	屈服强度/MPa		抗拉强度 R_m/MPa	伸长率/%
			$R_{t0.5}$	$R_{t0.7}$		
1	80SS-3Cr	38.0	600	—	710	32
	API SPEC 5CT L80-1		552~655	—	≥655	≥17
2	90SS-3Cr		685	—	820	31
	API SPEC 5CT C90-1		621~724	—	≥689	≥16
3	95SS-3Cr		730	—	845	25
	API SPEC 5CT T97-1		655~758	—	≥724	≥16
4	110SS-3Cr		—	815	950	28
	API SPEC 5CT C110		—	758~828	≥793	≥12

表 7-3 低 Cr 钢管材管体硬度

组别	样品	试样类型	位置	洛氏硬度 HRC				
				1	2	3	平均值	硬度差(Max)
1	80SS-3Cr	δ=8mm 硬度试验环	内	19.5	19.9	19.5	19.6	0.3
			中	20.1	20.1	19.5	19.9	
			外	20.1	19.4	19.5	19.7	
	API SPEC 5CT L80-1		—	≤23				—
2	90SS-3Cr	δ=8mm 硬度试验环	内	22.4	22.8	22.6	22.6	1.0
			中	23.2	23.4	23.5	23.4	
			外	23.7	23.3	23.7	23.6	
	API SPEC 5CT C90-1		—	≤25.4				≤3.0
3	95SS-3Cr	δ=8mm 硬度试验环	内	25.0	24.8	25.0	24.9	0.6
			中	25.4	25.2	25.6	25.4	
			外	25.4	25.6	25.5	25.5	
	API SPEC 5CT T97-1		—	≤25.4				≤3.0
4	110SS-3Cr	δ=8mm 硬度试验环	内	28.4	27.8	27.5	27.9	0.7
			中	27.4	27.1	27.4	27.3	
			外	27.4	28.5	28.4	28.1	
	API SPEC 5CT C110		—	≤30.0				3.0

表 7-4 低 Cr 钢管材管体(纵向)夏比冲击韧性

组别	样品	试样类型	试验温度/℃	吸收能量/J	吸收能量平均值/J
1	80SS-3Cr	5mm×10mm×55mm 纵向 V 型	0	94	94
				94	
				95	
	API SPEC 5CT L80-1			—	≥15
2	90SS-3Cr			93	93
				94	
				92	
	API SPEC 5CT C90-1			—	≥15
3	95SS-3Cr			82	84
				87	
				84	
	API SPEC 5CT T97-1			—	≥15
4	HS110SS-3Cr			75	77
				75	
				81	
	API SPEC 5CT C110			—	≥23

7.1.3 抗腐蚀性能及适用环境

1. CO_2 腐蚀环境

表 7-5 为不同温度条件下 3Cr110 管材用钢的均匀腐蚀速率计算结果(流速：1.5m/s，CO_2 分压：0.3MPa)。图 7-2 为其腐蚀速率随温度的变化曲线。可以看出，3Cr110 在 90℃ 附近出现腐蚀速率最大值，此后随温度的上升，腐蚀速率一直在降低，这符合低合金钢 CO_2 腐蚀的一般规律。在低温区(≤90℃)，3Cr110 均匀腐蚀速率明显小于普通 API P110，当温度高于 100℃，相比于 P110，3Cr110 均匀腐蚀速率并没有明显改善。

表 7-5　不同温度条件下 3Cr110 钢的均匀腐蚀速率　mm/a

温度	75℃	90℃	105℃	120℃	135℃	150℃
3Cr110	3.1395	5.9734	4.8214	2.6484	2.6310	1.9712

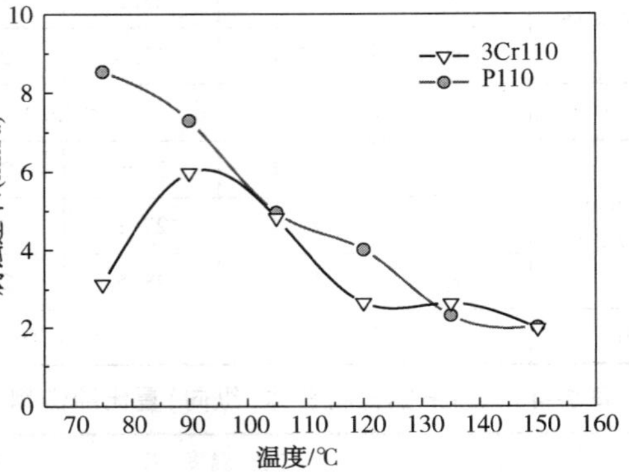

图 7-2　3Cr110 在不同温度条件下的腐蚀速率变化曲线

表 7-6、图 7-3 为不同 CO_2 分压条件下 P110、3Cr 和 5Cr 管材用钢的腐蚀速率对比分析(流速：1m/s)。同样可以看出，CO_2 腐蚀性气体的存在，提高了 3Cr、5Cr 的均匀腐蚀速率，但 3Cr、5Cr 的均匀腐蚀速率都明显低于 P110，Cr 元素在腐蚀产物膜中的富集可以显著改善膜的保护性(见图 7-4)，在较低温度下尤为明显(60℃)，至于 Cr 的氢氧化物或氧化物是以单独腐蚀产物层存在，还是堆积在 $FeCO_3$ 腐蚀产物的孔隙中来改善膜的稳定性，到目前为止，国内外还存在很多争议。

表 7-6　不同 CO_2 分压条件下 P110、3Cr 和 5Cr 管材用钢的均匀腐蚀速率　mm/a

实验条件 / 材料	60℃	90℃		
	$P_{CO_2}=2MPa$	$P_{CO_2}=0MPa$	$P_{CO_2}=1MPa$	$P_{CO_2}=2MPa$
P110	7.2786	0.1868	3.3362	4.5065
3Cr110	0.8669	0.1742	2.0897	2.7214
5Cr	0.1797	0.1817	2.0562	2.5365

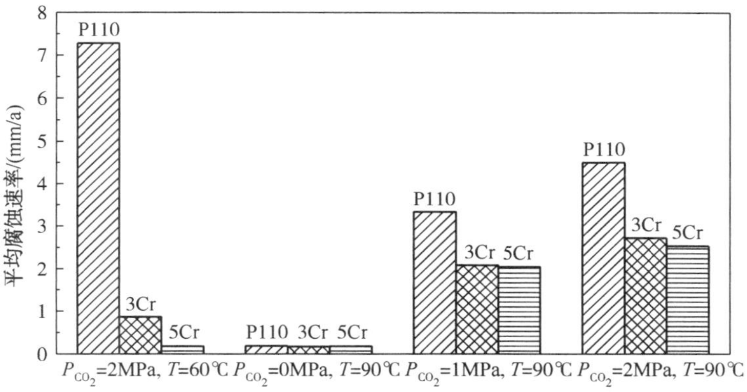

图 7-3 P110、3Cr 和 5Cr 管材用钢 CO_2 均匀腐蚀速率对比分析

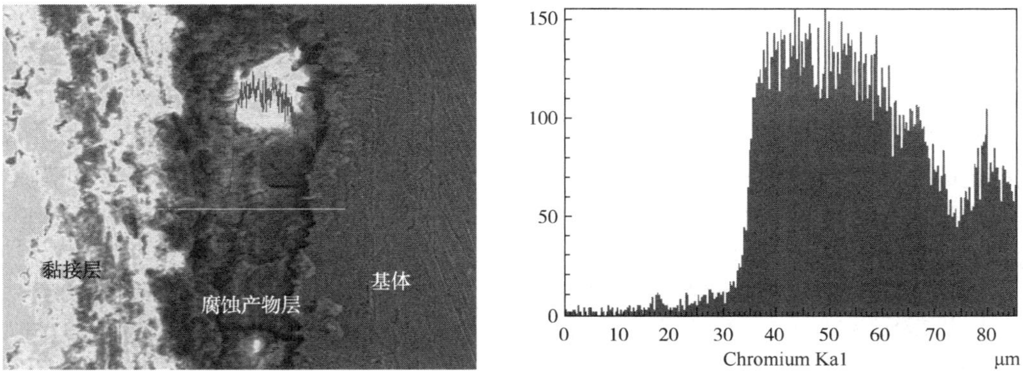

图 7-4 5Cr 钢腐蚀产物膜中 Cr 元素的线扫分析

图 7-5 为 P110、3Cr 和 5Cr 管材用钢在模拟油田环境($T=90℃$，$P_{CO_2}=2MPa$，流速：1m/s)中的 CO_2 腐蚀横截面形貌，从中可以看出，3Cr、5Cr 未出现明显局部腐蚀，具有良好的抗 CO_2 局部腐蚀能力。

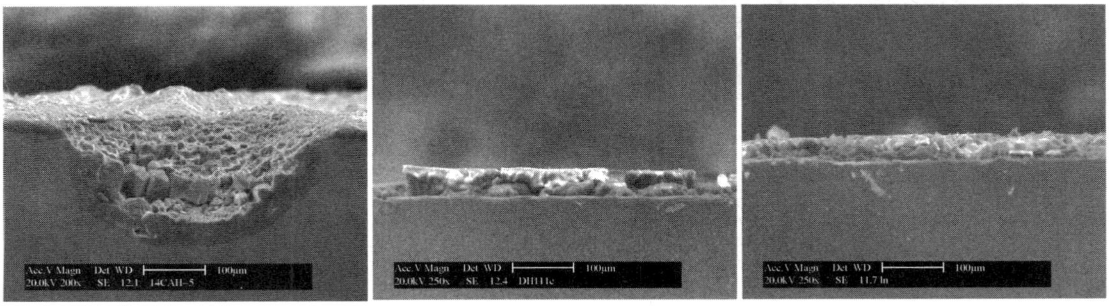

(a)P110 (b)3Cr (c)5Cr

图 7-5 P110、3Cr 和 5Cr 管材用钢 CO_2 腐蚀横截面形貌(90℃)

2. H_2S/CO_2 腐蚀环境

(1) 均匀腐蚀及局部腐蚀

表 7-7 为 3Cr110S 在 H_2S、CO_2 共存条件下(CO_2 分压为 3MPa，H_2S 分压分别为 1.4MPa，流速为 1m/s，温度为 90℃，实验时间为 7d)的均匀腐蚀速率的计算。由表可知，

在该模拟实验条件下 3Cr110S 钢的均匀腐蚀速率仅为 0.1272mm/a，稍高于 0.1mm/a，远小于单独 CO_2 腐蚀环境中的均匀腐蚀速率。

表 7-7　H_2S/CO_2 均匀腐蚀速率的计算结果

序号	腐蚀速率/(mm/a)	均匀腐蚀速率/(mm/a)
1	0.1311	0.1272
2	0.1233	

图 7-6 为 3Cr110S 试样表面、横截面腐蚀 SEM 形貌及表面腐蚀产物的 EDS 分析图谱，从图中可以看出，试样表面腐蚀产物膜很致密，没有出现孔蚀或点蚀现象，其膜中出现的裂纹是由于从釜中取出后膜脱水造成的。表面腐蚀产物 EDS 分析结果表明，C、O、S、Ca、Cr、Fe 的原子百分比分别为：15.40%、21.84%、25.40%、0.52%、5.44%、31.40%，结合 X-射线衍射分析(见图 7-7)，证实其表面腐蚀产物主要为 FeS，没有出现 CO_2 腐蚀产物成分 $FeCO_3$，表明该模拟条件下，H_2S 腐蚀占主导作用。同时，3Cr110S 腐蚀产物出现明显的 Cr 的富集现象(质量分数为 8.30%)，远大于基体的 Cr 含量。Cr 在腐蚀产物膜中富积，形成稳定的非晶态 $Cr(OH)_3$，会使膜更加稳定，同时以 $Cr(OH)_3$ 为主的腐蚀产物膜具有一定的阳离子选择透过性，即它可以有效地阻碍阴离子穿透腐蚀产物膜到达金属表面，降低材料的腐蚀速率。由于 $Cr(OH)_3$ 是非晶态的，在 XRD 图谱中并没有表现出来。

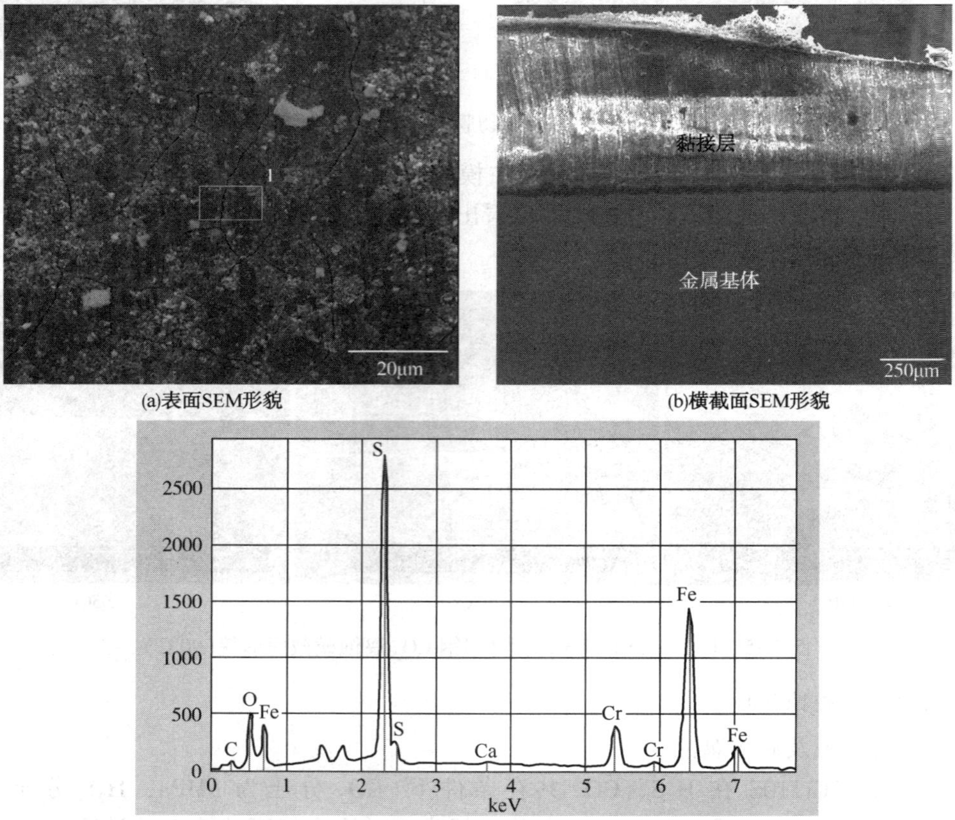

(a)表面SEM形貌　(b)横截面SEM形貌
(c)EDS分析图谱

图 7-6　3Cr110S 钢试样表面、横截面腐蚀 SEM 形貌及 EDS 分析位置及图谱

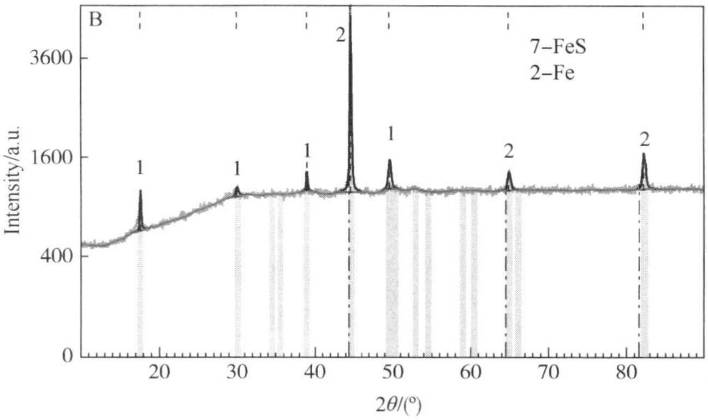

图 7-7 模拟实验 3Cr110S 钢试样表面腐蚀产物 XRD 分析结果

(2) 抗 SSC 性能

图 7-8 为参照 NACE TM 0177(2005)标准 A 法 SSC 试验(加载应力为 72%SYMS),普通 3Cr110S 钢拉伸试样的宏观断裂照片,其中 1#试样断裂时间为 23h,2#试样断裂时间为 36h,3#试样断裂时间为 29h,所有试样断裂部位均在有效范围之内。普通 3Cr110 钢试样没有通过美国腐蚀工程师协会 NACE TM0177(2005)标准规定的抗 SSC 性能检测。图 7-9 为加载应力分别为最低屈服强度的 72%、80%条件下,720h 实验结束后 3Cr110S 试样的宏观形貌。不难看出,所有试样标距部分未发生断裂,用 10 倍放大镜检查未发现裂纹。抗酸性 3Cr110S 钢通过了美国腐蚀工程师协会 NACE TM0177(2005)标准规定的抗 SSC 检测,表现出良好的抗 SSC 能力。

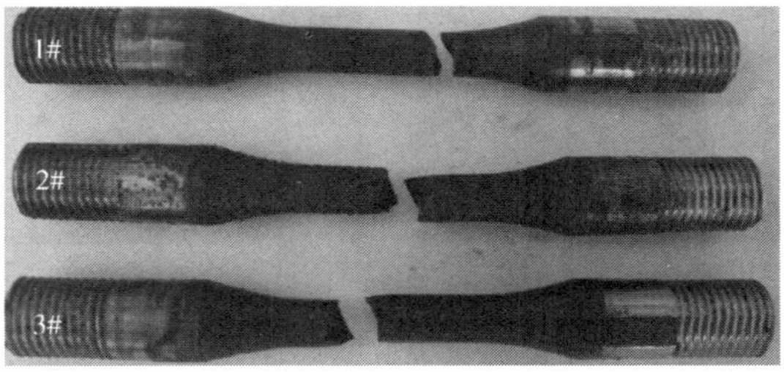

图 7-8 普通 3Cr110 钢 SSC 试样的宏观断裂形貌

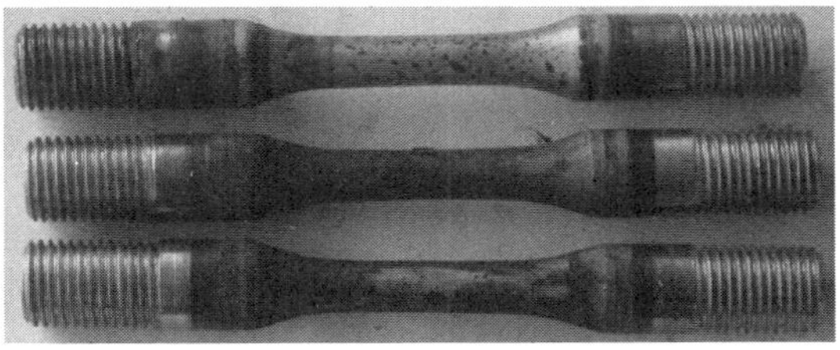

(a)72% SYMS

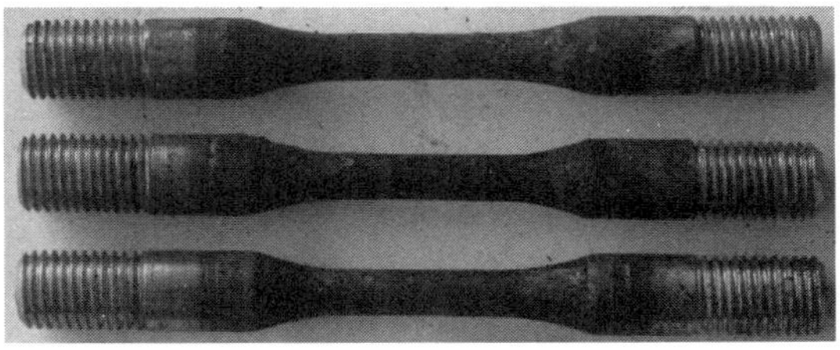

(b)80% SYMS

图 7-9 抗酸性 3Cr110S 钢 SSC 试样的宏观形貌

图 7-10 为 3Cr110S 的金相显微组织,从图中可以看出,试样为回火索氏体组织,在原奥氏体晶界和α铁素体之间有细小的粒状碳化物析出。图 7-11 为普通 P110 及 3Cr110S 材料

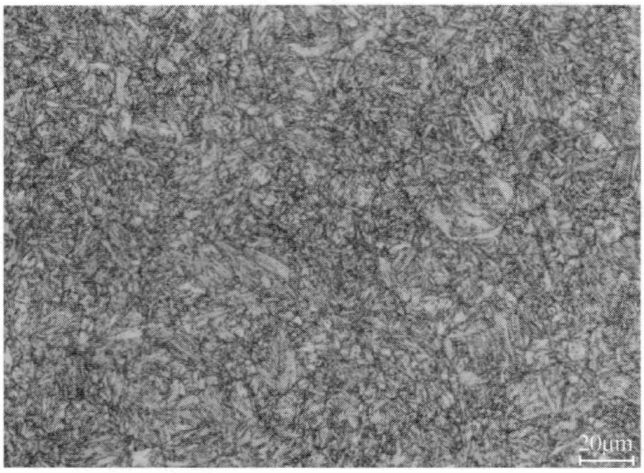

图 7-10　3Cr110S 钢的金相显微组织

TEM 显微分析，不难看出，相比于普通 P110，3Cr110S 材料α铁素体条束之间位相差大，晶粒内及晶界存在第二相析出物以及粒状碳、氮化合物的沉淀析出。图 7-12 为 3Cr110S 粒状析出物、基体 EDS 分析位置及图谱，表 7-8 为其 EDS 分析结果，不难看出，析出物主要为 Cr 的碳化物，并且 Mo 元素含量较高；在晶粒里有较高密度的位错及位错纠结[见图 7-11(c)]，由于体心立方结构层错能较高，不易分解成扩散位错而发生交滑移，亚晶的位错有很大的可动性，从而赋予材料良好的强韧性。同时，一些强碳化物形成元素形成弥散分布的碳化物可以对位错的运动起到钉扎作用[见图 7-11(d)]，这些微观组织特征同样增强了 3Cr110S 的抗 SSC 性能。

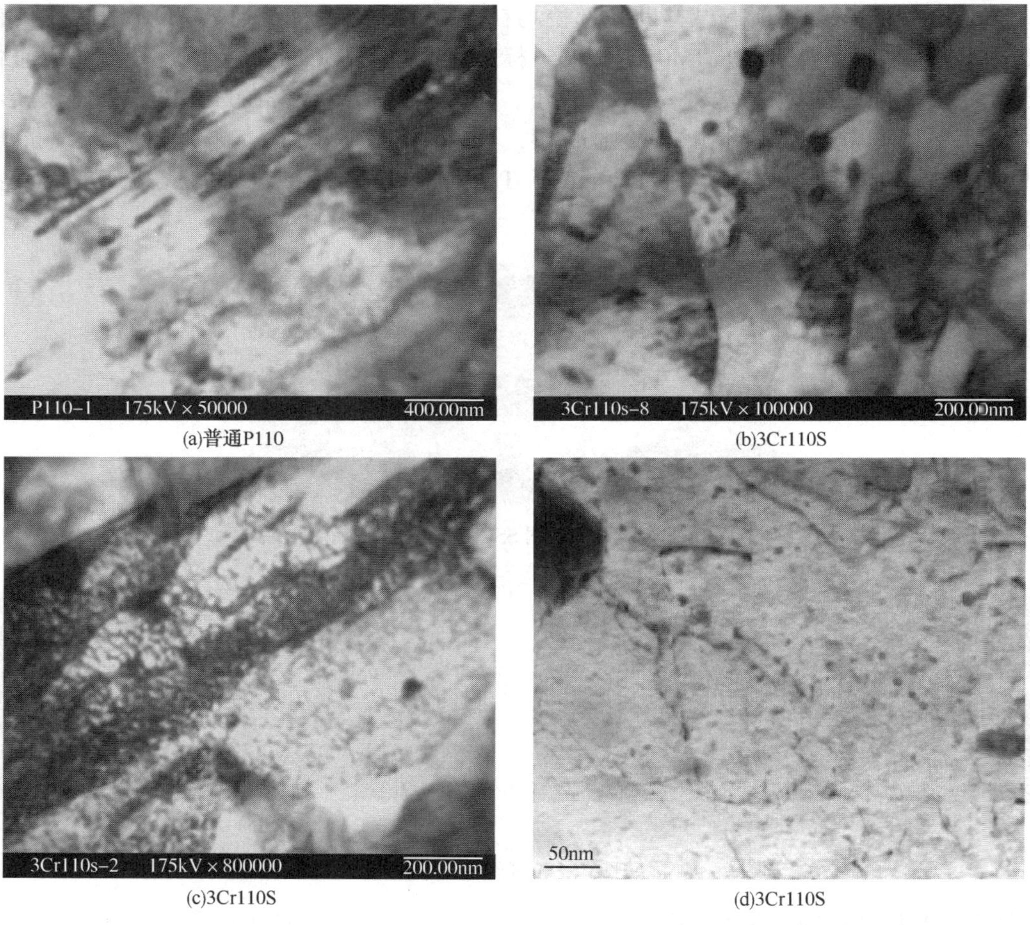

图 7-11　普通 P110 及 3Cr110S 钢 TEM 显微组织

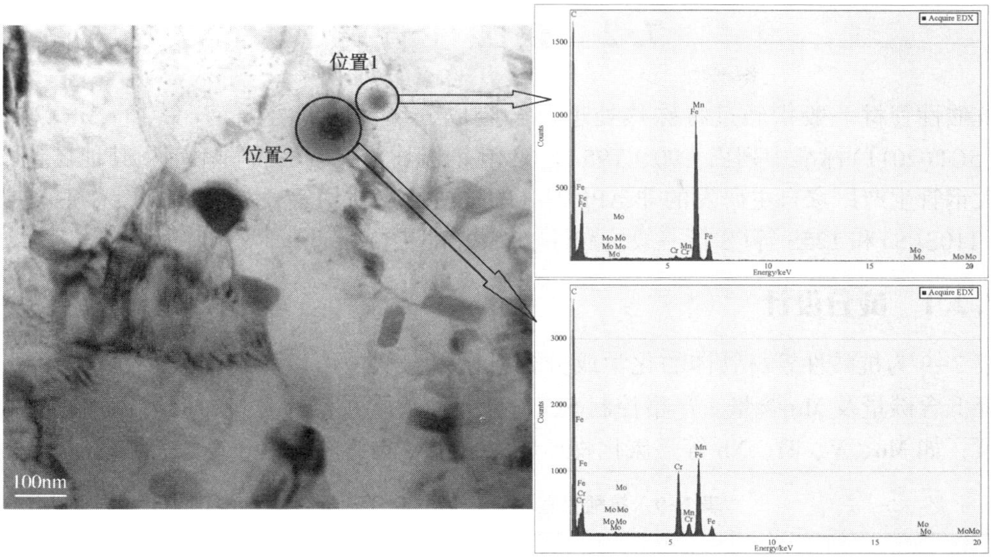

图 7-12　3Cr110S 析出相、基体 EDS 分析位置及图谱

表 7-8　能谱分析结果

元素	质量分数/%	
	位置 1	位置 2
C	73.89	68.77
Cr	0.34	11.65
Mn	0.14	2.19
Fe	25.61	16.45
Mo	0.00	0.93
Totals	100.00	100.00

3. 适用环境

如上所述，在 CO_2 腐蚀环境中，当温度低于 90℃时，经济型低 Cr 管材用钢(3Cr 及 5Cr)的抗 CO_2 腐蚀能力要明显低于普通碳钢材料；随着温度升高(>100℃)，低 Cr 管材用钢抗 CO_2 腐蚀能力并没有明显改善。

在 CO_2/H_2S 腐蚀环境中，石油管材(碳钢及低合金钢)的均匀腐蚀速率要远小于单独 CO_2 腐蚀环境中的均匀腐蚀速率，且局部腐蚀相对轻微，经济型低 Cr 管材用钢也不例外。所以，在油田的选材及设计方面，低 Cr 钢在模拟 CO_2、H_2S 共存时的均匀腐蚀速率并不是主要影响因素，其在油田工作环境中的抗 SSC 性能才是关键。

综合国内外的研究结果，低 Cr 管材钢可以适用于 CO_2 分压为 0.05~2MPa、H_2S 分压为 0.01~1MPa(抗酸性低 Cr 钢)、温度≤90℃的酸性环境。

7.2 抗酸性管材

抗酸性管材一般指经过特殊热处理及合金成分设计的低合金钢(如 Cr-Mo 钢)，API SPEC 5CT(2011)标准中列出 C90、T95 及 C110 钢级均为抗酸性管材用钢，其他还包括国内外各大钢管生产厂家自主研发的非 API 钢级的抗酸性管材用钢，如 80S(S)、90S(S)、95S(S)、110S(S)和 125S 等(S 指一般抗酸性、SS 指高抗酸性)。

7.2.1 成分设计

表 7-9 为抗酸性管材管体的化学成分分析结果。从中可以看出，抗酸性管材的开发通常为降低含碳量及 Mn 含量，严格控制 S、P 等有害杂质元素的含量，同时添加一些微量合金元素，如 Mo、V、Ti、Nb 等强碳化物形成元素，降低了材料的 SSC 敏感性。

表 7-9　抗酸性管材管体化学成分分析结果　　%(质量分数)

材料	C	Si	Mn	P	S	Cr	Mo	Cu	Ni	Ti、Nb、V
80SS										
90SS										
95SS	0.15~0.30	<0.35	<0.6	<0.015	<0.01	<1.1	<1.0	<0.2	<0.15	微量
110SS										
125S										

(1) Cr、Mo 和 Al

Cr、Mo 和 Al 改变了钢的表面膜组成，促进钢在酸性介质中表面形成富 Cr 的致密氧化膜，阻碍氢原子进入基体金属，提高钢的抗氢损伤和 CO_2 腐蚀性能，小于 1%的 Cr、不大于 0.06%Al(总 Al)、少量 Ni 和 Mo 可以阻滞钢的阳极溶解，降低了钢材腐蚀过程的阴极还原反应速率，从而抑制腐蚀过程的阴极反应。

(2) Nb

在超低碳含量(0.07%以下)时可以控制在不超过 0.10%，抑制以至阻止钢热轧后的奥氏体再结晶(提高奥氏体再结晶温度)，细化热轧控冷态(可考虑采用轧后快冷如喷水淬火，再经回火得到细小的贝氏体组织)组织。对于碳含量较高(0.07%以上)，Nb 含量可以控制在 0.06%以下，保证在热加工包括二次热加工、热处理加热过程通过分布在奥氏体晶界的碳化铌阻碍奥氏体晶粒的长大，以期获得细小的显微组织，提高钢的强韧性。

(3) B

微量硼能使钢的淬透性显著提高。一般认为，只有处于固溶体中的硼才对淬透性产生有利的影响。硼分布在奥氏体的晶界是最有利的，为了提高淬透性，固溶体中硼的浓度应不低于 0.0008%。目前较为一致的看法是奥氏体在淬火冷却过程中硼原子偏聚于晶界上，降低晶界能，抑制了铁素体的形核，推迟铁素体的形成，同时晶界上的硼原子也阻滞晶界原子的扩散，使铁素体在晶界上扩散形核减缓，从而增加淬透性。

7.2.2 机械性能

表 7-10~表 7-12 为抗酸性管材管体的拉伸、硬度及冲击性能的测试结果。可以看出，抗酸性管材管体的拉伸强度、硬度及冲击韧性均满足 API SPEC 5CT 中所列钢级材料性能要求。

表 7-10 抗酸性管材管体拉伸性能

组别	样品	条形试样宽度/mm	屈服强度/MPa		抗拉强度 R_m/MPa	伸长率/%
			$R_{t0.5}$	$R_{t0.7}$		
1	80SS	38.0	640	—	767	28.0
	API SPEC 5CTL80-1		552~655	—	≥655	≥17
2	90SS		685	—	814	25.5
	API SPEC 5CT C90-1		621~724	—	≥689	≥14
3	95SS		698	—	811	27.0
	API SPEC 5CT T97-1		655~758	—	≥724	≥14
4	110SS		—	786	879	21.5
	API SPEC 5CT C110		—	758~828	≥793	≥12

表 7-11 抗酸性管材管体硬度

组别	样品	试样类型	象限	位置	洛氏硬度 HRC				
					1	2	3	平均值	硬度差(Max)
1	80SS	δ=8mm 硬度试验环	1	内	22.0	22.0	21.0	21.7	1.5
				中	22.5	21.5	21.5	21.8	
				外	22.5	21.0	20.5	21.3	
	API SPEC 5CT L80-1		—	—	≤23				—
2	90SS	δ=8mm 硬度试验环	1	内	24.5	24.5	22.5	23.8	1.5
				中	24.0	23.0	23.0	23.3	
				外	23.0	24.0	22.5	23.2	
	API SPEC 5CT C90-1		—	—	≤25.4				≤3.0
3	95SS	δ=8mm 硬度试验环	1	内	23.5	23.0	24.0	23.5	1.0
				中	23.0	23.5	24.0	23.5	
				外	23.0	23.5	24.0	23.5	
	API SPEC 5CT T97-1		—	—	≤25.4				≤3.0
4	110SS	δ=8mm 硬度试验环	1	内	27.5	28.0	27.9	27.8	1.0
				中	28.0	27.5	27.6	27.7	
				外	27.0	27.4	27.5	27.3	
				外	27.7	27.5	26.8	27.3	
	API SPEC 5CT C110		—	—	≤30.0				≤3.0

表 7-12 抗酸性管材管体夏比冲击韧性

组别	样品	试样类型	试验温度/℃	吸收能量/J	吸收能量平均值/J
1	80SS	7.5mm×10mm×55mm 纵向 V 型	0	111	116
				117	
				119	
	API SPEC 5CT L80-1			—	≥22
2	90SS	7.5mm×10mm×55mm 纵向 V 型		111	111
				108	
				115	
	API SPEC 5CT C90-1			—	≥24
3	95SS	7.5mm×10mm×55mm 纵向 V 型		119	121
				122	
				123	
	API SPEC 5CT T97-1			—	≥26
4	110SS	10mm×10mm×55mm 纵向 V 型		117	119
				120	
				120	
	API SPEC 5CT C110			—	≥41

7.2.3 抗腐蚀性能及适用环境

1. 抗 H_2S/CO_2 均匀及局部腐蚀性能

110SS 试样在四种 H_2S/CO_2 腐蚀条件下的均匀腐蚀速率如表 7-13 所示。

表 7-13 H_2S/CO_2 腐蚀实验条件及均匀腐蚀速率的计算结果

条件	条件 1	条件 2	条件 3	条件 4
温度/℃	90		140	
CO_2 分压/MPa	3.0	0.1	0.1	3.0
H_2S 分压/MPa	1.4	0.1	1.4	1.4
流速/(m/s)	1			
介质/(mg/L)	Cl^-：79760；矿化度：133625			
实验时间/h	168			
均匀腐蚀速率/(mm/a)	0.1272	0.2696	0.1857	0.0851

可以看出，在 H_2S、CO_2 分压比相同条件下（CO_2 分压：3.0MPa；H_2S 分压：1.4MPa），随着温度的升高，其均匀腐蚀速率呈下降趋势（在 90℃ 时，110SS 的均匀腐蚀速率为

0.1272mm/a，140℃时均匀腐蚀速率下降到0.0851mm/a)，关键在于腐蚀产物膜对基体的保护性随温度的变化关系(对于碳钢和低合金钢来说，在90℃左右生成的腐蚀产物膜保护性较差，均匀腐蚀速率出现峰值，随着温度的升高，产物膜的致密度提高，保护性增强，均匀腐蚀速率下降)；在相同温度、相同CO_2分压条件下(温度为140℃，CO_2分压为0.1MPa)，随着H_2S/CO_2分压比的升高，110SS的均匀腐蚀速率下降，这主要是因为随着H_2S分压增高，腐蚀产物膜的保护性增强，均匀腐蚀速率下降。

图7-13及图7-14分别为四种H_2S/CO_2腐蚀条件下，110SS试样表面、横截面腐蚀SEM形貌。从图中可以看出，试样表面腐蚀产物膜比较致密，未发现明显局部腐蚀迹象。对110SS试样表面腐蚀产物进行EDS能谱分析(CO_2分压为3.0MPa，H_2S分压为1.4MPa，温度为140℃)，O、S、Fe的原子百分比分别为：6.7、49.27、44.03，结合X射线衍射分析(见图7-15)，证实其表面腐蚀产物为FeS、$Fe_{7-x}S$。没有出现CO_2腐蚀产物成分$FeCO_3$，在模拟腐蚀试验条件下，H_2S腐蚀占主导作用。

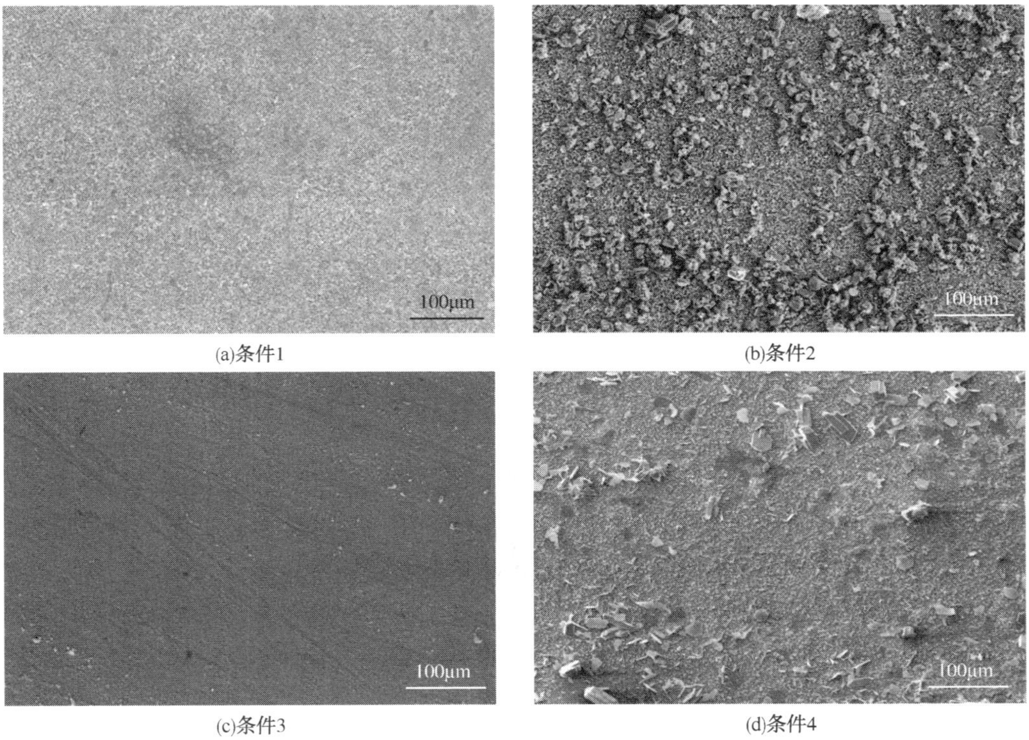

(a)条件1　(b)条件2　(c)条件3　(d)条件4

图7-13　110SS钢试样表面腐蚀SEM形貌

从以上分析可以看出，在四种不同H_2S/CO_2腐蚀条件下，110SS的均匀腐蚀速率最高仅为0.2696mm/a，其均匀腐蚀速率的大小是可以接受的。同时，在该模拟腐蚀环境中，110SS试样未出现明显的局部腐蚀，具有良好的抗H_2S/CO_2局部腐蚀能力。可见，在H_2S占主导作用的腐蚀环境中，抗酸性管材用钢的均匀腐蚀速率在油田的选材及设计方面，同样并不是主要影响因素，其在H_2S/CO_2环境中的抗H_2S应力腐蚀开裂能力才是关键。

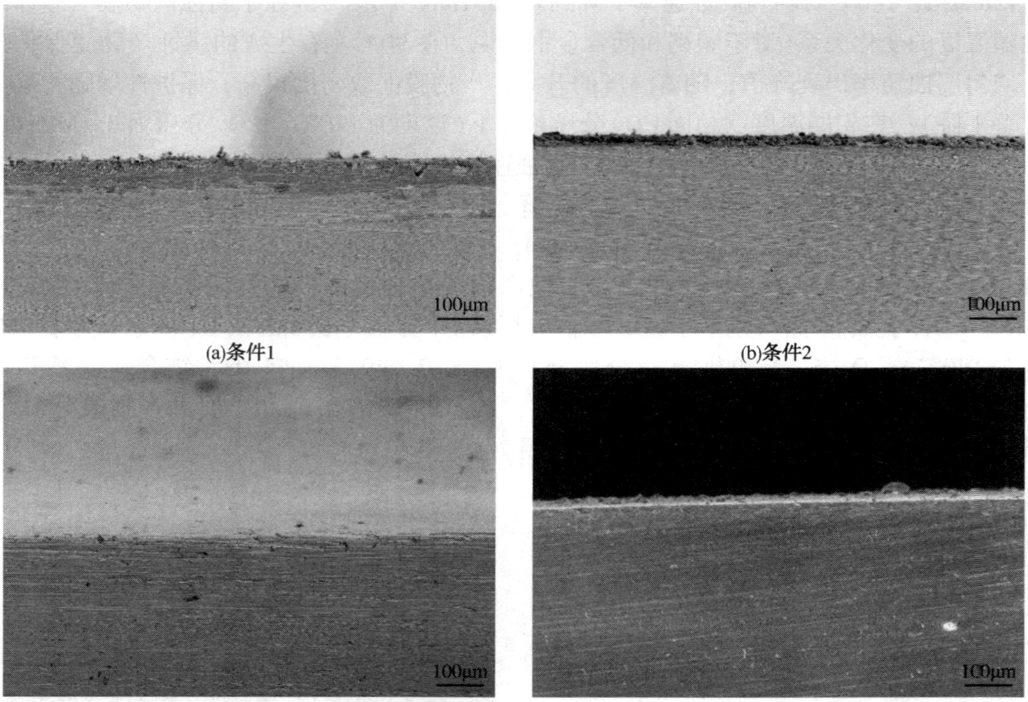

(a)条件1　　(b)条件2

(c)条件3　　(d)条件4

图 7-14　110SS 钢试样横截面腐蚀 SEM 形貌

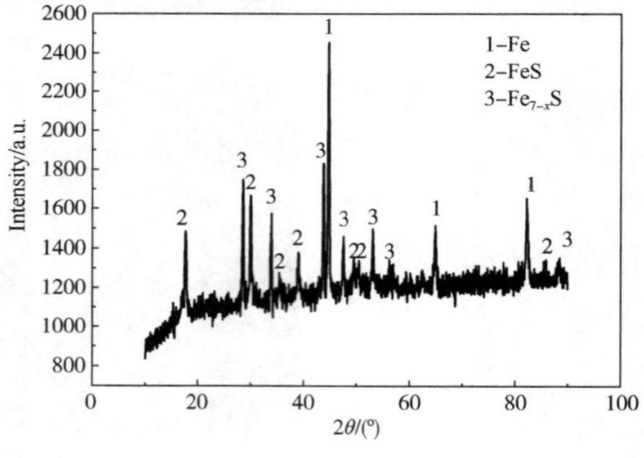

图 7-15　模拟实验腐蚀产物 XRD 分析结果

（CO_2 分压：3.0MPa；H_2S 分压：1.4MPa；温度：140℃）

2. 抗 SSC 性能

参照 API Spec 5CT(2011)、ISO 15156—2011、NACE TM 0177(2005)标准，110SS 试样加载应力分别为 72%SYMS、80%SYMS、85%SYMS，即 545.8MPa、604.6MPa、644.3MPa。采用缓慢加载方式，避免加载应力超过实验设计应力。实验温度为(24±3)℃，溶液介质为 NACE TM 0177—2005 标准 A 溶液[由溶解在蒸馏水中 5.0%(质量分数)的氯化钠和 0.5%(质量分数)的冰醋酸组成]，实验时间为 720h(30d)。

图 7-16 为加载应力分别为最低屈服强度的 72%、80%、85%条件下，720h 实验结束后 SSC 试样的宏观形貌。不难看出，所有试样标距部分未发生断裂，用 10 倍放大镜检查未发现裂纹。110SS 通过了美国腐蚀工程师协会 NACE TM0177(2005)标准规定的抗 SSC 检测，表现出良好的抗 SSC 能力。

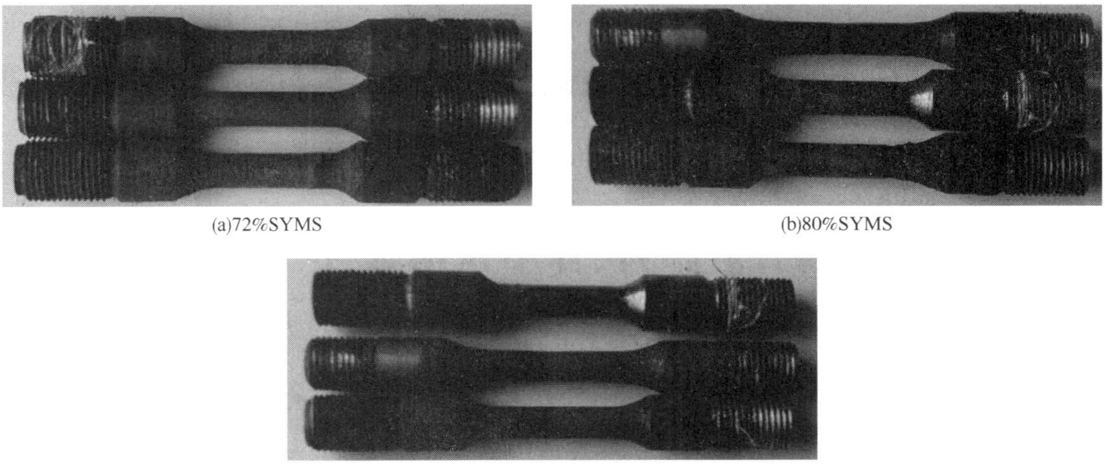

(a)72%SYMS　(b)80%SYMS　(c)85%SYMS

图 7-16　110SS 试样 SSC 实验后的宏观形貌

3. 适用环境

抗酸性管材用钢在 H_2S 或 H_2S 占主导的 CO_2/H_2S 腐蚀环境中的均匀腐蚀速率同样远小于单独 CO_2 腐蚀环境中的均匀腐蚀速率，通常在油田可接受的范围之内，且局部腐蚀相对轻微。因此，就抗酸性管材抗腐蚀性能方面来说，主要还是考虑其在标准及模拟油田工作环境中的抗 SSC 性能，但随着温度升高，碳钢及低合金钢的 SSC 敏感性下降，抗酸性管材在标准条件下的抗 SSC 性能应该是其耐蚀性的关键指标。根据抗酸性管材用钢室内检测及现场应用结果，其适用于含 H_2S 或 H_2S、CO_2 共存(H_2S 腐蚀占主导作用)，且温度≤150℃的酸性环境；但对于高含硫油气田来说，如果油井的设计寿命较长，并且生产工况含有单质硫(单质硫的存在会加剧低合金抗酸性管材用钢的均匀腐蚀及局部腐蚀，见图 7-17 及图 7-18)，不推荐使用该类材料。

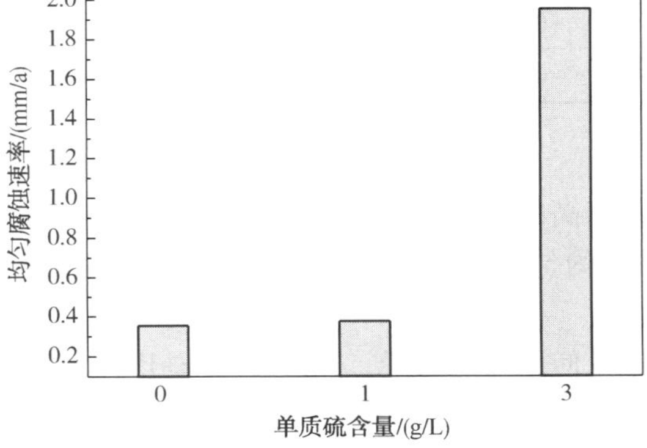

图 7-17　单质硫含量对 110SS 均匀腐蚀速率的影响(130℃，H_2S 分压 9MPa，CO_2 分压 6MPa)

(a) 0g/L　(b) 1g/L　(c) 3g/L

图 7-18　单质硫含量对 110SS 局部腐蚀的影响(130℃，H_2S 分压 9MPa，CO_2 分压 6MPa)

7.3　马氏体不锈钢管材

不锈钢是指钢中含铬量超过 12%的钢种，因为当含铬量达 12%时，合金具有完全自钝化的能力。马氏体不锈钢属于 Fe-Cr-C 系列，通常含有 13%~17%的 Cr，管材用马氏体不锈钢一般包括普通 13Cr(如 API L80-13Cr)、超级 13Cr、高强 15Cr 及国内外最新研发的新型 17Cr 不锈钢。马氏体不锈钢管材的最终交货状态一般要经过调质处理，其组织为回火索氏体，国外也称之为回火马氏体不锈钢管材。

7.3.1　成分设计

1. 普通 13Cr

普通 13Cr 马氏体不锈钢主要为低、中碳类[<0.4%(质量分数)C]马氏体不锈钢，如 API SPEC 5CT(2011)标准对 L80-13Cr 的含碳量要求介于 0.15~0.22 之间；目前，国内外用于 CO_2 腐蚀控制而广泛采用的非 API 系列 1Cr13、2Cr13 管材的含碳量大约分别为 0.1%(质量分数)和 0.2%(质量分数)左右(见表 7-14)。由于普通 13Cr 仅具有中等程度的腐蚀抗力，对其他合金元素没有特殊要求，Ni、Mo 合金元素含量较低，其最高强度等级一般不超过 621MPa(90ksi 钢级)。

表 7-14　1Cr13、2Cr13 马氏体不锈钢管材的化学成分　　%(质量分数)

材料	C	Si	Mn	P	S	Cr	Ni	Mo	Cu
1Cr13	~0.10	~0.3	~0.45	<0.03	<0.015	12~14	~0.10	—	<0.2
2Cr13	~0.20	~0.5	~0.40	<0.03	<0.015	12~14	~0.20	—	<0.2

2. 超级 13Cr

普通 13Cr 由于具有相当高的强度和中等程度的腐蚀抗力广泛用于甜性和弱酸性条件下的腐蚀控制，但其高温时的均匀腐蚀、中温时的点蚀和低温时的 SSC 就成为限制普通 13Cr 广泛应用的主要障碍。

近年来，鉴于普通 13Cr 使用中的局限，超级 13Cr 马氏体不锈钢已经进入管材市场，该类合金是由普通 API SPEC 5CT 13Cr 钢发展而来的，加入了 Ni、Mo、Cu 等合金元素。相比于普通 13Cr 不锈钢来说，该类材料具有高强度、低温韧性及改进的抗腐蚀性能的综合特点。

在超级 13Cr 马氏体不锈钢成分设计中，将 C 含量减少到 0.03%(质量分数)左右以抑制基体中的 Cr 元素析出成铬的碳化物；添加 5.5%(质量分数)左右的 Ni 来获得单相马氏体；同时，在钢材中加入约 1%～2%(质量分数)的 Mo 及微量的合金元素(例如 Ti、Nb、V 等)，Mo 元素起到细化晶粒、提高材料的 SSC 和局部腐蚀抗力，而 Ti、Nb、V 等强碳化物形成元素的加入有利于形成弥散分布的碳化物颗粒及高密度的位错结，对位错起到钉扎作用，降低了超级 13Cr 材料的 SSC 或 SCC 敏感性。经过改进的超级 13Cr 马氏体不锈钢在直到 180℃的高温 CO_2 腐蚀环境中仍具有良好的均匀和局部腐蚀抗力，同时具有一定的抗 H_2S 应力腐蚀开裂的能力。

目前，国内外广泛使用的超级 13Cr 主要分为超级Ⅰ型[Mo 含量约为 1%(质量分数)]和超级Ⅱ型[Mo 含量约为 2%(质量分数)]13Cr 马氏体不锈钢(表 7-15 为其化学成分分析结果)。由于采用特殊的合金成分设计及热处理措施，超级 13Cr 马氏体不锈钢管材的最低屈服强度可达 758MPa(110ksi 钢级)。

表 7-15 超级 13Cr 马氏体不锈钢的化学成分 %(质量分数)

材料	C	Si	Mn	P	S	Cr	Mo	Ni	Ti、Nb、V
超级Ⅰ型 13Cr	~0.025	~0.25	~0.45	<0.02	<0.01	~13	~1.0	~5.5	微量
超级Ⅱ型 13Cr	~0.025	~0.45	~0.45	<0.02	<0.01	~13	~2.0	~5.5	

3. 高强 15Cr

在高强 15Cr 马氏体不锈钢研发过程中，同样采用超低碳设计(见表 7-16)，即将 C 含量减少到 0.03%(质量分数)左右以抑制基体中的 Cr 元素析出成铬的碳化物。相比于超级 13Cr 的合金成分，高强 15Cr 由于含 Cr 量的增加，提高了 Ni 含量，即添加 6.5%(质量分数)左右的 Ni 来获得单相马氏体。研究证明，随着钢中 Ni 元素含量的提高，不锈钢材料的硫化物应力开裂(SSC)及高温条件下的 Cl^- 应力腐蚀开裂(SCC)敏感性下降，较高的 Ni 含量(见图 7-19)，有益于提高 15Cr 不锈钢的抗 SSC 及 SCC 能力。高的 Cr 含量有助于提高 15Cr 不锈钢在氧化性介质中的抗均匀腐蚀及点蚀能力，而 Mo 元素的添加有益于提高其在还原性酸性溶液及碱性介质中的抗点蚀能力，但过高的 Mo 及 Cr 含量将会导致其晶体结构的不稳定性。Cu 元素的添加对提高 15Cr 不锈钢在非氧化性腐蚀环境中的抗均匀腐蚀能力也有一定的帮助。在高 Cl^- 腐蚀环境中，Cu 与 Mo 元素的协同作用将提高 15Cr 不锈钢在还原性介质中抗腐蚀能力。而 Ti、Nb、V 等强碳化物形成元素的加入，有利于形成弥散分布的碳化物颗粒，抑制 Cr 的碳化物($Cr_{23}C_6$)在晶界析出，起到沉淀强化作用，同时形成高密度的位错结，对位错起到钉扎作用，降低了高强 15Cr 不锈钢的 SSC 或 SCC 敏感性。

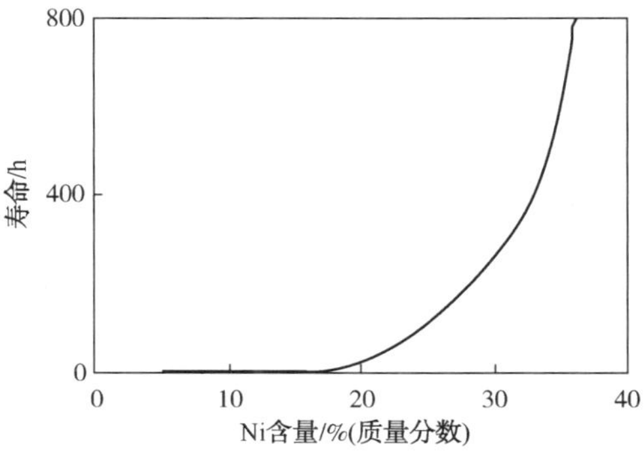

图 7-19 在沸腾的 $CaCl_2$ 溶液中，加载应力为 120%的 $Rp_{0.2}$ 时，不锈钢 SCC 寿命随 Ni 含量的变化关系

经过合理的合金化设计及采用特殊的热处理措施，高强 15Cr 马氏体不锈钢管材的最低屈服强度可达 862MPa(125ksi 钢级)，在 CO_2 腐蚀环境中的最高使用温度可达 200℃。

表 7-16　高强 15Cr 马氏体不锈钢的化学成分　　%(质量分数)

材料	C	Si	Mn	P	S	Cr	Mo	Ni	Cu	Ti、Nb、V
高强 15Cr	<0.03	<0.3	<0.4	<0.02	<0.005	~15	~2.0	~6.5	<1.0	微量

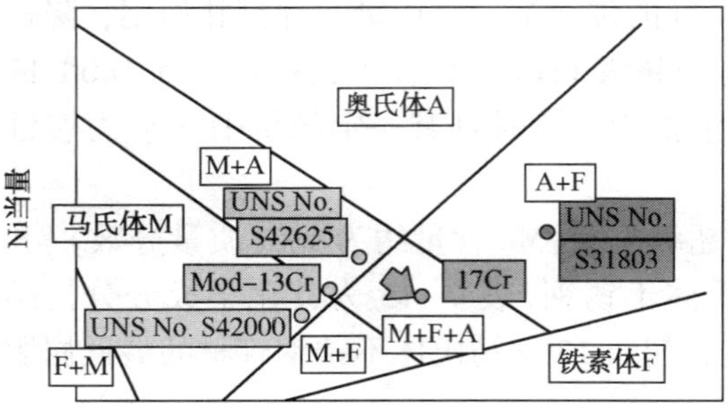

图 7-20　17Cr 合金设计示意图

4. 新型 17Cr

近年来，鉴于超深、超高压高温井的开发，国内外各大油公司及钢管制造厂家都在积极研发高强度耐蚀材料，如日本 JFE 和国内宝钢已经研制出 110ksi 和 125ksi 钢级的 17Cr 马氏体不锈钢油管，其在 CO_2 腐蚀环境中的最高使用温度可达 230℃。在 17Cr 的成分设计上，为了在淬火态获得以马氏体为主的组织，相比于 15Cr 的成分设计，采取了提高 Cr 当量，降低 Ni 当量的措施(见图 7-20)。在常规淬火-回火工艺条件下(QT)，高的 Cr 含量尽管有助于提高材料在高 CO_2 分压及高温条件下的腐蚀抗力，但 Cr 及铁素体稳定化元素含量越高，马氏体转变温度越低，以致降到室温及零度以下。一些高 Cr 钢(如 UNSNo. S31803 及 No. S31260 奥氏体-铁素体双相不锈钢)，在常规 QT 条件下，就不会出现马氏体转变。图 7-21(a)为 0.03C-6Ni-2Mo-1Cu 钢(当 Cr 含量为 15%时，即 UNS No. S42625 的基本化学成分)的屈服强度随 Cr 含量的变化关系，当 Cr 含量超过 15%时，出现奥氏体相，材料强度急剧下降，对应于图 7-20 中 M+A 到 A+F 转变区域。因此，17Cr 的合金成分设计以获得大部分马氏体为目标，从而使材料具有高强度[见图 7-21(b)]，尽管在基体组织中不可避免地出现一定量的铁素体和不超过 10%的奥氏体。17Cr 最优化合金成分应位于图 7-20 中的 M+F+A 区，表 7-17 列出 JFE 钢管公司 17Cr 马氏体不锈钢油管的化学成分。

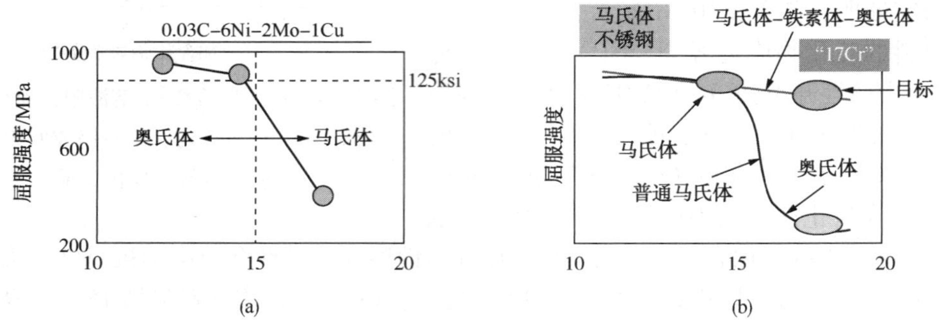

图 7-21　17Cr 合金设计基础(a)马氏体不锈钢“0.03C-6Ni-2Mo-1Cu”(UNS No. S42625)屈服强度随 Cr 含量的变化关系；(b)普通马氏体不锈钢和 17Cr 的相平衡示意图

表 7-17　17Cr 马氏体不锈钢的化学成分　　%(质量分数)

材料	C	Si	Mn	Cr	Ni	Mo	Cu	W
17Cr	0.03	0.2	0.37	16.5	3.9	2.4	1.0	1.0

7.3.2 机械性能

表 7-18～表 7-20 为马氏体不锈钢管材管体的拉伸、硬度及冲击性能的测试结果。可以看出，马氏体不锈钢管材管体的拉伸强度、硬度及冲击韧性均满足 API SPEC 5CT 及相关厂标中所列钢级材料的性能要求。

表 7-18 马氏体不锈钢管材管体拉伸性能

组别	样品	钢级/ksi	条形试样宽度/mm	屈服强度/MPa	抗拉强度 R_m/MPa	伸长率/%
1	普通 13Cr	80	38.0	580	735	28.5
	API SPEC5CT L80-13Cr			552～655	≥655	≥17
2	超级 13Cr	110		835	888	23.5
	相关厂标			758～896	≥827	≥12
3	高强 15Cr	125		887	910	23.0
	相关厂标			862～1034	≥931	≥11
4	新型 17Cr	110		857	1014	25
		125		925	1052	25

表 7-19 马氏体不锈钢管材管体硬度

组别	材料	钢级/ksi	编号	外壁 HRC		内壁 HRC	
				试验值	平均值	试验值	平均值
1	普通 13Cr	80	1	22.0	22.0	21.5	21.5
			2	22.0		22.0	
			3	22.0		21.5	
	API SPEC 5CT L80-13Cr			≤23			
2	超级 13Cr	110	1	25.5	25.5	24.0	24.5
			2	26.0		25.0	
			3	25.5		24.0	
	相关厂标			≤32			
3	高强 15Cr	125	1	32.5	32.0	31.0	31.5
			2	31.5		32.5	
			3	32.0		31.5	
	相关厂标			≤37			

表 7-20 马氏体不锈钢管材夏比冲击韧性

组别	材料	钢级/ksi	试样类型	温度/℃	纵向冲击功 A_{KV}/J	
					试验值	平均值
1	普通 13Cr	80	10mm×10mm×55mm；纵向 V 型	0	128	134
					137	
					134	
	API SPEC 5CT L80-13Cr				≥27	
2	BG13Cr110S	110			140.0	142
					140.0	
					144.0	
	相关厂标				≥44	

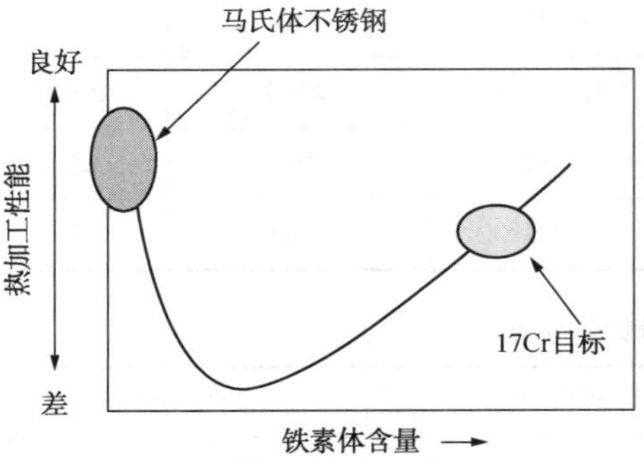

图 7-22 普通马氏体不锈钢和 17Cr 热加工性能与铁素体含量示意图

另外，马氏体不锈钢管材中的马氏体相和铁素体相的平衡问题对其机械性能有着显著的影响。普通 13Cr、超级 13Cr 及高强 15Cr 无缝管在制管过程中(穿孔)都是在单相奥氏体相区进行热加工，以保持良好的热加工性能。而对于 17Cr 来说，在热炉高温条件及热轧过程，都不可避免出现铁素体。图 7-22 定性描述马氏体基微观组织中铁素体含量与热加工性能之间的关系。由于无缝管生产过程中，应力主要集中在铁素体相，因此，适当的调整铁素体含量能够使热加工更容易进行，并且可以避免出现一些麻烦。当铁素体含量低于 10%时，在制管过程中，经常可以检测到表面缺陷；相反，当 17Cr 含有大量铁素体时，屈服强度下降，热加工更容易进行。

马氏体不锈钢管材的金相显微组织(横截面)如图 7-23 所示，普通 13Cr、超级 13Cr 及高强 15Cr 为回火索氏体组织。图 7-23(d)为 17Cr 金相显微组织，图中亮颜色的相为铁素体，为 20%~50%；较暗颜色的相为马氏体相，少量奥氏体相处于马氏体相中。图 7-24 为超级 13Cr 及高强 15Cr 的 TEM 显微组织，可以看出，在 F 条束之间出现高 C 片状奥氏体相，尽管其片状组织有益于提高材料的韧性。但在苛刻腐蚀条件下(酸化液的鲜酸腐蚀)，马氏体不锈钢可能处于活化态，双相组织的存在可能会促进点蚀的萌生及扩展，在一定程度上降低材料的耐蚀性(选择性腐蚀)。17Cr 奥氏体相含量较多，但一般不超过 10%(体积分数)。

由于高强 15Cr、新型 17Cr 马氏体不锈钢的适用温度高，一般对其高温强度有一定的要求。图 7-25 为高强 15Cr、新型 17Cr、22Cr 双相不锈钢(UNS No. S31260)(室温屈服强度为 125ksi 钢级)的高温屈服强度、抗拉强度随温度的变化关系。随着温度升高，三种材料的屈服强度下降。从室温到 200℃，高强 15Cr、新型 17Cr 的屈服强度下降约 100MPa(相比来说，15Cr 屈服强度下降最小)；而奥氏体-铁素体基的 22Cr 双相不锈钢的屈服强度下降约 200MPa。区别在于两类材料的微观组织不同：奥氏体-铁素体 22Cr 双相不锈钢主要靠冷拉伸应变来提高强度，温度升高，应变得以释放，强度降低；相比之下，高强 15Cr、新型 17Cr 主要为马氏体组织，屈服强度随温度下降较为适中。图 7-26 为新型 17Cr 夏比冲击实验测试结果。可以看出，半尺寸 17Cr 轴向冲击试样（10mm×5mm 试样）在-60℃以上的冲击功都超过 50J。

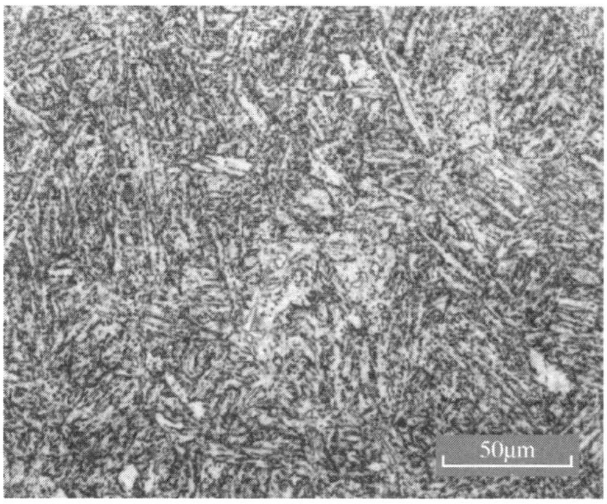

(a)普通13Cr

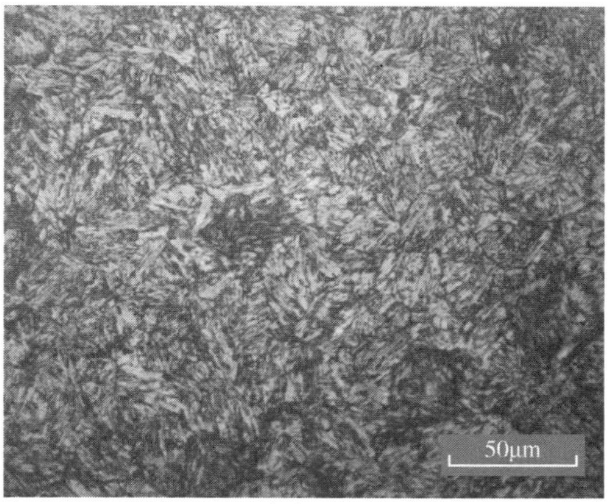

(b)超级13Cr

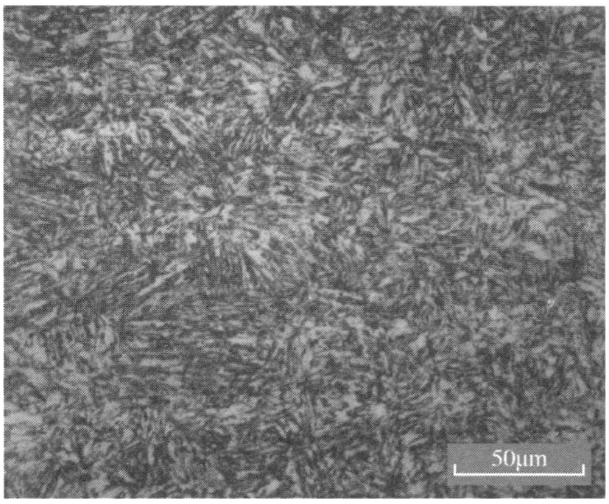

(c)高强15Cr

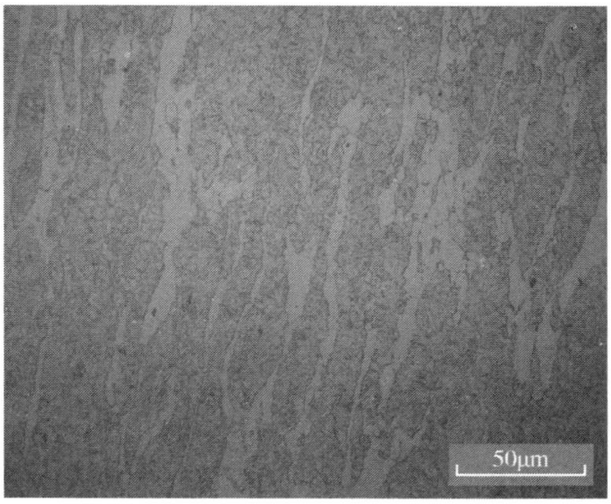

(d)新型17Cr

图 7-23　马氏体不锈钢管材的金相显微组织

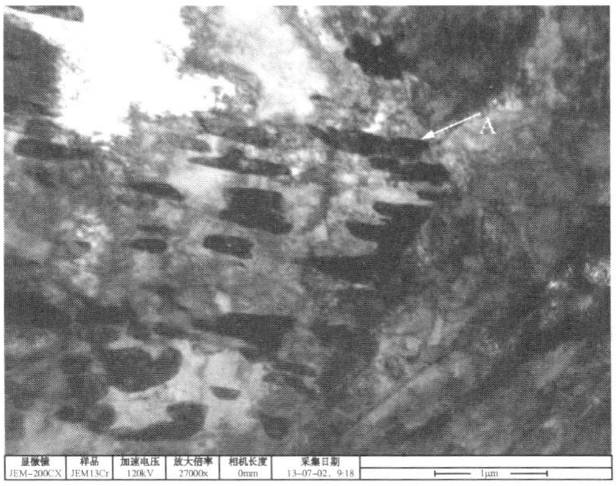

(a)超级13Cr明场像

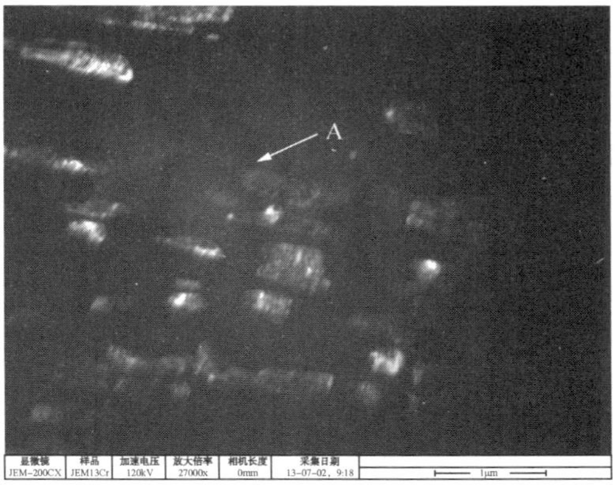

(b)超级13Cr暗场像

图 7-24　超级 13Cr 及高强 15Cr 的 TEM 显微组织

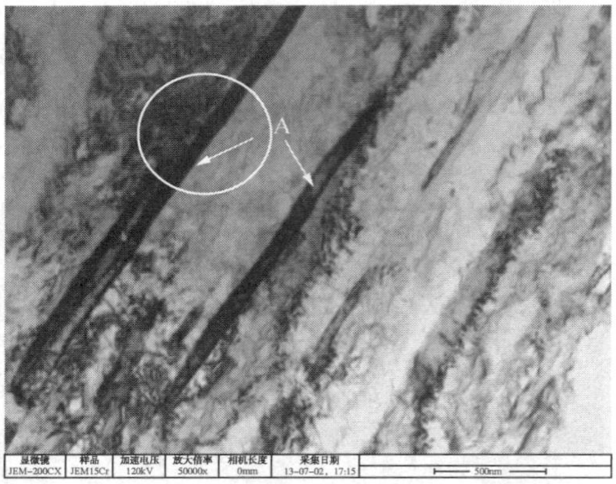

(c)高强15Cr明场像

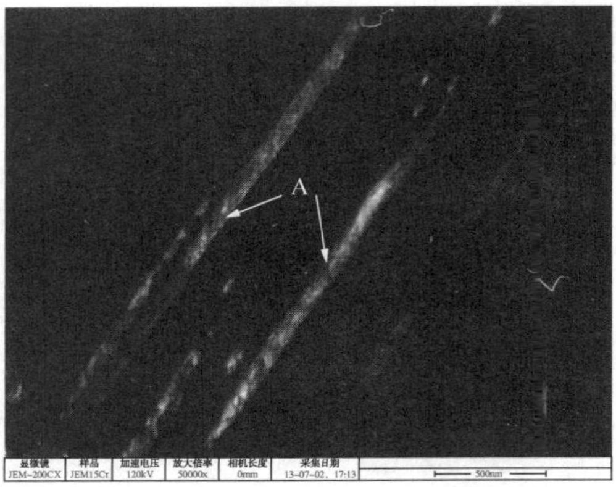

(d)高强15Cr暗场像

图 7-24　超级 13Cr 及高强 15Cr 的 TEM 显微组织(续)

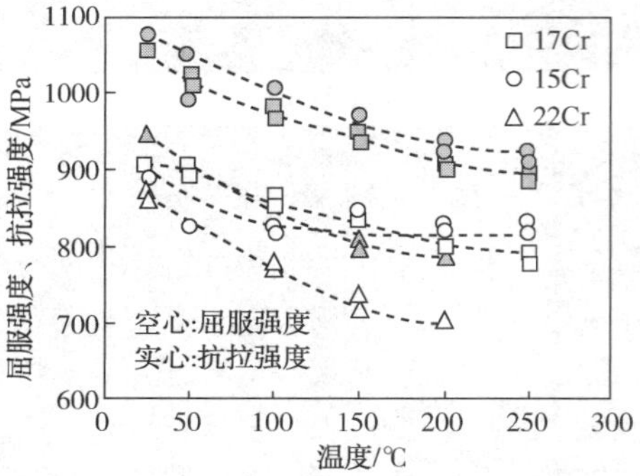

图 7-25　不同室温下马氏体及双相不锈钢的屈服强度、抗拉强度

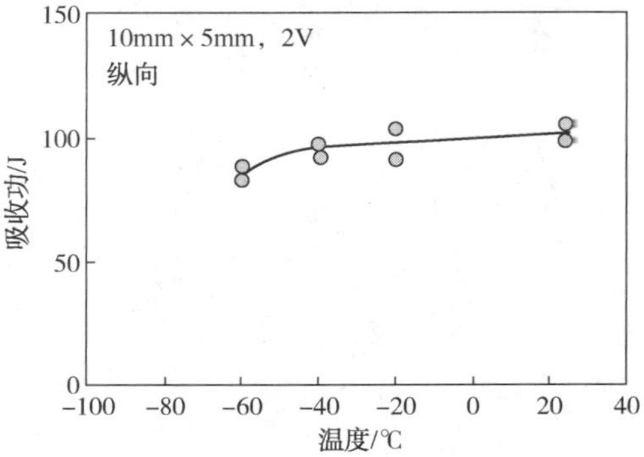

图 7-26　半尺寸 17Cr 冲击试样夏比冲击试验结果

7.3.3　抗腐蚀性能及适用环境

1. CO_2 及 CO_2/H_2S 腐蚀环境

(1) 普通 13Cr

表 7-21 为不同温度条件下 1Cr13、2Cr13 的均匀腐蚀速率(CO_2 分压为 3MPa；Cl^- 浓度为 20g/L)。参照不锈钢的均匀腐蚀速率判据(≤0.127mm/a)，普通 13Cr 的使用温度不应超过 150℃。

表 7-21　不同温度条件下 1Cr13、2Cr13 的均匀腐蚀速率　(mm/a)

温度/℃	1Cr13	2Cr13
50	0.0198	0.0707
100	0.0317	0.1702
150	0.2502	0.3278
200	0.1777	0.1302

图 7-27 为不同温度 1Cr13 表面微观腐蚀形貌。可以看到，当温度为 50℃时，试样表面的砂纸打磨痕迹清晰可见，基本没有发生点蚀现象；当温度为 100℃时，试样表面打磨痕迹仍未腐蚀掉，均匀腐蚀很轻微；当温度超过 150℃时，试样表面已经出现明显均匀腐蚀。

(a)50℃ (b)100℃

(c)150℃ (d)200℃

图 7-27 不同温度 1Cr13 表面腐蚀形貌

图 7-28 为 1Cr13 在不同温度条件下测得的点蚀电位曲线，从中可以看出，温度升高，点蚀电位下降，点蚀敏感性增强，到 200℃时，1Cr13 已经没有明显的钝化区，其抗 CO_2 均匀腐蚀及点蚀性能显著下降。因此，日本住友公司认为普通 13Cr 适用的最高温度不超过 150℃，最大 Cl^-浓度不超过 50000mg/L。

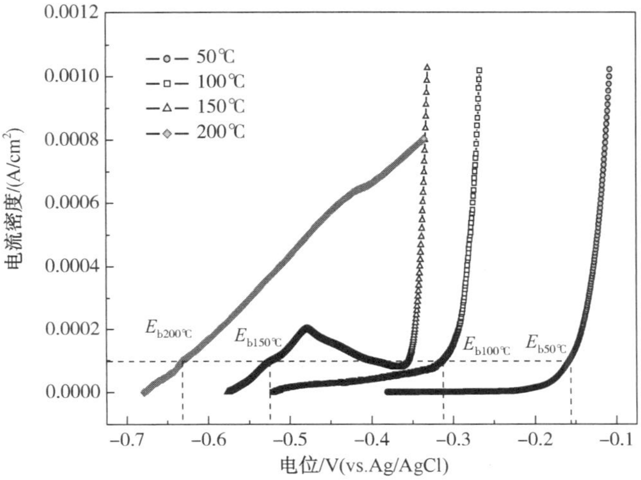

图 7-28 不同温度 1Cr13 点蚀电位

（2）超级 13Cr

表 7-22 为不同腐蚀条件下超级 13Cr 马氏体不锈钢 CO_2、CO_2/H_2S 均匀腐蚀速率计算结果。可以看出，在 CO_2 腐蚀环境中，随着温度的升高，其均匀腐蚀速率呈稍微上升趋势，但均远小于不锈钢的均匀腐蚀速率判据 0.127mm/a；在 H_2S、CO_2 共存条件下，超级 13Cr 均匀腐蚀速率变化不大，并且随着 Cl^-浓度的增加，均匀腐蚀速率呈下降趋势，这可能是因为随着 Cl^-浓度增加，溶液中盐度增大，H_2S、CO_2 溶解度下降，导致超级 13Cr 均匀腐蚀速率下降。因此，从均匀腐蚀速率的大小可以看出，超级 13Cr 的 CO_2、CO_2/H_2S 腐蚀速率远小于油气田可接受的极限数值，其在工况环境的点蚀更应该值得关注。

表 7-22　超级 13Cr 马氏体不锈钢 CO_2、CO_2/H_2S 腐蚀试验条件及均匀腐蚀速率计算结果

实验条件	CO_2 分压：2.5MPa Cl^-：80000mg/L				CO_2 分压：2.5MPa H_2S 分压：1MPa 温度：140℃	
	温度：60℃ （条件 1）	温度：100℃ （条件 2）	温度：140℃ （条件 3）	温度：180℃ （条件 4）	Cl^-：80000mg/L （条件 5）	Cl^-：150000mg/L （条件 6）
均匀腐蚀速率/ （mm/a）	0.0164	0.0298	0.0527	0.0773	0.0454	0.0386

图 7-29 为超级 13Cr 点蚀形貌的金相显微分析。可以看出，在 CO_2 腐蚀环境中，超级 13Cr 的点蚀比较轻微，随温度升高，点蚀倾向性增强，运用聚焦法测量点蚀深度，均小于 5μm。在 H_2S/CO_2 腐蚀环境中，由于 H_2S 腐蚀性气体的存在，点蚀倾向性明显增大。当 Cl^- 浓度为 160000mg/L 时，试样表面已经出现明显的点蚀形貌[见图 7-29(f)]，其最大点蚀深度可达 28μm。图 7-30 为超级 13Cr 点蚀坑内腐蚀产物 EDS 分析位置及结果，点蚀坑内出现 O、Si、P、Ca 等夹杂物形成元素，表明点蚀极有可能起源于试样表面夹杂物脱落的位置，这些区域极易造成点蚀的萌生和发展。

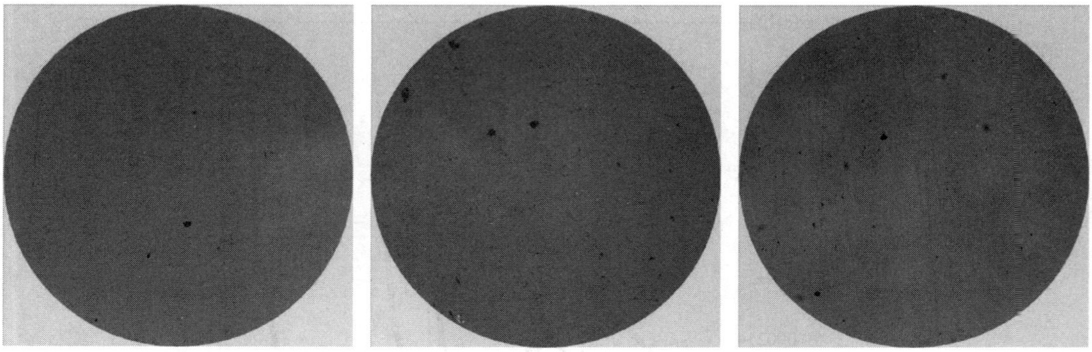

(a)条件1　　(b)条件2　　(c)条件3

图 7-29　超级 13Cr 点蚀形貌的金相显微分析

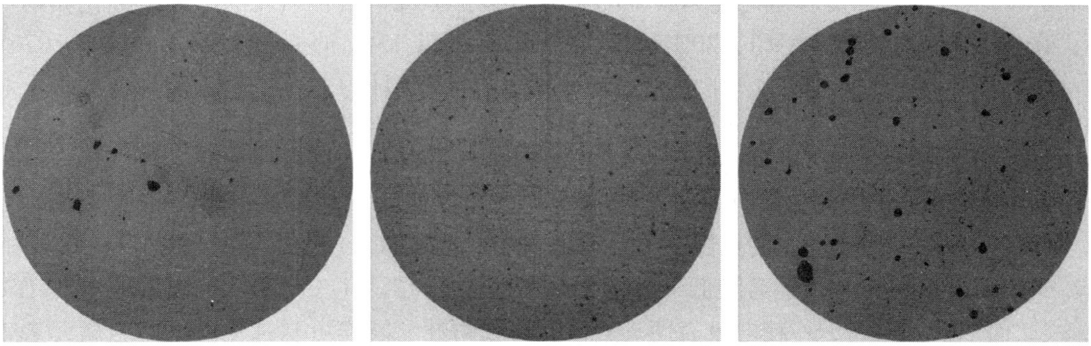

(d)条件4　　(e)条件5　　(f)条件6

图 7-29　超级 13Cr 点蚀形貌的金相显微分析(续)

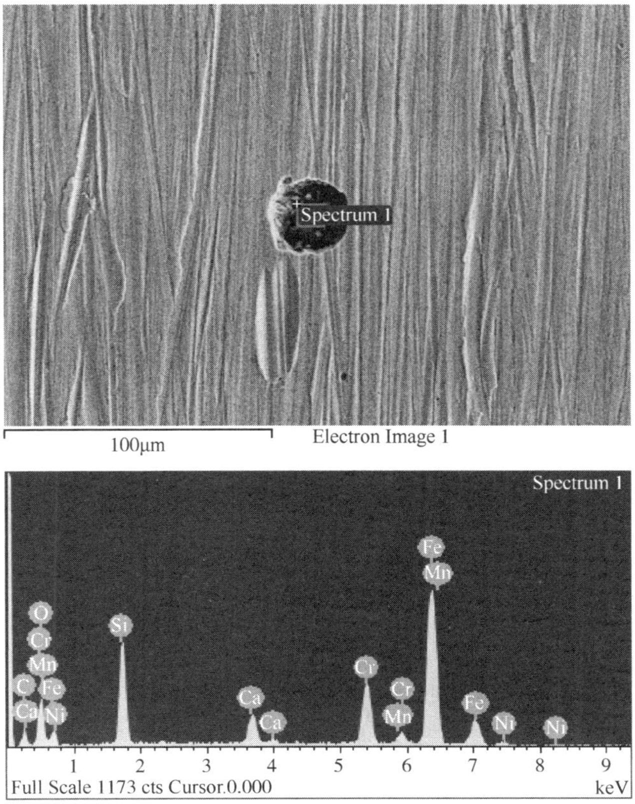

图 7-30　点蚀坑腐蚀产物 EDS 分析位置

图 7-31 为不同条件下超级 13Cr 点蚀电位的测量结果。相比于普通 13Cr，超级 13Cr 点蚀电位要高 0.25V[见图 7-31(a)]，这主要是由于超级 13Cr 有较高的 Mo、Ni 含量，Mo、Ni 的加入，能够阻滞电化学腐蚀的阳极过程，促进超级 13Cr 的钝化，在钢的表面上形成了富钼的氧化膜，这种含有 Cr、Mo 元素的氧化膜，具有高的稳定性，能有效地抑制因 Cl^- 侵入而产生的点蚀，提高超级 13Cr 的钝化和再钝化能力。图 7-31(b)为温度变化超级 13Cr 点蚀电位的影响，可以看出，随着温度的升高，超级 13Cr 点蚀电位下降。这是因为随着温度

升高，Cl^-活性增强，更容易与钝化膜中的阳离子结合形成可溶性氯化物，导致钝化膜的破坏；在 3.5% NaCl、10% NaCl、20% NaCl 溶液中，超级 13Cr 的点蚀点位分别为 0.076V（vs. SCE）、0.04V（vs. SCE）、-0.058V（vs. SCE）[见图 7-31(c)]，随着 Cl^-浓度的增加，点蚀电位下降。这主要是因为当介质中含有活性 Cl^-时，Cl^-优先选择性地吸附在钝化膜上，与钝化膜中的阳离子结合形成可溶性氯化物，使超级 13Cr 的点蚀敏感性增强，促进点蚀的发生；图 7-31(d)为超级 13Cr 在不同气氛条件下点蚀点位的测量结果。从中可以看出，在 N_2、CO_2、H_2S 中超级 13Cr 的点蚀点位分别为 0.076V（vs. SCE）、0.1V（vs. SCE）、-0.236V（vs. SCE），H_2S 的存在，显著降低了超级 13Cr 的点蚀电位。H_2S 溶于水电离生成 H^+、HS^-及 S^{2-}，而 H_2S、HS^-及 S^{2-}在电极表面具有极强的吸附性，同样可与钝化膜中的金属元素生成可溶性的腐蚀产物，促使钝化膜溶解，导致点蚀的发生和发展。而 CO_2 对超级 13Cr 点蚀电位的影响不大，这也使 13Cr 马氏体不锈钢在 CO_2 腐蚀控制方面得到广泛的应用，而在 H_2S 腐蚀控制方面的应用则受到一定限制的主要原因。

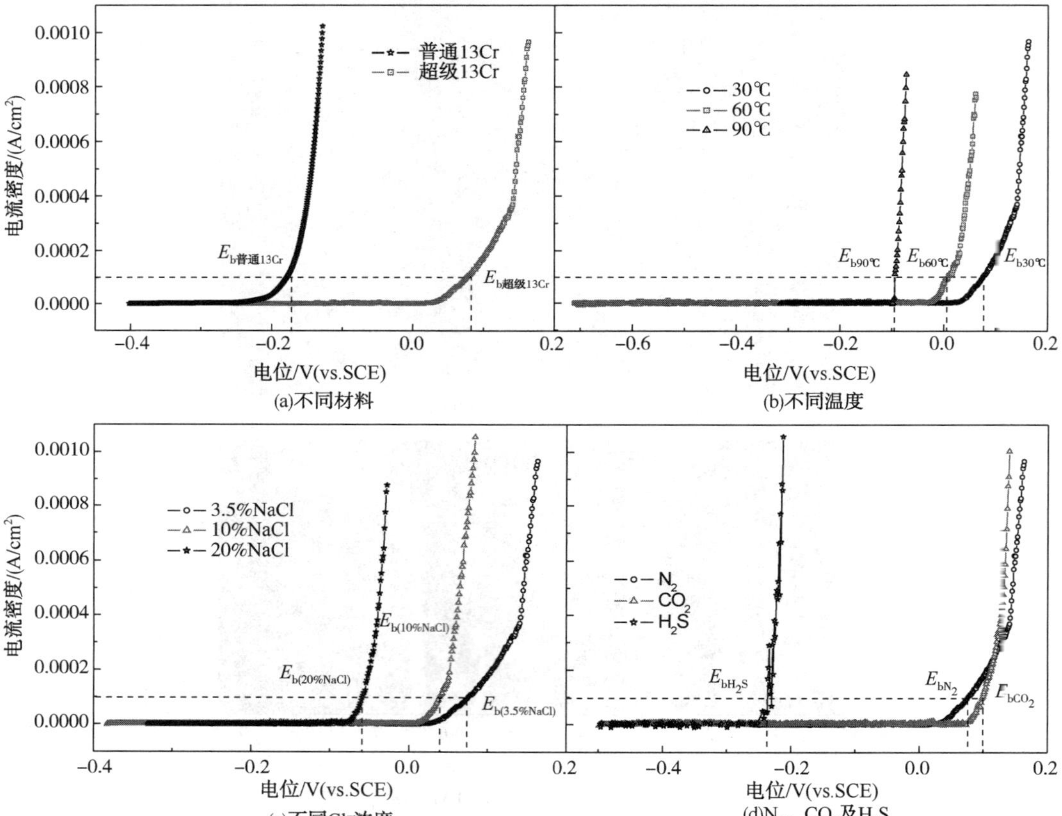

(a)不同材料　(b)不同温度　(c)不同Cl^-浓度　(d)N_2、CO_2及H_2S

图 7-31　不同条件下超级 13Cr 的点蚀电位

图 7-32 为参照 API Spec 5CT(2011)、ISO 15156(2011)、ISO 7537—2(1989)及 NACE TM 0177(2005)标准，经过 720h 的 SSC 实验后，110ksi 钢级超级 13Cr 四点弯曲试样（加载应力为 80%SYMS）宏观及微观形貌。可以看出，所有试样均发生断裂，表面出现大量的垂直于张应力方向的裂纹。

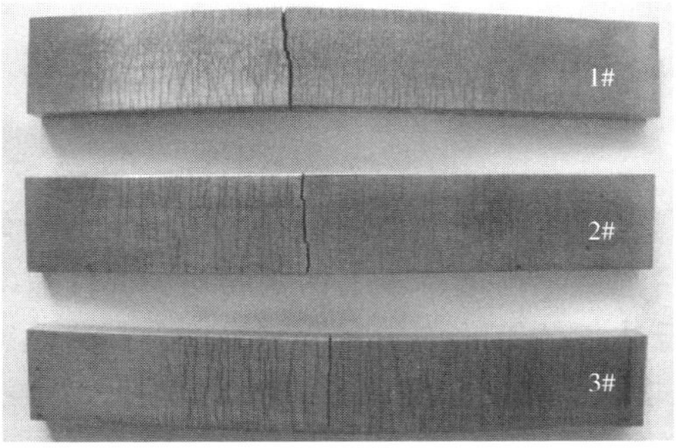

(a)宏观形貌

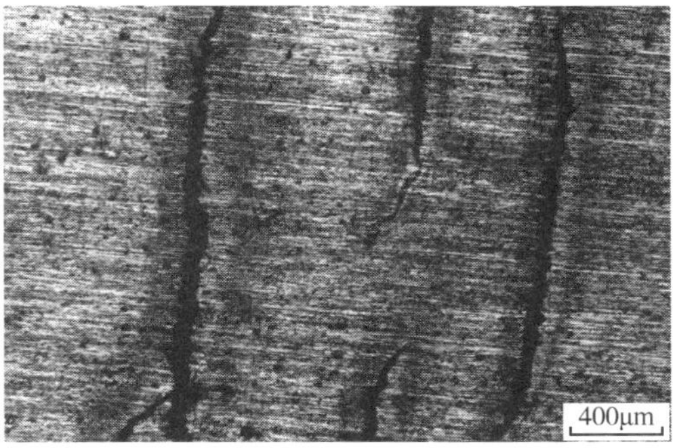

(b)No.1试样微观形貌

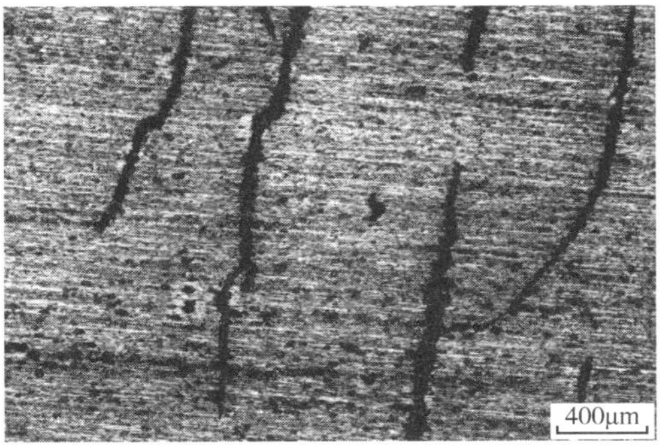

(c)No.2试样微观形貌

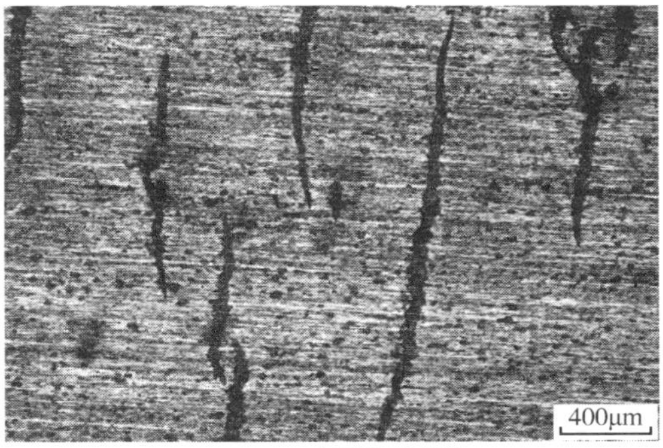

(d)No.3试样微观形貌

图 7-32 标准条件 SSC 试样表面宏观及微观形貌

图 7-33(a)为四点弯曲 SSC 试样横截面的金相显微分析，从中可以看出，裂纹起源于表面点蚀坑处(H_2S 的存在，降低了超级 13Cr 的点蚀电位，点蚀敏感性增强)。通过局部的阳极溶解在材料表面形成的点蚀坑可以看成是一个微裂纹，对于无裂纹的试样来说，点蚀坑的形成对应力腐蚀起着重要作用，因为点蚀坑的前端会形成应力集中。另外，由于闭塞电池的作用，点蚀坑内部溶液将会局部酸化，从而为析氢反应提供了条件，氢进入试样有可能使点蚀坑扩展而导致开裂。图 7-33(b)为超级 13Cr 断口的 SEM 形貌，可以看出断口平直，断面与主应力方向垂直，没有明显的塑性变形痕迹；裂纹从试样表面的点蚀坑处向内部扩展，断口平坦呈暗灰色，而瞬断区较为粗糙。

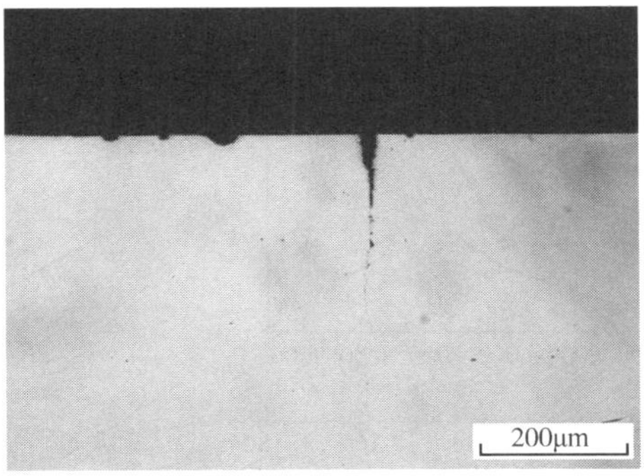

(a)横截面金相显微形貌

(b)断口SEM形貌

图 7-33 SSC 试样横截面金相显微形貌及断口 SEM 形貌

综合超级 13Cr 在 CO_2 及 CO_2/H_2S 腐蚀环境中的抗均匀腐蚀、点蚀及抗 SCC 性能，结合国外的研究成果，超级 13Cr 马氏体不锈钢适用于 CO_2（含微量 H_2S）环境中的腐蚀控制，其适用 CO_2 分压不超过 10MPa，温度不超过 180℃，H_2S 分压不超过 0.01MPa。

（3）高强 15Cr

表 7-23 及图 7-34 为模拟某气井不同井段腐蚀环境，高强 15Cr 马氏体不锈钢的均匀腐蚀速率汇总。从中可以看出，高强 15Cr 的均匀腐蚀速率均远小于不锈钢的均匀腐蚀速率判据 0.127mm/a；随着井深的增加，高强 15Cr 马氏体不锈钢的均匀腐蚀速率增大，这是因为温度和 CO_2 分压随着井深增大的原因。CO_2 分压增大，腐蚀介质 pH 值降低，酸性增强。温度升高，对于由阴极反应控制的 CO_2 腐蚀电化学反应，阴极反应加速，阳极的溶解速度加快，表现为均匀腐蚀速率增大。同时，在相同温度下，高强 15Cr 马氏体不锈钢气相的均匀腐蚀速率都要大于液相的腐蚀速率，这主要是因为在气相腐蚀条件下，由于试样表面液膜厚度较小，反应物或反应产物的传输速度同全浸电解液下的物质传输相比，速度加快，均匀腐蚀速率上升。

表 7-23　实验条件及均匀腐蚀速率计算结果

井深/m	0	1500	3350	5180	7090	9000
温度/℃	40	70	100	130	150	170
CO_2 分压/MPa	0.8	0.8	0.9	0.9	1.0	1.6
介质/(mg/L)	Cl^-：50500；矿化度：86859					
试样状态	液相					—
	—			气相		
均匀腐蚀速率/(mm/a)	0.0024	0.0026	0.0036	0.0044	0.0055	—
	—			0.0048	0.0075	0.0098

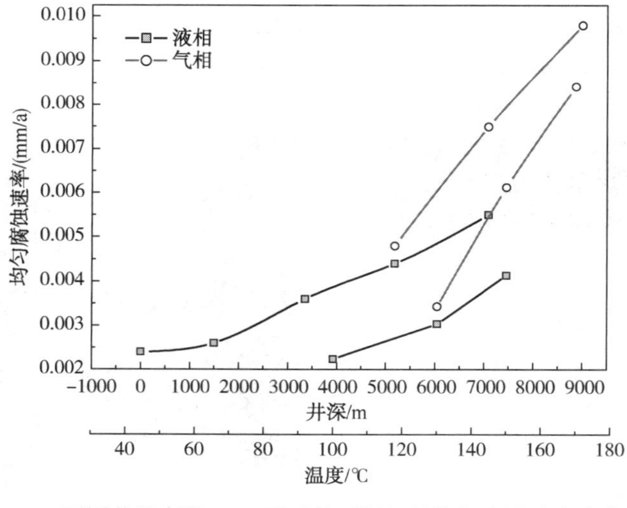

图 7-34　不同井段高强 15Cr 马氏体不锈钢的均匀腐蚀速率变化关系

图7-35及图7-36分别为高强15Cr马氏体不锈钢液相及气相腐蚀试样表面的金相显微分析。可以看出，在CO_2腐蚀环境中，高强15Cr马氏体不锈钢未出现明显点蚀现象。图7-37为超级Ⅰ型13Cr马氏体不锈钢、超级Ⅱ型13Cr马氏体不锈钢及高强15Cr马氏体不锈钢的点蚀电位测试结果，可以看出，随着Mo、Ni含量的升高，马氏体不锈钢点蚀电位上升，钝化膜稳定性升高，点蚀敏感性降低。

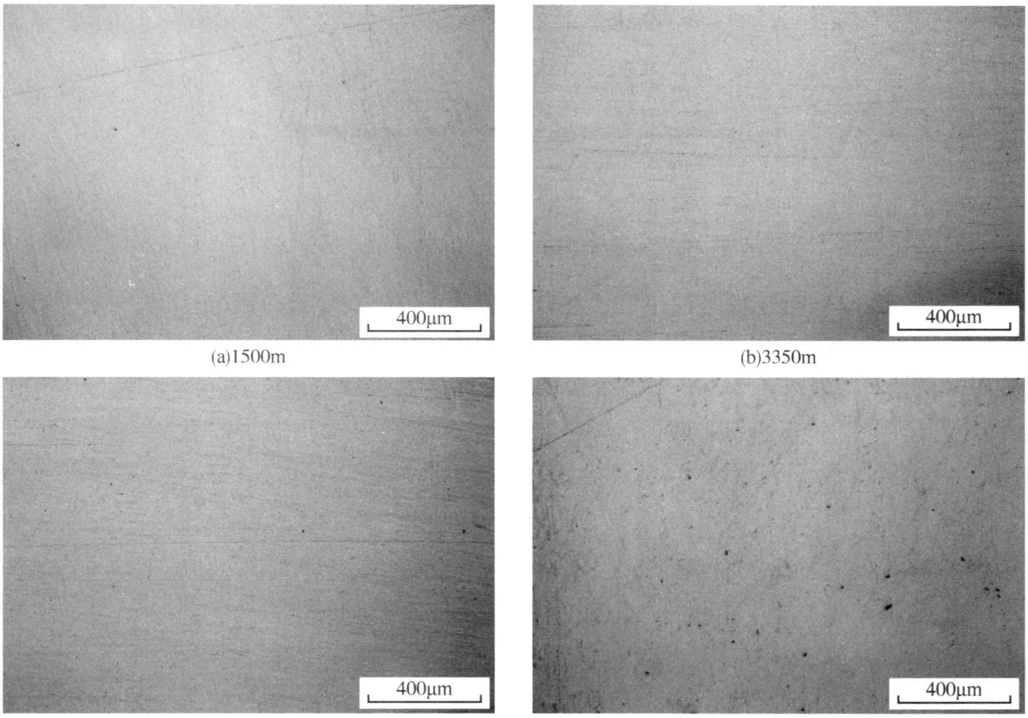

(a)1500m (b)3350m

(c)5180m (d)7090m

图7-35 不同井段超级15Cr马氏体不锈钢液相腐蚀试样表面的金相显微分析

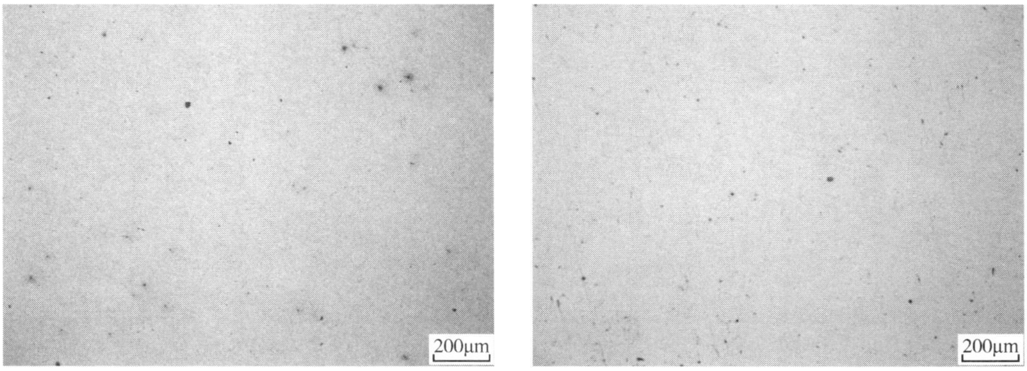

(a)7090m (b)9000m

图7-36 不同井段超级15Cr马氏体不锈钢气相腐蚀试样表面的金相显微分析

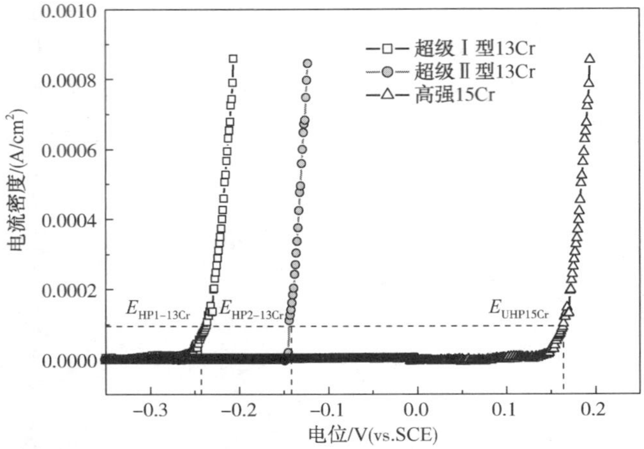

图 7-37 不同马氏体不锈钢的点蚀电位(90℃)

图 7-38 为模拟不同井段腐蚀条件，在加载应力为 80%SYMS，高强 15Cr 马氏体不锈钢 SCC 试样的表面微观形貌。从中可以发现，所有试样均未发生断裂，表面无垂直于张应力方向的微观裂纹，高强 15Cr 马氏体不锈钢在模拟工况环境中具有良好的抗 SCC 性能。

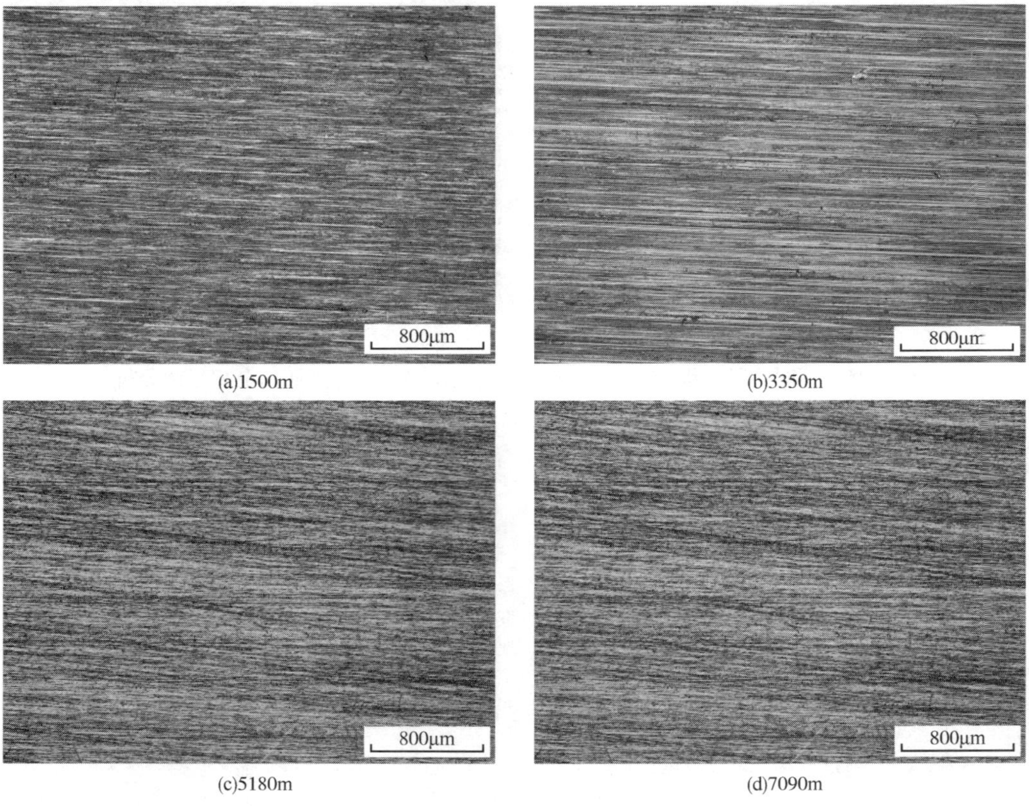

(a)1500m (b)3350m (c)5180m (d)7090m

图 7-38 不同井段高强 15Cr 马氏体不锈钢 SSC 试样的表面微观形貌

鉴于高强 15Cr 马氏体不锈钢良好的抗 CO_2 腐蚀性能，JFE 钢管公司将其适用温度提高到 200℃(CO_2 分压不超过 10MPa，H_2S 分压不超过 0.01MPa)。

（4）新型 17Cr

JFE 钢管公司 Ishiguro 等系统研究了 110ksi、125ksi 钢级 17Cr 马氏体不锈钢在深井、超深井高温高压苛刻环境中的抗 CO_2 腐蚀性能、抗 SSC（含微量 H_2S）性能。

图 7-39 为马氏体不锈钢在 20%NaCl 溶液、CO_2 分压为 10MPa 环境中的抗腐蚀性能及适用条件（均匀腐蚀速率判据为≤0.127mm/a）。可以看出，随温度升高，CO_2 分压增大，腐蚀速率增大；从普通 13Cr、超级 13Cr、高强 15Cr 到新型 17Cr，抗 CO_2 腐蚀性能依次增强：在 CO_2 分压为 10MPa 条件下，超级 13Cr 的临界使用温度为 165℃，高强 15Cr 临界使用温度为 200℃，新型 17Cr 临界使用温度为 230℃。

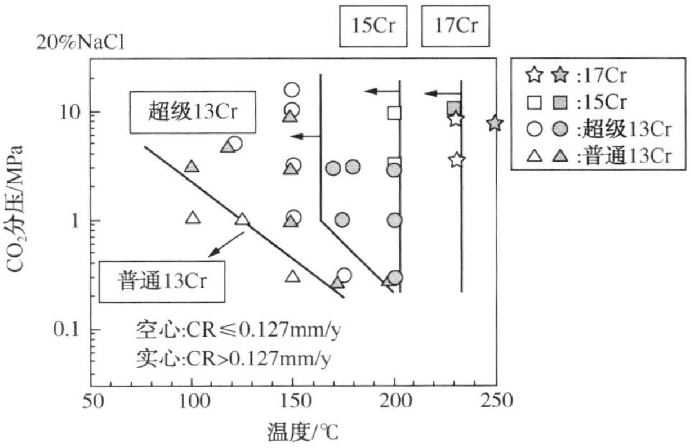

图 7-39 马氏体不锈钢抗 CO_2 腐蚀性能

图 7-40 为模拟地层水（CO_2 饱和的 20%NaCl 溶液；25℃）和凝析水（CO_2 饱和的 0.165% NaCl 溶液；25℃）腐蚀条件下，超级 13Cr、高强 15Cr 和新型 17Cr 的点蚀电位测量结果（100μA/cm^2电流密度对应的电位）。从超级 13Cr、高强 15Cr 和新型 17Cr，点蚀电位逐渐升高。图 7-41 为超级 13Cr、高强 15Cr 和新型 17Cr 在 20%NaCl 溶液中的点蚀电位随点蚀指数（定义为 Cr+3Mo+16N）的变化关系。同样，随着点蚀指数增大，点蚀电位增大，这种现象可以理解为点蚀指数越大，钝化膜稳定性越高。

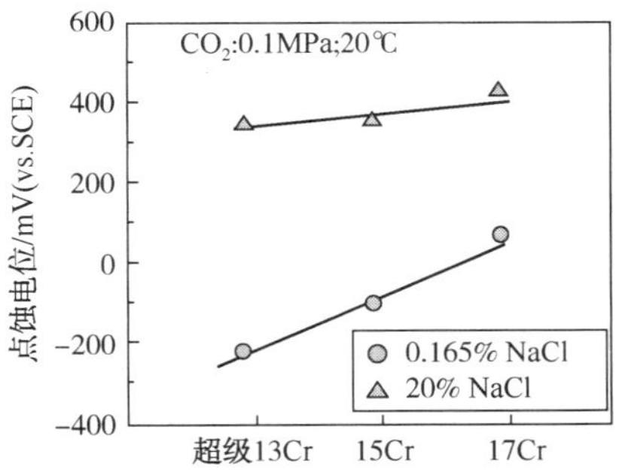

图 7-40 25℃条件下模拟地层水（CO_2 饱和的 20%NaCl 溶液）和凝析水（CO_2 饱和的 0.165%NaCl 溶液）中的点蚀电位测量结果

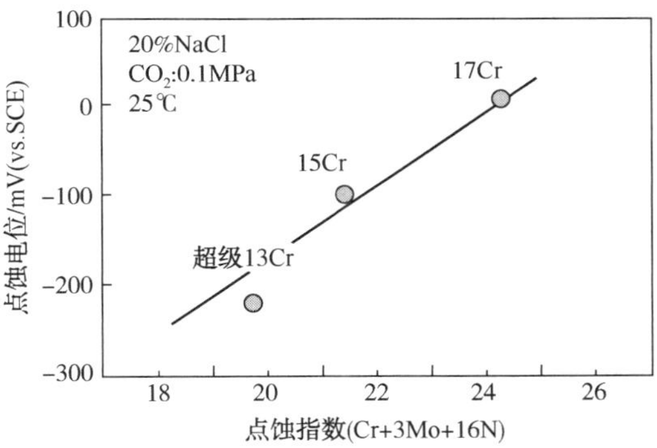

图 7-41 25℃条件下模拟地层水（CO_2 饱和的 20% NaCl 溶液）中的点蚀电位随点蚀指数的变化关系

图 7-42(a)为 125ksi 钢级新型 17Cr 的 SSC 实验结果{SSC 试验参照 NACE 0177—2005 标准进行，实验条件为 18%~20%NaCl 溶液，pH 值为 2.8~4.5[通过添加 0.5%(CH_3COOH +CH_3COONa)溶液，通入 1atm 的混合气体获得，其中 H_2S 分压为 0.001~0.03MPa，CO_2 为载气]，加载应力为材料 90%的实际屈服强度，试验时间为 720h}，在同一张图上叠加了 125ksi 钢级高强 15Cr 的 SSC 应用窗口(适用条件范围)。相比之下，新型 17Cr 扩展了在低 pH 值和高 H_2S 分压下的应用极限。图 7-42(b)中给出了 110ksi 钢级、125ksi 钢级新型 17Cr 的抗 SSC 性能对比分析，110ksi 钢级的应用边界比 125ksi 钢级有了进一步的扩展。125ksi 钢级新型 17Cr 的应用临界 pH 为 4.0(H_2S 分压为 0.01MPa)，而 110ksi 钢级新型 17Cr 的应用临界 pH 为 3.7(H_2S 分压为 0.01MPa)。

图 7-43 为酸性 pH 值下 17Cr 典型 SSC 断口的 SEM 形貌。断口由脆性断裂区和韧性断裂区组成。在多数情况下，脆性断裂起始于试样表面奥氏体相的选择性溶解点，然后微裂纹以准解理脆性模式扩展，最终，试样以带有韧窝形貌的韧性模式断开。

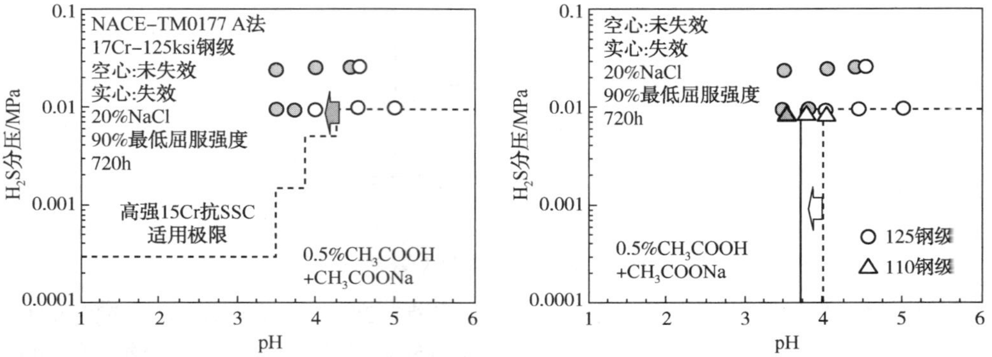

(a)125ksi钢级15Cr、17Cr　　(b)110ksi、125ksi钢级17Cr

图 7-42　25℃、20%NaCl 溶液中新型 17Cr 的 SSC 实验结果

综上，从 CO_2 腐蚀抗力-酸性(SSC)抗力-屈服强度三维坐标图上(见图 7-44)可以看出，相比于其他马氏体不锈钢，在 10MPa 的 CO_2 分压条件下，新型 17Cr 石油管的最高应用温度极限为 230℃；在临界 H_2S 分压条件下(0.01MPa)，125ksi 钢级 17Cr 石油管的适用抗 SSC 的 pH 值≥4.0，而 110ksi 钢级 17Cr 石油管的适用抗 SSC 的 pH 值≥3.7。

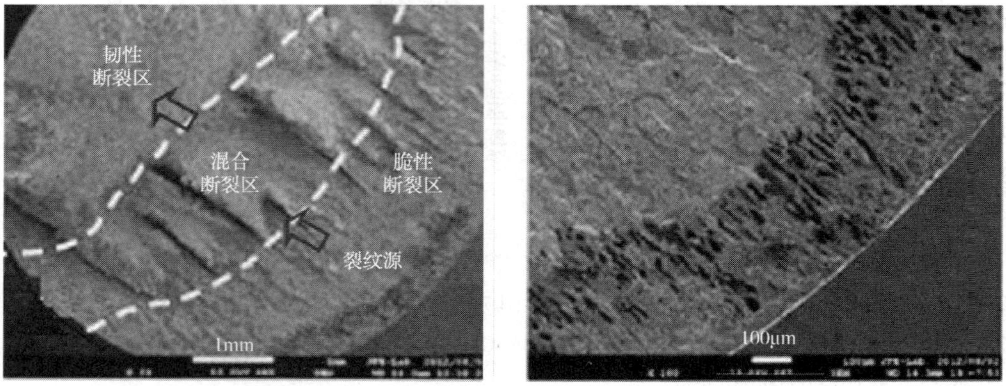

(a)SSC断口宏观形貌　　(b)裂纹源放大形貌

图 7-43　酸性 pH 值下 17Cr 典型 SSC 断口的 SEM 形貌(pH 值 3~4 的 20%NaCl 溶液)

(c)韧性断裂区放大形貌

(d)脆性断裂区放大形貌

图 7-43 酸性 pH 值下 17Cr 典型 SSC 断口的 SEM 形貌(pH 值 3~4 的 20%NaCl 溶液)(续)

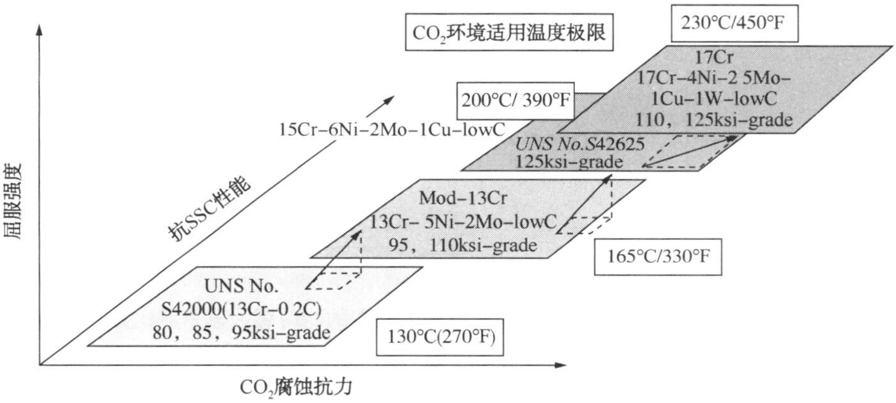

图 7-44 马氏体不锈钢在 CO_2 腐蚀抗力-酸性(SSC)抗力-屈服强度三维坐标图上的适用性示意图

2. 在低 pH 值环境中的抗腐蚀性能(酸化压裂鲜酸及残酸腐蚀)

低 pH 值环境主要指酸化压裂的鲜酸及残酸腐蚀环境。酸化是用酸液[一般为土酸(HCl+HF)溶液]处理油气层，以恢复或增加油气层渗透率，是目前国内外最常用的增产措施之一。但是，在提高采收率的同时，会导致井下管材柱产生严重的腐蚀。

(1) 超级 13Cr

表 7-24 为超级 13Cr 油管用钢在不同温度鲜酸溶液中的均匀腐蚀速率计算结果，图 7-45为超级 13Cr 在不同温度鲜酸溶液中的均匀腐蚀速率对比分析。可以看出，随着鲜酸试验温度的提高，超级 13Cr 的均匀腐蚀速率增大。参照 SY/T 54051—1996《酸化用缓蚀剂性能试验方法及评价指标》标准，低于 160℃，酸化缓蚀剂的缓蚀效果均在一级标准范围内；在 180℃，酸化缓蚀剂的缓蚀效果在三级标准范围以上。在油气井实际酸化过程中，由于酸化管柱暴露于苛刻鲜酸腐蚀工况的时间很短(通常为 2~6h)，对于碳钢和不锈钢管柱，其可以接受的均匀腐蚀速率为<50. 8mm/a(2000mpy)。因此，低于 160℃，超级 13Cr 的均匀腐蚀在可接受的范围以内，但 160℃的均匀腐蚀速率(47. 08mm/a)已经接近 50. 8mm/a。

表 7-24　鲜酸腐蚀实验条件及腐蚀速率计算结果

鲜酸温度/℃	60	90	120	140	160	180
鲜酸成分	15%HCl+1.5%HF+5.1%缓蚀剂					
鲜酸实验时间/h	2					
总压/MPa	10(通 N_2)					
均匀腐蚀速率/[g/(m²·h)]	0.9402	1.442	4.152	7.558	47.08	162.7

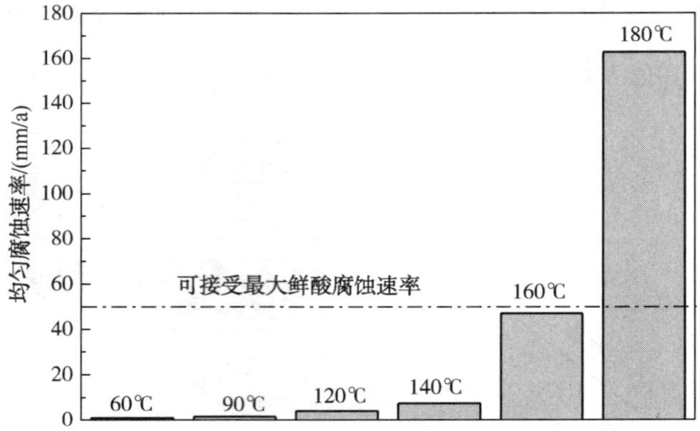

图 7-45　超级 13Cr 在不同温度鲜酸溶液中的均匀腐蚀速率对比分析

不锈钢表面存在一层致密的非晶态 Cr_2O_3 或 $Cr(OH)_3$ 钝化膜，具有高的热力学稳定性，可以在环境介质和金属基体之间起到机械隔离作用，从而达到耐腐蚀目的。但是，在低 pH 值条件下(酸压鲜酸腐蚀环境)，不锈钢表面不存在钝化膜，为活性表面，电化学腐蚀速率极大。多种有关减小酸化作业中腐蚀问题(包括均匀腐蚀、点蚀及 SCC 等)的技术已被提出，缓蚀剂由于具有用量少、施工工艺简单、不需要特殊的附加设备(如电化学保护)等优点而成了抑制酸化过程中酸液腐蚀的一种常用的方法。目前，随着酸化工艺的发展及耐蚀材料的选用，国内外在油井和气井酸化施工过程中使用的酸液种类也越来越多。合理使用酸液体系及与之匹配的酸化缓蚀剂，对油气井增产效果及井下管柱的腐蚀与防护起着同等重要的作用。关于 13Cr 马氏体不锈钢油管在 HCl 及 HCl+HF(土酸)酸化液中的腐蚀控制，国内外普遍采用缓蚀剂(主剂)+增效剂(辅剂)的协同效应降低材料腐蚀的方法，但缓蚀剂中金属离子(特别是贵金属离子)的存在，一方面存在环境污染问题；另一方面，在酸化过程中管柱表面形成的金属覆盖膜，特别是贵金属覆盖膜，会加剧不锈钢管柱在后续生产工况条件的腐蚀(电偶腐蚀)。国外研究表明：对于马氏体不锈钢油管(普通 13Cr、超级Ⅰ型 13Cr、超级Ⅱ型 13Cr 及高强 15Cr)，在鲜酸溶液中的腐蚀速率高达 350~600mm/a(80℃)，合理使用与之匹配的酸化缓蚀剂(缓蚀剂+增效剂)，可使其腐蚀速率降低到 25mm/a 以下，且未出现明显点蚀。

图 7-46 为超级 13Cr 试样在不同温度鲜酸腐蚀试验后的宏观腐蚀形貌。可以看出，在温

度低于 140℃，酸化缓蚀剂在试样表面成膜性良好，呈紫红色，均匀腐蚀很轻微；高于 160℃，缓蚀剂在试样表面成膜性差，腐蚀非常严重。图 7-47 为去除缓蚀剂吸附膜后超级 13Cr 试样的宏观腐蚀形貌。可以看出，在温度低于 120℃，超级 13Cr 试样表面腐蚀非常轻微，可见金属光泽；但随着鲜酸腐蚀试验温度的升高，均匀腐蚀及局部腐蚀严重程度增强，140℃时超级 13Cr 试样表面已呈暗灰色，不见金属光泽，而 160℃和 180℃时，试样表面已经明显可见局部腐蚀。

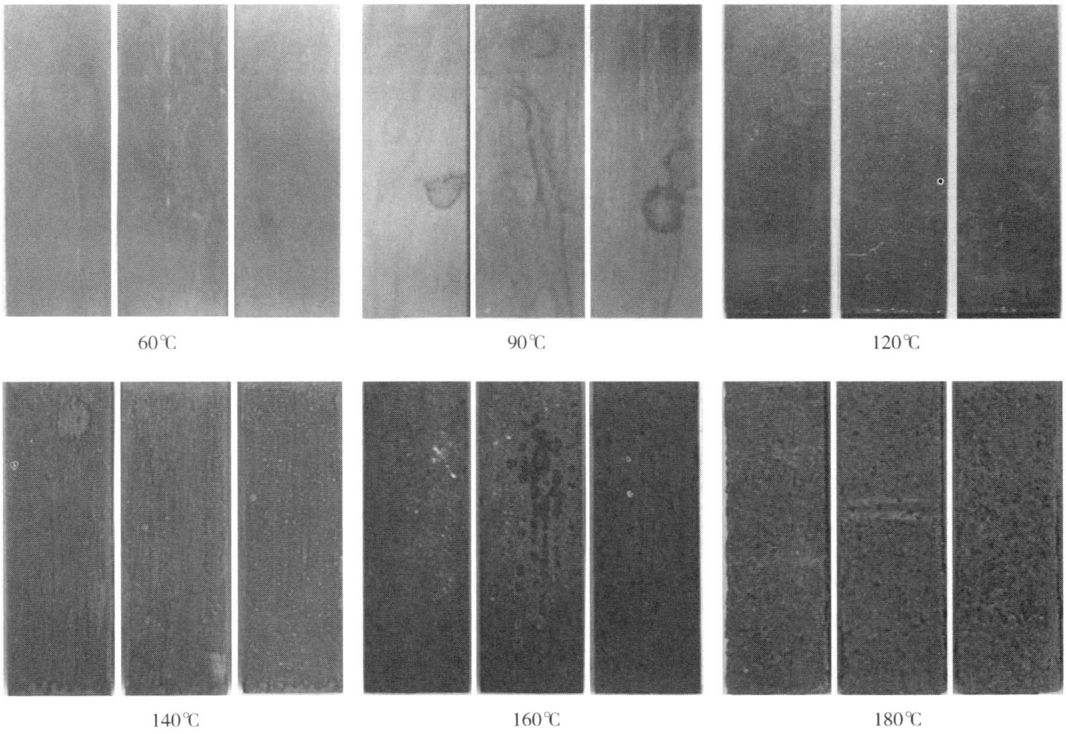

图 7-46 鲜酸试验后超级 13Cr 试样表面宏观形貌(去膜前)

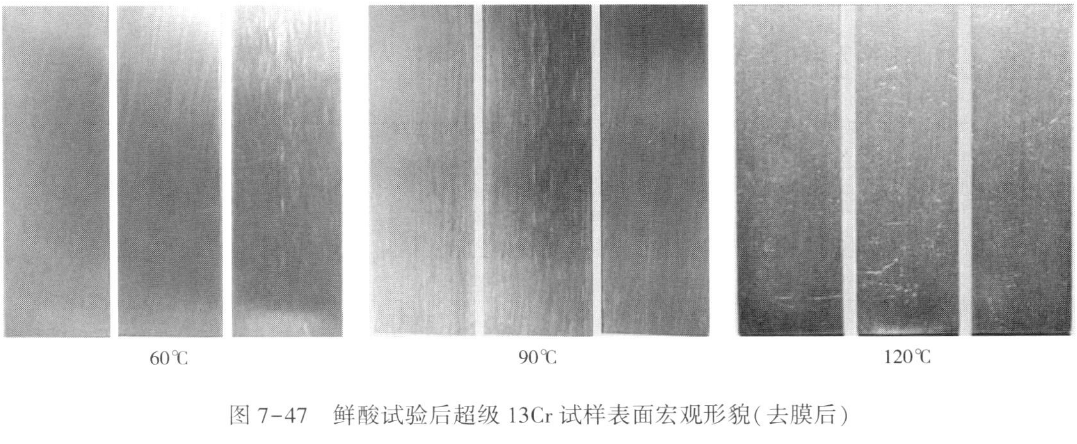

图 7-47 鲜酸试验后超级 13Cr 试样表面宏观形貌(去膜后)

140℃　　160℃　　180℃

图 7-47　鲜酸试验后超级 13Cr 试样表面宏观形貌(去膜后)(续)

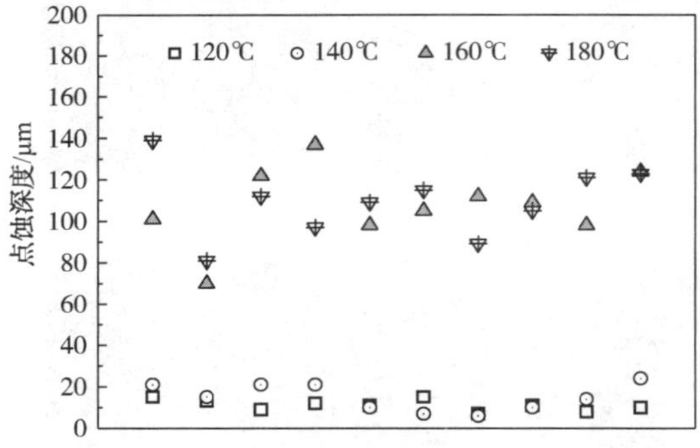

图 7-48　超级 13Cr 在不同温度鲜酸溶液中的点蚀深度对比分析

运用金相显微聚焦法测量试样表面的点蚀深度，超级 13Cr 的平均点蚀速率及最大点蚀速率随酸化温度的升高而显著增大，180℃ 的最大点蚀速率高达 771. 52mm/a。图 7-48 为超级 13Cr 在不同温度鲜酸溶液中的点蚀深度对比分析。如前所述，温度低于 120℃，超级 13Cr 未出现明显点蚀现象；高于 120℃，超级 13Cr 出现明显点蚀现象；在 120~140℃，超级 13Cr 点蚀增大趋势不太明显，但超过 160℃，超级 13Cr 点蚀程度显著增大。

(2) 高强 15Cr

表 7-25 为高强 15Cr 马氏体不锈钢在鲜酸-残酸-工况 CO_2 腐蚀全过程的实验条件及均匀腐蚀速率计算结果。可以看出，高强 15Cr 马氏体不锈钢在鲜酸及残酸中的均匀腐蚀速率分别为 8. 1596mm/a、0. 2144mm/a，远小于 SY/T 54051—1996《酸化用缓蚀剂性能试验方法及评价指标》标准规定的一级腐蚀程度(鲜酸：11. 23~22. 46mm/a，残酸：5. 0~6. 0mm/a)；在地层水 CO_2 腐蚀条件下，高强 15Cr 马氏体不锈钢的均匀腐蚀速率仅为 0. 0754mm/a，远小于不锈钢的均匀腐蚀速率判据 0. 127mm/a。

表 7-25　鲜酸-残酸-工况 CO_2 腐蚀实验条件及腐蚀速率计算结果

试验条件			腐蚀速率/(mm/a)
鲜酸腐蚀试验	鲜酸温度/℃	120	8. 1596
	鲜酸成分	10%HCl+1. 5%HF+5. 1%缓蚀剂	
	试验时间/h	6	
残酸腐蚀试验	残酸成分	现场残酸(pH 为 3. 7)	0. 2144
	试验时间/h	72	
	CO_2 分压/MPa	4	
	温度/℃	170	

续表

试验条件			腐蚀速率/(mm/a)
CO_2 腐蚀试验	地层水/(g/L)	Cl^-：128000；矿化度：220610	0.0754
	实验时间/h	720	
	CO_2 分压/MPa	4	
	温度/℃	170	

图 7-49 为高强 15Cr 在不同腐蚀条件下的均匀腐蚀速率对比分析，相比于残酸及地层水 CO_2 腐蚀，15Cr 马氏体不锈钢在鲜酸腐蚀条件下具有很高的腐蚀速率，但如前所述，酸化管柱暴露于苛刻鲜酸腐蚀工况的时间很短(通常为 2~6h)，其可以接受的均匀腐蚀速率为<50.8mm/a。因此，从降低高强 15Cr 马氏体不锈钢在鲜酸中的均匀腐蚀速率来看，酸化缓蚀剂与高强 15Cr 匹配性良好。在残酸及地层水 CO_2 腐蚀条件下，高强 15Cr 马氏体不锈钢的均匀腐蚀速率要远低于其在鲜酸中的腐蚀速率，这也是高强 15Cr 是针对 CO_2+Cl^-腐蚀而选用的耐蚀材料的根本原因。

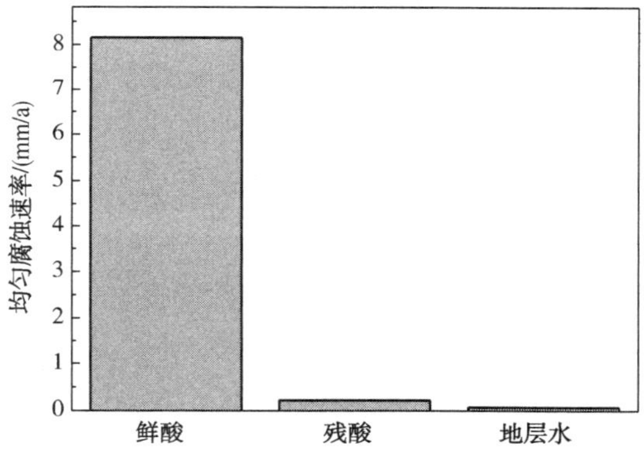

图 7-49　高强 15Cr 马氏体不锈钢在鲜酸、残酸及地层水 CO_2 腐蚀环境中的均匀腐蚀速率对比分析

图 7-50 为鲜酸、残酸和地层水 CO_2 腐蚀试验后，去除缓蚀剂吸附膜或沉积膜试样表面的宏观及微观腐蚀形貌。可以看出，高强 15Cr 马氏体不锈钢在鲜酸、残酸和地层水 CO_2 腐蚀试验后，试样表面均出现不同程度的点蚀。运用激光共聚焦显微镜结合金相显微镜对试样表面的点蚀深度进行测量，高强 15Cr 马氏体不锈钢在鲜酸、残酸及地层水 CO_2 腐蚀条件下的最大点蚀深度分别为 41μm、32μm、24μm。图 7-51 为高强 15Cr 马氏体不锈钢在鲜酸、残酸及地层水 CO_2 腐蚀环境中的点蚀密度和最大点蚀深度对比分析。可以看出，鲜酸、残酸及地层水 CO_2 腐蚀试验后，高强 15Cr 试样表面点蚀密呈增大趋势，原因在于鲜酸腐蚀过程中形成的缓蚀剂吸附膜(或腐蚀产物膜)在残酸及地层水 CO_2 腐蚀条件下的不完整覆盖，促进点蚀的萌生。但鲜酸、残酸及地层水 CO_2 腐蚀试验后，高强 15Cr 的最大点蚀深度呈下降趋势，这可能是由于 170℃残酸及地层水 CO_2 均匀腐蚀速率较大，弱化了所测量的点蚀深度。另外，点蚀坑内腐蚀产物的存在，也有可能是减小了蚀坑的测量深度。

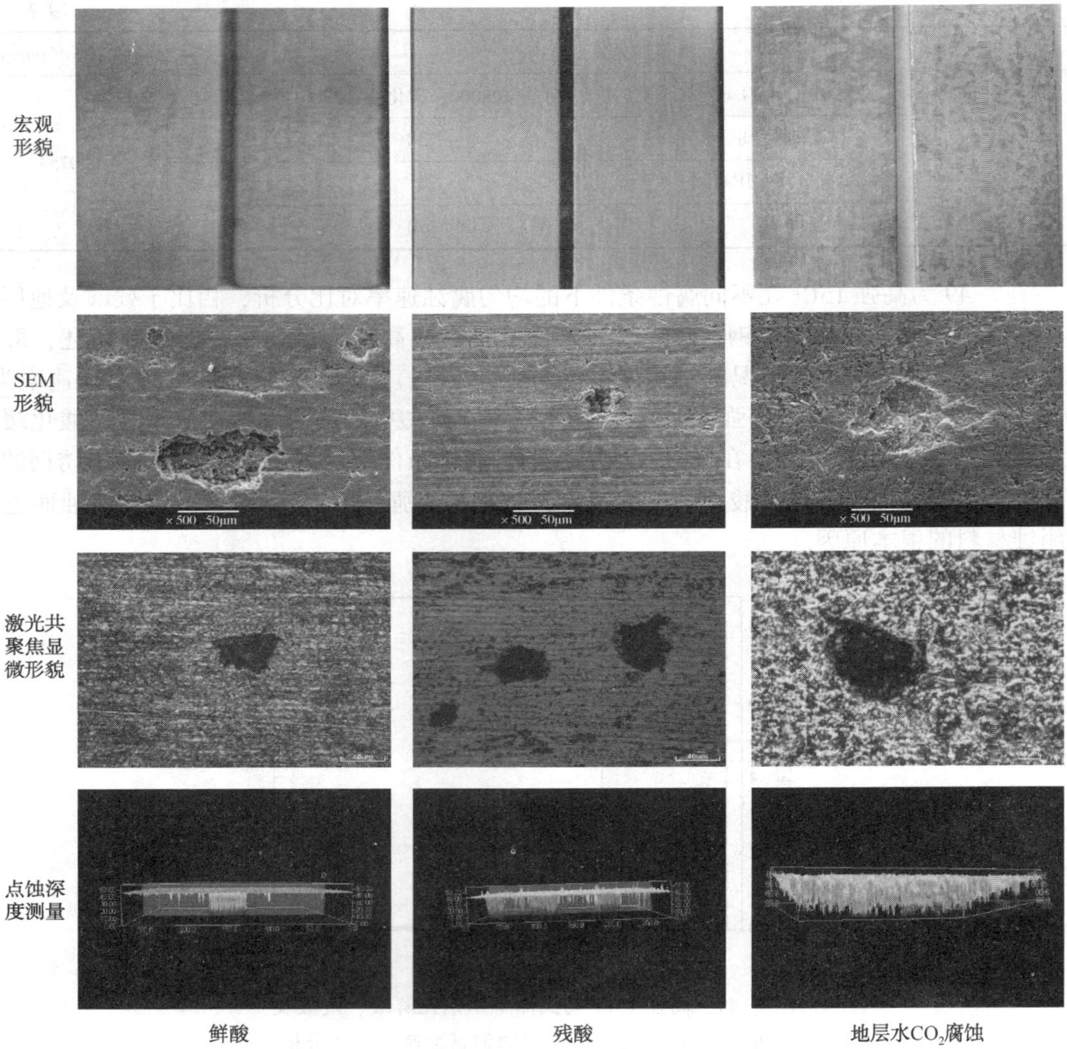

图 7-50 去膜后高强 15Cr 马氏体不锈钢在不同腐蚀条件下的宏观及微观腐蚀形貌

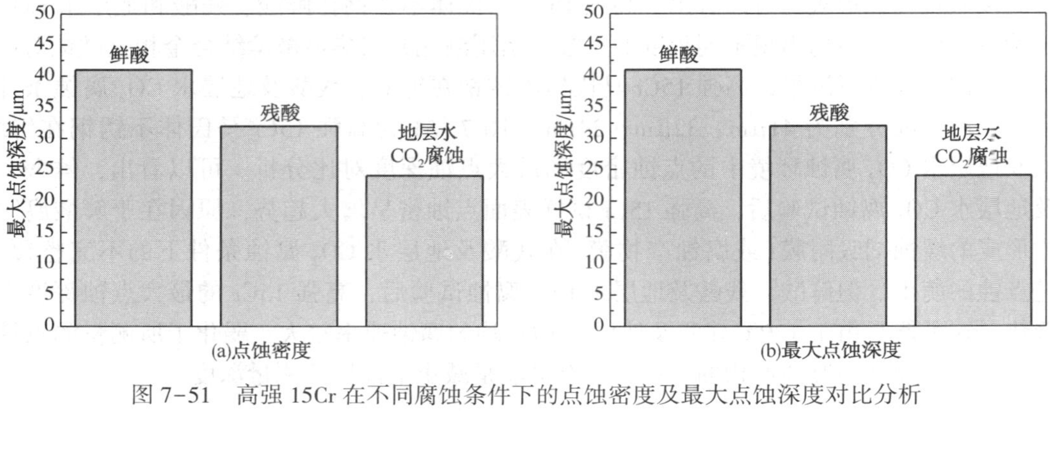

(a)点蚀密度

(b)最大点蚀深度

图 7-51 高强 15Cr 在不同腐蚀条件下的点蚀密度及最大点蚀深度对比分析

3. 马氏体不锈钢的适用环境

以上仅介绍了普通13Cr、超级13Cr、高强15Cr及新型17Cr马氏体不锈钢在CO_2、CO_2(含微量H_2S)及苛刻酸化腐蚀工况条件下的抗腐蚀性能。马氏体不锈钢管材主要是针对CO_2+Cl^-腐蚀而研发的经济型耐蚀合金，即普通13Cr推荐使用温度不超过150℃，如果CO_2分压过高、Cl^-浓度过大，其使用温度会大幅度下降。因此，日本住友公司将其使用最大Cl^-浓度限制为不超过50000mg/L。超级13Cr、高强15Cr及新型17Cr由于耐蚀合金元素的增加，强度和耐蚀性逐渐升高，在CO_2分压为10MPa条件下(20%的NaCl溶液)，超级13Cr的临界使用温度为165℃，高强15Cr临界使用温度为新型200℃，17Cr临界使用温度为230℃，并且具有一定的抗H_2S应力腐蚀开裂性能，但其适用最大H_2S分压仅为0.01MPa，并且环境pH值≥3.5，但对于新型17Cr来说，钢级降低，其适用pH范围可适当放宽。由于国内外各大含CO_2油气田的最高CO_2分压远低于10MPa，对于超级13Cr马氏体不锈钢管材来说，其一般推荐使用温度应不超过180℃。

针对低pH值酸化液对马氏体不锈钢管材柱的腐蚀，目前国内外普遍采用两种措施：一是采取酸化管柱和生产管柱分开的方式，即酸化作业后取出酸化管柱再下入生产管柱，这种方法可避免酸化过程造成的油管柱损伤对后续油管安全生产的影响，但对于高压高温、超深超高压高温井来说，更换管柱不仅浪费大，并且存在极大的安全隐患；二是采取酸化缓蚀剂+耐蚀合金不动管柱，这也是国内外在高温高压井采取的较为普遍的防酸化液及后续工况环境(高含CO_2、H_2S、Cl^-)腐蚀的措施。在高压高温(HPHT)井酸化压裂过程中，尽管采取了一定的措施，例如加大缓蚀剂用量，改进酸化压裂工艺来降低储层管柱温度(大批量前置液或前置酸的泵入，冷却井底管柱的温度)，但由于储层温度过高，井底马氏体不锈钢管柱所处的酸化液温度仍可能远超过120℃。上述超级13Cr、高强15Cr及新型17Cr在不超过120℃的鲜酸腐蚀环境条件下的腐蚀程度在油田可接受的范围以内，但温度升高，腐蚀严重程度显著增强。因此，有必要进行高温酸化缓蚀剂的开发及其与马氏体不锈钢管柱的匹配性研究。目前，斯伦贝谢通过开发基于羟乙基氨基-羟酸(HACA)配伍剂的有机酸酸化液，使马氏体不锈钢管柱在酸化液中的使用温度得到进一步提高。

除此之外，随着钻采技术的发展(例如套管钻井技术、油管钻井技术)，马氏体不锈钢管柱还面临着钻井液腐蚀(氧腐蚀)、完井液或环空保护液腐蚀等。近年来，国内外文献相继报道了马氏体不锈钢管柱在卤化物完井液中的SCC失效事故，但对于不同环境因素对马氏体不锈钢腐蚀的影响及其在该环境中的适用限制条件还不太明晰。

7.4 双相不锈钢管材

7.4.1 成分设计

双相不锈钢管材通常指奥氏体+铁素体双相不锈钢管材，主要靠冷加工来提高管材强度。奥氏体+铁素体双相不锈钢在一定程度上兼有奥氏体不锈钢和铁素体不锈钢的特点，双相不锈钢的理想组成是铁素体和奥氏体各占50%。通常情况下，奥氏体含量增大，脆性降低，韧性、可焊性增强；铁素体含量增大，最低屈服强度上升，抗晶间应力腐蚀开裂能力增强。通过正确控制化学成分和热处理工艺，可将奥氏体不锈钢的优良韧性和焊接性与铁素体不锈钢的较高强度和耐氯化物应力腐蚀性能结合在一起。代表钢种有 2205 型双相不锈钢（Cr21 型：0Cr21Ni5Ti、1Cr21Ni5Ti）和 2507 型双相不锈钢（Cr25 型：0Cr25Ni5Mo2），在高含 $CO_2+H_2S+Cl^-$ 油气田腐蚀环境中得到广泛应用，表 7-26 为 A+F 双相不锈钢管材的主要牌号和成分。

表 7-26 双相不锈钢主要牌号和成分 %（质量分数）

合金	UNS NO	C（Max）	Cr（Max）	Ni（Max）	Mo（Max）	N（Max）	Cu（Max）	W（Max）
DP-3	S31260	0.03	24.0~26.0	5.7~7.5	2.7~3.5	0.10~0.30	0.20~0.80	0.10~0.50
2205	S31803	0.03	21.0~23.0	4.7~6.5	2.7~3.5	0.08~0.20	—	—
2507	S32750	0.03	24.0~26.0	6.0~8.0	3.0~4.0	0.27~0.32	—	—

双相不锈钢铁素体/奥氏体的最佳比例问题是其耐蚀性的关键。由于 Cr、Mo 在铁素体中的固溶度高，而 Ni 和 N 倾向于在奥氏体中固溶，因此相对于铁素体/奥氏体的最佳比例，双相不锈钢中奥氏体相的增加将减少 Cr、Mo、Ni 等合金元素的整体固溶含量，降低不锈钢的耐蚀性。另外，铁素体中的 Cr、Mo 含量增加还容易析出 σ 相和 χ 相，材料韧性降低、应力腐蚀敏感性增加。增加铁素体的比例相当于降低了金属基体固溶 Ni 和 N 的含量，同样会降低耐蚀性能；同时奥氏体相减少一方面会降低双相不锈钢的冲击韧性，另一方面还会使氮化物析出。因此，双相不锈钢的组织不仅与成分有关，而且还与热加工和处理工艺有关，控制不好就容易使材料的机械性能和耐蚀性能受到损害，也在一定程度上影响了双相不锈钢的使用。

7.4.2 机械性能

表 7-27 为 110ksi 钢级 2205（UNS N32205）、2507（UNS N32750）双相不锈钢油管材质在 20℃、50℃、80℃、120℃、150℃及 200℃条件下的拉伸试验测试结果，其抗拉强度及伸长率均满足 API 5CT 中所列钢级材料性能要求，但屈服强度偏高。同时从表中可以看出，随着温度升高，2205、2507 双相不锈钢管材的抗拉强度、屈服强度强度下降，从 20℃到 200℃，2205、2507 双相不锈钢的屈服强度分别下降 17.4%和 19.9%。

表 7-27 双相不锈钢管体拉伸性能

材料	温度/℃	屈服强度/MPa	抗拉强度/MPa	伸长率/%
2205	20	975	1010	26.5
	50	970	995	16.0
	80	910	925	16.0
	120	860	875	20.0
	150	810	830	16.0
	200	805	830	17.5
2507	20	1080	1110	26.0
	50	1030	1050	24.0
	80	995	1020	21.0

续表

材料	温度/℃	屈服强度/MPa	抗拉强度/MPa	伸长率/%
2507	120	980	1000	17.0
	150	905	920	16.5
	200	865	905	16.5
API 5CT P110	20	758~965	≥862	≥12

表7-28为2205、2507双相不锈钢油管管体硬度的测试结果。可以看出，由于双相不锈钢管材主要通过冷轧成型，从管体内壁到外壁，硬度增大。ISO 15156—3(2011)《石油天然气工业-油气开中用于含 H_2S 环境的材料　第三部分：抗开裂耐蚀合金(CRAs)及其他合金》标准规定双相不锈钢油管材质的最大硬度值一般不超过36HRC。

表7-28　双相不锈钢管体硬度

材料	试样类型	位置	洛氏硬度HRC			
			1	2	3	平均值
2205	δ=8mm 硬度试验环	内	31.6	31.0	31.0	31.2
		中	31.8	31.6	31.9	31.8
		外	32.8	32.6	32.7	32.7
2507		内	34.0	33.6	33.2	33.6
		中	35.0	34.5	35.0	34.8
		外	36.0	35.8	35.9	35.9
API SPEC 5CT C110			≤36.0			

图7-52及图7-53分别为2205、2507两种双相不锈钢的径向及轴向金相显微组织。由图可见，两种材料的显微组织均为双相组织，其中灰色相为铁素体α相，白色相为奥氏体γ相，未见明显σ相析出。轴向显微组织为不规则的条状组织特征和两相交织分布的情况。两相所占体积分数相近，定量分析表明，2205中α、γ相含量分别为48.45%和51.55%；UNS N32750中α、γ相含量分别为47.24%和52.76%。

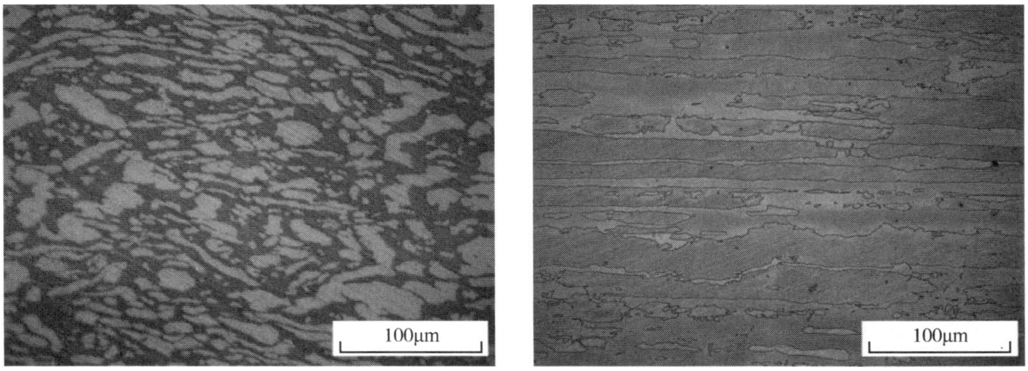

(a)径向　　(b)轴向

图7-52　2205双相不锈钢径向及轴向金相显微组织

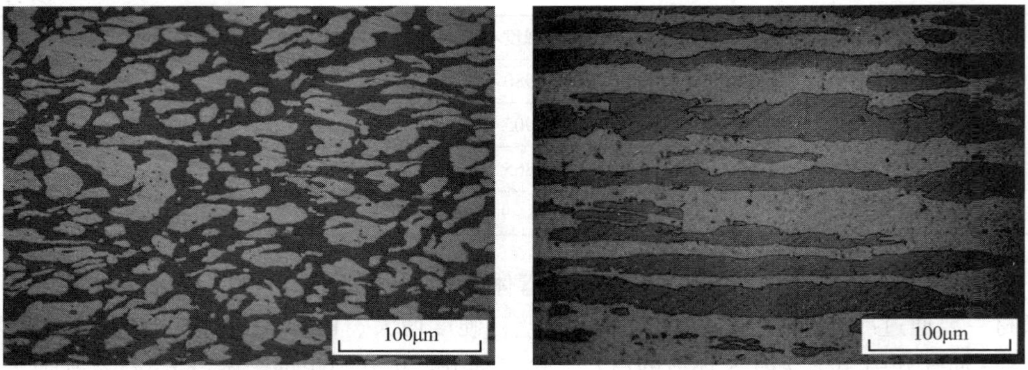

(a)径向　　(b)轴向

图 7-53　2507 双相不锈钢径向及轴向金相显微组织

7.4.3　抗腐蚀性能及适用环境

表 7-29 为 H_2S、CO_2 共存条件下 2205、2507 双相不锈钢的腐蚀试验条件及均匀腐蚀速率计算结果。可以看出，随着温度的升高，其均匀腐蚀速率呈稍微上升趋势，但均远小于不锈钢的均匀腐蚀速率判据 0.127mm/a。

表 7-29　模拟环境的试验条件及均匀腐蚀速率计算结果

H_2S 分压/MPa	1.4			
CO_2 分压/MPa	3.0			
介质/(mg/L)	Cl^-：69456；矿化度：113163			
试验时间/h	720			
温度/℃	150		160	
均匀腐蚀速率/(mm/a)	2205	2507	2205	2507
	0.0223	0.0456	0.0078	0.0403

图 7-54 为两种双相不锈钢材料 $CO_2/H_2S/Cl^-$ 腐蚀试验后的微观形貌。由图可见，150℃时所有试样表面未出现明显局部腐蚀；但 160℃时，2205 及 2507 双相不锈钢试样表面已经出现明显局部腐蚀。因此，温度是影响双相不锈钢腐蚀，特别是局部腐蚀的主要因素。

图 7-55 为 2205、2507 两种双相不锈钢 720h SSC 试验后的试样宏观形貌(参照 NACE TM 0177—2005 标准 A 法；110ksi 钢级；85%SYMS 加载应力)，所有试样均未发现断裂，用 10 倍放大镜检查均未发现垂直于拉应力方向的裂纹，两种双相不锈钢均表现出良好的抗 SSC 性能。

图 7-56 为 2205、2507 两种双相不锈钢材料在模拟工况条件下(见表 7-29。依据 ASTM G39 标准，85%SYMS 加载应力)，720h 试验后 SCC 四点弯曲试样表面宏观腐蚀形貌，可以发现，所有试样均未发现断裂，表面无垂直于张应力方向的微观裂纹，2205、2507 在模拟工况条件下具有良好的抗 SCC 能力。

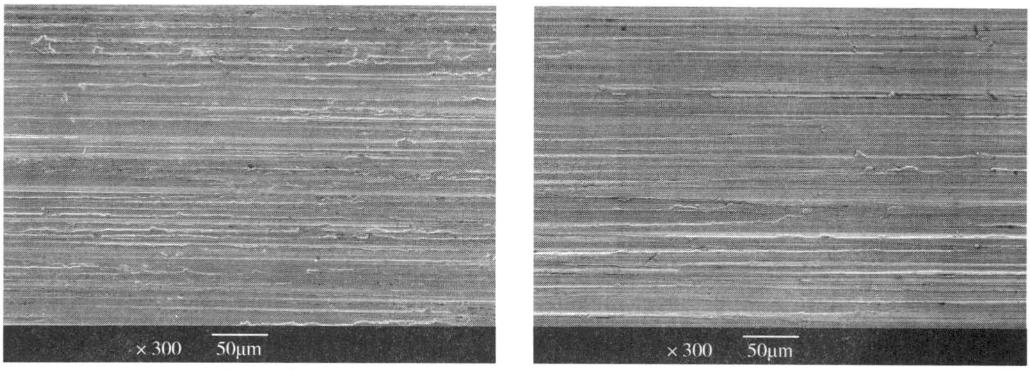

(a)2205(150℃) (b)2507(150℃)

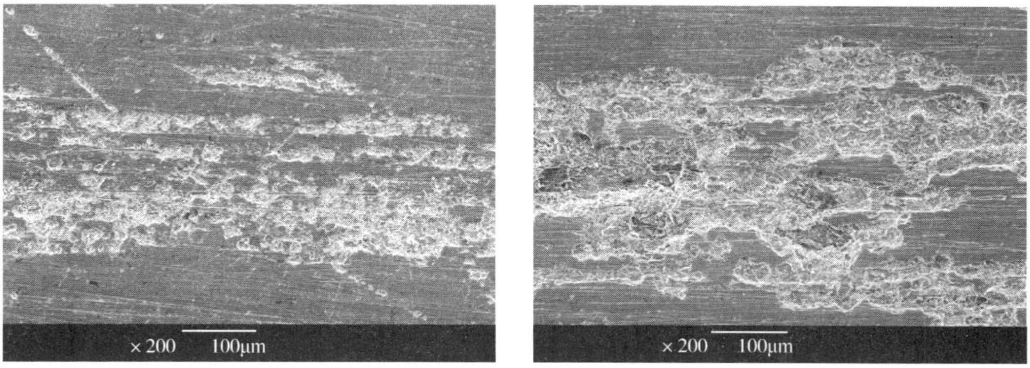

(c)2205(160℃) (b)2507(160℃)

图 7-54 2205、2507 双相不锈钢在高温高压 $CO_2+H_2S+Cl^-$ 环境中的腐蚀形貌

(a)2205 (b)2507

图 7-55 720h 试验后 2205、2507 双相不锈钢 SSC 试样表面形貌

(a)2205 (b)2507

图 7-56 720h 试验后 2205、2507 双相不锈钢 SCC 四点弯曲试样表面宏观腐蚀形貌

双相不锈钢应力腐蚀最主要的环境影响因素为 Cl^- 浓度、温度、H_2S 分压、pH 值和应力水平。其机理是破坏钝化膜，形成点蚀，最终影响到材料的 SSC 及 SCC 裂纹行为。图 7-57 为双相不锈钢材质在不同 Cl^- 浓度、不同温度、不同腐蚀介质（N_2、CO_2 及 H_2S）及不同阳离子类型条件下的点蚀电位（对应于 100μA/cm² 的电位）测量结果。可以看出，Cl^- 浓度增大、温度升高、H_2S 气体的存在都降低了双相不锈钢的点蚀电位，致使其 SSC 及 SCC 敏感性增强。相比于马氏体不锈钢，双相不锈钢具有更加优越的抗 CO_2 腐蚀性能（见图 7-58），并且在 H_2S 腐蚀环境条件下的点蚀电位下降的幅度不大，这也是双相不锈钢管材在较高 H_2S 分压条件下得到应用的主要原因。另外一个值得关注的问题是溶液中的不同阳离子类型对双相不锈钢的点蚀电位有着显著的影响［见图 7-57(d)］，在相同 Cl^- 浓度的 $CaCl_2$、NaCl 溶液中，$CaCl_2$ 溶液中双相不锈钢的点蚀电位下降了 200mV 以上，SCC 敏感性显著增强，其主要原因可能与 Ca^{2+} 的水解造成的溶液 pH 值下降有关。因此，在使用卤化物完井液的油气井，更应该评价双相不锈钢管柱材质的抗 SCC 性能。

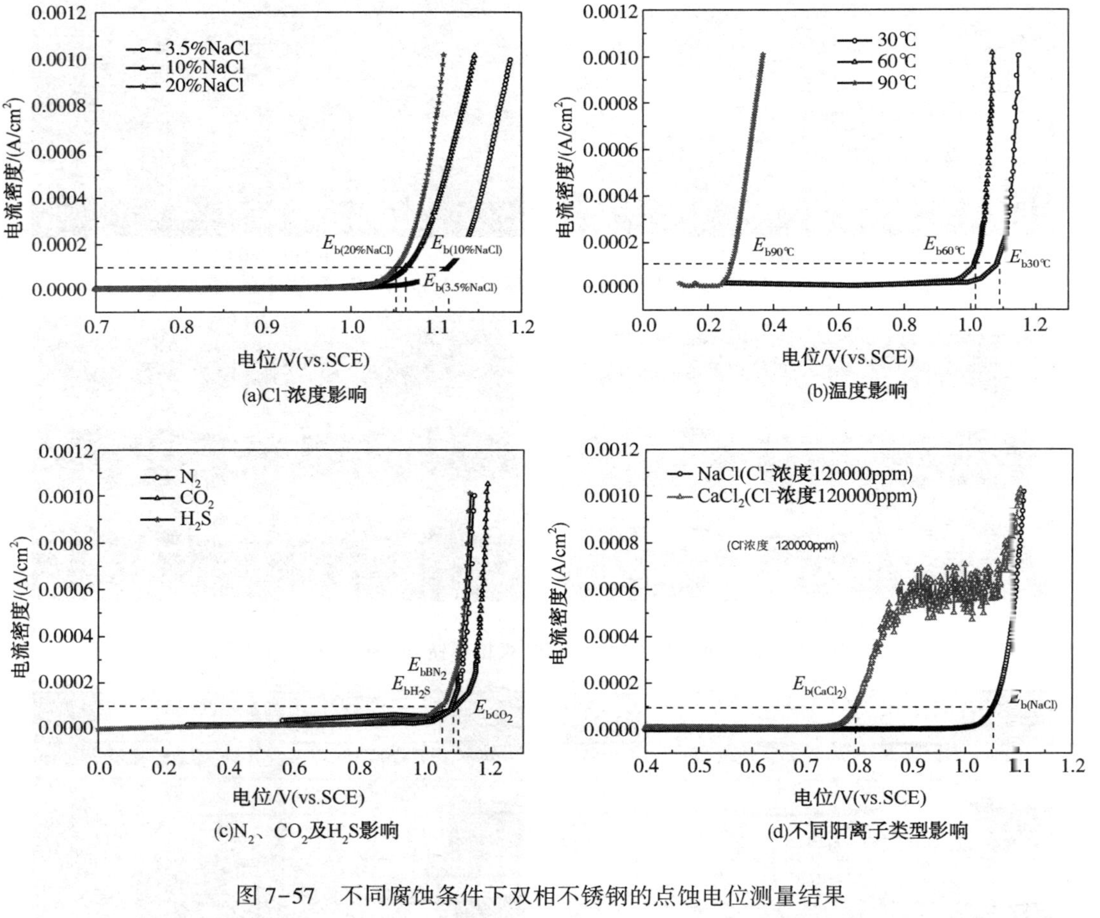

图 7-57　不同腐蚀条件下双相不锈钢的点蚀电位测量结果

双相不锈钢应力腐蚀的材质影响因素包括奥氏体/铁素体的比例、成分等级以及冷变形等。ISO 15156—3(2011)标准对用于含 H_2S 环境的双相不锈钢的成分有着明确要求，其抗点蚀当量指数 PREN（Cr、Mo、W、N 合金元素配比）要求 ≥35［Mo ≥ 1.5%（质量分数）］；

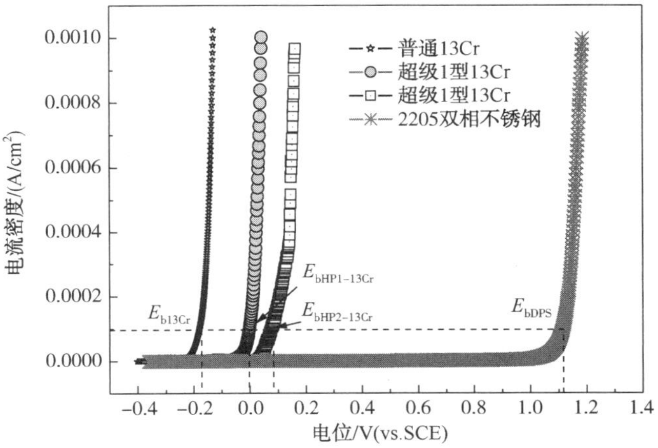

图 7-58 马氏体不锈钢及双相不锈钢的点蚀电位测试结果

图 7-59为 2205、2507 双相不锈钢正常状态的 TEM、STEM 显微组织，相界处未见明显 σ 相析出，由于两种双相不锈钢油管为冷轧成型，晶粒里有较高密度的位错及位错纠结，同时两相组织(α+β)条束之间位相差大，在裂纹扩展方面可以起到良好的阻滞作用，这些微观组织特征增强了 2205、2507 双相不锈钢油管材质的 SSC 及 SCC 性能。另外，铁素体相比奥氏体具有较高的横向裂纹敏感性，脆性的 σ 相析出将显著增大双相不锈钢的脆性(见图 7-60)，致使其 SCC 敏感性增强；其他材质因素还包括双相不锈钢的晶粒度等级等，即大晶粒裂纹敏感性高于小晶粒。

关于双相不锈钢的推荐使用环境，ISO 15156—3(2011)标准要求十分严格，即其最高使用温度不超过 232℃，在 Cl^-最大浓度为 120000mg/L 条件下，最大 H_2S 分压不超过 20kPa。但如果使用温度降低，Cl^-浓度不是如此之高，其使用 H_2S 分压可适当放宽。

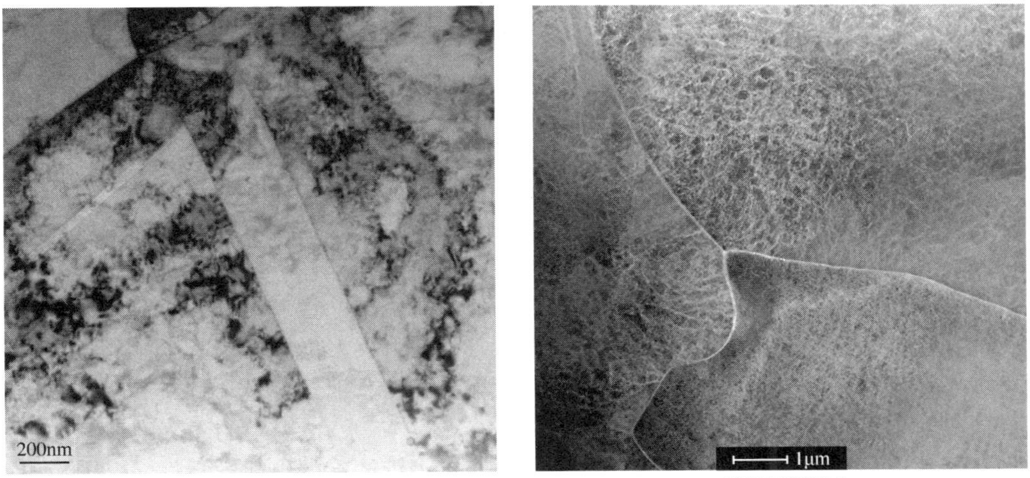

(a)2205(TEM) (b)2205(STEM)

图 7-59 双相不锈钢油管材质的(a)TEM、(b)STEM 显微组织

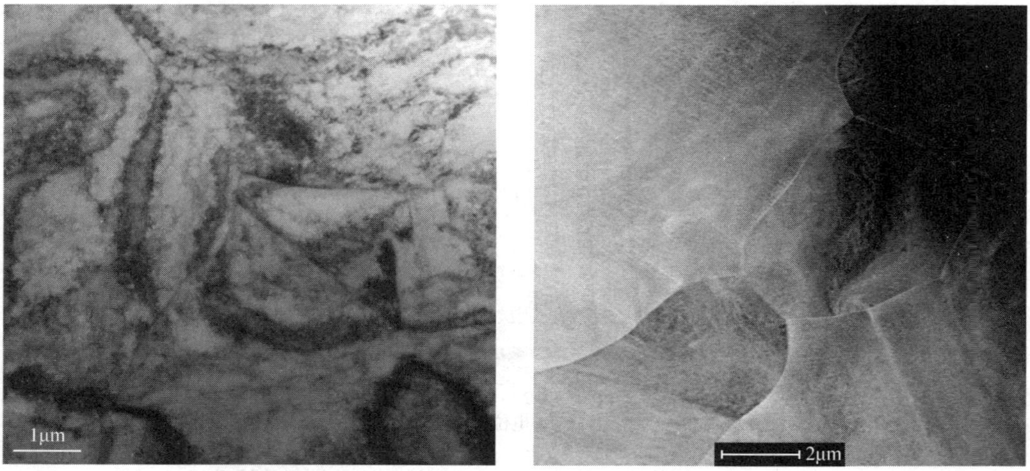

(c)2507(TEM)　　(d)2507(STEM)

图 7-59　双相不锈钢油管材质的 STEM 显微组织(续)

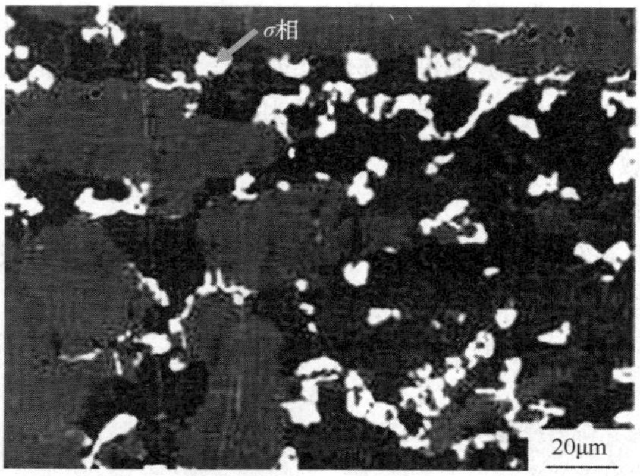

图 7-60　2205 双相不锈钢脆性 σ 相析出形貌

7.5　镍基合金管材

镍基和铁镍基耐蚀合金是一类重要的耐蚀金属材料，它们在严酷腐蚀环境中，具有耐各种形式腐蚀损伤的能力，尤以高镍耐蚀合金最为优良。因此，镍基耐蚀合金已广泛应用于化工、石油、湿法冶金、环保及污水处理、原子能、海洋开发及航空航天等众多领域，以解决采用一般不锈钢和其他金属、非金属材料所无法解决的工程腐蚀问题。镍具有优良的固溶特性，许多具有较好耐蚀特性的元素(例如 Cu、Cr、Mo、W 等)在镍中的固溶度比其在铁中的大得多，能形成广泛成分范围的固溶体合金，既保持了镍固有的电化学特性，又兼有合金化组元的良好特有的耐蚀品质。这种镍基合金既具有优异的耐蚀性能，又具有强度高、塑韧性好，可以冶炼、铸造，可以冷、热变形和成型加工，以及可以焊接等多方面的良好综合性能。

镍基合金管材一般主要分为固溶强化镍基合金和沉淀硬化镍基合金两大类。在酸性气田环境中使用的镍基高耐蚀合金管道材料，如028、825、G-3、C-276等，都属于固溶强化型耐蚀合金，都是采用冷加工态的。

7.5.1 成分设计

Ni-Cr-Fe-Mo-Cu合金是固溶强化镍基合金的基础，其是在Ni-Cr-Fe-Mo合金的基础上加入适量的Cu所形成的系列合金。用钼、铜金属元素强化Ni-Cr-Fe合金，可形成一系列抗热还原酸如硫酸、磷酸、氟氢酸及一些含氧化性杂质酸的合金。保持铜含量在2%左右，Cr含量为20%~33%，钼含量在1.5%~7%之间，并用铁替代部分镍以降低成本，可生成一组新的合金。它们对许多种氧化性酸和还原性酸(除氯氢酸外)、有机化合物和酸性、中性和碱性盐溶液都具备有效抗腐蚀能力。它们已广泛应用于各种工业中，解决工业中腐蚀问题。

加入Cu以后，使Ni-Cr-Fe-Mo合金在还原性酸中的耐蚀性得以改善，特别是显著提高了其在热硫酸中的耐蚀性。通常这类合金中含有较高的Cr和适量的Mo，因此既具有良好的耐氧化性介质腐蚀的能力，又兼备良好的耐应力腐蚀、点蚀和缝隙腐蚀的性能。与常用的Ni-Cr-Fe-Mo铸造耐蚀合金比较，在某些介质中的耐蚀性相当或优于这类合金，而且用Fe取代了Ni-Cr-Fe-Mo合金中的部分Ni和Cu等元素，使得它的价格更加低廉。综合其经济实惠和性能优良的特点，使得Ni-Cr-Fe-Mo-Cu合金得到了广泛应用，其牌号多、应用环境多样。

表7-30为ISO 15156—3(2011)标准中列出的固溶镍基合金的主要牌号和成分，为适应酸性环境对固溶镍基合金管材的抗腐蚀性能要求，合金的化学成分应为Cr≥19.0%，Ni+Co≥29.5%，Mo≥2.5%或Cr≥14.5%，Ni+Mo≥52%，Mo≥12%。

表7-30 固溶镍基合金主要牌号和成分 %(质量分数)

合金	UNS NO	Ni	Cr	Mo	Cu	Fe	其他
825	N08825	余量	22	3	2	31	Ti
G	N06007	余量	22	6.5	2	20	Cb+Ta
G-3	N06985	余量	22	7	2	20	Cb+Ta
G-30	N06030	余量	30	5	1.5	15	Cb+Ta
20	N08020	35	20	2.5	3.5	余量	Cb
28	N08028	31	27	3.5	1.0	36	
31	N08031	31	27	6.5	1.2	32	N
33	R20033	31	33	1.6	1.2	32	N
1925hMo	N08926	25	21	6.3	0.9	余量	N

(1) 合金825

合金825是在合金800的基础上增加镍含量，添加3%的钼，2%的铜，0.9%的钛来提高其对各种各样介质的抗腐蚀能力。因为它的含镍量高达42%，可提供优良的抗氯化物应力腐蚀破裂性能，但在沸腾的氯化镁中无法避免破裂。合金 825 是 300 系不锈钢的升级产品，可以用于解决常规局部腐蚀和 SCC 问题。

（2）"G"族合金—G/G-3/G-30

合金 G 在 20 世纪 60 年代由合金 F 的基础上添加 2%的铜，提高它对硫酸和磷酸的耐蚀性而发展起来。该合金在焊接处有良好的抗腐蚀性能，并可以解决氧化性和还原性介质及混合酸、氟硅酸、硫酸盐、浓硝酸、燃煤发电厂燃料气及氟氢酸造成的腐蚀问题。由于比合金 825 含更多的钼和镍，该合金可以有效抵抗氯化物 SCC，并对局部腐蚀抵抗力显著提高。该合金应用领域与合金 825 相似，但效果更加显著。

合金 G 现在已不再使用，被合金 G-3 所代替。合金 G-3 是合金 G 的升级产品，具有与合金 G 相似的耐腐蚀能力，但对焊接热影响区（HAZ）的侵蚀有更好的抵抗力，并且具有更好的可焊性。因为合金 G-3 含碳量低，碳化物沉积较慢，同时它含钼量较高，可对局部腐蚀有更强的抵抗力。目前，合金 G-3 已取代了合金 G 几乎所有的工业应用，也取代了合金 825 的许多应用，在这些场合通常要求良好的抗局部腐蚀能力。合金 G-30 是合金 G-3 的改良，加入了更多的铬，降低了钼的含量。合金 G-30 在商业磷酸和其他许多复杂的混酸，如硝酸/盐酸、硝酸/氟氢酸环境都有良好的抗腐蚀能力。该合金对硫酸也有很好的耐腐蚀性。G-30 合金一些典型应用领域为磷酸、混酸、核燃料再处理、浸泡操作设备、石油化工、农用药剂生产（肥料、杀虫剂、除草剂）和采矿业。

7.5.2 组织及性能

图 7-61 为 028、825 和 G3 固溶镍基合金管材的金相显微组织。可以看出，固溶镍基合金管材多具有奥氏体组织，在固溶、时效处理及冷加工状态下，合金的奥氏体基体和晶界上还有金属间相和金属的碳氮化物存在，并且出现部分孪晶。

由于固溶镍基合金管材主要经过退火加冷加工成型，通过合理的生产控制，强度变化范围很大，其最低屈服强度最高可达 1280MPa（180ksi 钢级）。ISO 15156—3（2011）标准对固溶镍基合金管材的硬度有严格要求，即最大硬度值不超过 40HRC。

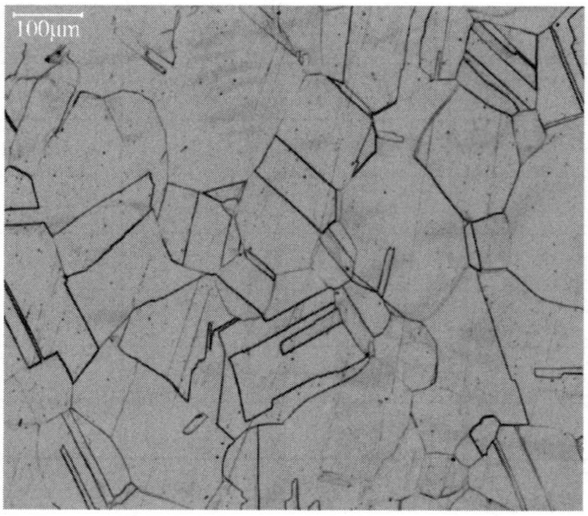

(a)028

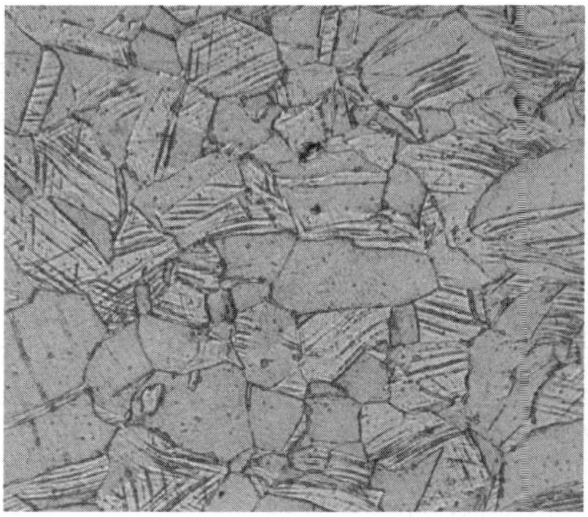

(b)825

图 7-61　固溶镍基合金管材的金相显微组织

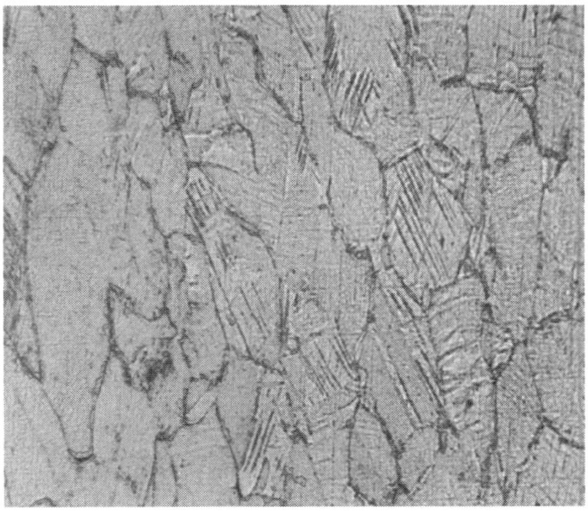

(c)G3

图 7-61 固溶镍基合金管材的金相显微组织(续)

7.5.3 抗腐蚀性能及适用环境

1. CO_2 腐蚀环境

表 7-31 及图 7-62 为模拟某气井不同井段腐蚀环境，028 镍基合金管材的均匀腐蚀速率计算结果。从中可以看出，随着井深的增加，028 镍基合金的均匀腐蚀速率增大，但其最大腐蚀速率仅为 0.0045mm/a。

表 7-31 实验条件及均匀腐蚀速率计算结果

<table>
<tr><td>井深/m</td><td>0</td><td>1500</td><td>3350</td><td>5180</td><td>7090</td><td>9000</td></tr>
<tr><td>温度/℃</td><td>40</td><td>70</td><td>100</td><td>130</td><td>150</td><td>170</td></tr>
<tr><td>CO_2 分压/MPa</td><td>0.8</td><td>0.8</td><td>0.9</td><td>0.9</td><td>1.0</td><td>1.6</td></tr>
<tr><td>介质/(mg/L)</td><td colspan="6">Cl^-：50500；矿化度：86859</td></tr>
<tr><td rowspan="2">试样状态</td><td colspan="5">液相</td><td>—</td></tr>
<tr><td colspan="3">—</td><td colspan="3">气相</td></tr>
<tr><td rowspan="2">均匀腐蚀速率/(mm/a)</td><td>0.0010</td><td>0.0014</td><td>0.0025</td><td>0.0030</td><td>0.0037</td><td>—</td></tr>
<tr><td colspan="3">—</td><td>0.0032</td><td>0.0038</td><td>0.0045</td></tr>
</table>

图 7-63 及图 7-64 分别为 028 镍基合金液相及气相腐蚀试样表面的金相显微分析。可以看出，在 CO_2 腐蚀环境中，028 镍基合金未出现明显点蚀现象。具有良好的抗 CO_2 均匀及局部腐蚀性能。

2. 高 Cl^- 或 H_2S/CO_2 环境

图 7-65 为 G3 镍基合金在不同温度、不同 H_2S 和 CO_2 分压条件下的宏观腐蚀形貌。可以看出，在 200℃以下，试样表面还存在明显金属光泽，腐蚀轻微，但温度高于 200℃，试样表面呈现暗灰色，腐蚀较为严重。由此可见，温度对镍基合金的耐蚀性能影响最为显著，而 H_2S/CO_2 分压以及溶液的矿化度对基体较难产生明显作用。

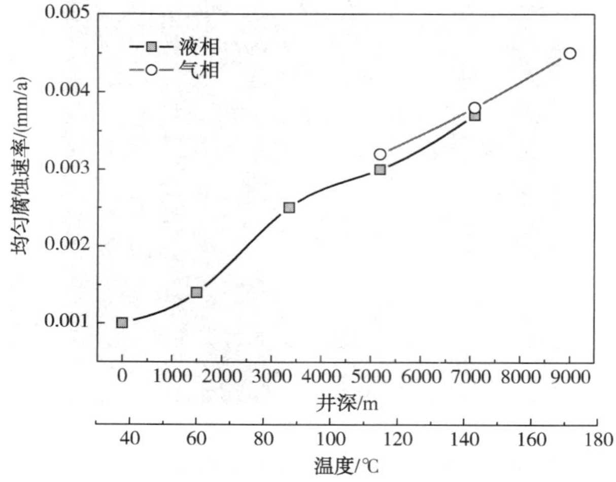

图 7-62　不同井段 028 镍基合金的均匀腐蚀速率变化关系

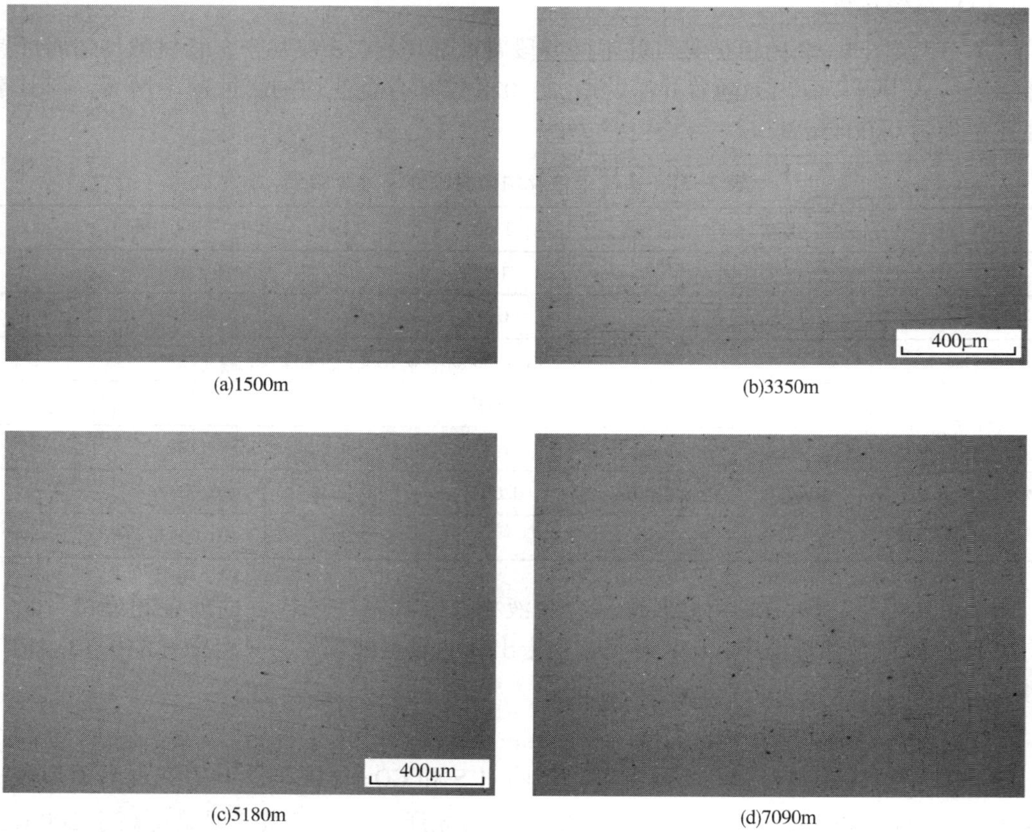

图 7-63　不同井段 028 镍基合金液相腐蚀试样表面的金相显微分析

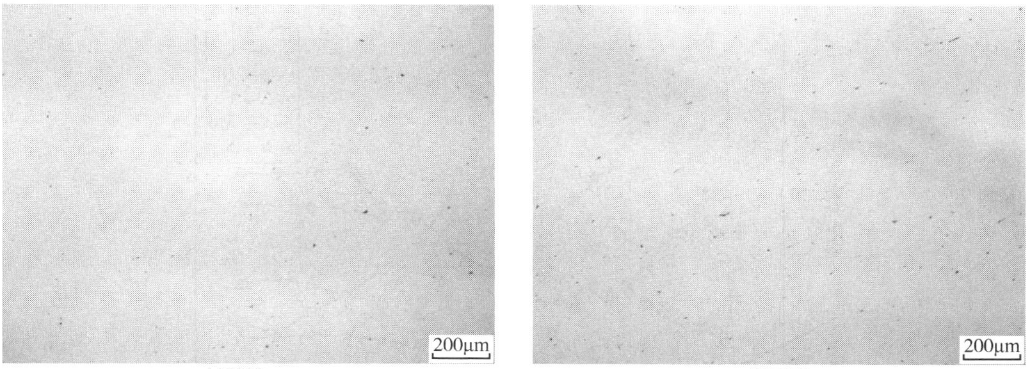

(a)7090m　(b)9000m

图 7-64　不同井段 028 镍基合金气相腐蚀试样表面的金相显微分析

(a)130℃;3MPa H_2S+2MPa CO_2　(b)130℃;9MPa H_2S+6MPa CO_2

(c)150℃;3MPa H_2S+3.5MPa CO_2　(d)175℃;9MPa H_2S+6MPa CO_2

(e)205℃;3.5MPa H_2S+3.5MPa CO_2　(f)205℃;9MPa H_2S+6MPa CO_2

图 7-65　G3 镍基合金在不同温度、不同 H_2S 和 CO_2 分压条件下的宏观腐蚀形貌

近年来，中国石油大学陈长风教授课题组对镍基合金管材在高含 H_2S 环境中的钝化膜成分和结构进行了详细的 XPS、TEM 及 M-S 曲线的电化学分析(见图 7-66 及图 7-67)。固溶镍基合金经高温高压 H_2S 腐蚀后，钝化膜具有双层结构，即外层为氢氧化物层[$Ni(OH)_2$ 和 $Cr(OH)_3$]；内层为氧化物层，主要由 Cr_2O_3组成。由于 S^{2-}的极性高于 OH^-，且金属硫化物(NiS，Cr_2S_3)不溶于水，溶液中的 S^{2-}与 Cl^-和 OH^-竞争吸附于部分氧空位，因此经高温高压 H_2S 腐蚀后的钝化膜中都出现了或多或少的硫化物。

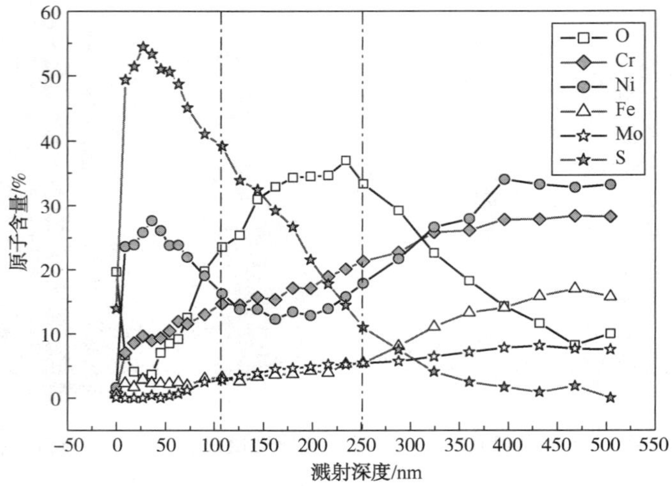

图 7-66　G3 镍基合金腐蚀后原子含量随溅射时间变化图

（腐蚀条件：3.5MPa H_2S+3.5MPa CO_2，3%NaCl，205℃，720h）

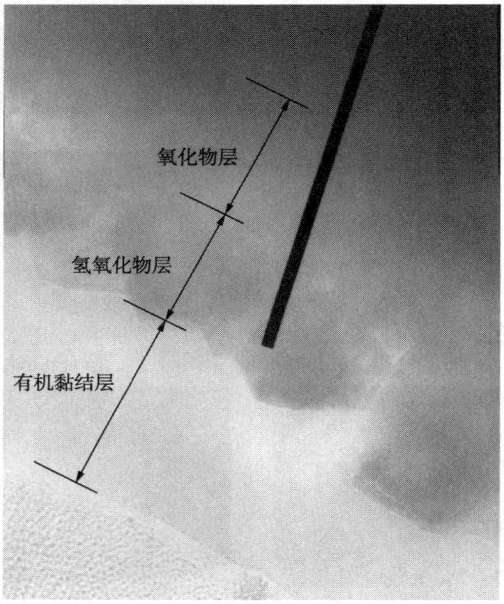

图 7-67　G3 镍基合金腐蚀后钝化膜 TEM 形貌

（腐蚀条件：3.5MPa H_2S+3.5MPa CO_2，3%NaCl，205℃，720h）

3. 抗低 pH 值酸化液腐蚀性能

图 7-68 为超级 13Cr、新型 17Cr 马氏体不锈钢，2205 双相不锈钢和 028 镍基合金在 120℃鲜酸（10%HCl+1.5%HF+3%HAc+酸化缓蚀剂）和 200℃现场残酸溶液中（初始 pH 值为 3.3，4.5MPa CO_2）的均匀腐蚀速率对比分析。可以看出，028 镍基合金由于具有高的合金元素含量（Ni、Cr、Mo 等，尤其是 Ni 元素含量），基体组织为单相奥氏体，其在鲜酸和残酸溶液中腐蚀速率极低，并且未出现明显局部腐蚀（见图 7-69），具有良好的抗低 pH 值酸化液腐蚀性能。

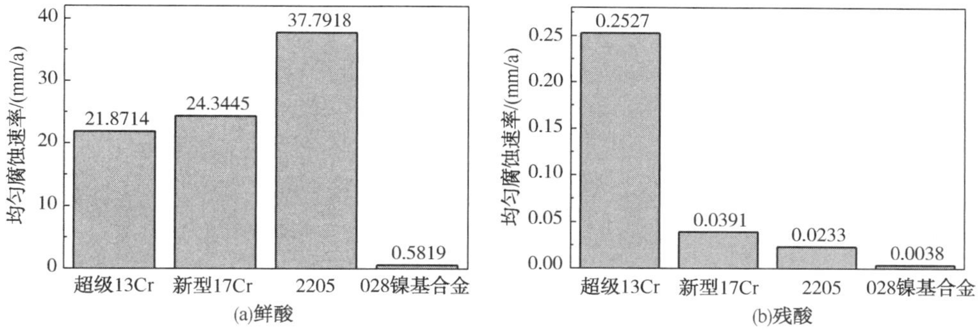

图 7-68 028 镍基合金鲜酸和残酸溶液中的均匀腐蚀速率

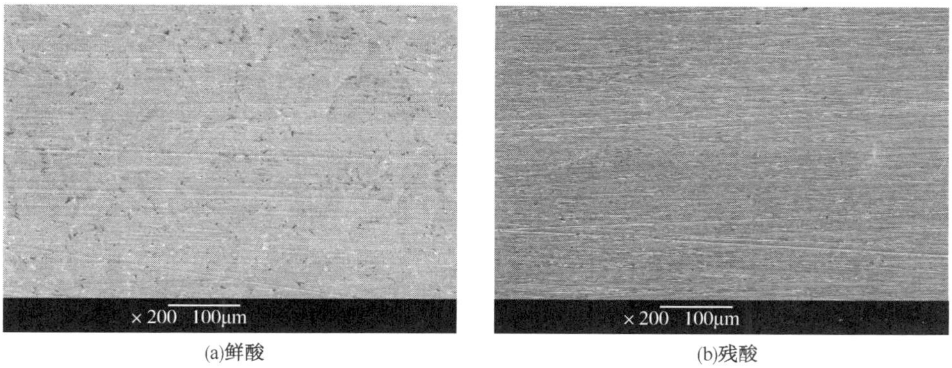

图 7-69 028 镍基合金鲜酸和残酸溶液中的微观腐蚀形貌

4. 抗 SSC 及 SCC 性能

图 7-70 为标准条件下[NACE TM 0177(2005)标准 A 法]，加载应力为 85% SYMS(110ksi 钢级)，720h 试验后 028 镍基合金四点弯曲试样的表面宏观腐蚀形貌。所有试样均未发现断裂，未发现垂直于表面张应力方向的裂纹。028 镍基合金在 H_2S 环境中具有良好的抗 SSC 性能。

图 7-70 标准条件下 028 镍基合金四点弯曲 SSC 试样宏观形貌

图 7-71 为模拟工况 CO_2+Cl^- 腐蚀条件下，参照 ASTM G39 四点弯曲试验标准，加载应力为 85% SYMS(110ksi 钢级)时，720h 试验后 028 镍基合金四点弯曲 SCC 试样的表面微观腐蚀形貌。可以看出，所有腐蚀试验条件下的 SCC 四点弯曲试样均未发生断裂，也未发现垂直于表面张应力方向的裂纹，028 镍基合金在 CO_2+Cl^- 腐蚀环境中具有良好的抗 SCC 性能。

理论认为，在氯化物环境中，是先有点蚀出现，点蚀为应力腐蚀断裂提供了裂纹源。028 和 825 合金的 PREN 分别是 38 和 31，在 825 中的镍含量是 42%，明显比 028 的 31% 要高。在 1959 年，Copson 就首次报道了镍含量对提高奥氏体合金在氯化物环境中的耐 SCC 腐蚀有利。随着温度、H_2S 含量升高，S、Cl^- 的存在，材料的应力腐蚀断裂敏感性加强。腐蚀电流、酸化处理、H_2S 的溶解，都会使得材料产生低温氢脆、硫化物应力腐蚀失效。

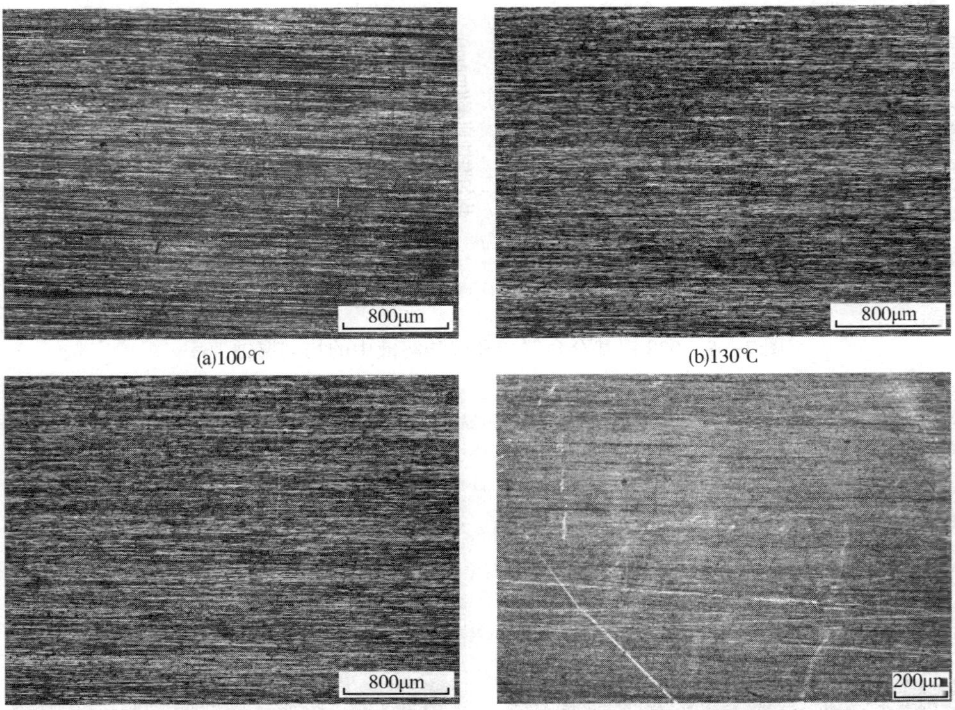

(a)100℃ (b)130℃ (c)150℃ (d)170℃

图 7-71　028 镍基合金四点弯曲 SCC 试样微观腐蚀形貌
（CO_2 分压为 1.6MPa，Cl^-浓度为 50500mg/L）

图 7-72 为 028 镍基合金在不同气氛条件下点蚀电位的测量结果。从图中可以看出，在 N_2、CO_2、H_2S 中，028 镍基合金的点蚀电位分别为 1.004V(vs. SCE)、0.98V(vs. SCE)、-0.18V(vs. SCE)，H_2S 的存在同样显著降低了 028 镍基合金的点蚀电位。但是，028 镍基合金具有良好的再钝化能力，尽管在 H_2S 环境中，028 镍基合金不断发生点蚀，但点蚀的再钝化修复能力强，能在强阳极极化区仍保持较低的溶解电流密度。图 7-73 为几种油气田用耐蚀合金的点蚀电位分析结果，可以看出，镍基合金的点蚀电位要比超级 13Cr 马氏体不锈钢高 1V 以上。高的点蚀电位表明材料具有相当低的点蚀敏感性，在高 Cl^- 及 H_2S 环境中具有很高的抗 SCC 及 SSC 能力，这也是镍基合金管材在高含 Cl^- 及 H_2S(或高含 H_2S)环境得到广泛应用的根本原因。

以上仅论述了部分镍基合金管材的抗 CO_2 及 H_2S/CO_2 腐蚀性能，综合国内外的研究结果，固溶镍基合金管材按耐蚀性排列为 C-276>050>G3>825>028>27-6Mo。

5. 适用环境

根据固溶镍基合金管材的强度级别(主要考虑其抗 SCC 及 SSC 性能，强度越高，硬度越大，SSC 及 SCC 敏感性越强)，ISO 15156—3(2011)标准给出了固溶镍基合金管材的适用环境条件。

(1) 最大屈服强度为 1030MPa(150ksi 钢级)的固溶镍基合金管材

该类镍基合金管材的化学成分要求为 Cr≥19.5%、Ni+Co≥29.5%、Mo≥2.5%，其适用环境条件见表 7-32。

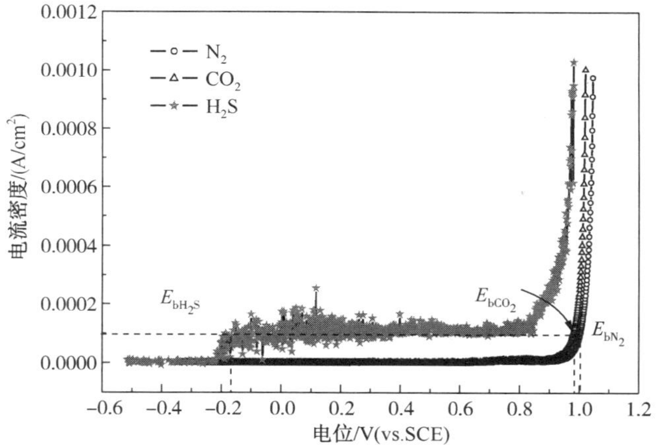

图 7-72 028 镍基合金在 H_2S、N_2、CO_2 气氛下的动电位扫描曲线

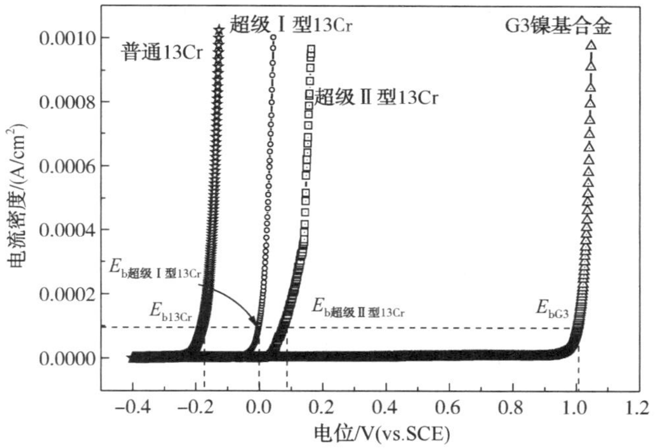

图 7-73 G3 镍基合金及马氏体不锈钢的动电位扫描曲线

表 7-32 固溶镍基合金管材(最大屈服强度为 1030MPa)的适用环境条件

温度/℃	H_2S 分压/MPa	单质 S
232	≤0.2	无
218	≤0.7	无
204	≤1.0	无
177	≤1.4	无
132	无限制	有

(2) 最大屈服强度为 1030MPa(成分要求不同)的固溶镍基合金管材

该类镍基合金管材的化学成分要求为 Cr≥19%、Ni+Co≥45%、Mo+W≥6%，其适用环境条件见表 7-33。

表 7-33 固溶镍基合金管材(成分要求与表 7-34 不同)的适用环境条件

温度/℃	H_2S 分压/MPa	单质 S
≤218	≤2.0	无
≤149	无限制	有

(3) 最大屈服强度为 1240MPa(180ksi 钢级)的固溶镍基合金管材

该类镍基合金管材的化学成分要求为 Cr≥14.5%，Ni+Co≥52%，Mo≥12%，其适用环境条件见表 7-34。

表 7-34 固溶镍基合金管材(最大屈服强度为 1240MPa)的适用环境条件

温度/℃	H_2S 分压/MPa	单质 S
≤232	≤7.0	有
≤204	无限制	有

7.6 钛合金管材

在苛刻腐蚀环境中适用的抗腐蚀管材材料可以涵盖碳钢和低合金钢、不锈钢、镍基合金和钛合金等。但普通马氏体不锈钢和超级马氏体不锈钢使用的温度极限分别为 150℃ 和 180℃，且其抗硫化物应力开裂(SSC)或应力腐蚀开裂(SCC)性能极差；双相不锈钢和镍基合金管材在高压高温 $CO_2+H_2S+Cl^-$ 环境中具有良好的抗均匀腐蚀、局部腐蚀和 SCC 能力，但 NACE MR 0175/ISO 15156 标准将镍基合金和双相不锈钢管材的最高使用温度限定在 232℃以内，并且由于双相不锈钢和镍基合金管材主要靠冷加工(轧制或拉拔)来提高强度，在高温条件下，其强度衰减较为严重，以上原因也就限制了马氏体不锈钢、双相不锈钢和镍基合金管材在 HPHT(High Presure and High Temperature)井的广泛应用。钛合金管材具有高的比强度和极强的 $CO_2+H_2S+Cl^-$ 腐蚀抗力，其主要通过热处理提高强度，具有各向同性，有益于连接设计，其重量约为高端镍基耐蚀合金的一半，仅产生镍基合金管柱一半的轴向拉伸载荷(降低了井口悬挂器的拉伸载荷)，在≥260℃ 的高温条件下，仍然具有很高的强度[见图 7-74，Ti-6246 钛合金管在 260℃ 的屈服强度在 760MPa(110ksi)以上，纵向(L)和横向(T)力学性能相近]，并且其杨式模量和热膨胀系数分别为镍基耐蚀合金的一半和三分之二，有益于不同井下工况钛合金油管在不超过其最低屈服强度条件下永久坐封。因此，国内外很多研究机构都在进行钛合金管材的开发(见图 7-75)，使得钛合金管材的研究和应用成为目前高压高温、超高压高温井选材和腐蚀控制最热门的课题。

7.6.1 成分设计

在 ISO 15156—3 标准列出的石油天然气工业常用耐蚀 Ti 合金的化学成分中，主要合金元素 Al 和 V 分别为 α 相和 β 相稳定元素，Sn 和 Zr 为中性合金元素，主要起到固溶强化、时效强化及沉淀强化作用；Mo 及微量铂族合金元素 Pd[≤0.08%(质量分数)]和 Ru[≤0.14%(质量分数)]的添加，主要是提高高强度钛合金的抗腐蚀能力，尤其是抗缝隙腐蚀的能力。相比于贵金属 Pd，高强度钛合金中加入合金元素 Ru，可降低材料的成本。同时，在

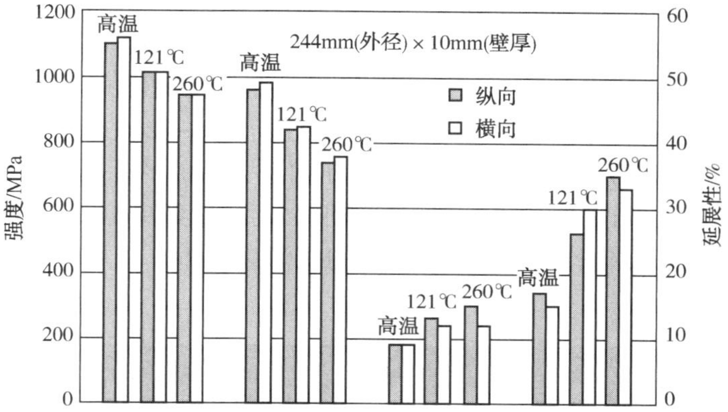

图 7-74 不同温度条件下 Ti-6246 钛合金管的纵向(L)和横向(T)力学性能

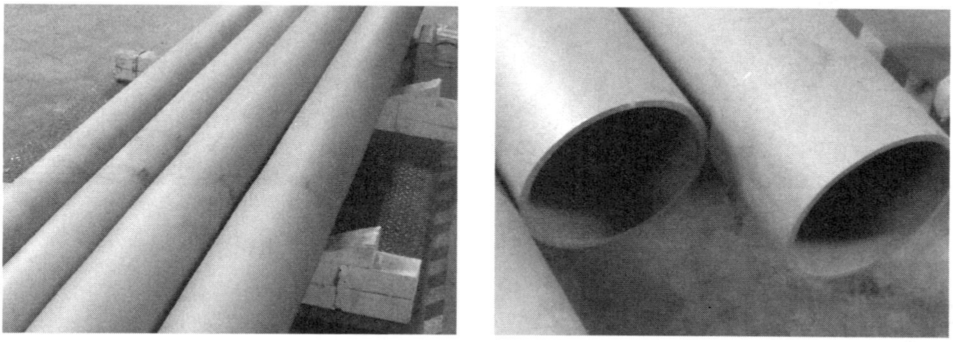

图 7-75 Ti-6246 合金油管(7⅝in)

耐蚀钛合金的成分设计上，尽量降低间隙原子合金元素的含量，见表 3-8。如降低 C、N，特别是 O 的含量，从而使耐蚀钛合金为超低间隙元素合金，从而提高了耐蚀钛合金的断裂韧性，尤其是低温条件下的断裂韧性。

7.6.2 组织及性能

一般来说，根据其微观组织，钛合金通常分为 α、α/β 和 β 钛合金，进一步可以细分为近 α 和近 β 钛合金。

1. α 钛合金

α 钛合金(如 Grade 2 钛合金)不能通过热处理来提高强度[其最高屈服强度不超过 689MPa(100ksi)]，主要靠添加 Al、Mo、V 及其他合金元素，起到固溶强化作用，获得近 α 钛合金，从而大幅度提高其屈服强度和抗拉强度[屈服强度可达 827MPa(120ksi)]。但是，由于 α 钛合金强度较低，主要应用于化学工业中，在 HPHT 井苛刻工况环境中的应用较少。

2. α/β 钛合金

图 7-76 为 α+β 相 Ti-6Al-4V 的金相显微组织。α/β 钛合金可以通过热处理来提高强度，在石油天然气工业上应用最为广泛，主要有 Ti-6Al-2Sn-4Zr-6Mo、Ti-6Al-4V 和 Ti-6Al-4V-Ru 等。研究表明，该类合金在热处理过程中，在 α+β 相区所处温度越高，在随后

的冷却过程中，β 相转变组织越多；除固溶强化作用，其强度可以在时效处理过程中，通过 β 相析出 α 相的沉淀强化作用进一步提高。Ti-6Al-2Sn-4Zr-6Mo（Ti-6246，UNS R56260）为高强度、富 β 相的 α/β 钛合金，在石油天然气工业中使用已有 20 多年，其成分设计中 Mo 元素的加入使该合金具有极其优越的抗腐蚀性能。在 Ti-6246 合金无缝管热穿孔过程中，由于动态再结晶（形变和再结晶同时进行），穿孔和退火后的产品具有 β 相转变的等轴状微观组织。经过双重退火，Ti-6246 合金管材的屈服强度可达到 965MPa（140ksi），但仍具有良好的塑性和足够高的断裂韧性，并且在 260℃ 的高温条件下，屈服强度在 760MPa（110ksi）以上。

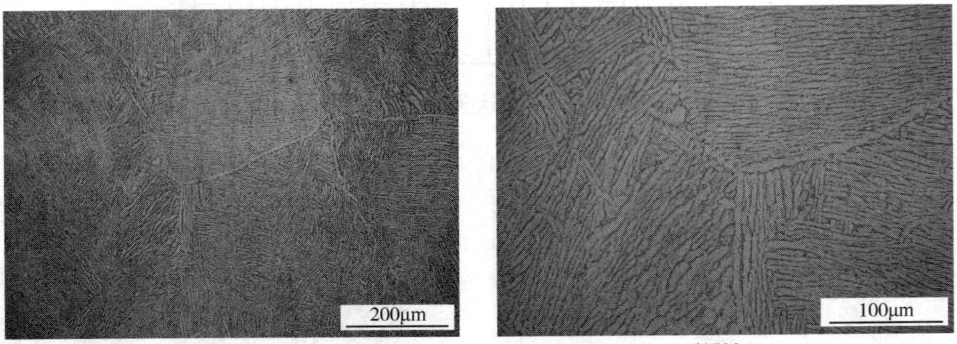

(a)200 ×　　(b)500 ×

图 7-76　α+β 相 Ti-6Al-4V 的金相显微组织

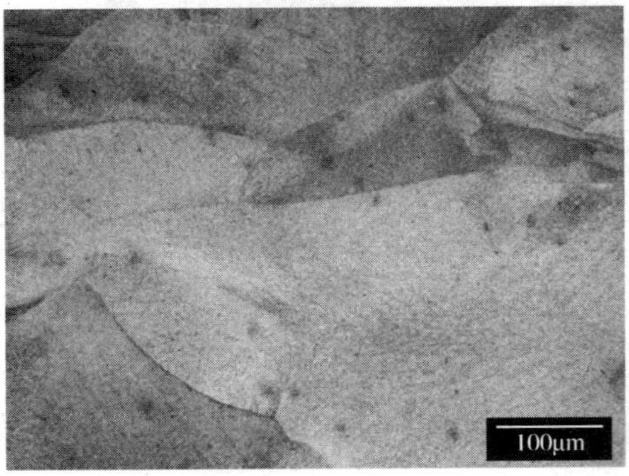

图 7-77　β-C 钛合金的显微组织

3. β 钛合金

最为常见的 β 钛合金实际上为亚稳态 β 钛合金，如 Ti-3Al-8V-6Cr-4Zr-4Mo（β-C，UNS R58640，显微组织见图 7-77）。同样可以通过热处理来提高强度（细小 α 相颗粒的沉淀析出强化）。该类钛合金从 β 转变温度以上空冷后仅含 β 相，但在随后的时效处理过程中，从 β 相沉淀析出细小的 α 相颗粒。β 钛合金的强度和塑性取决于 α 相的分布和颗粒大小，α 相越细小，强度越高。β 钛合金的最低屈服强度可达 1105～1242MPa（160～180ksi）。

7.6.3　抗腐蚀性能及适用环境

钛是一种活性非常高的金属，钛及钛合金良好的抗腐蚀能力源于其表面形成稳定、致密的氧化钛层（钝化膜）。从 Ti-H_2O 系的 E-pH 图上可以看出（见图 7-78）：在 23℃（室温）和 250℃ 条件下，生成 TiO_2（钝化）化学反应平衡线和 Ti 的免蚀区都要低于氢的氧化还原反应平衡线，在水溶液 Ti 立即发生钝化。Ti 在 23℃ 的活性溶解区（生成 Ti^{2+}）延伸到 pH＝8，但温度上升到 250℃，活性溶解区缩减到 pH≤4，也就是说，温度升高，Ti 的钝化区增大，发生活化腐蚀倾向性减小。但上述分析仅限制在纯水溶液中 Ti 发生腐蚀的热力学倾向，未考虑实际完井及生产工况条件下其他腐蚀因素的影响，如生产工况地层水中的 Cl^-、CO_2、H_2S

及单质 S 等，这些因素会影响 Ti 的不同氧化还原状态在 E-pH 图上所处的位置，促进 Ti 及 Ti 合金的腐蚀。

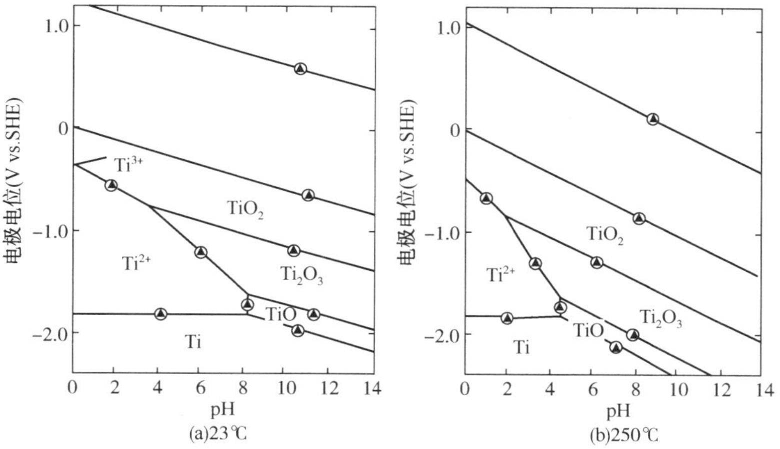

图 7-78 Ti-H_2O 系的 E-pH 图

1. 在完井液或环空保护液中的抗腐蚀性能

在 HPHT 井的完井过程中，为降低油管柱和套管柱之间的压差，减缓完井管柱的腐蚀，通常在环空（油管柱和套管柱之间的环形空间）注入高密度的完井液或环空保护液，其一般为卤化物完井液（如 $CaCl_2$、$CaBr_2$等）和有机盐完井液（如甲酸钠、甲酸铯等）。完井液与耐蚀合金管材之间的相容性一直是石油工业界较为关注的问题。近年来，国内外相继发生了许多超级 13Cr 和镍基合金管柱 SCC 失效事故，但关于钛合金在高压高温条件下与完井液相容性的试验研究还较少。

Kitayama 用四点弯曲试验研究了 Ti-3Al-2.5V-PdNi、Ti64PdNi、Ti64、Ti-6Al-2Sn-4Zr-6Mo-Pd 和 β-C 钛合金在 NaBr+NaCl 和 $CaCl_2$+$CaBr_2$完井液中的 SCC 抗力和缝隙腐蚀行为。所有钛合金未发生 SCC，仅 Ti64 和 β-C 钛合金发生轻微的缝隙腐蚀；合金元素 Pd、Ni、Mo 和 Ru 提高了钛合金在溴化物完井液中的抗点蚀能力，从而使其 SCC 敏感性降低；Ti-6Al-4V-Ru 在高密度的卤化物完井液中（1.198kg/L 的 NaCl、1.4376kg/L 的 $CaCl_2$、1.4975kg/L 的 NaBr 和 2.1564kg/L 的 $CaBr_2$溶液）的最高使用温度可达 260℃。Hargrave 研究了 931MPa（135ksi）钢级 Ti-6246 合金油管在 $CaBr_2$及 $ZnBr_2$完井液中的腐蚀行为，Ti-6246 在 260℃时的腐蚀速率仅分别为 0.015mm/a、0.008mm/a，并且未出现明显的点蚀及缝隙腐蚀迹象，在加载 90%实际屈服强度的应力条件下，也未出现任何开裂现象（C 环试验）。

如上所述，钛合金良好的耐蚀性源于其表面钝化膜在相应介质中的热力学稳定性。有资料表明，在沸腾的浓碱溶液中，如果向溶液通入 CO_2 气体，则钛会以很高的速度开始溶解。在超深超高压高温油气井的完井设计中，为降低油管柱和套管柱之间的压差，并兼顾考虑碳钢或低合金钢套管内壁的腐蚀控制，通常选用高密度、高 pH 值的完井液。在高含 CO_2 的井底高温高压环境条件下，完井液会对钛合金油管柱产生严重的腐蚀。图 7-79 为钛合金 TC4 与其他耐蚀合金管柱材质在 180℃高 pH 值（pH 值>11.0）完井液中的腐蚀速率对比分析（CO_2 分压为 1.3MPa）。可以看出，钛合金 TC4 在含 CO_2 的高温高 pH 值完井液中的腐蚀速率极大，高达0.4247mm/a，甚至高于超级13Cr马氏体不锈钢，并且局部腐蚀严重(见图7-80)。因此，在完井作业的完井液选择上，应兼顾考虑其与碳钢套管柱与钛合金油管柱的匹配性，否则会带来灾难性的油管柱失效事故。

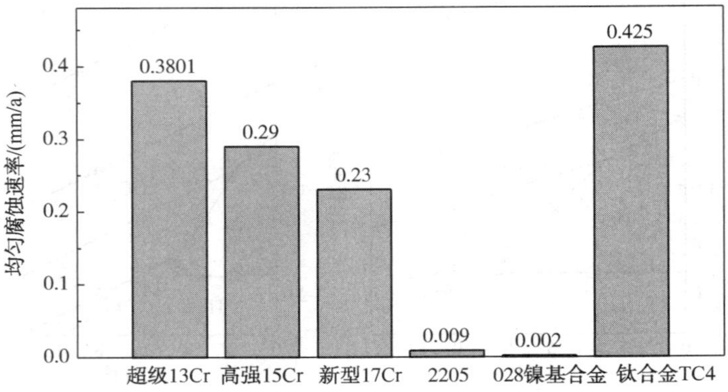

图7-79 钛合金TC4在180℃高pH值完井液中的腐蚀速率

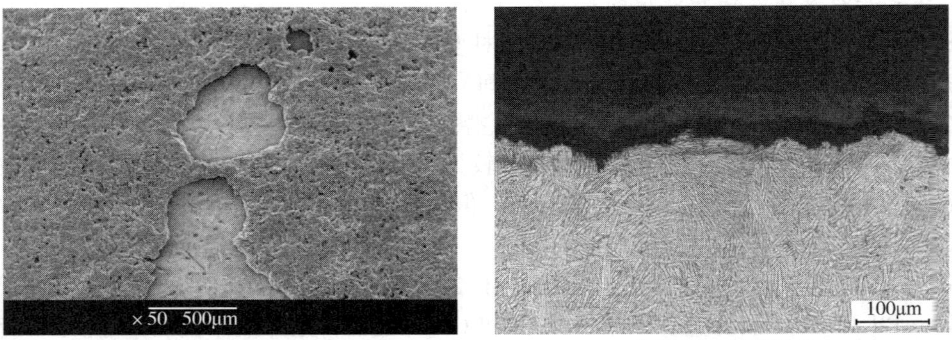

(a)表面微观腐蚀形貌　　(b)横截面微观腐蚀形貌

图7-80 钛合金TC4在180℃高pH值完井液中的微观腐蚀形貌

另一个值得关注问题是当钛合金油管接头或封隔器气密封不严，并且钛合金油管柱和钢质套管柱或其他井下组件接触时，H_2S进入油套环空中的完井液，电偶腐蚀效应造成钢质套管腐蚀加速，而钛合金油管作为阴极，表面发生强烈的析氢反应，大量活性氢原子在其表面聚集，导致钛合金油管发生氢脆现象，这与镍基合金管柱较为类似(镍基合金管柱通常会发生阴极析氢致脆性开裂)。钛合金的氢脆主要是由于氢原子进入金属晶格中，形成钛的氢化物，使钛合金韧性降低、脆性增大。

2. 在酸化液中的抗腐蚀性能

Klink研究了β-C钛合金在不同酸化液中的腐蚀行为(见表7-35)。结果表明，在HCl和HCl+HF体系中，相比于镍基合金，钛合金更容易发生腐蚀(在极低pH值条件下，钛合金可能处于活化状态)，并且存在较为严重的吸氢现象；然而在有机酸体系中，β-C钛合金的腐蚀较为轻微，在高达232℃温度条件下，未发生明显腐蚀和吸氢现象。当在HCl溶液中加入钼酸盐缓蚀剂(Na_2MoO_4)，β-C钛合金的腐蚀速率显著下降，并且未发生吸氢现象；但当10%HCl溶液温度超过204℃，15%HCl溶液温度超过177℃，尽管存在缓蚀剂的保护作用，β-C 钛合金也会发生 SCC。

表 7-35 β-C 钛合金不同酸化液中的腐蚀

酸液	温度/℃	均匀腐蚀速率/(mm/6h)	ΔH/ppm
12% HCl+3% HF	>25	>0.5	>500
15% HCl	>120	>0.35	>500
10% HCl	100	0.01	Nil
7.5% HCl	100	0.0015	Nil
10% Formic	232	0/72h	Nil
10% Acetic	232	0/72h	Nil
10% Acetic+10%NaCl	232	0/72h	Nil

Hargrave 研究了 931MPa(135ksi)钢级 Ti-6246 合金油管在 10% HCl、15% HCl+60g/L 钼酸盐缓蚀剂溶液中的腐蚀行为[12%H_2S，121℃(酸化处理过程中大批量前置液注入，降低了 HPHT 井井底管柱温度)]。结果表明，Ti-6246 合金的 6h 和 9h 鲜酸腐蚀壁厚减薄量在工业标准范围以内(0.0254mm)，而 16h 鲜酸腐蚀失重超过标准可接受的范围(0.24kg/m^2)。所有测试试样表面未出现局部腐蚀(现场鲜酸注入不能超过 9h)，模拟残酸返排腐蚀试验(H_2S 分压 9.9MPa；CO_2 分压 3.1MPa；Cl^-浓度为 75000mg/L；初始溶液 pH 值为 1.0)结果表明，Ti-6246 油管 C 环试样未发生开裂和点蚀，腐蚀速率为 0.061mm/a。

通常情况下，工业用纯钛(如 Grade 1 和 Grade 2)的抗腐蚀能力要优于含 α 相、β 相稳定化元素的高强度、可热处理钛合金，但含 Mo(β 相稳定化元素)的钛合金，如 β-C 钛合金的抗腐蚀性能要优于工业纯钛(Mo 元素可促进钛合金的钝化)。Kitayama 研究了合金元素 Mo、Pd 和 Ru 对钛合金抗 HCl 腐蚀的影响，上述贵金属元素提高了钛合金在酸化液中的腐蚀抗力。

3. 在生产工况条件下的抗腐蚀性能

在 HPHT 井完井后的生产工况条件下，井下管柱面临着高压高温产出水或地层水、凝析水的腐蚀，并且油气产出工况一般含有 H_2S 和 CO_2。大量的研究结果表明，钛合金在高 H_2S、CO_2 分压和高温(>200℃)深井条件下，具有很高的腐蚀抗力。图 7-81 为 CO_2 环境中(CO_2 分压为 5MPa)钛合金 TC4 的腐蚀速率随温度的变化关系及与其他耐蚀合金管柱材质的腐蚀速率对比分析。可以看出，钛合金在高温高含 CO_2 腐蚀条件下，均匀腐蚀速率极低，220℃仅为 0.0012mm/a，明显低于其他耐蚀合金管柱材质(尤其是马氏体不锈钢)，并且未出现局部腐蚀现象(见图 7-82)，具有极高的 CO_2 腐蚀抗力。

图 7-83 为钛合金 TC4 在 N_2、CO_2 和 H_2S 环境中的动电位扫描曲线(30℃)，可以看出，TC4 在 N_2气氛下的点蚀电位为 1.412V(vs. SCE)，而在 H_2S、CO_2 气氛下，在扫描电位范围以内，TC4 未发生点蚀，产生这种现象的原因在于 CO_2 和 H_2S 会电离出 H^+，随 H^+浓度的增大，阴极电流密度增大，阳极电流达到致钝电位从而发生钝化(钛合金的钝化能力极强)，TC4 在该条件下未发生点蚀。

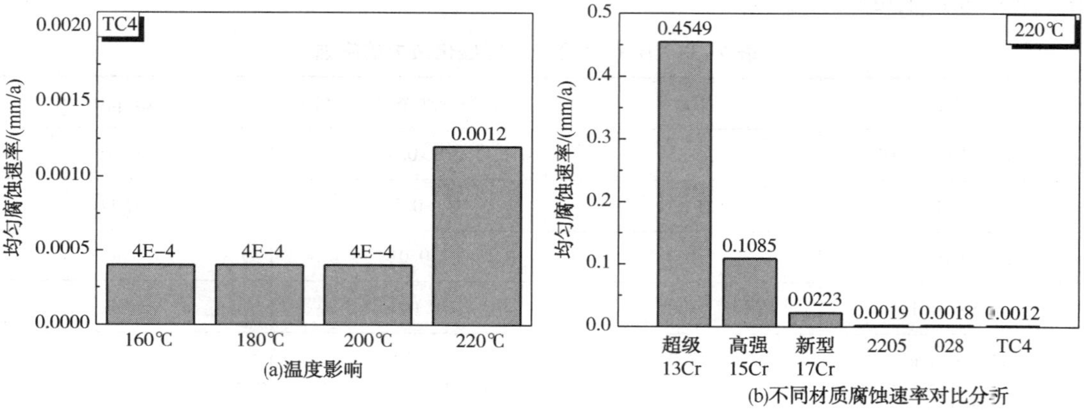

图 7-81　CO_2 环境中钛合金 TC4 的腐蚀速率

图 7-82　钛合金 TC4 在 CO_2 腐蚀微观形貌(220℃)

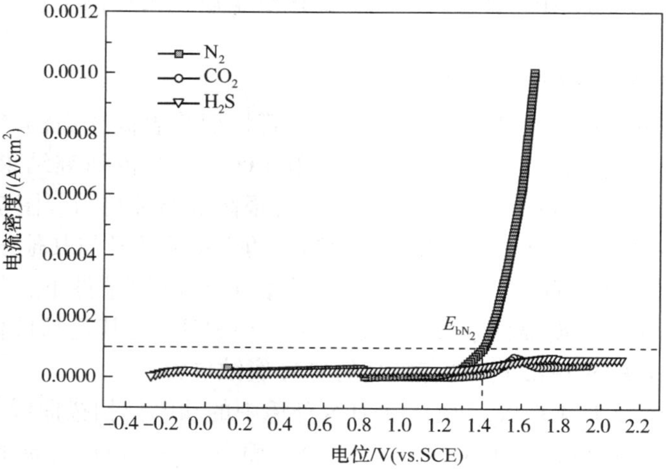

图 7-83　TC4 的动电位扫描曲线

Hargrave 系统研究了 Ti-6246 合金油管在模拟生产工况条件下的腐蚀行为(点蚀、缝隙腐蚀、电偶腐蚀和抗冲蚀性能)和腐蚀前后的力学性能变化。结果表明：模拟生产工况腐蚀条件下(H_2S 分压为 10.3MPa，CO_2 分压为 2.9MPa，25%的 NaCl 溶液)，Ti-6246 管体及接箍 C 环试样在 260℃[加载应力 90%AYS(实际屈服强度)，不含单质硫]和 204℃(加载应力 100%AYS，含 1g/L 单质硫)均未发生开裂，未出现明显的点蚀及缝隙腐蚀。在室温条件下，Ti6246-718 镍基合金、Ti6246-C276 镍基合金、Ti6246-2205 双相不锈钢、Ti6246-AISI C1018 碳钢电偶对中的 Ti6246 与镍基合金的腐蚀速率没有本质上的区别，双相不锈钢的腐蚀速率稍高(仅为 0.004mm/a)，相比之下，碳钢的腐蚀速率明显增大，为 0.356mm/a。在高温条件下(204℃)，不同电偶对的腐蚀趋势与室温一致，即耐蚀合金的腐蚀速率 ≤ 0.028mm/a，而碳钢高达 1.321mm/a。两种腐蚀条件下，所有耐蚀合金试样表面未出现点蚀和缝隙腐蚀。在气(含 CO_2)-液-固三相冲蚀过程中(气体流速为 27m/s，液体流速 0.06m/s)，Ti-6246 的冲蚀重量损失率几乎等于气-固两相冲蚀、气-液-固三相冲蚀(不含 CO_2)的重量损失率，未见 CO_2 腐蚀和砂粒冲击磨损(机械磨损)协同效应引起的冲蚀率显著升高的现象(这在马氏体不锈钢 CO_2 冲蚀磨损中常见)。在 204℃生产工况腐蚀条件下，经过 90d 的高压高温腐蚀，相比于未腐蚀的基体材料，Ti-6246 的氢含量未出现明显增大趋势，慢应变拉伸(SSRT)测试试样(应变速率为 4×10^{-6}/s)的失效时间、延伸率和断面收缩率没有明显下降，SEM 断面分析也未在测试标距部分发现环境开裂及二次裂纹形貌。

Craig 等人依据 NACE TM 0198、NACE TM 0177 及相关缝隙腐蚀试验标准，用慢应变拉伸(SSRT)、C 环和双臂梁(DCB)试验方法研究了 Ti-6246、Ti-Grade 2、Ti-Grade 7、Ti-Grade 12 和 Ti-β-C 在 H_2S 分压为 6.9 MPa、CO_2 分压为 3.4 MPa、20%NaCl 和单质硫为 1g/L 条件下的抗腐蚀性能。研究结果表明，从 177℃到 218℃，上述钛合金未发生点蚀和缝隙腐蚀。β-C 钛合金的 SCC 敏感性随温度升高而增强(SSRT 测试)，在 218℃尤为明显。所有钛合金的 C 环试样未发生开裂失效，但 β-C 钛合金的 DCB 试样发生 SCC，其临界应力强度因子 K_{ISCC} 在 36.3~37.4MPa · $m^{1/2}$ 范围以内，远小于空气中测得断裂韧性数值(>45MPa · $m^{1/2}$)。类似条件的附加试验表明，即使 β-C 钛合金的屈服强度高达 1054MPa，其 C 环试样在 218℃也未发生开裂和腐蚀。

为了改进 β-C 钛合金的抗缝隙腐蚀和 SCC 性能，Schutz 等人在其成分设计中加入了贵金属元素 Pd，在上述模拟实验条件下，其抗 SCC 适用温度可以提高到 260℃(高于 260℃，β-C(含 Pd)钛合金 SSR 试验的失效时间、延伸率和断面收缩率明显下降)。另外，有研究表明，Ti-6Al-4V、Ti6426 和 Ti-β Ⅲ 合金在 0.7~1.0MPa H_2S、1MPa CO_2 的 25% NaCl 溶液中，当温度超过 232℃，其 SCC 敏感性显著增强，而添加贵金属元素 Pd 和 Mo(或提高 Mo 含量)后，Ti-6Al-4V、Ti6426 和 Ti-β Ⅲ 合金的抗 SCC 适用温度可以从 232℃提高到 260℃，并且未发现明显缝隙腐蚀迹象。因此，贵金属元素 Pd 的加入，不仅提高了钛合金的抗 SCC 性能，也提高了其抗缝隙腐蚀性能。

近年来，为了降低钛合金管材的制造成本，在合金成分设计上以 Ru 代 Pd 来提高高强度 α/β 钛合金的抗腐蚀性能。研究结果表明，Ti-3Al-2.5V-Ru 和 Ti-6Al-4V-Ru 在直到 260℃的低 pH 值(2.5~3.0)酸性环境中(6.9MPa H_2S；3.4MPa CO_2；25% NaCl；1g/L S；0.5%醋酸)，仍然具有良好的抗缝隙腐蚀和 SCC 性能。另外，Schutz 研究了墨西哥湾海上 HPHT 油田 Ti-6Al-4V-Ru 立管管体及焊缝在热酸性含 Cl^- 盐水介质中的腐蚀疲劳行为。结果表明，尽管在频率低于 0.1Hz 的疲劳试验条件下，疲劳裂纹扩展率微弱增加，但加载频率(0.003~3.0Hz)及 H_2S、CO_2 对 Ti-6Al-4V-Ru 管体及焊缝的疲劳裂纹扩展率影响较小。

Ti-6Al-4V-Ru 良好的抗腐蚀疲劳性能源于其成分及冶金条件：其为超低间隙元素金属[最大氧含量为0.13%(质量分数)]，在含 Cl^- 水溶液中具有很高的断裂韧性，而0.11%(质量分数)贵金属 Ru 的加入使钝化膜在还原性介质中更加稳定，从而提高了其在高温含 Cl^- 介质中的抗 SCC 性能。在水溶液中，氧化钛的形成自由能要明显低于 Ti 的硫化物。因此，在钛合金表面优先形成 TiO_2($Ti+H_2O \rightarrow TiO_2+H_2$)。尽管 H_2S 及 CO_2 溶解在含 Cl^- 的盐水溶液中，使 pH 值降低，还原性增强，导致许多钛合金发生缝隙腐蚀、应力腐蚀及腐蚀疲劳的严重程度增强，但 Ti-6Al-4V-Ru 在 pH 值接近 2.5 的含 Cl^- 的还原性热盐溶液中(150℃)仍然具有高的抗腐蚀疲劳性能。

4. 适用环境

上述国内外的研究表明，钛合金由于具有良好的机械性能和抗腐蚀性能，已成为高压高温深井的首选管材。因此，ISO 15156—3(2011)标准认为钛合金不受 H_2S 分压和单质 S 的限制。但当温度高于 80℃，在含水的 H_2S 介质中，钛合金若与某些活泼金属(如碳钢)形成电偶就可能发生氢脆。另外，某些钛合金在氯化物环境中可能对缝隙腐蚀和/或 SSC 敏感，尽管没有研究表明钛合金的硬度与 SSC/SCC 敏感性有关，但标准还是对高强度钛合金的最大硬度作出了限制，即 UNS R54000 的最大硬度不超过 100HRB；UNS R56260 的最大硬度不超过 45HRC；UNS 53400 的最大硬度不超过 92HRB；UNS 56323 的最大硬度不超过 32HRC；UNS 56403 的最大硬度不超过 36HRC；UNS 56404 的最大硬度不超过 35HRC；UNS 58640 的最大硬度不超过 42HRC。因此，在钛合金管材实际应用过程中，应对选用的钛合金进行充分的适应性评价。

第8章 覆盖层保护

如果在金属材料及其制品表面采用高抗腐蚀性的材料形成覆盖层，即表面防护层（Protective Coatings），可以使金属表面与外界的腐蚀介质隔开，从而阻止金属与环境发生作用，达到保护金属免于腐蚀的功效，同时还能取得装饰性的外观。表面防护是防止或减轻基体金属腐蚀应用最普遍的方法，按防护层材料的类型可划分为两类，金属镀层和非金属涂层。

金属镀层是将耐蚀性能的金属锌、铝、铬、硅等渗入或电镀到钢制品表层，在其表层或表面形成高抗腐蚀性的金属层或合金层。金属表面镀层按制备方法有扩散渗镀、喷镀、电镀、热浸镀层、金属包覆、真空镀膜、气相沉积和阴极溅射等。近年来离子注入和激光非晶态表面处理等新技术也在迅速发展。

非金属涂层是采用高抗腐蚀性的非金属材料在金属表面形成一层非金属覆盖层，常用于提高制品的耐蚀性和装饰性。非金属涂层可划分为有机涂层和无机涂层两类。有机涂层有涂料（包括油漆）、塑料、橡胶等。无机涂层有搪瓷、玻璃等。

化学转化膜也是非金属涂层的一种，方法是把工件放入特定的化学溶液中通过电解或浸渍处理，使工件的金属表面产生一种膜层。化学转化膜的主要类型有磷酸盐膜、铬酸盐膜、氧化物膜和阳极氧化膜。

在覆盖层防腐措施中，迄今仍以有机涂层为最有效、最经济和应用最广泛的防腐蚀方法。通常将以防腐蚀为主要功能的涂料称为防腐蚀涂料。相对常规防腐涂料而言，能在相对苛刻腐蚀环境里应用，并能达到比常规防腐涂料更长保护期的一类防腐涂料称为重防腐涂料。防腐蚀涂料涂敷在金属表面，待涂料中的成膜物质固化后，在金属表面形成涂层。在许多场合往往使用多层有机涂层，以组成一个整体的涂层系统发挥防腐蚀的功效，包括底漆、中间层和面漆。也有些涂层不是复层系统，而仅仅是单层，如粉末涂料。本章介绍有机涂层及其涂装技术。

8.1 涂料系统

8.1.1 防腐涂料的组成

日常生活中所使用的油漆就是涂料的一种。涂料指涂布于物体表面在一定的条件下能形成薄膜而起保护、装饰或其他特殊功能（绝缘、防锈、防霉、耐热等）的一类液体（或固体）材料。因早期的涂料大多以植物油为主要原料，故又称作油漆。现在合成树脂已大部分或全部取代了植物油，故称为涂料。所以，涂料是复杂的多组分化学混合体。

涂料的性能和防腐蚀保护作用的发挥是各组分间相互作用的最终结果。涂料要经过施工在物件表面而形成涂膜，因而涂料的组成中还包含了为完成施工过程和有助干燥成摸过程所需要的组分。

虽然涂料品种繁多，性能各异，但归纳起来涂料主要由四大组成部分，即成膜物质、颜料和固体填料、溶剂和分散介质以及助剂，各组分主要作用列于表 8-1 中。

表 8-1　涂料的基本组成及作用

基本组成	典型品种	主要作用
成膜物质	合成高分子、天然树脂、植物油脂、无机硅酸盐、磷峻盐等	是涂料的基础，黏接其他组分，牢固附着于被涂物表面，形成连续固体涂膜，决定涂料及涂膜的基本特征
颜料及固体填料	钛粉、滑石粉、铁红、锌黄、铝粉、云母等	具有着色、遮盖、装饰作用，并能改善涂膜性能(如防锈、抗渗、耐热、导电、耐磨等)，降低成本
溶剂及分散介质	挥发性有机溶剂(如酯，酮类)、水	使涂料分散成黏稠液体，调节涂料的流动性、干燥性和施工性，本身不能成膜，在成膜过程中挥发掉
助剂	固化剂、增塑剂、催干剂、流平剂等	本身不能单独成膜，但改善涂料在制造、贮存、施上、使用过程中的性能

注：不含有固体颜料、填料的涂层呈透明状，称为清漆。

8.1.2　成膜物质

成膜物质是组成涂料的基础，它具有黏接涂料中其他组分形成涂膜的功能，对涂料和涂膜的性质起决定性作用。防腐蚀涂料对成膜物的基本要求为：(1)黏合性强，包括与基材及填料，这是涂料能发挥基本保护性能的前提；(2)成膜固化性能要与涂装工艺相配套；(3)对腐蚀介质稳定，结构致密，抗渗透性强；(4)具有一定的溶解、分散性能，以满足涂装工艺对流变性能的要求。

涂料的成膜物质通常是液体，也可以是固体，如粉末涂料。本节讨论的是液体涂料。

可以作为涂料成膜物质使用的物质品种很多，原始涂料的成膜物质是油脂，主要是植物油，到现在仍在应用，如大漆类防腐蚀涂料。植物油在常温常压下一般为液态，称为油，而动物脂肪在常温常压下为固态，称为脂，二者合称为油脂。油脂均为混合物，无固定的熔、沸点。油脂主要由脂肪酸(Fatty acid)组成，是一类长链的羧酸，在一端含有一个羧基(—COOH)的长脂肪族碳氢链，直链饱和脂肪酸的通式是 C(n)H($2n$+1)COOH。现在，合成树脂(Resin)作为涂料成膜物质应用广泛。

树脂是一类以无定形状态存在的高分子有机物，由许多相同的、简单的结构单元通过共价键重复连接而成的高分子(可达 $10 \sim 10^6$)化合物，通常指未经过加工的高分子聚合物。按树脂来源可分为天然树脂和合成树脂。对人工合成树脂，按合成方法可分为加聚物和缩聚物。加聚物是指由加成聚合反应制得的聚合物，其链节结构的化学式与单体的分子式相同，如聚乙烯、聚苯乙烯、聚四氟乙烯等。缩聚物是指由缩合聚合反应制得的聚合物，其结构单元的化学式与单体的分子式不同，如酚醛树脂、聚酯树脂、聚酰胺树脂等。树脂按性质可分为热塑性树脂和热固性树脂。热塑性树脂加热后软化、溶化，冷却后固化，再加热再软化，如聚丙烯、聚碳酸酯、尼龙、聚醚醚酮、聚醚砜等。热固性树脂加热后产生化学变化，逐渐硬化成型，再受热也不软化，也不能溶解，如酚醛、环氧、氨基、不饱和聚酯以及硅醚树脂等。

涂料的基本特征是由成膜树脂所决定的，而成膜树脂的固有特性则是它的结构链节所决定的。因此，影响防腐蚀涂料性能的主要因素可归结到成膜树脂的结构。例如，含亚甲基键节的烃系树脂(聚乙烯树脂、聚丙烯树脂等)具有较好的耐化学药品性、耐水性、耐腐蚀性；含酯键链节的树脂易发生皂化反应，故其耐化学腐蚀性较差；含醚键链节的环氧树脂、酚醛树脂等则具有很好的耐腐蚀性能；含酰胺基链节的聚酰胺树脂、尼龙等，也具有较好的耐腐蚀性能；含有机硅链节的有机硅树脂、硅醇树脂则具有很好的耐湿性；含氨基甲酸酯链节的聚氨酯树脂也具有极好的耐腐蚀性能。但值得注意的是，每种树脂都含有多种结构和化学基团，而且各结构和化学基团之间相互影响，同时所遇到的腐蚀介质和所处的腐蚀环境不同，因此在分析成膜树脂结构对防腐蚀涂料性能的影响时，一定要具体分析，这样才能取得预期的效果。

环氧树脂是常用的成膜物质，其固化后的产物具有一系列独特的性能，突出的黏结力，高的机械性能，耐霉性和热稳定性，在涂料上得到广泛的应用，但脆性大，不耐日光。环氧树脂是指在结构上含有两个或两个以上的环氧基的树脂，环氧基的分子结构见图 8-1。

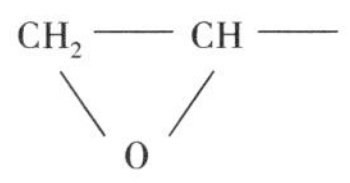

图 8-1 环氧基的分子结构

环氧树脂品种很多，分为五大类，包括缩水甘油醚类、缩水甘油酯类、缩水甘油胺类、线性脂肪族类、脂环族类。在脂环族类环氧树脂，以双酚 A 型环氧树脂应用最广泛，占环氧树脂生产量的 90%。

双酚 A 型环氧树脂的分子结构是线性结构见图 8-2。在聚合物分子量的两端是环氧基，在聚合物大分子链中含有大量的芳香环及仲羟基(—C—OH)。环氧树脂中有两个活性的官能团，环氧基和仲羟基，赋予聚合物的黏结性，并与固化剂反应实现固化，通过仲羟基可对树脂进行改性。芳香环赋予聚合物耐热性和刚性。

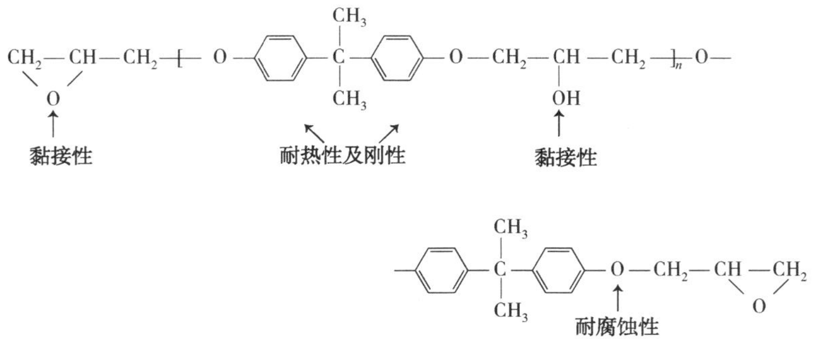

图 8-2 未固化双酚 A 型环氧树脂的分子结构

环氧树脂作为成膜物质形成涂层，必须通过固化反应来实现。环氧树脂的固化剂有许多种，可获得不同性质的涂层。例如：(1)脂肪胺及改性脂肪胺，能在室温固化，黏度低；(2)多元胺，能在室温固化，毒性低；(3)酚醛/胺，能迅速固化；(4)双氰胺，环氧粉末涂料固化剂。

8.1.3 颜料

颜(填)料，简称颜料，是加入到涂料中的微细固体物质，是色漆的重要组成部分，但不能单独成膜，也称为次要成膜物质。在涂料生产过程中，通过搅拌、研磨、高速分散等加工过程，使颜料均匀分散在成膜物质及其溶液中，形成色漆。在形成涂膜之后，颜料均匀分散在涂膜中，涂膜的实质是颜料和成膜高聚物的固-固分散复合体。

颜料在涂料中可以显现颜色，赋予涂膜以遮盖力。同时还对涂料的流变性、保护性能、耐候性、耐化学品性、耐热性、机械性能等有影响，还关系到涂料成本的降低。加入功能性颜料，还可赋予涂层某些特定功能，如导电、阻燃等性能。

颜料的品种很多，各具有不同的性能和作用。按在涂料中的用途可分为着色颜料、体积颜料和功能性颜料。

着色颜料的功能是赋予涂料所需要的颜色，常见的有钛白粉，铬黄等。钛白粉学名为二氧化钛(TiO_2)，属于惰性颜料，被认为是性能最好的一种白色颜料。铬黄($PbCrO_4$)，不溶于水和油，易溶于无机酸和强碱溶液，与硫化氢发生反应，有一定的毒性。

体积颜料常用来调节涂料的颜料体积浓度(PVC)，以增强诸如漆膜的机械强度、附着力，调节抗水、气、腐蚀介质的渗透性和光泽等。常用的体积颜料有碳酸钙、滑石粉[主要成分是二氧化硅和氧化镁 $Mg_3(Si_4O_{10})(OH)_2$]等。体积颜料一般价格低廉，在涂料配方中着色颜料用量决定后，剩余的 PVC 量就以体积颜料充填，故也把体积颜料称为填充料。

功能颜料是具有特征功能的颜料，如防锈蚀颜料、防污颜料、阻燃颜料、导电颜料等。功能颜料价格高昂，故其用量以满足功能要求为度。

纳米填料是近年来发展出来的一种新型填料。由于其独特的物理和化学特性，为提高涂料的性能和涂料工业的发展提供了新的途径。将纳米粒子用于涂料中所得到的一类具有抗辐射、耐老化和剥离强度高或具有某些特殊功能的涂料称为纳米复合涂料。

防锈蚀颜料可分为铅系、铬酸盐系、锌粉及无毒颜料四类。它们是经过与漆膜基料的反应，或与金属底材的化学与电化学反应而具有防蚀功能，用以制造底漆。

铅系防锈颜料有红丹(Pb_3O_4)、次氧化铅(Pb_2O)、氰胺化铅($PbCNO_2$)等。铅系颜料能与基料，如亚麻油，反应生成各种铅皂而起缓蚀作用，其中应用最早、最多的是红丹。

铬酸盐颜料有碱式铬酸锌，又名锌黄($4ZnO \cdot K_2O \cdot 4CrO_3 \cdot 3H_2O$)、铬酸锶($SrCrO_4$)等。锌黄的防蚀功效主要来自其铬酸根离子能引起阳极钝化，另外锌黄中溶解的锌离子沉积在阴极区使阴极钝化，也起到防蚀作用。

锌粉作为颜料制成的涂料通常称为富锌底漆。干膜中锌粉的重量在70%以上。在漆膜中，锌粉互相接触并与钢材接触，形成导电回路。在腐蚀溶液中，漆膜中的锌粉与钢材组成腐蚀电池，锌粉发生阳极反应，则钢材作为阴极受到了保护。

无毒颜料有磷酸锌[$Zn_3(PO_4)_2 \cdot 2H_2O$]、磷酸铝[$Zn_3(PO_4)_2$]、钼酸锌[$Zn_3(PO_4)_2$]等。在腐蚀介质中，磷酸锌微溶解可引起阳极极化和阴极极化，具有很好的防蚀效果。

颜料一般是粉状，即微细固体物质。为了提高涂料防腐蚀效果，在防腐蚀领域也使用片状颜料。片状颜料是加入颜料的形状为片状且尺寸比较大的固体。片状颜料因切断漆膜中的毛细孔，能屏蔽水、氧、离子等透过涂层，结果提高了涂层的防蚀能力。在漆膜中加入18μm 的片状铝粉，可显著降低水汽的透过率见表 8-2。在三聚氰胺/醇酸烤漆中加入 18μm 的片状铝粉，当加入的铝粉到 15% PVC 体积浓度时，水汽透过率减少了 5 倍，如图 8-3 所示。

除了铝粉外，常见的片状颜料还有玻璃鳞片、不锈钢鳞片、云母氧化铁(主要成分 Fe_2O_3)。

表 8-2 清漆膜与含铝粉漆膜水汽透过率

成膜物质	颜料	涂层道数	透过率/[g/(cm^2·a)]
醇酸树脂	无	3	1.100
酚醛树脂	无	3	0.957
醇酸树脂	铝粉	3	0.266
酚醛树脂	铝粉	3	0.255

8.1.4 溶剂和分散介质

溶剂、分散介质是不包括无溶剂涂料在内的各种液态涂料中所含有的重要组分，也称为辅助成膜物质。它使成膜基料溶解(分散)而形成为液态涂料，使涂料具有适当的黏度，以满足施工工艺对涂料黏稠度的要求。

溶剂、分散介质是挥发性有机溶剂(如酯、酮类)或水，在成膜过程中要完全挥发掉。这就要求它们不仅对成膜物质有较好的溶解性(分散性)和化学稳定性，还要挥发性大、毒性小、成本低。

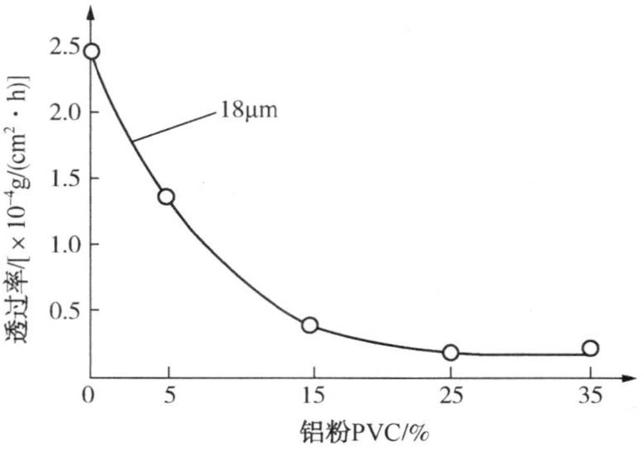

图 8-3 三聚氰胺/醇酸烤漆中铝粉含量与透过率的关系

溶剂的挥发速度影响涂膜干燥时间及质量，并要与转化型成膜物质的固化交联过程相匹配，否则易带来涂膜发白、流挂、针孔等严重影响保护作用的涂膜弊病，因此要选择适中。

常用的溶剂品种有石油溶剂、煤焦溶剂、酯类溶剂、酮类溶剂、醇类溶剂以及其他溶剂。值得注意的是，有机溶剂的挥发会造成资源的浪费及环境污染，因而促进涂料向低污染型方向发展。现已开发出不含有机溶剂的固体粉末涂料、液态无溶剂涂料以及低污染的水分散性(或水溶性)涂料。其中，粉末涂料、无溶剂涂料在重防腐蚀工程中发挥着重要作用。

现在已有三种溶剂被美国环保署(EPA)认可为豁免溶剂(Exempt Solvent)，它们是丙酮、对氯三氟化甲基苯、二聚环戊二烯与亚麻仁油的共聚物，可用来代替一些现用溶剂。

8.1.5 助剂

助剂在涂料中含量很少，但起到显著的作用，也称为涂料的辅助成膜物质。它是现代涂料生产技术的重要组成部分。虽然助剂本身不能单独成膜，但在涂料制造、贮存、施工和使用过程中，显出了愈来愈重要的作用。往往某种助剂的添加量只占涂料总量的1%或更少，但却能大大改善涂料的某种性能。因此，合理添加具有特殊功用的助剂，对于提高涂料和涂装的整体效果十分重要。

不同种类的涂料需要使用不同类型的助剂。即使同一种类的涂料由于其使用的目的性能要求不同，而需要使用不同种类的助剂。总之，助剂的使用是根据涂料和涂膜的不同要求而决定的。总的来看，助剂分为四个类型：

(1) 对涂料的生产过程发生作用，如消泡剂、润滑剂、分散剂、乳化剂等；

(2) 对涂料施工成膜过程发生作用，如催干剂、固化剂、流平剂等；

（3）对涂料贮存过程发生作用，如防结皮剂、防沉淀剂；

（4）对涂膜性能发生作用，如增塑剂、防霉剂、阻燃剂、防静电剂、紫外光吸收剂等。

8.1.6 防腐蚀涂料种类

防腐蚀涂料种类繁多，从不同角度出发，可分为不同的种类。

（1）保护作用

从涂料对材料的保护作用出发，防腐蚀涂料可分为防锈涂料和防腐涂料。

防锈涂料指可保护金属表面免受大气、海水等的化学或电化学腐蚀的涂料，又可分为物理性和化学性防锈漆两大类。前者靠颜料和漆料的适当配合，形成致密的漆膜以阻止腐蚀性物质的侵入，如铁红、铝粉、石墨防锈漆等；后者靠防锈颜料的化学抑锈作用，如红丹、锌黄防锈漆等。防锈涂料主要用于桥梁、船舶、管道等金属的防锈。

防腐涂料指防止材料受化学介质或腐蚀性介质腐蚀的一类涂料，一般分为常规防腐涂料和重防腐涂料，是油漆涂料中必不可少的一种涂料。重防腐涂料是比常规防腐涂料具有更长保护期的一类防腐涂料。防腐涂料主要用于环境腐蚀性严重工业领域，如埋地管道、储油罐的内壁、石油分离器等。

（2）保护效果

从涂料对材料的保护效果出发，防腐涂料可划分为一般防腐蚀涂料和重防腐涂料。一般防腐涂料是在一般条件下，对金属等起到防腐蚀的作用，保护金属延长使用寿命，涂膜较薄（一般厚度 0.1～0.15mm）。重防腐涂料是指相对常规防腐涂料而言，能在相对苛刻腐蚀环境里应用，并具有能达到比常规防腐涂料更长保护期的一类防腐涂料，如化工大气、海洋环境中保护年限 $t \geq 10 \sim 15$ 年；酸、碱、溶剂介质中 $t \geq 5$ 年。

（3）腐蚀环境

从腐蚀环境出发，分为海洋防腐蚀涂料、大气防腐蚀涂料、地下防腐蚀涂料。

海洋防腐蚀涂料应用与海洋环境，防止海水环境和海洋性大气对金属构件的腐蚀，包括船舶漆、采油平台、港湾设施及海上大桥漆等，其中船舶漆用量最大，历史悠久。

大气防腐蚀涂料应用于大气环境，防止各种大气环境对金属构件、制品的腐蚀，防锈涂料就是大气防腐蚀涂料的一种。

地下防腐蚀涂料应用于地下工程结构或地下设施，防止土壤环境或地下水环境对金属材料的腐蚀。

（4）应用功能性

从涂料应用功能性出发，可分为耐热防腐蚀、耐磨防腐蚀、抗静电防腐蚀涂料。

（5）保护对象

从涂层保护对象出发，可分为管道防腐蚀、船舶防腐蚀、化工设备防腐蚀涂料等。

（6）涂料形态

从涂料形态出发，可分为无溶剂、水性、粉末、溶剂型防腐蚀涂料等。

（7）成膜物类别

从成膜物质类别出发，可将涂料分为有机防腐蚀涂料（热塑性、热固性）和无机防腐蚀涂料。

8.1.7 典型防腐蚀涂料

（1）防腐涂料的特性

防腐涂料能在苛刻条件下使用，并具有长效防腐寿命，重防腐涂料在化工、大气和海洋环境里，一般可使用10年或15年以上，即使在酸、碱、盐和溶剂介质里，并在一定温度条件下，也能使用5年以上。

厚膜化是重防腐涂料的重要标志。一般防腐涂料的涂层干膜厚度为100μm或150μm左右，而重防腐涂料干膜厚度则在200μm或300μm以上，还有500～1000μm，甚至高达2000μm。

附着力强，涂层与基体结合力强。涂料组成物中含有羟基(—OH)，金属基体提供正离子，能形成化学键结合，在涂料中的偶联剂帮助下，甚至实现共价链的结合。在空间网状结构维系下，涂料组合物中含有的金属、金属氧化物纳米材料和稀土氧化物超微粉体，帮助涂层形成一个致密的界面过渡层，使其综合热力学性质与基体相匹配。

使用高效方便，施工简便。当环境温度为20℃、相对湿度小于85%时，表干15min，实干2h，可保证高效率施工，可实现涂层优异的抗盐雾、耐老化性能。涂层具有自我修补性，当外力造成局部划痕时仍可使金属受到保护。涂层不受切割及焊接的影响而产生损伤，带涂层焊接时不影响焊接质量。无机聚合物防腐涂料既可单独使用，也可作为防腐底层涂层与有机漆配套使用。单层的无机聚合物防腐涂料作为底漆时可与环氧系、丙烯酸系、聚氨酯系、氯化橡胶系、沥青系等面漆配套使用，附着力强。

防腐蚀涂料的品种很多，主要有环氧树脂防腐蚀涂料、聚氨酯防腐蚀涂料、橡胶树脂防腐蚀涂料、乙烯树脂防腐蚀涂料、酚醛树脂防腐蚀涂料、呋喃树脂防腐蚀涂料等，其中环氧树脂防腐蚀涂料是防腐蚀涂料中应用最为广泛、数量最多的防腐涂料品种。

（2）环氧树脂防腐蚀涂料

环氧树脂具有突出的黏结力、低收缩率、良好的耐蚀性和抗渗性，在涂料制备中得到广泛应用。把用环氧树脂作为成膜物质制备的一系列起防腐功效的涂料称为环氧树脂防腐蚀涂料。但是，环氧树脂防腐蚀涂料耐候性较差、不抗紫外线、易粉化，不适用于大气防腐的面涂料。

用于涂料的环氧树脂有两类：一类是由双酚A和环氧氯丙烷缩聚而成的双酚A环氧树脂，另一类是以苯酚-甲醛缩聚而得的低分子量酚醛再与环氧氯丙烷缩聚而成的酚醛环氧树脂。

环氧树脂按分子量高低可分为液态或固态。液态环氧树脂易溶于芳烃，固态环氧树脂需用芳烃和极性溶剂如醇、酯、醚脂或酮的混合溶液溶解。环氧树脂分子结构中含有强极性的羟基和难水解的醚键，故使涂层对基体附着牢固且耐腐蚀，又因分子链中兼有刚性的芳核又有柔性的烃链，故使涂层强韧而耐磨，但也由于极性基团多而亲水性大，应在制涂料配方中注意弥补。

酚醛环氧树脂比双酚环氧树脂的官能度高、芳核密度大，使涂层的耐热性和耐溶剂性提高，且黏度低、反应性高，可制高固体或无溶剂涂料，能在低温高湿下固化。

环氧树脂防腐蚀涂料往往是双组分涂料，在施工时需要加入固化剂，常用的固化剂为胺加成物或聚酰胺树脂等，如胺类、多异氰酸酯、酚醛和氨基树脂。

沥青作为防腐蚀涂料的重要原料，可制成沥青涂料，应用于储罐罐底的保护。在煤焦油沥青(石油蒸馏提取后的残留物)中加入环氧树脂，可制成环氧煤沥青涂料，在防腐蚀领域获得非常满意的效果，兼具有沥青涂料和环氧涂料的优点。当环氧树脂与煤沥青的比例为1：1时耐腐蚀性最好，通常涂料组分中环氧树脂的比例要达到25%~30%。

以环氧树脂作为成膜物质，加入锌粉制成环氧富锌底漆，在造船工业中常作车间底漆，适用于海洋、工业生产中严重的腐蚀环境，尤其是适用于各种储罐内表面的涂装。

以环氧树脂作为成膜物质，云母氧化铁作为填料制成环氧云母氧化铁涂料，分底漆和中涂漆，是目前各工业部门应用较广泛的重防腐涂料。

环氧涂料中除了大尺寸的鳞片填料外，近年来也采用超细颗粒或纳米尺寸的填料。通常超细颗粒泛指粒度在0.001~1μm的微细固体，是粒度介于微观粒子与宏观微粒之间的新材料。由于粒度的超细量变而引起物理化学性质的变化。涂料，特别是某些高档涂料中，颜填料粒子的粒度大小和分散性好坏是影响涂料质量的重要因素，颜填料粒子超细化分散后，能够赋予涂料优良的性能以及某些特殊功能。例如，含钛白粉(TiO_2)的涂料，在固含量相同的条件下，加有超细钛白粉的乳胶漆，其遮盖力提高，吸水率也明显降低。

常用的环氧防腐涂料的品种为胺固化环氧防腐蚀涂料、聚酰胺固化环氧防腐蚀涂料、环氧沥青防腐蚀涂料、无溶剂环氧防腐蚀涂料和环氧酚醛防腐蚀涂料等。具体配方可查阅相关资料。

(3) 聚氨酯防腐蚀涂料

聚氨酯全称为聚氨基甲酸酯，是指分子结构中含有氨基甲酸酯基团(NHCOO)的高聚物。氨基甲酸酯键由异氰酸基和羟基反应形成，—NCO+—OH→—NHCOO—，分子式为$(C_{10}H_8N_2O_2 \cdot C_6H_{14}O_3)_x$。聚氨酯大分子中除了氨基甲酸酯外，还可含有醚、酯、尿、缩二脲、脲基甲酸酯等基团。

聚氨酯除广泛用作泡沫塑料外，也作为防腐蚀涂料的原料。以氯磺化聚乙烯橡胶作主要改性剂，通过加入特种添加剂、优质颜填料、助剂等，经先进工艺制备而成双组分重防腐涂料。适用于钢结构设施、煤气管道、化工设施、油罐贮槽、桥梁、码头、机柜等的防腐涂装。

聚氨酯涂料品种多样，可适合多种用途。双组分、室温固化的羟基型聚氨酯涂料是聚氨酯防腐涂料的主要品种。聚氨酯涂料具有突出的耐候性和耐油性，具有可调节的优良综合性能，既可形成刚性，也可形成弹性的涂料，还有优良的韧性、耐磨性及低温固化性等性能。聚氨酯涂料配方有广泛的适应性，既可与各种树脂、添加剂复配，改善性能，又有利于配制各种环保型涂料。由于涂料中的异氰酸酯基(—NCO)组分的易挥发性和易反应性，在涂料的加工、运输、贮存和施工中应充分注意。

常用的聚氨酯防腐蚀涂料的品种为聚酯固化型聚氨酯涂料、聚醚固化型聚氨酯涂料、丙烯酸固化型聚氨酯涂料、环氧固化型聚氨酯涂料、单组分潮气固化型聚氨酯涂料、聚氨酯沥青防腐涂料等，具体配方可查阅相关资料。

(4) 聚脲涂料

聚脲是由异氰酸酯组分(简称A组分，R—NCO)与氨基化合物组分(简称R组分，$R'—NH_2$)反应生成的一种弹性体物质，即$R—NCO+R'—NH_2 \rightarrow RNHCONHR'$。异氰酸酯既可以是芳香族的，也可以是脂肪族的，其中的A组分可以是单体、聚合体、异氰酸酯的衍生物、预聚物和半预聚物。预聚物和半预聚物是由端氨基或者端羟基化合物与异氰酸酯反应制得，其中的 R 组分必须是由端氨基树脂和端氨基扩链剂组成，在端氨基树脂中，不得含有任何羟基成分和催化剂，但可以含有便于颜料分散的助剂。

喷涂的聚脲弹性体涂层的主要性能特点如下：

(1) 不含催化剂，可以实现所需要的快速固化时间；可在任意曲面、斜面及垂直面上喷涂成型，不产生流挂现象，可在 5s 左右达到凝胶(一般在 30~50s 左右)，1min 即可达到步行强度，对水分和湿气不敏感，施工时不受环境温度、湿度的影响，可以在潮湿环境和界面上固化而不影响其性能，在 0℃左右施工不影响其实用性。

(2) 100%的高固含量，无任何溶剂和影响强度的助剂，无污染，对环境影响小，是真正的不含有机挥发物(Volatile Organic Content)的绿色产品。

(3) 具有非常优异的柔韧性、耐磨性、高黏接性能及本体拉伸强度等物理力学性能。对钢材、铝、混凝土、沥青等底材有着非常良好的黏接强度，自身的耐老化性能也十分突出。

(4) 优良的耐高、低温性能，在-25~150℃温度范围内能具有良好的热稳定性能，可以长期使用。

(5) 可以根据配方调节，得到从软橡胶到硬质弹性体的不同性能的材料。

(6) 可以加入各种颜料制成不同颜色制品；可掺入其他填料如短玻璃丝纤维等对材料进行增强。

(7) 采用专用施工设备，施工效率高。

聚脲涂料因在酸、碱、盐、油、水以及高寒、地下和海洋等恶劣环境条件下表现出优异的超重防腐性能，加之其先进的施工工艺，使得该材料主要用于石油、石化、油田、化工等行业的化工设备及附属设施，大型化工储罐、原油罐、酸洗槽、电镀槽、炭化塔、盐水罐、蒸发池、舰船甲板及舱室地面、海上钻井平台、跨海大桥以及各类混凝土储罐。

8.2 粉末涂料

8.2.1 粉末涂料及分类

粉末涂料是一种新型的不含溶剂的 100%固体粉末状涂料。具有无溶剂、无污染、可回收、环保、节省能源和资源、减轻劳动强度和涂膜机械强度高等特点，在金属结构、设施的防腐领域得到广泛的应用。

粉末涂料均为高分子聚合物，可作为粉末涂料的聚合物树脂也很多，总的按物理性质可分为热固型和热塑型两大类。

8.2.2 热固型粉末涂料

热固型粉末涂料是指以热固性树脂作为成膜物质，加入起交联作用的固化剂经加热后能形成不溶的质地坚硬涂层，再加热涂层不会软化，而只能发生分解而失效。由于热固性粉末涂料所采用的树脂为聚合度较低的预聚物，分子量较低，所以涂层的流平性较好，具有较好的装饰性，而且低分子量的预聚物经固化后，能形成网状交联的大分子，因而涂层具有较好防腐性和机械性能。所以，热固性粉末涂料发展尤为迅速。

（1）环氧粉末涂料

环氧粉末涂料由于具有优异黏合力、防腐蚀性、硬度、一定的柔韧性和冲击强度，所以是热固性粉末涂料中首先应用的品种。环氧粉末涂料是由固体环氧树脂、固体固化剂、颜料、填料和其他助剂所组成。这几种组分对所形成的粉末涂层性能的贡献是互相制约和影响的，一个适宜的配方，实际上是各种组分协调的结果。

常用双酚A环氧树脂（环氧604、601）与胺类、酸酐类、酚醛类固化剂配合使用，得到性能优良的防腐粉末涂料。环氧粉末固化是通过交联固化，属于加成反应，遵循基本的当量反应定律：

$$G_h E = G_I V \tag{8-1}$$

式中 G_h——环氧树脂质量，g；

G_I——固化剂质量，g；

E——环氧树脂的环氧值；

V——固化剂羟值。

（2）聚酯粉末涂料

聚酯粉末涂料与其他类型粉末涂料相比，具有独特性质，表现在耐候性、耐紫外光性能比环氧树脂好。另外，由于聚酯树脂带有极性基团，所以上粉率比环氧树脂高，烘烤过程中不易泛黄、光泽度高、流平性好、漆膜丰满、颜色浅，因而具有很好的装饰性。一般多用于电冰箱、洗衣机、吸尘器、仪表外壳、自行车、家具等领域。

（3）丙烯酸酯粉末涂料

丙烯酸树脂粉末涂料有热塑性和热固性两种。热固性丙烯酸树脂粉末涂料的最大优点是具有优良的耐候性、保色性、耐污染性、金属附着力强、涂膜外观优异，适于用作装饰性涂料。

8.2.3 热塑性粉末涂料

热塑性粉末涂料在喷涂温度下熔融，冷却时凝固成膜。热塑性粉末涂料往往为单体聚合物，不需要加入固化剂。由于加工和喷涂方法简单，粉末涂料只需加热熔化、流平、冷却或萃取凝固成膜即可。大多使用的原料都是市场上常见的聚合物，多数条件下都可满足使用性能的要求。但也存在某些不足，诸如熔融温度高、着色水平低、与金属表面黏着性差等。尽管如此，常用的热塑性粉末涂料仍表现出一些特有的性能，其中聚烯烃粉末涂料具有极好的耐溶剂性；聚偏氟乙烯涂料具有突出的耐候性；聚酰胺具有优异的耐磨性；聚氯乙烯具有较好的性价比；热塑性聚酯粉末涂料具有外观漂亮、艺术性高等优点。这些特性使热塑性粉末涂料在涂料市场中占有很大比例。

（1）聚乙烯粉末

聚乙烯粉末涂层具有优良的防腐蚀性能，耐化学药品性及优异的电绝缘性和耐紫外线辐射性。缺点是机械强度不高、对基体的附着力较差。聚乙烯粉末涂层可用于化工池槽、叶轮、泵、管道内壁、仪表外壳、金属板材、冰箱内网板、汽车零部件等。

（2）聚氯乙烯粉末

聚氯乙烯是工业化大规模生产的最便宜的聚合物之一。它具有极好的耐溶剂性，对水和酸的耐蚀性好、耐冲击、抗盐雾，可防止食品污染和对静电喷涂有高的绝缘强度。聚氯乙烯粉末主要用于涂装金属网板、钢制家具、化工设备等。

(3) 尼龙粉末涂料

尼龙(Nylon)又称聚酰胺，由于分子链上的氯基 N 原子与相邻链段上的氢原子易形成氢键，所以聚酰胺树脂的熔点一般都较高。尼龙具有较高的机械强度、抗冲击性能、硬度、耐磨性和摩擦系数小、低吸尘等优点，可用于特殊要求的部件，如用于水泵叶轮、纺织机械零部件、柴油机的起动活塞零部件、机帆船推进器叶轮、汽车车轮、摩托车支架、农业机械、建筑和运动器材等。另外，由于尼龙的抗盐水和对霉菌、细菌的惰性，很适于制造浸于海水或接触海水的涂层，同时尼龙粉末涂料无毒、无味，不被霉菌侵蚀，不会促使细菌生长，很适于喷涂食品工业的零部件，饮用水管和食品包装等。

(4) 氟树脂粉末涂料

含氟聚合物能够制备粉末涂料的种类很多，如聚四氟乙烯、聚三氟氯乙烯、聚偏氟乙烯(PVDF)等。聚四氟乙烯熔点高达 327℃，可以在-250~250℃范围内长期使用。此外，氟树脂粉末涂料还具有优异的耐腐蚀性，甚至在王水中也不腐蚀，优良的介电性能，极低的摩擦系数和自润滑性，所以素有“塑料王”之称。氟树脂粉末涂料大量应用于石油、化工防腐涂层、密封、轴承润滑材料、电子电器材料、船舶下水导轨及不粘锅涂层等。聚三氟氯乙烯价格比聚四氟乙烯便宜，加工温度可以降低，涂层可在 130℃以下长期使用，耐碱及耐硫化氢腐蚀的能力优于耐酸搪瓷，耐盐酸、稀硫酸、硫化氢及氯气腐蚀的能力优于不锈钢设备，已大量应用于化工厂、农药厂、制药厂、洗涤剂厂等的防腐设备。聚偏氟乙烯粉末涂料的最大优点是耐候性优异，在室外曝晒有高的耐降解性，并且不吸灰尘，很容易保持原有光泽。

(5) 氯化聚醚粉末涂料

氯化聚醚具有优异的化学稳定性，涂膜对多种酸、碱和溶剂有良好的抗蚀、抗溶解性能，化学稳定性仅次于聚四氟乙烯，机械和摩擦性能也很好。氯化聚醚粉末涂料主要应用于化工设备、管道衬里、仪表设备外壳等。其缺点是与金属黏着力较差。经加入添加剂可改善与金属的黏着力。

8.3 涂层系统

8.3.1 防腐蚀涂料应具备的基本条件

作为一种优异的防腐蚀涂料必须具备下列特性：

(1) 耐腐蚀性能要好。所谓涂料的耐腐蚀性是指其固化涂层对它所接触的腐蚀介质(如水、酸、碱、盐、各种化学药品、废液、空气、水分、化工气体等)在物理性质和化学性质方面都是稳定的，即不被腐蚀介质溶胀、溶解，也不被腐蚀介质所破坏、分解，不和腐蚀介质发生有害的化学反应。

(2) 透气性和渗水性要小。钢铁的大气腐蚀需要有水分和氧的作用，否则其腐蚀速度可以忽略不计。涂漆钢板的腐蚀，从本质上讲，是由于水和氧以相当大的速度穿透涂膜到达金属界面上造成的。显而易见，一种优异的耐腐蚀涂膜的透气性和渗水性应尽可能地小。为此必须选择透气性小的成膜物质和屏蔽作用大的涂料，并增加涂装道数，使涂层达到一定的厚度。

（3）要求良好的附着力和一定的机械强度。涂膜能否牢固地附着在金属基体上，是其能否发挥防腐蚀作用的关键因素之一。除此之外，固化涂膜还应具有一定的机械强度，以承受在工作条件下的应力。

防腐蚀涂料除了应满足上述三方面的主要要求之外，还应具有良好的电绝缘性、抗温变性、耐湿性，同时经济上也应合算，而且施工方便。

8.3.2 防腐蚀涂层体系

在实际应用中，一种涂层往往不能很好地起到保护金属的作用，或不能同时满足防腐、耐候、美观等使用要求。因此，大多在金属表面涂覆几种涂层，组成一个整体系统共同发挥功效。由于多种涂层的性质不同，只要通过合理的组合，就可以同时达到满足防腐、耐候、美观的多重功效。这一涂层体系包括底漆、中间层、面漆，每层按需要分别涂刷一至数次，如图 8-4 所示。也有的仅是单层结构就同时满足不同的使用要求，如粉末涂料。

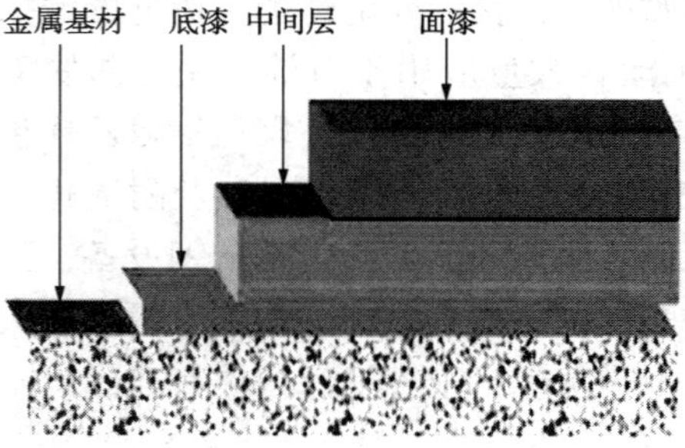

图 8-4　涂层系统示意图

（1）底漆

底漆直接与金属接触，是整个保护涂层系统的重要基础，主要具有以下特征：①与金属表面要有良好的附着力，因此成膜物分子结构中往往含有极性基团；②底漆黏度应该较低，以便对基材表面有良好的润湿性，且溶剂挥发不可太快，以便有充分时间对焊缝、锈痕等部位渗入；③能阻止锈蚀的生成和发展，因此往往采用含有防锈颜料、抗渗作用的填料；④因为金属腐蚀时氧去极化在阴极区呈碱性，所以底漆的基料应具有耐碱性；⑤一般底漆填料含量较多，除防锈、抗渗功能外，还起到减少涂膜内应力(固化收缩力、热应力)的作用，以及使漆膜表面粗糙，增加与中间层或面漆的结合力；⑥填料体积浓度不可大于临界填料体积浓度(PVC≤cPVC)，但有的涂料为了增大与面漆的结合力，设计涂料时 cPVC≤PVC，要求面漆的渗入能力很强，面漆固化前渗入到底漆中，充当了底涂的黏合剂，使底面涂成为一体。实际上，从最终的干膜 PVC 来看(面涂渗入后)，仍然是 PVC≤cPVC；⑦一般底漆厚度不易过大，因太厚会引起收缩应力，使附着力下降。

（2）中间层

中间层的主要作用是增厚、提高屏蔽作用、缓冲冲击力、平整涂层表面。最重要的一点是中间层要与底、面漆结合良好，才能起到承上启下作用。其与底、面漆的结合，主要是靠中间层所含溶剂将底漆溶胀，两层界面间的物质相互扩散、高分子链相互缠结以及极性基团间相互产生吸引力。

在整个涂层体系中底漆或面漆有时不宜太厚。在重防蚀涂料系统中，为提高整个涂层的屏蔽性能，厚度要求较高，所以将中间层涂料制成触变型固体厚膜涂料，用无气喷涂，一次可获得厚膜。

对于一些类似汽车漆的防腐、装饰性涂装体系，中间层可以提供平整表面，保持美观。中间层往往还具有较好的弹性，能缓冲碎石冲击车辆，涂层不开裂。

（3）面漆

面漆与环境相接触，因此要具有耐环境化学腐蚀性、装饰美观性、标志性、抗紫外线、耐候性等。往往面漆的成膜物含量较高，含有紫外线吸收剂，或铝粉、云母氧化铁等阻隔阳光的颜料，以延长涂膜的寿命。有一些耐化学品涂料(如过氯乙烯漆)，往往最后一道面漆是不含颜料的清漆，以获得致密的屏蔽膜。

防腐蚀涂层体系一般采用“多层异类”结构，即根据各种树脂的性能特长，选其作为底、中、面漆，而不在乎成膜物质是否属于同一类型。例如，过氯乙烯漆有良好的耐化学介质稳定性，涂层的断裂强度很高，但具有低的金属附着力，而醇酸漆的附着力指标非常高，断裂强度和耐蚀性却远低于过氯乙烯漆，若采用醇酸底漆、过氯乙烯面漆的“多层异类”配套，则涂层兼具附着力和耐蚀性均好的特点。又如，环氧漆对金属附着力好而耐候性差，丙烯酸/缩二脲聚氨醋漆的耐候性极佳，但价格昂贵，二者底、面配套，可作为装饰性、耐候性极佳的户外钢结构保护涂层，而且涂层成本有所降低。

(4) 涂层厚度与涂装道数

防腐蚀涂层的厚度与防腐蚀效果有直接的关系，尤以在严酷腐蚀环境下的重防蚀涂料，必须达到一定的干膜厚度，为此往往需要有多道的涂层，每道涂层不能太厚，以消除涂层可能存在的缺陷。若涂料是氧化干燥型(醇酸、酚醛桐油等)，太厚则表层吸氧皱皮而内层不干；若涂料含溶剂，太厚会使溶剂不能充分挥发，少量溶胶残留在涂层中而降低耐蚀性。多道涂层系统中，其总厚度为每次涂层厚度的总和，道数愈多，整个涂层系统愈厚。一般过氯乙烯或氯磺化聚乙烯涂料等，因其固体含量低，都必须多道涂布才能达到规定的厚度，以确保防蚀功效。即使是用无溶剂(或高固体)涂料勉强一次达到规定的漆膜厚度，但现今所有漆膜总难免有若干缺损，如缩孔、针孔、气泡、丝状尘埃埋在漆膜中，在大面积施工中，无法获得完全完整无缺的漆膜，在缺损薄弱部位首先会发生腐蚀。多道涂层的优点是各层之间互相覆盖缺损部位。因为各道涂层都在同一具体部位发生缺损的概率是极低的，多道涂层保证了整个涂料体系的防蚀功效。

目前在防腐蚀工程上采用的涂层，不论薄厚，极少是单层漆膜的。一般认为，同一厚度的涂层，多道数涂装的，其耐蚀性甚至包括机械性能，优于单层。

但涂层过厚一般会带来较大的内应力，致使涂层在使用过程中，由于外力或温度的变化极易发生开裂。树脂内聚力大，或具有一定的弹性都利于增厚。无机填料、玻璃鳞片的添加起到增强作用，均有利于增加涂膜的内聚力，因此也有利于增厚。

厚浆涂料、高固体分涂料、无溶剂涂料的单层漆膜厚度可达100~300μm，甚至更厚，为一般涂料的10余倍，在施工技术和检测方法可靠的情况下，厚浆涂料有节省工时、减少污染的优点。在铁路货车、集装箱、长输油气管道、化工厂混凝土地坪上已成功应用多年。

为解决多道涂装的工程进度问题，可采取更合理的施工程序，兼取厚浆涂料的优点，比较合理的涂装方案是底漆和面漆采用多道薄涂层，中层漆使用厚涂层。

(5) 涂膜层间的结合与配套性

多道涂层体系中，各道涂料其组成往往不同，即使组成相同，在一层之内，干燥之后表面与内里往往并不完全相同，因此每层之间必须充分附着，形成密合的整体。由多道漆膜组成的涂层，漆膜间的层间附着力是重要的。如果层间附着力不好，在使用过程中，会发生逐层剥落，涂层总厚度减少，耐腐蚀性降低。

层间附着力可以是机械嵌合、漆膜间静电引力、成膜物质分子结构上的极性基团以及彼此间形成氢键，甚至在个别情况下也可能发生两层间的化学键合(例如上层的异氰酸酯与下层的羟基、胺基反应)，但在很大程度上还决定于两层漆膜的成膜物高分子或链节的接触和互相渗透，分子之间的缠结，即所谓的膜与膜的胶黏作用，如高分子物质自动胶合时产生聚结作用，膜间已无界面，就不存在层间附着力的问题。

8.4 涂料的涂装技术

涂装是表面科学领域的一个重要分支，广泛服务于国民经济的多个领域。其中，防腐蚀涂装随着我国现代化建设和科学技术的发展在近年来更是得到了迅猛的发展。我国防腐蚀各行各业也从国外引入或建立了自己的现代化水平的涂装行业标准与规范，使国内的防腐蚀涂装技术逐渐走向标准化和现代化。

西气东输天然气管道的铺设等大型工程的实施，我国能源政策的实施、石油天然气的开发以及城镇燃气的发展，都大大促进了管道防腐蚀技术的进步和提高。在管道的防腐层涂装技术方面，在粉末喷涂、三层PE(聚乙烯)、三层PP(聚丙烯)等管道防腐层的生产技术水平上，我国都基本参照采用了国际先进标准，建立了高度自动化的生产线，并已走出国门，承接了国外的大量管道工程。这说明我国采用自动化生产线进行管道防腐层的施工技术已达到或与国际水平接轨。

涂料的涂装方法随涂料的性能不同、涂装作业的环境不同而具有不同的涂装技术，而且不同的涂料具有不同的涂装工艺。经过近百年尤其是最近的半个世纪的发展，涂料生产水平已取得突飞猛进的发展，从而也促进了涂装技术的进步和提高。

8.4.1 溶剂型涂料的涂装方法

溶剂型涂料虽然向大气中排放“VOC”有害介质，但仍然是涂装工程中使用最多的涂料。它广泛应用于机械、建筑、石油化工、市政工程等行业，不仅应用于金属结构表面的防腐蚀涂装，也应用于非金属结构，如混凝土构筑物表面的防水、防腐和防护涂装。在防腐蚀涂装行业中占有较大的比重。

溶剂型防腐涂料的涂装是采用一定的设备和工艺过程将涂料均匀地涂布在被涂物表面，以形成防腐蚀涂层的施工过程。常用的涂布方法有刷涂、刮涂、浸涂、淋涂、空气喷涂和高压无气喷涂等。其中高压无气喷涂是工业涂装中溶剂性涂料最为常用的涂装方法。

(1) 刷涂

刷涂是使用最早、最简单和最传统的手工涂装方法，操作方便、灵活，可涂装任何形状的物件。除干性快、流平性较差的涂料外，可适用于多种涂料，例如油性涂料、合成树脂涂料、水性涂料等。刷涂用于小面积结构物的涂装显得十分经济和方便。对于喷涂无法实施或厚度不好达标的场合，也可以采用刷涂。

刷涂法可使涂料渗透金属表面的细孔，加强涂膜对金属的附着力。缺点是劳动强度大、工作效率低、涂布外观欠佳，尤其是刷涂快干型涂料时，应采取一次性完成涂刷作业的方式，刷涂工艺的技巧要求更加严格。也就是在一般性手工刷涂作业中所要求的涂布、抹平、修整的三个刷涂步骤，转变成一个过程来完成。因此，一些干燥过快、流平性差的涂料要慎用刷涂工艺。

刷涂工艺讲究手握漆刷的方式、力度、漆刷沾漆量的均匀性以及漆刷的运行方式。一般来说，刷涂可分为涂布、抹平、修整三个步骤。刷涂涂膜常见的缺陷是流挂、刷痕、气泡、针孔、厚度不均。

产生流挂的原因有可能是漆刷上的带漆量过多的缘故，也可能是漆刷的选择不妥。刷痕的原因有可能是涂料的黏度过高，流平性差或稀释剂挥发过快。产生气泡可能是被涂物表面的预处理不合格，存有油污、水分等污物。涂层表面产生针孔大多是由于涂料中的溶剂挥发所致。涂膜的厚度不均匀则是由于涂料的黏度过高，造成涂料的流平性较差，或者是刷涂技巧欠缺所造成。

操作者的熟练程度和刷涂技术水准将成为刷涂涂膜的质量关键。

刷涂适用于干燥慢的油基漆，如天然树脂、沥青、酚醛、醇酸等涂料。

（2）刮涂

刮涂是使用刮刀进行涂装的方法。刮涂也是一种常用的涂装方法，主要在刮腻子工艺中使用。刮刀可以是木制的、钢制的、牛角的、橡胶的等。目前，由于溶剂性涂料具有溶剂挥发的特性，遭到各国的环保政策的局限，一些高固体成分、或无溶剂防腐蚀涂料相继问世，也使得刮涂技术常用于黏度较高、高固体含量的液态涂料涂装。

刮涂作业的涂膜常见缺陷是开裂、脱落、翻卷等，其涂膜的厚度也很难均匀。刮涂涂膜开裂是由于一次涂刮的厚度超过涂料允许的厚度。脱落的原因则有多种，或者是底漆未干燥，或者是与底漆不配套，表面有污染，或者是涂料的配比存在一定的问题。总之，应根据涂料的施工规范要求、涂覆表面的状况做具体的分析。

（3）浸涂

浸涂也是一种传统的涂装方法。该方法将被涂物浸没在盛有涂料的槽液中，随即取出，让多余的涂料滴落回槽液中，或采用机械方法将多余的涂料甩落。浸涂所采用的设备简单，机械化程度较高。该法适用于结构复杂器材或工件的涂装，但不适用于挥发性大的涂料，因为该类涂料浸涂时溶剂损失较大容易造成空气污染。

浸涂的缺点是涂膜的厚度不易均匀，易产生流挂。

烘烤型涂料适合于浸涂作业，例如单组分的环氧树脂涂料、醇酸树脂涂料、沥青和一些白干型涂料等。因为该类涂料的溶剂挥发较慢，在涂料使用期内的性能比较稳定，而且适合于规模化生产。

双组分涂料如双组分环氧树脂涂料、双组分聚氨酯类涂料和快干型涂料都不适合浸涂的作业方式。这是因为双组分涂料存在混合后使用时间的限制，快干型涂料也受到使用期短的局限。

涂料的施工黏度决定浸涂工艺的条件，室温下施工时，涂料的黏度应为 20~30s 涂杯黏度计(25℃下测量)，施工的温度越高，涂料的黏度要求相应减小。因此，涂料的黏度与施工的温度之间存在一定的对应关系，一旦涂料的黏度参数发生变化，就要随时调整工艺条件。否则，会使浸涂的涂膜产生缺陷。

例如，当施工时涂料的黏度过低，会使涂料的流平性差，易产生流挂等现象。浸涂的最佳工艺条件为 20~30℃，施工中应保证浸涂槽的一定温度范围，以确保稳定的浸涂工艺条件和涂膜的质量。

浸涂的方式有手工浸涂、离心浸涂和真空浸涂。

浸涂需要有浸涂设备，即浸涂槽，作业方式可连续作业，也可间歇作业。间歇式浸涂槽适用于小批量工件的涂装生产，而连续性浸涂槽适用于大批量工件的连续生产。工件的起吊一般有人工和自动化两种，为防止涂料中的颜料、填料沉淀，造成涂料的分层，还应有搅拌，其他加热、通风等装置也是必需的。

浸涂最合适的涂膜厚度为30μm左右，厚度的控制是通过对涂料的黏度控制来实现的。多余的涂料可采用自然滴落和静电方法去除。自然滴落去除余漆是当被浸工件从浸涂槽内开始往上提时，依靠重力使工件表面沾附的多余涂料滴落在槽内，因此被涂工件的起吊应讲究提起的速度和方向，以使多余涂料的滴落均匀一致。静电法去除多余的涂料是采用一种由高压静电发生器所产生的静电场装置，当带有多余涂料的工件进入静电场内后，多余的涂料在静电场力的作用下滴落。一般而言，工件为正极，而一平板或网状电极与高压静电发生器的负极相连。

浸涂涂层的常见缺陷是涂膜不易均匀，还会产生气泡或表面粗糙，存有流痕。浸涂在化工防腐蚀涂装中常用来涂装化工机械零件。

（4）淋涂

淋涂是使用压力或重力喷嘴，将液态涂料形成液流从喷嘴喷淋至被涂物表面，涂料经过自上而下的流淌将被涂物表面完全覆盖后形成涂膜的涂装工艺工程。

淋涂是从浸涂法改进而形成的涂装方法，都是依靠过量的涂料，经过被涂物的表面而形成膜。只是涂料涂布到被涂物表面的方式不同。淋涂所用设备简单，比较容易实现机械化，操作简便、生产效率高。

淋涂比浸涂的溶剂消耗量大，但一次性投入的涂料量比浸涂少，适用于淋涂的工件一般比浸涂的规模要大，如大型的板材等，但工件本身的形状不能太复杂，且没有凹坑、沟槽等以避免涂料的存留。淋涂的作业方式和浸涂一样可分为间歇式和连续式。淋涂设备最典型的是适合于大批量、连续生产的通过式淋涂设备，主要由室体、涂料槽、溶剂槽、喷淋装置、通风防火装置组成。喷淋装置由喷嘴、喷管、涂料泵组成，喷嘴安装在淋漆区，距离被涂工件300~400mm，喷嘴形状为圆形或扇形，喷管应根据被涂物的形状设计。

淋涂工艺也会产生安全和污染问题。为防止溶剂的挥发和扩散，在喷淋室的进出口应设置有吸入式风幕。风幕的吸入风速应大于溶剂挥发速度。为防止火灾，应有自动灭火装置。

淋涂常见的涂膜缺陷是涂膜不平整或覆盖的不完整，涂膜厚度不易均匀或过厚、过薄等。

（5）喷涂

利用压缩空气及喷枪使涂料雾化的涂装施工方法称为喷涂法。其优点是采用喷涂法施工得到的涂层涂膜厚度均匀、表观平整、生产效率高。缺点是材料的损耗远大于刷涂和淋涂等方法，且使用溶剂型涂料时会造成环境的污染。喷涂法适用于各种涂料和各种被涂物，是使用最为广泛的涂装工艺方法。

一套比较完整的空气喷涂装置包括空气压缩机、输气管、空气油水分离器、储气罐、喷枪、涂料罐、喷漆室。

喷枪是空气喷涂的关键设备，其作用是将涂料雾化后均匀地喷涂到工件表面。按涂料的供给方式，空气喷枪可分为吸上式、重力式和压送式3种类型，如图8-5所示。

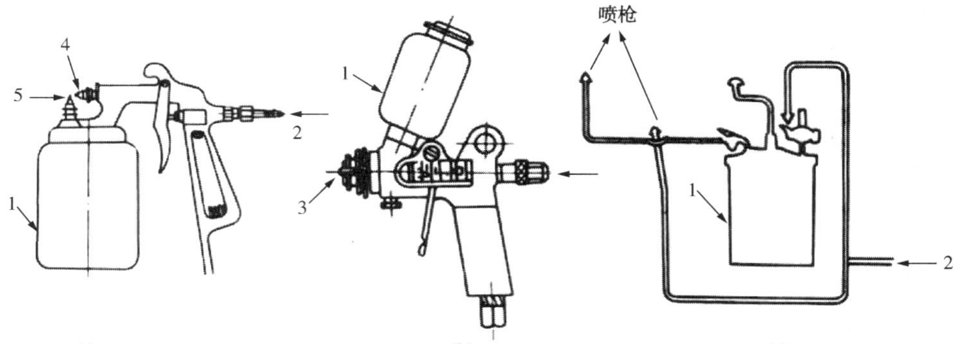

图 8-5 空气喷涂的喷枪

1—涂料罐；2—压缩空气进口；3—喷嘴；4—空气喷嘴；5—涂料喷嘴

吸上式喷枪的涂料罐安装在喷嘴的下方，压缩空气在喷枪喷嘴高速流过，周围产生局部真空，将涂料罐内涂料吸入喷嘴并雾化成漆雾滴，均匀地将涂料喷涂到工件表面见图 8-5(a)。吸上式喷枪是应用最广泛的间歇式喷枪。这种喷枪的喷出量受涂料黏度和密度的影响比较大，涂料罐中的残留漆液会造成一定的损失，但涂料喷出的雾化程度较好。

重力式喷枪的涂料罐安装在喷嘴的斜上方，靠涂料的自重将涂料从涂料罐中流出并在高压空气中雾化，将涂料喷涂到工件表面见图 8-5(b)，喷枪的结构和吸上式完全相同。重力式喷枪的优点是涂料罐中的漆液能完全喷出，喷出量比吸上式喷枪大，但雾化效果不如吸上式喷枪。当涂装量大时，可将涂料罐换成高位槽，用胶管与喷枪连接以实现连续作业。

压送式喷枪依靠另外设置的增压箱供给涂料见图 8-5(c)，涂料在压缩空气的作用下输送到喷枪，喷枪的结构和吸上式相同。压送式喷涂适合生产线涂装和自动喷涂。增大增压箱中的压力可同时供多个喷枪同时工作，涂装的效率很高。

按涂料与压缩空气的混合方式可分为内部混合式和外部混合式喷枪两种，其喷嘴的结构如图 8-6 所示。内部混合式是涂料和空气在喷嘴内部混合喷出。这种喷枪现在很少使用，仅用于一些多色美术漆的小物件涂装。外部混合式是涂料和空气在喷嘴外部混合并雾化。

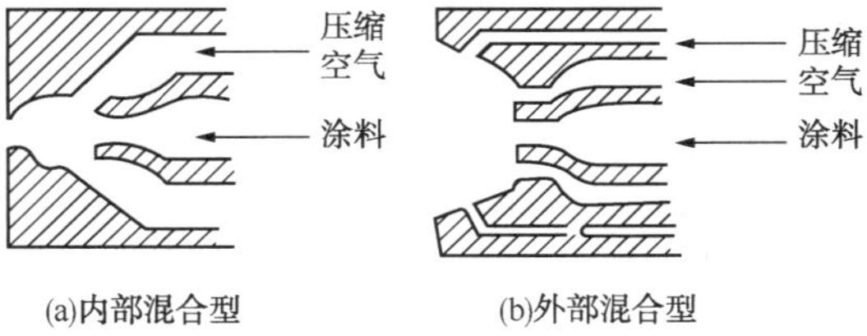

图 8-6 混合方式

无空气喷涂是涂料涂装的一项新工艺，它是为了解决高黏度涂料涂装难，空气喷涂涂料损失大，飞散漆雾污染严重等问题而发展起来的一种涂装工艺。

无空气喷涂是靠密闭容器内的高压泵输送涂料，获得高压的涂料从小孔中喷出时速度很高，随着冲击空气和压力的急剧降低，使涂料体积聚然膨胀，溶剂迅速挥发而分散雾化，高速地飞向工件表面。由于它是利用高液压而不是空气流速涂料雾化喷出，所以又叫高压无气喷涂。

8.4.2 粉末涂料的涂装方法

(1) 粉末涂料的涂装过程

粉末涂料的涂装近年来发展很快，不管采用什么方法，只要是能将粉末涂料均匀涂布于被涂物的表面，再经过加热熔融而使粉末涂料流平成膜的涂装工艺，都属于粉末涂装工艺。粉末涂料的涂装在施工方法上更类似于烘烤型的溶剂性涂料。其涂装的工艺过程主要包括了以下三个过程：①把粉末涂料采用静电喷涂、火焰喷涂或其他的方法，使其到达被涂物的表面；②经过烘烤流平，或固化成膜；③冷却后得到保护性涂膜或装饰性涂膜。

（2）粉末涂料的涂装方法

粉末涂装或称喷涂可以采用多种方法，其主要涂装方法列于表 8-3 中。

表 8-3　粉末涂料的主要涂装方法

涂装方法	粉末输送方式	粉末附着方式	喷涂原理说明
火焰喷涂法	压缩空气	熔融附着工件预热或者不预热	高速行进的粉末涂料在火焰中通过，呈熔融状态，喷射到工件表面
空气喷涂法	压缩空气	熔融附着工件预热	粉末涂料喷涂在预热至粉末涂料熔融点以上的工件表面
流化床法	—	工件预热	用气流使粉末涂料在流化床内呈均匀悬浮沸腾状态，迅速将预热的工件移至流化床内，使悬浮的冷粉末粒子均匀黏附在工件表面，将工件移出烘烤成膜
静电喷涂法	压缩空气	静电引力工件预热	用静电喷枪将带有负电的粉末涂料喷涂到预热至粉末涂料熔融温度的工件表面，工件表面带有正电
静电流化床法	—	静电引力	用气流使粉末涂料呈沸腾状态；特有负电，流化床与工件形成高压电场，并产生电晕，粉末被吸引到带有正电的工件表面后再加热熔融固化
真空吸涂法	真空吸引	熔融附着	利用真空的吸引力，使粉末涂料吸附，熔融后成膜

粉末涂料有热塑性和热固性之分，不同的粉末涂料适用的喷涂方法也不同。在这些喷徐方法中使用最多的是静电粉末喷涂法。一般热固性粉末涂料绝大多数采用静电喷涂技术，而热塑性粉末涂料可采用静电喷涂和流化床浸涂两种方法。聚乙烯粉末、聚丙烯也都可使用粉末喷涂技术，我国国内也已建有专用于管道内、外壁防腐的自动化流水生产线，例如，石化行业某催化剂生产厂家已使用聚乙烯粉末喷涂技术生产用于化学工艺管道的内防腐层。事实上喷涂在国外已大量用于饮用水钢质管道的内腐蚀防护层，也用于输送饮用水的铸铁管防腐。其他的一些树脂的粉末涂料，如聚丙烯、聚酯等也可采用粉末静电喷涂技术作业。

为改变聚乙烯粉末在涂装和成膜后的一些固有缺陷，如工程上聚乙烯以及其他聚烯烃具有很难与其他材料进行黏接、着色等问题，对聚乙烯、聚烯烃类粉末等一些热塑性树脂粉末进行特殊的等离子体处理。等离子处理后的聚乙烯等粉末材料表面状态得到很大改善，既增加了材料的柔韧性，又极大改善了聚乙烯类涂层的黏接性能，甚至能与混凝土类材料黏接等，从而大大拓展了聚乙烯类粉末作为防腐蚀和保护性涂层的应用领域。由于该类材料有无毒等环保特性，一些发达国家(如德国)的环保部门大力支持该项技术的应用和推广，如应用于饮用水管道内防护和饮用水工程领域，以及其他应具备环保特性的汽车内装饰等领域。

火焰喷涂适合现场作业和小批量生产；流化床法的生产规模可大可小，也适合自动化生产，静电喷涂方法很适合于自动化生产线工艺的大规模产品的生产；静电流化床法也适合自动涂装生产线。而且不同的涂装方法对粉末涂料的粒度等也有一定的使用限度规定。表 8-4 是三种主要粉末涂料涂装方法对粉末涂料的要求。

表 8-4 涂装方法对粉末涂料的要求

涂装方法	适用的粉末涂料	标准粒度/μm
火焰喷涂法	热塑性粉末； 热固性粉末使用时应后加热，而且易受氧化的树脂不能使用	较粗的粒子较好 100~200
流化床法	热塑性粉末； 环氧树脂类的热同性粉末也适用	50~150
静电喷涂方法	所有粉末都可使用，热固性的粉末更适合	<150

（3）喷涂工艺条件

粉末涂料的各种涂装方法，均要求被涂装的工件表面在涂装前应进行除油、除锈、磷化、氧化等表面预处理程序，与溶剂型涂料涂装前的要求是一样的。表面预处理的等级和要求与粉末涂料性能和被涂物材质密切相关。表面预处理的作用一方面提高涂膜的防腐性能及延长涂膜的使用寿命，另一方面是增强涂膜与基底材料表面的附着力。

常用粉末涂料的喷涂工艺条件见表 8-5。

表 8-5 常用粉末涂料的喷涂条件

涂料名称	预热温度范围/℃	塑化温度范围/℃
聚乙烯	270~290	220~310
聚氯乙烯	240~280	200~250
聚丙烯	260~370	200~310
酰胺(尼龙)	240~430	200~290
环氧树脂	180~230	150~220

（4）火焰喷涂法

火焰喷涂法是粉末涂料通过高温气体火焰时，被熔融后喷涂到被涂物的表面，经流平固化成膜，火焰喷涂法又称熔射喷涂法。可用于热塑性粉末涂料的涂装，以及部分热固性粉末的涂装，也用于金属粉末的涂装。

其工作原理为，利用压缩空气使粉末涂料从火焰喷嘴中吹出，并以高速通过喷嘴外围喷出火焰的区域，使粉末涂料呈熔融状态后喷射到被涂物的表面。

火焰喷枪是喷涂施工的主要设备，被涂物或者经过预热，或者直接喷涂。该法可适用于粒子较粗的热塑性粉末涂料(如聚乙烯、聚酰胺等)，也适用于现场施工。火焰喷涂的工件一般需要预热，粉末的粒度、火焰的温度、粉末通过火焰的时间及距离等都会影响到涂膜质量。

火焰喷涂一次性喷涂厚度可以达到 500μm 以上，可在 100%相对湿度和低温环境下施工，常用于化工设备、化工池槽表面的防腐层或内衬层的涂装，并应用于大型结构物、机械设备的涂装与维护，常作为防腐涂层、耐磨涂层使用。也可用于使用静电喷涂、或流化床喷涂的大型结构物涂层缺陷的现场修补，如管道、大型贮罐内壁的涂装，以及桥梁的涂装和修复。火焰喷涂还可应用于高熔点陶瓷粉末涂料的喷涂，多为手工操作。火焰喷涂的设备简单，价格也便宜。

（5）粉末静电喷涂法

涂料的静电喷涂是利用高压静电电晕原理，将喷枪的端部与一负高压静电电极相连，被涂物接地，带有负电荷的粉末涂料粒子在静电作用下，喷涂到被涂物的表面(被涂物表面已被加热)，熔融、固化后形成一层均匀致密的涂膜，或者在固化炉中熔融、流平而形成均匀的涂膜。

在相关的国家标准中，粉末静电喷涂的定义为由于一定电场强度的电晕放电及空气动力作用使得粉末涂料粒子荷电或极化而吸附于工件表面的涂装方法。

静电喷涂是静电涂装施工中应用最为广泛的涂装工艺，也是近年来，国际、国内在管道涂装领域应用最多的工艺技术。

粉末静电喷涂的工艺流程为：压缩空气→空气净化→供粉器→喷涂(预热的工件)→固化→成品→粉末回收。

涂料在静电喷涂前的表面预处理应包括脱脂、除锈、化学磷化或钝化等手段。其主要流程为：被涂物的表面预处理→预热→粉末喷涂→烘干(或固化)→冷却。

对于热塑性粉末涂料只需要流平，而对于热固性粉末涂料还应有固化成膜的工艺过程。粉末的静电喷涂有冷喷涂和热喷涂之分，当被涂装的工件经过表面预处理后，先进行预热再进行静电粉末的喷涂，则称之为热喷涂工艺。被涂装的工件在进行表面预处理后，不预热直接进行粉末喷涂的工艺，称之为静电粉末冷喷涂。

静电粉末冷喷涂时，当涂膜的厚度超过150μm以上时，会由于电离排斥现象使涂膜外观出现麻点。但静电冷喷涂由于不对被涂装的工件预热，而使涂装工艺操作更简便，涂装效率高。

静电粉末热喷涂的一次涂膜厚度可以比较厚(350~400μm)，适用于大多数粉末涂料的静电喷涂作业，所适用的被涂装结构物广泛，甚至可用于铸铁工件的涂装，涂膜没有针孔。

粉末静电热喷涂的涂膜较厚，喷涂过程中的粉末涂料利用率可达95%以上，且在喷涂中不会产生溶剂污染，一次涂布可达到涂膜的设计厚度，涂膜的质量均匀可靠，可月于大规模的自动化生产线的生产。例如在石油天然气行业，采用熔结环氧粉末作为管道内、外的防腐涂层的喷涂涂料，该管道防腐层的生产采用了粉末静电喷涂技术，这在国内外应月都十分广泛。

影响粉末涂料静电喷涂质量的主要因素有：①粉末粒度，粉末涂料的粒度的大小会影响到粉末的流动性和涂膜的厚度，以及涂敷特性；②粉末涂料的电导率，即涂料的体积电阻率，可直接对涂料的施工性能造成影响，当粉末涂料的体积电阻率在$10^9\Omega\cdot m$以下时粉末粒子易脱落，$10^{10}\sim10^{14}\Omega\cdot m$范围内时的施工性能最为理想；③喷涂距离，这是因为喷涂距离可直接影响到静电场的电场强度；④喷涂电压，喷涂电压越大，粉末的喷出量越多，涂膜越厚，但并非喷涂电压越高越好，如果太高，也会造成涂膜质量不好，一般应控制在60~90kV。

(6) 流化床浸涂法

流化床浸涂法是把预热的被涂工件浸入粉末涂料的流化床中，粉末熔融而被附着到被涂物的表面，经流平或固化成膜的涂装过程。

流化床涂装中，已涂装粉末涂料后工件加热与否，则取决于粉末涂料的种类。各种不同流化床浸涂的工艺过程为：被涂装工件→表面预处理→预热→流化床浸涂→加热流平→冷却→成膜。

（7）静电流化床浸涂法

静电流化床浸涂法是把流化床浸涂法和静电粉末喷涂法结合起来的一种涂装方法。粉末静电流化床浸涂法也是通过静电引力，用气流使流化槽内的粉末涂料呈沸腾状态，并带有负电，放入预热到粉末涂料熔点以上温度的带正电被涂工件（工件接地），粉末被吸引到工件表面，熔融固化的涂装方法。

该涂装方法的粉末涂料损失很少，涂装设备的投资低，而且容易实现自动化的作业。其缺点是不适合涂装大型的工件，而且涂装工艺中需要较高的工作电压。因其涂膜涂布均匀，设备简单，适用于小型、线状、带状的电子部件涂膜的涂布，如线圈、带电器等。可用于热塑性和热固性的两种粉末涂料的涂装。其主要涂装设备包括流化床、高压静电器、电晕电极等。

8.4.3 管道涂料与涂装

（1）管道常用的涂料

采用涂层来保护油气输送管道已经有很长的历史，保护管道的材料由最初的沥青和焦油制成品发展到目前的许多高技术产品，这些产品有些适合在管道铺设现场施工，有些则适合在工厂内预制管道。

油气输送管道从起初的外防腐，逐渐发展到采用内防腐。对大口径的天然气输送管道，内防腐除了起防腐的功能外，最主要的作用是减小天然气在输送过程中的阻力，即减阻的功效。虽然防腐涂料品种繁多，但在管道上应用的涂料基本属于重防腐涂料，所应用涂料的品种却十分有限，主要有石油沥青、高分子防腐蚀带、热缩性保护带、煤焦油瓷漆、环氧煤沥青、环氧粉末、多层结构的聚烯烃涂层（2PE、3PE）。

① 高分子防腐蚀带

在管道外表面包扎高分子保护带，可以是一层，也可是多层，由涂装要求确定。

管道事先涂一道底漆，湿润管道表面，填平管道表面的凹坑，使保护带与管道表面结合紧密、牢固。高分子保护带的粘接层与底漆配套，保证保护带与钢管表面牢固结合在一起。

高分子保护带内层材料为丁苯橡胶和合成树脂，中间层和外层是高密度的聚乙烯或聚丙烯材料，外层具有良好抗紫外线性能。对焊缝（螺旋焊管和卷管），通常在焊缝涂黏接剂。

高分子防腐蚀带采用加热施工，第一层：底漆；第二层：黏接层，热塑性弹性体；第三层：高密度的聚乙烯。高分子防腐蚀带用于管道的外防腐。

② 热缩性保护带

热缩性保护带是一种成卷材料，最高使用温度达120℃。施工时，热缩性保护带中的黏接剂接触到预热的钢管表面就会熔化并流动，钢管冷却后，热缩性保护带收缩，产生很大的收缩力，黏接剂就会与钢管表面紧紧地咬合在一起。控制好钢管预热温度是黏接剂湿润钢管表面并与其牢固结合的关键。热缩性保护带用于管道的外防腐。

③ 熔融黏接环氧树脂

熔融黏接环氧树脂（FPB）采用固体粉末环氧树脂，在一定的温度下，熔融黏接环氧树脂通过化学反应在钢管表面生成牢固的保护层。在喷涂 FPB 前，钢管要预热去除水分，彻底干燥，然后进行表面处理，达到喷涂 FPB 的要求。有些钢管还要涂第二道，以满足钢管在运输、安装或使用过程中特殊的要求。熔融黏接环氧树脂用于管道的外防腐。

④ 多层结构的聚烯烃涂层

这种涂层在工厂预制管道，然后在现场安装，最后进行补口。多层结构的聚烯烃涂层包括二层结构（2PE）和三层结构（3PE）。

2PE 结构的内层是黏接层（密封层），是双层结构的聚烯烃涂层与管道表面牢固结合并保证其防腐蚀性能的关键。外层为热挤压聚烯烃塑料，可为聚乙烯等。

3PE 结构的涂层系统的第一层为熔融黏接环氧树脂或液体环氧涂料，中间层是共聚物黏接剂，第三层是聚烯烃塑料涂层。这种涂层使钢管的导电性能大大降低。聚乙烯是该防腐层的常用面层材料。若管道的使用温度高，对涂层的机械性能要求高时，使用聚丙烯作为面层材料。

多层结构的聚烯烃涂层用于管道的外防腐。

（2）管道涂装方法

石油天然气管道属于大型构件，防腐涂层的涂装往往在工厂预制，采用专用涂装生产线，自动化程度很高。下面介绍常用的熔融粘接环氧树脂和 3PE 结构的涂层系统涂装原理。

① 熔融黏接环氧树脂涂装。图 8-7 为熔融黏接环氧树脂涂装的原理图。管道先预热，进行表面处理和检验，其次采用燃气或感应加热将管道加热到预定的温度，进行环氧粉末的喷涂和涂层的固化，再次对涂层管道进行冷却，最后对成品管道进行电火花检验。

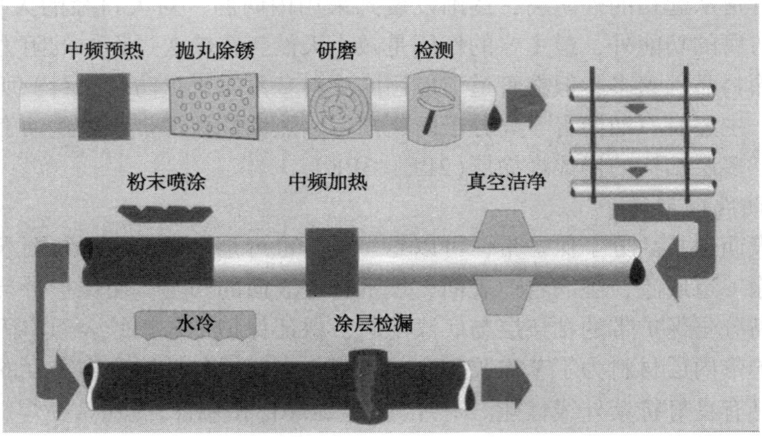

图 8-7 熔融黏接环氧树脂涂装原理图

环氧粉末涂料的研制及其用于管道内外壁的防腐蚀涂层始于 1963 年美国朗士巴格公司。该公司采用静电喷涂法为管道加装环氧粉末涂层而生产环氧粉末涂料的单位是美国的 3M 公司目前已研制和生产六个系列数十种产品。1970 年以后，日本住友金属工业株式会社鹿岛和歌山制铁所开始引用该项技术并将熔结了环氧粉末涂层的钢管远销中东各产油大国。我国于 20 世纪 90 年代初引进和消化该项技术先后在各大油田建立了中、小直径管道的涂装生产线，但环氧粉末涂料的质量达不到标准要求需依赖进口。目前，我国熔结环氧粉末涂料的研制和生产已规模化，国内的大型管道工程，如陕西至北京的输气工程管道直径 660mm、总长 900km，该输气管道的外防腐涂层就采用了熔结环氧粉末涂层；新疆至上海的输气工程管道直径 1020mm、全长 4400km 也采用熔结环氧粉末涂层。

② 3PE 涂层系统涂装。图 8-8 为 3PE 涂层系统涂装原理图。管道先预热，进行表面处

理和检验，其次将管道加热到预定的温度，进行环氧粉末的喷涂和涂层的固化，完成第一层的喷涂，第三步喷涂共聚物黏接剂，完成中间层，第四喷涂热挤压聚烯烃塑料，然后对涂层管道进行冷却，最后对成品管道进行电火花检验。

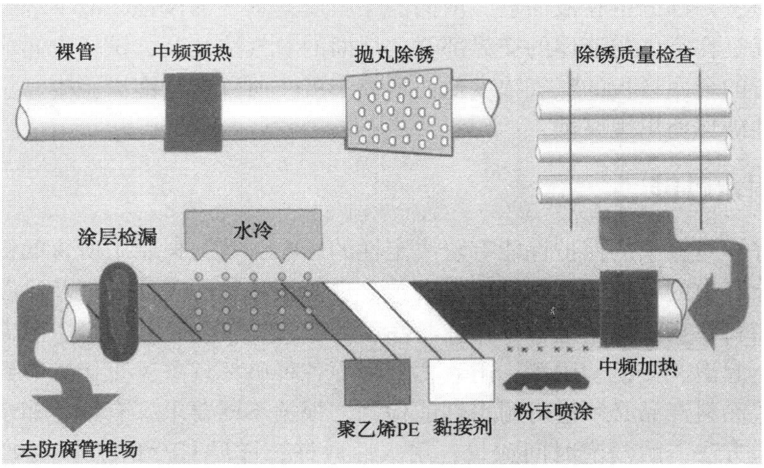

图 8-8　3PE 涂层系统涂装涂装原理图

该技术进入我国的时间可以追溯到 20 世纪 90 年代，其主要是产生于国外的一种先进防腐技术。3PE 防腐技术能够同时兼备环氧涂层以及挤压聚乙烯等两种防护层的防腐性能优势，其不仅具备了环氧涂层耐化学腐蚀以及良好的界面特征，而且还具备了挤压聚乙烯防腐涂层良好的机械保护性能等，从而使得其防腐层具有良好的防腐性。由此可见，在埋地管线不施工过程中 3PE 防护层的应用能够起到很好的效果。根据相关的检测部门实际检测发现，针对埋地管道实施的 3PE 防腐涂层其有效的使用寿命能够达到 50 年。

8.5　涂料的防腐性能

8.5.1　涂膜防腐蚀保护性能及测试

涂膜的耐腐蚀保护性主要由涂料的结构和组成决定，但施工的配套、施工条件和质量也对涂膜的这方面性能产生影响。在防腐蚀工程设计和涂料研制，以及相关理论研究时要根据使用要求选用适当的方法对其耐化学和耐腐蚀性能进行检测，尽量模拟实用条件和可能遇到的情况。但由于实验条件与实际的差别，性能的检测结果通常是在规定条件下得到的数据，更多的是比较定性的结论，与千变万化的实际应用情况很难达到完全吻合。检测方法正在不断丰富和改进，以求适应实际的要求。

涂膜防腐蚀性能的检测通常包括三个方面：(1) 对接触化学介质而引起破坏的抵抗性能检测，如耐水性、耐盐水性、耐石油制品性、耐化学品性等；(2) 对大气环境中物质破坏的抵抗性能检测，如耐盐雾性、耐潮湿性、耐污染性、耐化工气体性、耐霉菌性等、氙灯(紫外灯)加速老化试验；(3) 对防止介质引起基材发生腐蚀的能力的检测，通常以湿热试验、盐雾试验、水气透过性试验、电化学方法来表示其能力。

浸渍试验一般都用样板进行，但对某些化学品腐蚀性溶液浸渍试验，除样板外也用钢棒，将其下端磨圆无棱角，涂上规定的漆膜，充分干透后浸入规定温度和浓度的腐蚀介质。

测试涂层耐水、耐盐水、耐溶剂、耐酸、耐碱等腐蚀介质的浸泡试验，一般是将试样的一部分浸入介质，一部分留在液面上，液面的漆膜要耐蒸气的侵蚀，液下部分的漆摸要耐介质的浸渍，尤其是在空气与液体的交界部位，液面的氧气浓度高，试样金属成为阴极而呈碱性，其下面部位的金属样板的氧气浓度低而形成阳极。所以在浸泡试验中，试样漆摸在液面部位最易受碱性破坏而出现腐蚀。

8.5.2 耐水性能

耐水性的好坏对涂膜的保护性能有着决定性的影响，其与树脂中所含的极性基团、颜料中的水溶盐、涂膜中的各种添加剂等因素有关，也受被涂物的表面处理及涂膜的干燥条件等因素所影响。涂料在实际应用过程中往往与潮湿的空气或水分直接接触，随着漆膜的膨胀与透水，就会发生起泡、变色、脱落、附着力下降等各种破坏现象，直接影响到涂料的使用寿命，因此对某些涂料产品必须进行耐水性能检测。根据不同要求，有耐蒸馏水、耐热水、耐冷水的不同检验方法。耐浸泡时间愈长，耐水性愈好，详见 GB/T 1733—1993《漆膜耐水性测定法》。

有些测试是在浸水后再测其附着力，称为二次物性，指漆膜经试验后测其是否仍保持原始物性。例如，原始样板划格后测其干附着力，待浸水 24h 后，取出揩干在 5min 内用压敏胶带迅速揭起，测定其湿态附着力，即浸水试验是否损伤其附着力。

（1）常温浸水法

常温浸水法为最普遍采用的一种方法，适用于醇酸、氨基漆等绝大多数品种。国标规定将涂漆样板的 2/3 面积放入温度为(23±2)℃的蒸馏水中，待达到产品标准规定的浸泡时间后取出，目测评定是否有起泡、失光、变色等现象，也可用仪器来测定漆膜失光率、附着力的下降程度。该法简便易行，但所用的水质对漆膜耐水性有很大的影响。

（2）浸沸水法

浸沸水法适用于经常与盛有热水器皿接触的物件涂膜。测定时，将涂漆样板的 2/3 面积浸挂在沸腾的蒸馏水中，待达到产品标准规定的时间后取出，以目测检查起泡、生锈、失光、变色等破坏现象。

耐盐水试验按国家标准 GB/T 1763—1979《漆膜耐化学试剂性测定法》的甲法和乙法并参考 GB/T 10834—2008《船舶漆耐盐水性的测定　盐水和热盐水浸泡法》进行。目前盐水浓度一般都采用 3%的氯化钠溶液，测试时将试板 2/3 面积浸入，按产品标准规定的浸泡时间后取出并检查。这种常温浸盐水法国内外基本相同，仅试验温度有所差别。另外，也可采用加温耐盐水法，试验温度为(40±1)℃，以加快试验。

8.5.3 耐酸/碱性

在酸、碱环境中，成膜物的高分子材料可能会发生水解、溶胀等破坏，同时渗透到涂膜/金属界面后对膜下金属的电化学腐蚀产生促进作用，其中有机酸对漆膜的破坏性较强。因此，耐酸碱性能是涂膜重要的耐蚀性能之一。

涂膜的耐酸性、耐碱性测试方法基本相同，按国家标准 GB/T 1763—1979《漆膜耐化学性测定法》中规定用普通低碳钢棒浸涂或刷涂被试涂料，将试棒的2/3面积浸入产品标准规定的酸(或碱)中，在(25±1)℃下浸泡。定时观察检查涂膜状况，按产品标准规定判定结果。为了加速，也可采用搅动的方法使酸(或碱)介质按一定速度流动，同时提高温度，或将试棒在酸、碱介质和在空气中交替进行，因试棒置于空气中时，氧气能更迅速经过湿漆膜而渗透到试棒上，促进漆膜的破坏。国家标准 GB/T 9274—1988《色漆和清漆　耐液体介质的测定》中规定除了使用碳钢棒外，也可使用冷轧钢板等浸泡法测试，温度定为(23±2)℃。另外，还有点滴法、酸熏法。

(1) 盐酸点滴法

盐酸点滴法用10mL的37%盐酸加90mL水配成稀酸往漆膜上滴10滴此稀酸，用表面玻璃覆盖15min(18~27℃)，取出以清水冲洗后观察。

(2) 硝酸熏法

硝酸熏法取一只约240mL的广口瓶，注入70%HNO_3一半容积，将样板的漆膜向下放置于瓶口上30min，用水冲干净，经1h恢复后，观察漆膜状况。

8.5.4 耐溶剂性能

现代工业产品经常会接触到各种石油制品(有机溶剂)，如汽油，润滑油、变压器油等，而且大多具有挥发特性。国家标准 GB/T 23989—2009《涂料耐溶剂擦拭性测定法》规定了测定色漆、清漆或相关产品的单一涂层或复合涂层体系耐溶剂擦拭性的试验方法。

近年来国际上推荐一种甲乙酮来回擦拭法，既能测出涂膜耐有机溶剂能力的强弱，更能判断涂膜的机械强度，对交联型涂料可以考察其交联密度的大致情况。通用的方法是使用一个中空的管状容器，带有一个毡制的尖端，在涂膜上每秒擦拭一个来回，计量擦掉一定厚度的涂层后露出底材所需来回擦拭的次数，例如进行200次或300次来回擦拭，涂膜仍不露底，可表示其结果为200^+或300^+。

涂膜的耐化学品检测常采用点滴法进行(又称污染试验)。按照国家标准 GB 9274—1988 又分覆盖法和敞开法。将测试液体滴在制好的试验样板涂膜表面上，每滴约0.1mL，覆盖法在液滴上覆以表面皿，敞开法则不加覆盖。在规定的温度(23±2)℃，在规定时间内，样板应不受干扰。达到产品标准规定时间后，如果是水溶液则用水清洗，如果是非水溶液，则用对涂膜无损害的溶剂彻底冲洗，并立即检查涂膜变化情况。一般是根据变化情况划分等级，通常划分为11级，11级最好，0级最差。

8.5.5 耐盐雾性能

大气中的盐雾是由悬浮的氯化物微小液滴所组成的弥散系统，它是由于海水的浪花和海浪击岸时泼散成微小水滴经气流输送形成的。一般在沿海或近海地区的大气中都充满着盐雾。沿海盐雾中的氯化钠、氯化镁因吸潮而导电，因此盐雾对于在沿海或近海地区的金属材料及其保护层具有强烈的腐蚀作用。

盐雾试验是将涂漆的样板(或划伤后)斜置于盐雾箱中，经一定时间后观察样板的锈蚀、蔓延和起泡程度，是一种实验室内的腐蚀测试法。盐雾试验不仅仅是用来评价涂层耐海洋性气候大气腐蚀的加速模拟方法，同时也是涂层防腐蚀性能评价的最为成熟、使用最为广泛的人工加速腐蚀试验。它是一个氯离子、水、水汽、氧气、温度、pH 值等多腐蚀因素综合作用的腐蚀评价试验方法。

盐雾试验虽然采用颇多，但由于盐雾试验的控制因素较多，它只能表征涂层在一定条件下的耐腐蚀行为。但是，抗盐雾性能和在其他介质中的抗蚀性之间很少有直接关系，因为有种种因素影响着腐蚀过程、反应的化学性质、膜的化学结构及其保护作用，而这些常常是随腐蚀的环境条件而发生很大的变化，试验所得结果不能被作为涂层在所有使用它的环境中抗蚀性的直接结果。例如，油性红丹漆在一般大气中(尤其在未充分除锈的钢面上)具有良好的防腐蚀效果，但在盐雾试验中迅速破坏，因为油性基料不耐盐雾引起的阴极部位的皂化。另外，用不同盐雾箱，或在不同时间，结果的重现性也缺乏证明。为更好地模拟腐蚀环境，现今已将盐雾与其他环境中腐蚀因素相结合，开展盐雾/光老化等多因素循环加速试验方法的研究。

盐雾试验主要受盐雾浓度、喷雾压力、雾粒度、盐雾沉降量及温度等因素影响，因此涂层耐盐雾性能评价时要必须注意试验条件的一致性才有可比性和可靠性。根据盐雾液的性质将盐雾试验分为两种：

(1) 中性盐雾试验

pH 值控制在 6.5~7.2 是各种盐雾试验法中最广泛采用的。按国家标准 GB/T 1771—2007《色漆和清漆　耐中性盐雾性能测定》和国际标准 ISO 7253—1984，试验条件为盐水 NaCl 浓度(50±10)g/L，pH 值为 6.5~7.2，温度为 35℃±2℃，连续喷雾。

目前各国盐雾试验标准中所采用的盐水配方大体上可分为两类。一类是纯的氯化钠盐水，由于浓度过大有时试验箱内相对湿度下降，造成样板表面有盐结晶析出降低了腐蚀强度，以及喷嘴经常易堵的毛病，故一般用 3~5%之间；另一类是所谓人造海水，其组成见表 8-6。使用人造海水的目的是想使溶液的成分更接近天然海水，以模拟真实海洋大气的腐蚀条件。从试验结果来看，金属在人造海水中的腐蚀速度不如在纯氯化钠溶液中的快。

表 8-6　人造海水组成及含量

组分	NaCl	$MgCl_2$	$CaCl_2$	KCl	H_2O
含量/(g/dm^3)	27	6	1	1	余量

(2) 酸性盐雾试验

为了提高盐雾试验的效果，采用乙酸盐雾试验(ASS)，即用乙酸将纯氯化钠溶液的 pH 值调整至酸性(pH 值在 3.1~3.3 之间)，可参考标准 ISO 3769—1976(E)。更进一步的发展是氯化铜改性的乙酸盐雾试验，即除了用乙酸调节成酸性外，再加入适量的 $CuCl_2 \cdot 2H_2O$。这两种方法的目的就是试图克服以往盐雾试验存在的可靠性和重现性不够理想的缺陷，并大大加速腐蚀的速率。

温度对腐蚀速率有密切的关系，温度高时腐蚀加快，但可靠性和重现性下降，目前大多数国家标准中规定的是 35℃或 40℃。喷雾量及温度的不均匀性都会引起误差。喷雾周期根据不同要求可采用连续喷雾或间歇喷雾(如每小时内，喷雾 15min，停喷 45min)，但以连续喷雾的破坏速度最快。

针对试样采用两种方法，一是划痕加速试验，涂装试样中间用钢刀划“×”痕，将涂层划破露出基底金属，然后把样品置于盐雾箱中进行盐雾试验，按照 ASTM D1654 进行，若涂层耐蚀性好，则涂层划痕腐蚀扩展的距离就小，起泡也少，以此来比较涂层性能的相对优劣。另一种是普通的盐雾箱试验(涂装试样不用划痕)，按照国标 GB/T 1771—2001《色漆和清漆　耐中性盐雾性能的测定》(等效于 ISO 7253—1996)进行，试验结果按国标或 ASTM D-1654-79A 标准评定。

盐雾试验设备目前采用较多的是喷嘴式的，让一定压力的空气通过试验箱内的喷嘴把盐水喷成雾状而沉降在试验样板上。采用喷嘴式盐雾箱试验时须注意：(1)试验过程中，必须经常检查喷嘴是否堵塞，以保证喷雾的正常进行；(2)所用的压缩空气必须经空气过滤器除油和空气饱和器加热饱和；(3)喷雾压力应严格控制，使在规定值上下很窄的范围内波动，以免影响试验的重现性；(4)把需要进行相互比较的同一批样板应尽量在同一次试验里进行。样板涂漆表面与盐雾沉降方向成 30°角放置。在每次检查后，应交换样板的放置位置，以消除设备内喷雾量及温度的不均匀所引起的误差。

(3) 多因素循环盐雾试验

为更好地模拟环境加速腐蚀，现提出盐雾多因素循环试验法，如 ASTM D-2933-74(81)，先将样板在盐雾箱中放置 4h 后，取出样板后立即放入温度 37.8℃、相对湿度 100%的湿热试验箱中 18h，然后取出直接放入温度为(-23±2)℃的冷冻箱中 2h，以此为 1 个循环，重复试验至产品规定的要求，一般为 5~35 个循环。

由于海洋大气环境涂层既要抵抗大气中盐雾和水汽等的作用，又要抵抗紫外线的辐射和雨水结露的作用。因此又出现了盐雾/人工加速老化试验，如 ASTM D5894—1996，这对于铁的防腐蚀涂层性能有着重要的意义。

8.5.6　耐湿热性

湿热试验是将涂有漆膜的样板或实物置于温度和湿度受控制的密闭试验箱内，一定时间后观察起泡、腐蚀及附着力下降等变化，评定涂膜抵抗湿热水汽(有时包含有凝露)能力的试验，试验的目的是考核涂层对湿热气候的环境适用性和耐蚀能力。

湿热试验中涂层的耐水性和水汽渗透性比一般常温浸水试验失效要快。湿热试验引起的腐蚀不及盐雾试验剧烈。湿热试验与盐雾试验的主要区别是湿热试验的雾滴中没有盐分而是蒸馏水，虽然盐滴因其导电率高、含氯离子而腐蚀作用剧烈，但对渗透压而言，蒸馏水的活度高，涂层又是半透膜，蒸馏水渗入漆膜的能力比盐液强。当水分透入漆膜，在两层漆膜之间积聚，会降低漆膜层间的附着力而起泡，随后再向纵深发展，到达漆膜与金属底板之间，同时水分与金属底板接触，产生电化学腐蚀作用。同时，漆膜内吸收水分会引起漆膜膨胀而产生内应力，降低附着力而起泡，漆膜吸水率在蒸馏水中比盐水中高，就对涂膜的破坏力来说，湿热试验是很苛刻的。

一般在相对湿度较低的情况下，漆膜附着力的变化是不明显的，但随着相对湿度增加到 90%，甚至更高，附着力的丧失就会变得很快，除了个别漆膜外，大多数漆膜在干燥后附着力均不能恢复。

在相同的相对湿度下，温度越高，绝对湿度越大，则周围空间水蒸气压力增加，同时温度越高，高分子链的热运动越剧烈，加速形成了分子间的空隙，有利于水分的进入。水汽向漆膜内扩散就越显著，但温度太高则与实际情况不符。有些湿热试验的条件规定有升温及降温的循环，降温时水汽在漆膜上凝露，增加水汽的透入。

目前推荐的湿热试验有3种，各种湿热试验的具体方法略有不同，湿热试验测试条件必须有明确规定。

（1）高温高湿短周期试验

高温高湿短周期试验是一种在高温、高湿条件下加速试验的方法。

（2）温湿交变的周期试验

ASTM D2247—80《在100%相对湿度下涂漆的金属样板试验》的条件是在100%相对湿度的样板表面始终存在冷凝水的情况下，温度保持(38±1)℃。由于有低温高湿阶段，使水汽在漆膜表面上凝露，有利于水分渗透到漆膜内部，从而加速了对漆膜的破坏。但也有认为凝露太多，在漆膜上形成一层水膜，易造成漆膜中的可溶物质过多地被溶解出来，与实际湿热情况不符。

（3）恒温恒湿的试验

我国标准GB/T 1740—2007《漆膜耐湿热测定法》，温度(47±1)℃，相对湿度(96±2)%。ASTM D 1735《有机涂层水雾试验标准方法》，温度为(37.8±1)℃，喷雾液为蒸馏水或去离子水。

由于湿热试验中最主要的影响因素是温度和湿度，因此在每次试验中需特别注意对这两个因素的控制。另外在试验时，垂直悬挂的样板之间应保持一定的距离，以不相互重叠碰撞为准合适的间距为2~4cm；样板在各周期检查时还应互换位置，以尽可能地减少因设备内温、湿度的不均匀所造成的试验误差。试验用水应采用蒸馏水或离子交换树脂净化水。对于样板的评定主要观察涂膜有无起泡、生锈和脱落，按其损坏程度进行评级。

8.5.7 抗霉菌性

涂层耐霉菌破坏作用的性能称为防霉性。涂膜在湿热带地区，由于气候潮湿，涂层很容易被霉菌侵袭。另外，土壤环境中保护涂层也易受微生物侵扰，特别是使用油性涂料和加有增塑剂的涂料，很容易受到霉菌的破坏，以致涂层日久产生斑点、起泡甚至给某些霉菌充当食料而被吃掉，从而丧失保护的作用。为了防止霉菌的破坏，可以在涂料中加入少量的有机防霉剂或灭菌丹等农药。

霉菌对涂料的破坏作用首先是霉菌在漆膜上的生长引起漆膜表面的斑点、起泡，同时由于霉菌在新陈代谢过程中所产生的有机酸，能引起漆膜表面颜料的溶解及漆基的水解，从而透入底层，导致漆膜破坏并失去其保护作用。

一般适于霉菌生长的温度是15~35℃，最适宜的温度是25~30℃。当温度低于0℃或高于40℃时，霉菌几乎不生长。适于霉菌生长的相对湿度是80%以上，超过95%时生长最为旺盛，低于75%时霉菌不生长，但并不死亡。因此，最适宜于霉菌生长的气候条件是温度30℃、相对湿度95%~100%。各种霉菌在生长过程中除了必要的温度、湿度外，还需供给一定的碳源、氮源及其他微量元素。在实验室内可以配制各种培养基以满足霉菌培育所需要的养分，如蔡氏培养基、无碳培养基、马铃薯培养基、麦芽汁培养基等。

在试验中所需选择的菌种是随不同地区、不同季节的气候条件变化而有所不同。各国家和地区的霉菌试验方法标准中规定使用的菌种也不一样。根据我国具体情况及试验要求，可供选择的菌种有黑曲霉、黄曲霉、土曲霉、焦曲霉等。

防霉试验方法一般有悬挂法和培养皿法，对于大件成品的漆膜表面还可采用局部法。悬挂法要求有专门的霉菌试验箱，保持温度28~30℃，相对湿度95%~100%的范围，样品表面不允许有大量凝露，适合零部件或整机的防霉试验。培养皿法则采用一般烘箱或低温烘箱，样品制成15mm×40mm的小片试样，保持温度28~30℃，相对湿度由培养皿内的培养基来保持，不用控制。比较来看，悬挂法霉菌生长速度慢，需时较长，不太好观察；培养皿法霉菌生长速度快、好检查，试验条件较为严酷，长霉等级一般比悬挂法要快2~3级。

8.5.8 耐候性能

涂膜抵抗大气自然环境对其作用而丧失保护等功能的性能为涂膜的耐候性。涂层在户外，经日晒、雨淋、凝露、寒暑交替、污气侵蚀等因素的反复作用，引起涂膜的物理(内应力、介质渗透)、化学(光氧化降解、水解)变化，且各因素对涂膜老化协同作用，使涂膜逐渐变质、失光、粉化、开裂、剥落，最终失去装饰和保护功能。

大气环境引起涂层老化的诸因素中，当以日光引起的光氧化最重要。日光之外的重要破坏因素是雨露，水分透入漆膜内引起肿胀及加速破坏。漆膜中或底板上若含有可溶性盐，引起渗透压增大，使漆膜鼓泡，甚至锈蚀。含溶解氧的露水渗入漆膜会引起膜内氧化及水解，并溶出一部分降解产物。在低湿度下，紫外线对漆膜破坏较慢，在湿态下则失光、粉化大大加速，即户外气候老化试验必要时采用日光与潮湿共同作用。

耐候性的测试法分为两大类，即户外天然曝晒及实验室内加速试验。

(1) 户外天然曝晒试验

户外天然曝晒试验是指各种气候类型区域里研究大气各种因素如日光、风、雪、雨露、温度、湿度、氧气、化工气体等对涂层所起的老化破坏作用。

户外曝晒试验的主要因素是试验板的定向角和试验涂膜的地理取向。

我国地域辽阔，气候类型复杂，大气种类可分为乡村大气、工业大气和海洋性大气。根据地区又可分为温带、寒带、干热带、湿热带等类型。往往同一个配方的涂料品种，在不同地区使用性能差异很大。较为苛刻的环境是紫外线辐射，强烈的西部高原气候，以及日照时间长的海南海洋性气候。例如，同样的醇酸品种、同样的工艺，在天津、上海、武汉、蕊庆、广州、海南岛进行曝晒，发现海南岛最快，样板破坏最为严重。

曝晒季节影响也很大，快慢顺序是春>夏>冬>秋。

(2) 实验室加速老化试验

人工加速老化试验是基于大量的天然曝露试验的结果找出规律，找出气候因素与漆膜破坏之间的关系，在实验室内人为地创造出所谓人工气候，模拟气候因素光、热、氧、湿气、降雨的条件，并给一定的加速性，试验周期大大缩短，从几年减至数十至数百小时。

实验室人工加速试验按GB/T 1865—2009《色漆和清漆 人工气候老化和人工辐射曝露 滤过的氙弧辐射》进行。国际相关标准有日光炭弧灯(ASTM I822)、氙弧灯(ASTM G26、ISO 105)、荧光老化仪(ASTM G53、G154，ISO 4892)等。

但是，单以人工老化指标来评定涂料耐老化性是不充分、不可靠的，有时还会与自然老化试验结果不一致。现在以自然曝晒为主，人工老化为辅，两者相结合已成为先进国家的较通用的做法和发展趋势。若要真实地反映自然环境腐蚀规律，其关键是加速模拟试验的腐蚀历程要与实际相同。由于人工模仿自然条件的局限性及涂料结构的多样性，目前尚不能求出它与自然暴晒试验的比例关系，也不能用加速老化试验的结果推断涂层的使用寿命。户外老化试验和人工气候老化试验相关性的研究是环境腐蚀研究的一个重要方向。

8.5.9　涂膜的电化学测试

当环境中水或电解质溶液渗入到涂层和金属的界面，涂层下金属将发生腐蚀，这种腐蚀在很大程度上是电化学过程。金属涂装后，主要增大了腐蚀原电池阴极和阳极之间的电阻，另外防锈颜料的作用增大了阳极极化值，使腐蚀电化学过程难以进行，达到防腐蚀目的。金属涂装后，减少了水和氧的渗入，使电解质离子的渗透难以进行。电解质渗入涂层的量越少，在涂层内越难迁移，则涂层的防腐蚀性能越好。因此，可采用电化学方法研究涂层/金属体系耐蚀性，评定涂层的性能。电化学方法快速、简便，日益受到重视。

（1）直流电阻法

直流电阻法测定时一般采用下列方法：①涂层与已知电阻及直流电源串联，比较已知电阻和该电阻与涂层串联所造成的电位降，用电路原理求出涂层电阻值；②用适当的参比电极测定涂层金属的电极电位，比较该电位值与已知电阻在两极间串接时的电位值。应注意的是涂层电阻较高的为 $10^6\Omega \cdot cm^2$，高的达 $10^{12} \sim 10^{13}\Omega \cdot cm^2$。因此，电位测量应使用高输入阻抗电压表与涂层串联，已知电阻的阻值应接近涂层电阻值，否则已知电阻的作用将消失。

（2）电位-时间法

电位-时间法简单易行，它能满足真正无损、可重复性的要求。用电位-时间做预备性的测试是必要的。把电位突然下降对应的时间作为涂层破坏的时间。

实验装置采用双电极系统，一个为涂层试样，另一个为参比电极。测量涂层试样在3.5%氯化钠盐水浸泡过程中电极电位随浸泡时间的变化关系。当电极电位突然下降时，则对应的浸泡时间可表示涂层的腐蚀性。不同的涂层或涂层质量不同时，电极电位突然下降的浸泡时间越短，表示涂层的抗腐蚀性越差。

（3）交流阻抗技术测量

交流阻抗技术(EIS)是利用小幅度正弦波电压或电流对电极体系进行扰动，同时记录响应信号，由激励与响应信号的幅值比和相位差，再结合等效电路模型来评价腐蚀体系。EIS可以在很宽的频率范围对涂层体系进行测量，因而可以在不同的频率段分别得到涂层电容、微孔电阻以及涂层下基底腐蚀反应电阻、双电层电容等。从电容值可以衡量涂层的吸水量，从电阻值可以衡量涂层的防蚀性能，由涂层下金属电化学腐蚀电荷传递电阻可以估算金属的腐蚀速度，这样可以对腐蚀发生时涂层下金属界面的变化进行比较直观的研究。

8.5.10　阴极剥离试验

涂膜下金属在电化学腐蚀过程中阴极呈碱性，容易使漆膜遭到破坏。一些大型工程的防腐蚀保护，采用重防腐蚀涂层与阴极保护联合的措施越来越多，如牺牲阳极及外加电流等，在此保护过程中，有机涂层的缺陷和损伤部位，受超电位和电极反应的作用后产生起泡、剥落等现象。由于涂层与基体的剥离发生在电化学腐蚀电池的阴极，将涂层的这种破坏称为阴极剥离，它是与涂层的附着力有关的现象。

涂层和阴极保护联合的防腐蚀体系很有意义的指标是，将被测试的涂层试样放在3% NaCl溶液施以115V的电压，经过一段时间后计算涂层剥离面积来评价涂层防腐蚀性能的好坏。一般认为，剥离试验的过程中，涂层内离子的扩散迁移速率就是控制腐蚀过程中离子的迁移速率、离子传递多，则腐蚀速率就高。

第9章 缓蚀剂保护

缓蚀剂(Corrosion Inhibitor)是一种通过少量添加能明显降低腐蚀介质的腐蚀性，阻止或减缓金属腐蚀的化学物质，也可称为腐蚀抑制剂。缓蚀剂可用于中性介质(锅炉用水、循环冷却水)、酸性介质(除锅垢的盐酸，电镀前镀件除锈用的酸浸溶液)和气体介质(气相缓蚀剂)中。在各种金属腐蚀控制方法中，使用缓蚀剂是工艺简便、成本低廉、适用性强的一种方法，已广泛应用于石油和天然气的开采炼制、机械、化工、能源等行业。与其他金属防护方法相比，缓蚀剂有不改变金属构件或制品的性能和外观、用量少、使用方便等特点，但缓蚀剂必须在封闭或半封闭的腐蚀体系使用。本章介绍缓蚀剂的类型、原理和作用等。

9.1 缓蚀剂

9.1.1 缓蚀剂的定义

ASTM G15-08 标准将缓蚀剂定义为："缓蚀剂是一种以适当的浓度和形式存在于环境(介质)中，即可阻止或减缓腐蚀的化学物质或复合物"。它的用量很小(0.1%~1%)，但效果显著，这种保护金属的方法称缓蚀剂保护。主要用于中性介质(锅炉用水、循环冷却水)、酸性介质(除锅垢的盐酸，电镀前镀件除锈用的酸浸溶液)和气体介质(气相缓蚀剂)。

9.1.2 缓蚀剂的分类

缓蚀剂种类繁多，缓蚀机理复杂，目前还没有一种既能把各类缓蚀剂合理分类，又能反映缓蚀剂的组成、结构和缓蚀机理之间内在联系的完善方法。通常认为缓蚀剂可分为以下几类。

(1) 按照化学组成分类

按照对物质化学组成的划分，缓蚀剂可分为无机缓蚀剂和有机缓蚀剂两类。无机缓蚀剂包括硝酸盐、亚硝酸盐、磷酸盐、多磷酸盐、铬酸盐、重铬酸盐、钼酸盐、硅酸盐、钨酸盐、碳酸盐、硼酸盐、砷酸盐、硫酸盐以及硫化物等。有机缓蚀剂包括胺盐、咪唑啉类、醛类、羧酸盐类、季铵盐类、苯甲酸盐、杂环化合物、有机磷化合物、硫脲、亚砜、有机硫类、炔醇类、葡萄糖酸盐、松香胺衍生物类以及吡唑酮衍生物等。

(2) 按照电化学机理分类

根据缓蚀剂对金属电化学腐蚀过程的影响，可将缓蚀剂分为阳极型缓蚀剂、阴极型缓蚀剂和混合型缓蚀剂三类。

① 阳极型缓蚀剂

阳极型缓蚀剂又称阳极抑制型缓蚀剂，例如铬酸盐、重铬酸盐、亚硝酸盐、磷酸盐、硅酸盐以及苯甲酸盐等。阳极型缓蚀剂能增加阳极极化，从而使腐蚀电位正移，腐蚀电流减小，如图 9-1(a)所示。通常是阳极型缓蚀剂的阴离子移向阳极表面使金属钝化。对于非氧化型缓蚀剂(如苯甲酸钠)，只有在介质中有溶解氧存在时才能起到缓蚀作用，抑制金属的腐蚀。阳极型缓蚀剂在中性介质中应用广泛，但是如果用量不足，缓蚀剂不能充分覆盖阳极表面时，由于暴露在介质中的阳极表面积远小于阴极表面积，就会形成小阳极大阴极结构的腐蚀电池，反而会加剧金属孔蚀。因而，阳极型缓蚀剂也被称为“危险的缓蚀剂”。但苯甲酸钠除外，即使其用量不足也只会引起一般腐蚀。

② 阴极型缓蚀剂

阴极型缓蚀剂又称阴极抑制型缓蚀剂，例如聚磷酸盐、硫酸锌、酸式碳酸钙、砷离子、锑离子等。阴极型缓蚀剂在介质中使金属腐蚀电位负移，从而增大酸溶液中氢析出的过电位，减小腐蚀电流密度，如图 9-1(b)所示。通常是阴极型缓蚀剂的阳离子移向阴极表面，并形成化学的或电化学的沉淀保护膜，随着厚度的增加，阴极释放电子的反应被阻挡，从而抑制金属腐蚀。这类腐蚀剂在用量不足时不会加速腐蚀，故又称为“安全的缓蚀剂”。

③ 混合型缓蚀剂

混合型缓蚀剂又称混合抑制缓蚀剂，例如某些含氮、含硫和既含氮又含硫的有机化合物，以及生物碱和琼脂等。混合型缓蚀剂对阴极过程和阳极过程同时起到抑制作用，虽然腐蚀电位变化不大，但腐蚀电流密度却降低很多，如图 9-1(c)所示。这类型缓蚀剂又可细分为三类：①含氮有机化合物，如胺类、咪唑林类、季铵盐类和有机胺的亚硝酸盐类等；②含硫有机化合物，如硫醇、硫醚、亚砜、环状含硫化合物等；③含氮、硫、氧的有机化合物，如硫脲及其衍生物、炔醇化合物、羧盐酸类等。

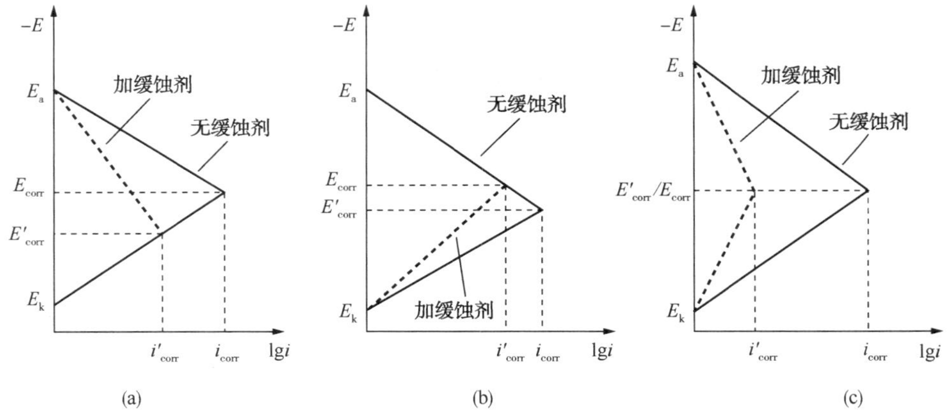

图 9-1 添加缓蚀剂前、后腐蚀电位和腐蚀电流密度的变化

(3) 按照缓蚀剂在金属表面形成保护膜的机理特征分类

根据缓蚀剂在金属表面形成保护膜的性质，可以将缓蚀剂分为氧化膜型、沉淀膜型和吸附膜型缓蚀剂三类，如图 9-2 所示。

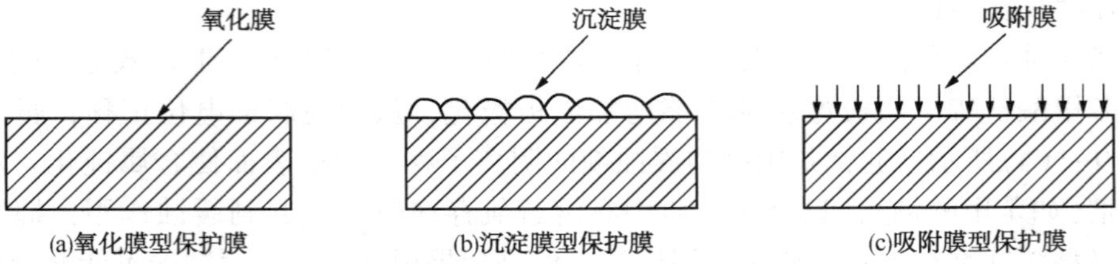

图 9-2　三类缓蚀剂保护膜示意图

① 氧化膜型缓蚀剂

氧化膜型缓蚀剂包括铬酸盐、重铬酸盐、亚硝酸盐、正磷酸盐等。由于具有钝化作用，因此这类缓蚀剂也称为“钝化剂”。

对于本身是氧化剂或以介质中的溶解氧作为氧化剂的氧化膜型缓蚀剂，它们会使金属表面形成一层极薄致密的氧化膜，造成金属离子化的过程受阻，从而减缓金属腐蚀。例如在介质中，氧化膜型缓蚀剂可以使铁的表面氧化成 γ-Fe_2O_3保护膜，从而抑制铁的腐蚀。然而，不是所有氧化性化合物都可以用作氧化膜型缓蚀剂，如高锰酸钾、锰酸钾都是强氧化剂，但它们不能使金属钝化，反而会促进金属腐蚀，需要特别注意。

本身不具有氧化性的氧化膜型缓蚀剂，其作用机理是使金属表面发生特征吸附，影响电化学腐蚀的阳极过程，使活化-钝化性金属的腐蚀电位进入钝化区，从而使金属处于钝化状态，表面形成一层钝化膜。一般来说，氧化膜型缓蚀剂对可钝化金属(铁族过渡性金属)具有较好的保护作用，而对于不钝化金属(如铜、锌等)则没有多大效果。在可溶解氧化膜的酸介质中也起不到作用。

氧化膜型缓蚀剂又可以进一步细分为阳极抑制型和阴极去极化型两类。它们会在金属表面反应形成一层致密的、附着性好的氧化膜，起到缓蚀作用。当氧化膜达到一定厚度之后，氧化反应的速度减慢，保护膜的生长基本停止。因此，过量的氧化膜型缓蚀剂不会使保护膜不断增加而导致垢层化或铁磷化；但是，用量不足则会加速腐蚀，使用中需要特别注意。

② 沉淀膜型缓蚀剂

沉淀膜型缓蚀剂包括聚磷酸盐、碳酸氢钙、硫酸锌等，它们与介质中的有关离子反应，并在金属表面生成具有缓蚀作用的沉淀膜。沉淀膜可以由缓蚀剂之间相互作用生成，也可由缓蚀剂和腐蚀介质中的金属离子作用生成。大多数情况下，沉淀膜在阴极区形成并覆盖于阴极表面，将金属和腐蚀介质隔开，抑制金属电化学腐蚀的阴极过程。有时沉淀膜由缓蚀剂分子上的反应基团和腐蚀过程中生成的金属离子相互作用而形成，覆盖金属的全部表面，同时抑制金属电化学腐蚀的阳极和阴极过程。例如在中性含氧水中，硫酸锌对钢铁具有缓蚀作用，是锌离子与阴极反应生成的氢氧根离子发生反应，生成难溶的氢氧化锌沉淀膜，阴极反应为 $O_2+2H_2O+4e^- \longrightarrow 4OH^-$，阳极反应为 $Zn \longrightarrow Zn^{2+}+2e^-$，沉淀反应为 $Zn^{2+}+2OH^- \longrightarrow Zn(OH)_2$。氢氧化锌沉淀膜覆盖于金属的阳极表面，抑制了阳极过程，起到了缓蚀作用。

沉淀膜的厚度一般比氧化膜的厚度大，约为几十至一百纳米，但其致密性较差，与金属的附着性也比氧化膜差，因此缓蚀效果比氧化膜要差一些。另外，当介质中存在缓蚀剂组分和相应的共沉淀离子时，沉淀膜的厚度不断增加，有可能会引起结垢现象，使沉淀膜垢层化。所以，沉淀膜型缓蚀剂通常需要与去垢剂同时使用才会起到较好的缓蚀作用。

③ 吸附膜型缓蚀剂

吸附膜型缓蚀剂能强烈吸附在金属表面形成吸附层，改变金属的表面性质，从而阻滞金属腐蚀。根据吸附原理不同，可以分为物理吸附和化学吸附膜型缓蚀剂两类。物理吸附是缓蚀剂离子与金属的表面电荷产生静电吸引力和范德华力所引起的，这种吸附快而可逆。化学吸附则是中性缓蚀剂分子与金属形成了配位键引起的，它比物理吸附强而不可逆，但吸附速度却较慢。物理吸附类包括胺类、硫醇、硫脲等；化学吸附类包括吡啶衍生物、喹啉衍生物、苯胺衍生物、季铵盐、炔醇类、环状亚胺等。

吸附膜型缓蚀剂分子一般由极性基团和非极性基团组成。极性基团是亲水性的，可以吸附于金属表面的活性点或整个表面，在金属表面形成吸附层。非极性基团是疏水或亲油的，位于离开金属的方向，通过憎水基起隔离作用，把金属表面和腐蚀介质隔开。通过吸附一方面使金属表面的能量状态趋于稳定，增加腐蚀反应的活化能，减慢腐蚀速率；另一方面，疏水性保护膜阻碍了与腐蚀反应有关的电荷或物质转移，从而使腐蚀速率减小。为了形成致密的吸附膜，金属表面必须洁净，因此在酸性介质中往往更多地使用这类缓蚀剂。

（4）根据其他方法分类

按照缓蚀剂改变金属表面状态的情况不同，将缓蚀剂分为相间型缓蚀剂（Inter-phase Inhibitor）和界面型缓蚀剂（Inter-face Inhibitor）两类。相间型缓蚀剂又称成膜型缓蚀剂，在金属表面形成三维的新相，主要应用于中性溶液；界面型缓蚀剂也称吸附型缓蚀剂，吸附的缓蚀剂分子形成二维的膜，多用于酸性溶液。

按照按缓蚀剂的物理状态，可分为油溶性缓蚀剂、气相缓蚀剂、水溶性缓蚀剂三类。

按照使用介质不同，可分为酸性缓蚀剂、中性缓蚀剂、碱性缓蚀剂、油溶性缓蚀剂、气相缓蚀剂。

按照用途不同将缓蚀剂分为酸洗（钢铁酸洗、锅炉酸洗等）缓蚀剂、油气井酸化缓蚀剂、石油化工工艺缓蚀剂、油田注水缓蚀剂、油田集输管线缓蚀剂、锅炉缓蚀剂、工业冷却水缓蚀剂、钢铁轧制液缓蚀剂、切削冷却乳化液缓蚀剂、钢筋混凝土缓蚀剂、防锈油缓蚀剂等。

按照被保护金属种类的不同，可分为黑色金属缓蚀剂和有色金属缓蚀剂。

根据缓蚀剂对生态环境的影响，可将缓蚀剂分为环境友好和环境有害的缓蚀剂。

9.1.3　缓蚀作用和缓蚀效率

在腐蚀介质中，通过添加缓蚀剂能大大降低金属腐蚀速率或防止金属锈蚀的现象，称为缓蚀作用。通常用缓蚀效率 η 或抑制系数 γ 来表征缓蚀剂对金属的缓蚀作用大小。缓蚀剂的缓蚀效率就是有缓蚀剂存在时腐蚀速度的下降值，与未加缓蚀剂时腐蚀速度的百分比，可用公式表示为：

$$\eta=\frac{v_0-v}{v_0}\times100\%=\left(1-\frac{v}{v_0}\right)\times100\% \tag{9-1}$$

式中　η——缓蚀效率；

v_0和 v——未加入缓蚀剂时和加入缓蚀剂后金属的腐蚀速率。

抑制系数 r 可表示为：

$$r=\frac{v_0}{v}=\frac{1}{1-\eta} \tag{9-2}$$

可见，缓蚀效率越大，抑制系数越大，缓蚀剂对金属的缓蚀作用越大，保护效果越显著。

9.2 缓蚀剂的缓蚀作用原理

根据腐蚀电化学原理，任何电化学腐蚀过程都是由金属的阳极溶解过程和去极化剂接受电子的阴极过程组成的。缓蚀剂的加入会使腐蚀电池的阳极过程或阴极过程受阻滞 或者同时使阳极和阴极过程受阻，从而起到缓蚀作用。

9.2.1 无机缓蚀剂的缓蚀作用原理

无机缓蚀剂的种类相对于有机缓蚀剂少，而且要求比较高的浓度才能有效地工作，多用于中性介质体系。最常用的无机缓蚀剂有亚硝酸盐、磷酸盐、聚磷酸盐、碳酸盐、硅酸盐、硼酸盐、铬酸盐等。无机缓蚀剂主要影响金属的阳极过程和钝化状态，使金属的腐蚀受到抑制。无机缓蚀剂在金属表面形成的保护膜以氧化膜(钝化膜)和沉淀膜为主。根据缓蚀剂对电极过程的抑制情况，无机缓蚀剂可分为阳极型、阴极型和混合型三类。

(1) 阳极型缓蚀剂缓蚀作用原理

通常，把阳极型缓蚀剂和阴极去极化型缓蚀剂都归为阳极型缓蚀剂。这二者的界限很难区分，而且同一种缓蚀剂可能同时有两种缓蚀作用机理，即使是同一种缓蚀剂，也可能由于金属材料或者腐蚀介质的不同而具有不同的缓蚀作用机理。

① 阳极型缓蚀剂缓蚀作用原理

阳极型缓蚀剂的作用原理是：当在腐蚀介质中加入阳极型缓蚀剂时，钝化剂将使金属表面发生氧化(钝化)，形成一层致密的氧化膜(钝化膜)，提高金属在腐蚀介质中的稳定性，从而抑制金属的阳极溶解腐蚀。

图 9-3 是阳极型缓蚀剂(钝化剂)的作用原理图。图中曲线 a 是金属的阳极极化曲线，曲线 k 是对应的阴极极化曲线。这两条曲线的交点 M 表示金属的腐蚀状态，即在该腐蚀介质中，金属是处于腐蚀电位 E_{corr}，以腐蚀电流密度 i_{corr} 的溶解速率被腐蚀。介质中加入阳极型钝化剂后，金属的阴极极化曲线几乎不变，阳极极化曲线变化显著，由曲线 a 变为曲线 b。这是由于金属表面吸附了氧化性离子或溶液中的氧，或者因金属表面的氧化作用而形成钝化膜，使金属的离子化过程受阻而引起的。比较曲线 a 和 b 可以看出，金属的稳定钝化电位 E_{pp} 向负方向移动，破坏钝化膜的过钝化电位 E_b 向正方向移动，即钝化区变宽，同时相应的临界钝化电流和维钝电流密度变小。可见，阳极型缓蚀剂的加入使金属表面发生钝化，两条极化曲线的交点由活化区的 M 点转变为处于钝化区的 N 点，即腐蚀发生在钝化区，腐蚀电流密度 i''_{corr} 等于维钝电流密度，金属的腐蚀速率明显降低。

通常，在腐蚀介质中加入阳极型缓蚀剂后，金属并不出现钝态，而是如图 9-4 所示的状态，金属的腐蚀电位向正方向移动，阳极极化曲线的塔菲尔斜率增大。这说明金属离子要克服更大的势垒才能从金属表面转入溶液中，金属的腐蚀速率显著降低。

阳极型缓蚀剂包括重铬酸盐、磷酸盐、硼酸盐等无机缓蚀剂。

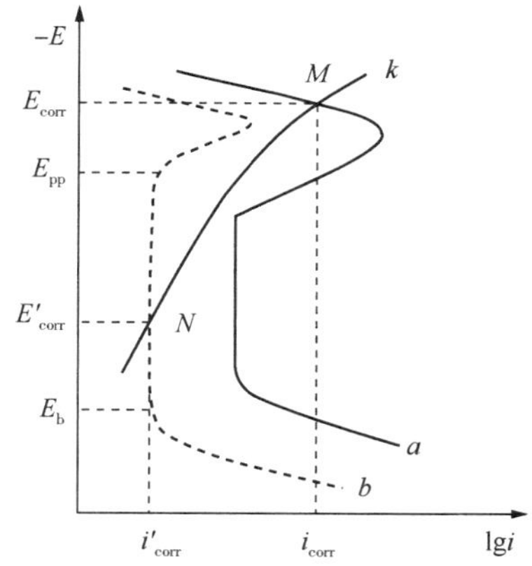

图 9-3　阳极型钝化剂的作用原理图

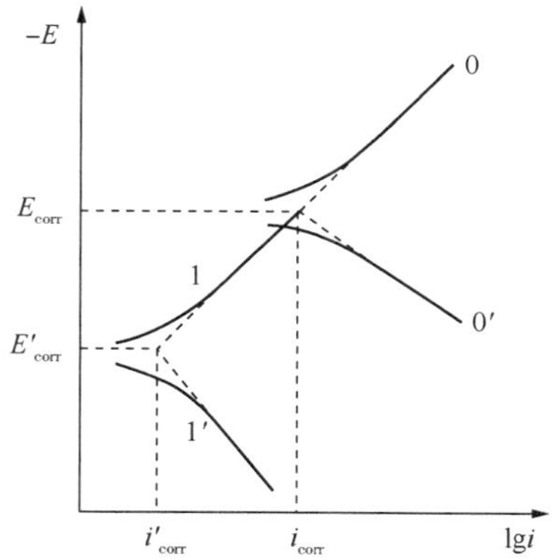

图 9-4　实测阳极缓蚀剂的极化曲线

（注：0、0′—未加缓蚀剂；1、1′—添加缓蚀剂。）

② 阴极去极化型钝化剂成膜理论

阴极去极化型钝化剂的作用原理是：当中性的含氧水溶液中加入阴极去极化型钝化剂时，钝化剂促进了阴极反应，使金属处于钝态，从而降低了金属的阳极溶解电流，使其腐蚀速率明显降低。

阴极去极化型钝化剂的作用原理如图 9-5 所示。在加入阴极去极化型钝化剂后，阳极极化曲线几乎不变，而阴极极化曲线变化较大，由曲线 k 变为 k'。阴极极化曲线是表示还原反应特性的，这类缓蚀剂能使阴极极化曲线斜率变小，即离子更容易被还原，腐蚀电位向正方向移动。

腐蚀电位正移的结果使得阴极极化曲线 k' 与阳极极化曲线 a 在钝化区相交于 P 点，金属处于钝态。但是，当阴极去极化型钝化剂的用量不足时，阴极极化曲线则由 k 变为 k''，它与阳极极化曲线 a 在活化区相交，使金属的腐蚀电流密度由 i_{corr} 增加到 i''_{corr}，导致金属腐蚀加速，使用时应充分注意。

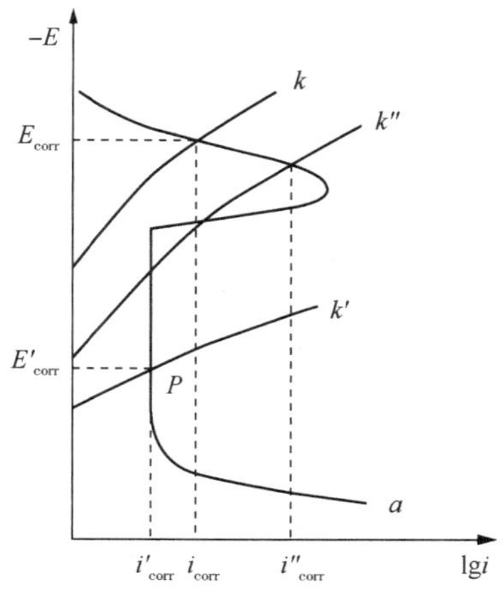

图 9-5　阴极去极化型钝化剂的作用原理图

常见的阴极去极化型钝化剂有亚硝酸盐、硝酸盐和高价金属离子如 Fe^{3+}、Cu^{2+} 等。此外，在酸性介质中，含有氧化性离子的盐类，如钼酸盐、钨酸盐和铬酸盐也属于这类缓蚀剂。

（2）阴极型缓蚀剂缓蚀作用原理

阴极型缓蚀剂与阳极型缓蚀剂不同，它主要是在金属的活化溶解区中起缓蚀作用，在金属表面多形成沉淀膜。其作用主要在于控制阴极过程的进行，增大阴极极化，而并不改变阳极面积，作用原理见图 9-6。加入阴极型缓蚀剂后，阴极极化增大，金属的腐蚀电位向负方向移动，腐蚀电流密度降低。图 9-7 是实测的阴极型缓蚀剂的极化曲线。可以看出，加入阴极型缓蚀剂后，金属腐蚀电位向负方向移动，阴极极化曲线斜率增大。这说明，阴极型缓蚀剂使金属腐蚀的阴极过程受到阻滞，腐蚀电流密度减小，腐蚀速率降低。

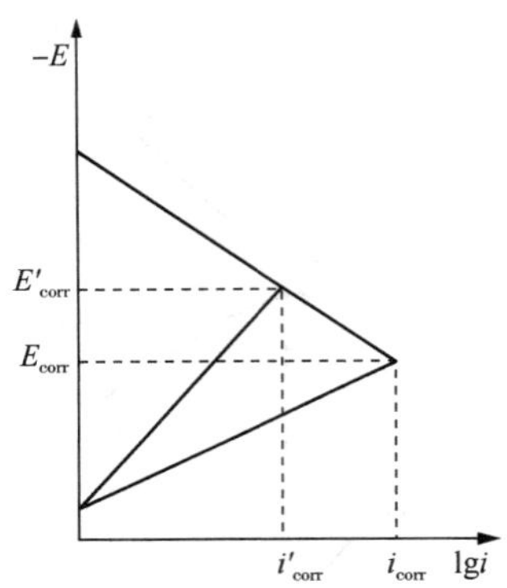

图 9-6　阴极型缓蚀剂作用原理图

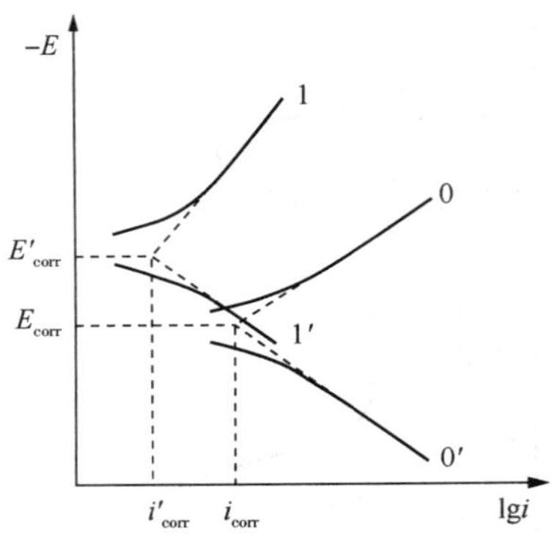

图 9-7　实测阴极缓蚀剂的极化曲线
（注：0、0′—未加缓蚀剂；1、1′—添加缓蚀剂。）

中性介质中，腐蚀过程的阴极反应主要是氧去极化反应：$O_2+2H_2O+2e^- \longrightarrow H_2O_2+2OH^-$、$H_2O_2+2e^- \longrightarrow 2OH^-$或者 $O_2+2H_2O+4e^- \longrightarrow 4OH^-$。反应生成的 OH^-与缓蚀剂作用生成氢氧化物沉淀，在金属表面的阴极区形成多孔性的较致密沉淀膜。该沉淀膜会阻碍氧的扩散，使氧的去极化作用受阻，腐蚀速率降低。

属于这类缓蚀剂的有：①Ca、Mg、Zn、Mn 和 Ni 的盐等化合物。这些缓蚀剂能在中性介质中与氧去极化反应新生成的 OH^-离子作用，在金属表面的阴极区形成沉淀膜，抑制氧的去极化作用，从而减小金属的腐蚀速度。②As、Sb、Bi 和 Hg 等的金属盐。在酸性介质中，它们常以 As、Sb、Bi 的形式析出在阴极上，使阴极析氢过电位增大，氢离子还原反应受阻，从而对金属起到缓蚀作用。③除氧剂 Na_2SO_3 和 N_2H_4。在中性介质中，这些缓蚀剂与氧发生化合，消耗溶液中的氧，从而抑制氧去极化反应。

（3）混合型缓蚀剂缓蚀理论

混合型缓蚀剂的作用原理是：它们能同时阻滞阳极反应和阴极反应，从而起到缓蚀作用，其作用原理图如图 9-8 所示。可以看出，缓蚀剂的加入对体系的自腐蚀电位几乎没有影响，但腐蚀电流密度变化较大。图 9-9 是混合型缓蚀剂的实测极化曲线图。不难发现，加入缓蚀剂后，金属的腐蚀电位变化不大，但阴、阳极极化曲线的斜率都出现增大，使得腐蚀电流密度显著降低。

属于这类缓蚀剂的有铝酸钠、硅酸盐等。

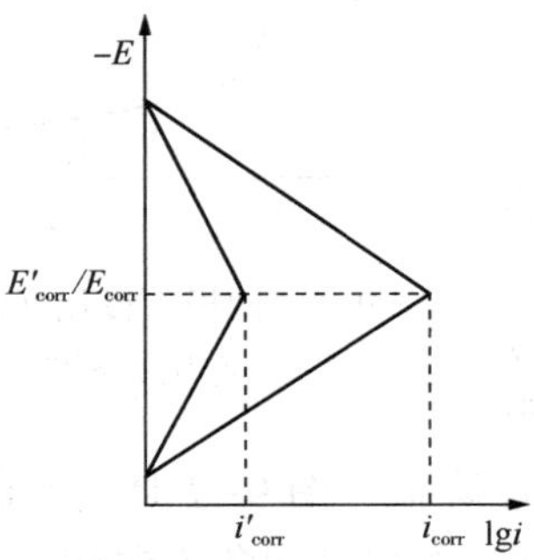

图 9-8　混合型缓蚀剂作用原理图

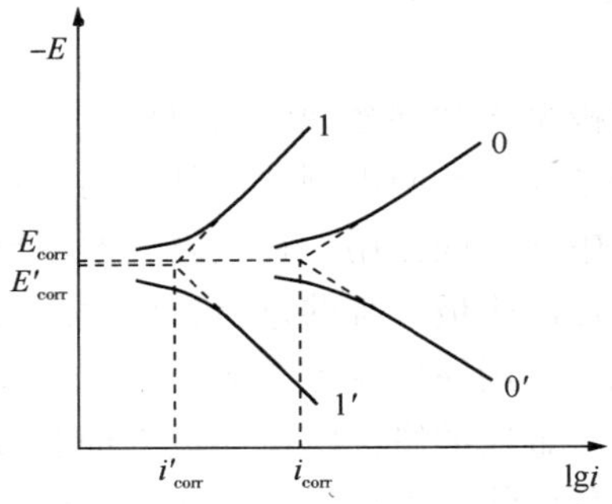

图 9-9　实测混合型缓蚀剂的极化曲线
（注：0、0′—未加缓蚀剂；1、1′—添加缓蚀剂。）

9.2.2 有机缓蚀剂的缓蚀作用原理

有机缓蚀剂具有在金属表面进行吸附的特性，因此又称为吸附型缓蚀剂，它在金属表面以形成吸附膜为主，有时也形成钝化膜和沉淀膜。如图 9-10 所示。

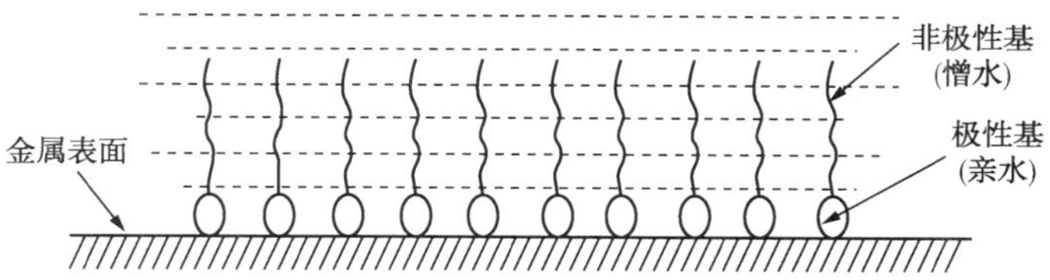

图 9-10 有机缓蚀剂分子吸附在金属表面示意图

有机缓蚀剂是由两部分组成的：一部分是由电负性较大的 N、S、P 和 O 等原子为中心组成的极性基团(亲水基)，极性基团容易被金属表面吸附，从而改变金属在介质中的双电层结构，提高金属离子化过程中的活化能；另一部分是以 C、H 等原子组成的疏水的(或亲油的)非极性基团(例如烷基、烯基)。当有机缓蚀剂加入到介质中时，缓蚀剂分子带极性基团的一端被金属表面所吸附，而非极性基团端则远离金属表面作定向排列，形成疏水层(如图 9-10 所示)。该疏水层使得腐蚀介质被缓蚀剂的分子排挤出来，将腐蚀介质与金属表面隔离开，阻碍与腐蚀反应有关的电荷或物质转移，从而使金属的腐蚀速度明显降低。

对于有机缓蚀剂来说，其极性基团在金属表面的吸附方式主要有物理吸附、化学吸附、络合作用和 π 键吸附等。下面就其理论模型等进行介绍。

(1) 有机缓蚀剂的物理吸附

由于静电引力和范德华力引起的吸附称为缓蚀剂的物理吸附。物理吸附的吸附作用力小，作用热小，吸附较快，但容易脱附，即吸附具有可逆性，受温度影响小，对金属无选择性。物理吸附可以是单分子层吸附，也可以是多分子层吸附。

Sieverts 和 Kuhn 最先提出了有机缓蚀剂极性基团的物理吸附作用。Mann 进行了详细的研究后指出，在酸性介质中，烷基胺(RNH_2)、吡啶(C_5H_5N)、三烷基磷(R_3P)和硫醇(RSH)等的中心原子都有未共用的电子对，因此它们能与酸液中的氢离子形成鎓离子(Onium Ions)。例如：

$$RNH_2+H^+\longleftrightarrow(RNH_3)^+$$

$$C_5H_5N+H^+\longleftrightarrow(C_5H_5NH)^+$$

$$R_3P+H^+\longleftrightarrow(R_3PH)^+$$

$$R_3N+H^+\longleftrightarrow(R_3NH)^+$$

$$RSH+H^+\longleftrightarrow(RSH_2)^+$$

鎓离子就是含有未共用电子对的化合物，以其未共用电子对与氢离子或其他阳离子形成配价键所形成的阳离子。由于静电引力，鎓离子会被吸附在金属表面的阴极区(金属表面带负电荷)，使金属表面仿佛带正电，使酸性介质中的氢离子难以接近金属表面，提高了氢离子放电的活化能，从而大大减缓金属的腐蚀。

对阳离子缓蚀剂的物理吸附来说，除上面介绍的鎓离子外，阴离子基团也有较大的影响。这些阴离子吸附于带正电荷的金属表面，使金属表面部分区域带负电荷，从而有利于阳离子的物理吸附。这种添加阴离子而使缓蚀效果提高的现象称为“阴离子效应”，也称“缓蚀剂协同作用效应”。一般来说，阴离子对阳离子缓蚀剂的缓蚀效果的影响大小为：$I^->Br^->Cl^->SO_4^{2-}>ClO_4^-$。

有时候，有机缓蚀剂的阴离子也能发生物理吸附。例如溶液中，烷基磺酸（RSO_3H）、烷基苯磺酸（$RC_6H_4SO_3H$）、苯磺酸（$C_6H_5SO_3H$）以阴离子的形式存在，吸附于金属表面带正电荷的阴极区，促进 H^+ 放电，加速腐蚀。当金属表面形成完整的膜层后，则阻碍 H^+ 的放电以及物质的扩散，抑制腐蚀。

（2）有机缓蚀剂的化学吸附

早在 1950 年，美国德克萨斯大学的 N. Hackerman 就提出了缓蚀剂的化学吸附理论。他指出，化学吸附的作用力大、吸附热高、吸附进行较缓慢，但脱附较难，受温度的影响大，对金属的吸附有选择性，而且只能形成单分子吸附层等。

① 供电子型缓蚀剂的化学吸附

大多数有机缓蚀剂是以配价键的形式吸附在金属表面的，这种吸附与金属的结构和缓蚀剂分子中极性基团的电子结构有关。有机缓蚀剂分子极性基团的中心原子都有未共用的电子对，当金属中存在空的 d 轨道时，这些独对电子就有可能与 d 轨道形成配价键，从而使缓蚀剂吸附在金属表面上。以有机胺为例：

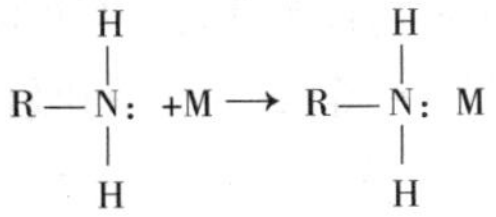

这种由缓蚀剂中心原子的电子对与金属形成配价键的吸附称为化学吸附，这类缓蚀剂称为供电子型缓蚀剂或电子给予体缓蚀剂。苯环和双键上的 π 电子的作用和独对电子相同，因此也属于此类缓蚀剂。

供电子型缓蚀剂极性基团中心原子的电子云密度越大，供电子的能力就越强，越有利于金属化学吸附的进行。因此，对于有机缓蚀剂的化学吸附，不仅要考虑极性基团中心原子的供电子能力，也要注意缓蚀剂的分子结构以及取代基种类的影响。例如，对于盐酸中的铁来说，下列几组胺的缓蚀效果不同。

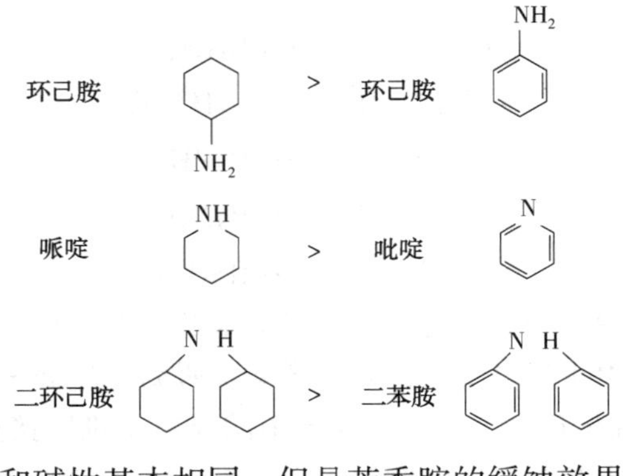

这三组胺的分子大小和碱性基本相同，但是芳香胺的缓蚀效果比脂肪胺差。这是由于芳香胺 N 原子的独对电子受其苯环 π 电子共振的影响，电子云密度降低，使其对金属的化学吸附能力降低，从而导致缓蚀作用减弱。这种现象称为缓蚀剂的共振效应，它反应了 π 电

子对缓蚀剂极性基团中心原子的孤对电子的影响。除了苯环，双键或者叁键的 π 电子都有共振效应。

缓蚀剂极性基团中心原子的供电子能力也受到与其相关联的非极性基的影响。如果非极性基是斥电子的，可使电子偏向极性基，从而提高中心原子的供电子能力，促进缓蚀剂的化学吸附，增强缓蚀作用；如果非极性基是吸电子的，则会使电子偏移中心原子，降低中心原子的供电子能力，导致缓蚀作用的减弱。非极性基的这种影响称为诱导效应。一般用 σ^* 表示非极性基诱导效应的大小，称为极性取代基常数，即 Taft 常数。表 9-1 中列出了一些极性取代基的 σ^* 常数。如果中心原子上同时有几个取代基时，可用 $\Sigma\sigma^*$ 来表示这些取代基的共同作用。以苯胺 $C_6H_5NH_2$ 为例，其 $\Sigma\sigma^* = 0.600(C_6H_5) + 2\times0.490(H) = 1.580$。$\sigma^*$ 或 $\Sigma\sigma^*$ 的数值越小，说明非极性基的斥电子能力越强，因此极性基团中心原子的电子云密度越大，缓蚀剂的化学吸附越强，缓蚀效果越好。

此外，对于含有多个双键的共轭体系的缓蚀剂(例如苯胺)，当中心原子 N 原子上的氢被取代基置换后，由于双键的 π 电子可以自由移动，π 电子的共振效应和取代基的诱导效应往往同时存在。因此，通常用 Hammett 常数 σ 表示这两种效应的共同影响，描述共轭体系极性基团的电子云密度。当 $\sigma<0$ 时，该极性基团是供电子型的，中心原子的电子云密度增大，对金属容易进行化学吸附，缓蚀效率提高；$\sigma>0$ 时，极性基团是吸电子型的，中心原子的电子云密度减小，不利于化学吸附，缓蚀效率降低。

表 9-1　一些极性取代基的 σ^* 常数

取代基	σ^*	取代基	σ^*
H	0.490	$(C_4H_9)_2$	-0.210
CH_3	0	$(C_4H_9)_3$	-0.300
C_2H_5	-0.100	C_6H_5	+0.600
C_3H_7	-0.115	$C_6H_5CH_2$	+0.215
C_4H_9	-0.130	C_6H_{11}	-0.150

② 供质子型缓蚀剂的化学吸附

日本学者藤井晴一在研究硫醇($C_nH_{2n+1}SH$)对铜以及十二烷基胺($C_{12}H_{25}NH_2$)对铁的缓蚀作用试验后指出，有机缓蚀剂除了供电子型外，还有供质子型，即提供质子对金属进行吸附的有机缓蚀剂。这种缓蚀剂称为供质子型缓蚀剂，又称质子给予型缓蚀剂。

十六硫醇($C_{16}H_{33}SH$)对铜的缓蚀效果研究表明，常温下硫醇中的 S 原子难以向金属提供电子，实现化学吸附。然而，尽管硫醇中的 S 原子供电子能力较弱，但是这些 S 原子能吸引相邻氢原子的电子，使得氢原子像带正电荷的质子一样，容易吸附在金属表面的阴极区，促进缓蚀效率提高。

由于 N、O 原子的电负性比 S 原子大，吸引相邻氢原子的能力也比 S 原子强，因此，除了含 S 原子的缓蚀剂，含 N、O 原子的有机缓蚀剂也有供质子进行化学吸附的情况。人们研究证实，伯胺对金属的吸附以质子吸附为主，但是也存在供电子吸附。仲胺和叔胺则以供电子吸附为主，尤其是在它们引入斥电子取代基后。此外，含氧的醇类，一些含氮、硫的环状化合物也都是供质子型有机缓蚀剂。这些缓蚀剂对铜及其合金的缓蚀作用特别显著。

③ 有机缓蚀剂的络合作用

含缓蚀剂的介质中，金属表面吸附着缓蚀剂分子，金属的吸附与金属离子的络合作用有很多相似之处。具有络合能力的极性基团中心原子都含有带孤对电子的ⅤA 和ⅥA 族元素。极性基团包括碱性极性基团和酸性极性基团，如氨基(—NH_2)、亚氨基、叔氨基或杂环氮化合物、羰基及醇基等都属于碱性极性基团；羧基、磺酸基、膦酸基及叁键等属于酸性极性基团。这些极性基团的中心原子与过渡族金属空的 d 轨道形成配价键，组成络合物。对于酸性配位基，质子游离化后将带负电，这样它与中心的正离子发生静电吸附作用而增强了络合能力。对于水溶剂，金属离子都是水化的，水化金属离子可以看做是一种弱的络合作用，因此有机缓蚀剂分子必须排除金属表面的配位水分子，才能与金属结合作用。

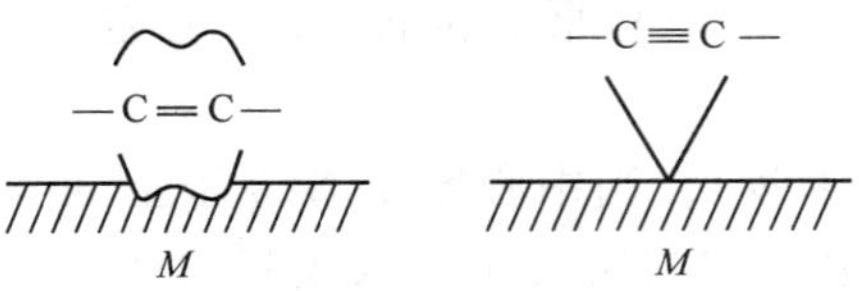

图 9-11　π 键吸附示意图

④ 有机缓蚀剂的 π 键吸附

对于含有双键和叁键结构的有机缓蚀剂来说，由于双键和叁键的 π 电子类似独对电子，可以提供电子，因此它们也能与金属空的 d 轨道结合形成配价键，吸附于金属表面，如图 9-11 所示。这类化合物的吸附作用较强，缓蚀作用显著。

荒牧国次研究认为，除了考虑 π 键吸附，双键化合物的缓蚀性能也受到取代基的影响。如果取代基极性较弱，且离双键位置较远，则这类化合物对金属的吸附只是由双键的 π 电子起作用；如果取代基极性较强，且离双键较近，则极性基团中心原子的孤对电子就与双键的 π 电子形成共轭体系，由于 π 电子的共振，可能形成如下结构：

$$CH_2{=}CH{-}CH_2X\colon \xrightleftharpoons{\text{共振}} CH_2 \cdots CH \cdots CH_2 \cdots X$$

其中，X 基为：—SH，—NH_2，—I，—Br。

这种共振的结果就形成一种大的 π 键，以平面吸附的形式促进了缓蚀剂在金属表面的吸附，提高了缓蚀剂的作用效率。丙烯酸和丙烯酸酯由于共振的缘故也会形成大 π 键，平面吸附在金属表面上，其缓蚀效率比丙胺、丙酸高。

此外，有研究指出，有效炔醇类的叁键必须在碳链的顶端，羟基的位置必须与叁键相邻（α 位），否则炔醇的缓蚀效果较差，甚至无缓蚀作用。炔醇类的缓蚀剂性能与叁键的位置、羟基的数目和位置，以及分子量大小有关：

① 取代基的数目和取代基大小的影响。以丙炔醇化合物为例，甲基取代氢后，缓蚀性能顺序如下：

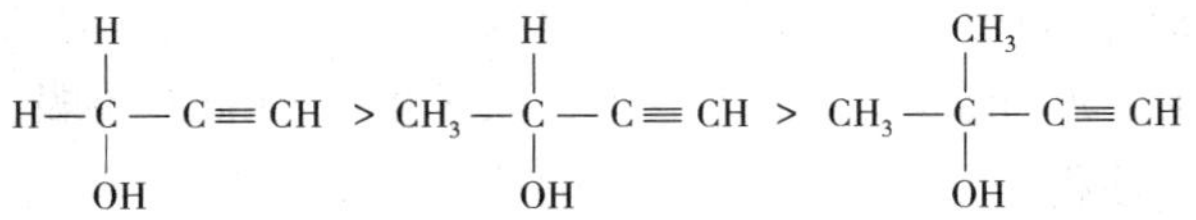

可见，α 碳原子的一个氢被甲基取代后，缓蚀性能低于丙炔醇；α 碳原子的两个氢被甲基取代后，缓蚀性能更差。

② 三键末端含有一个乙炔氢时，炔醇的缓蚀性能最好：

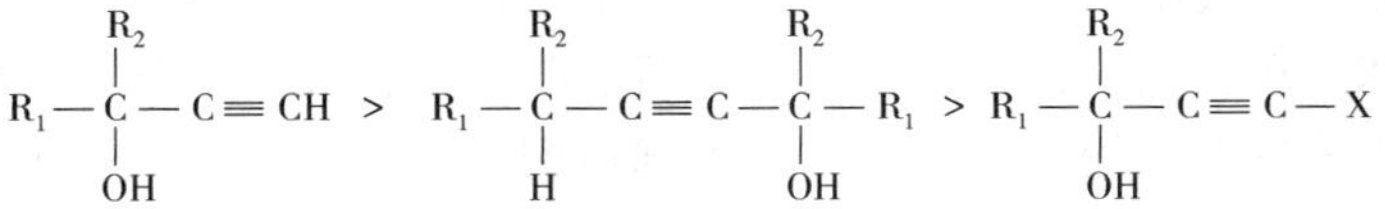

式中 X——卤素原子。

③ 羟基连接在靠近叁键的碳原子上时，缓蚀作用效果最好：

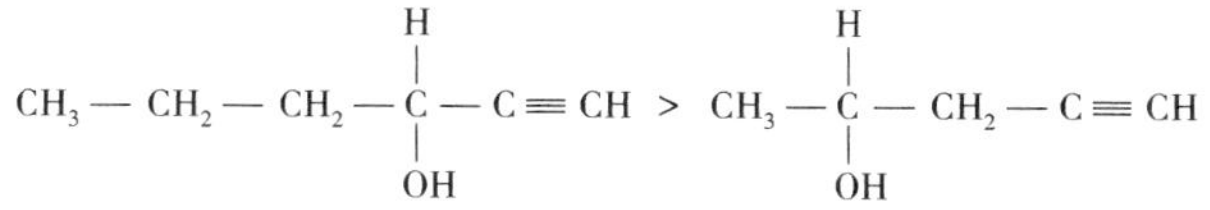

（3）有机缓蚀剂在金属表面的吸附规律

为了研究有机缓蚀剂在金属表面的吸附规律，人们提出了覆盖度的概念，并定义为吸附于金属表面的活性点占全部活性点的分数。如果金属表面被缓蚀剂分子吸附后，被缓蚀剂分子覆盖的表面部分 θ 对介质可以起到阻碍作用，而裸露的表面部分 $(1-\theta)$ 将受到介质的腐蚀。这样，加入缓蚀剂后的金属溶解速率 v 可以表示为：

$$v=v_0(1-\theta) \tag{9-3}$$

式中 v_0——未加缓蚀剂时的腐蚀速率；

v——加入缓蚀剂后的腐蚀速率。

引入缓蚀剂的抑制系数 r：

$$r=\frac{v_0}{v}=\frac{1}{1-\theta} \tag{9-4}$$

则有：

$$\theta=1-\frac{v}{v_0} \tag{9-5}$$

已知缓蚀效率公式为：

$$\eta=\frac{v_0-v}{v_0}\times 100\% \tag{9-6}$$

或：

$$\eta=1-\frac{v}{v_0}=\theta \tag{9-7}$$

因此，测得缓蚀剂的缓蚀效率 η 后，便可知道金属表面被缓蚀剂吸附的覆盖度 θ。覆盖度 θ 也可以用微分电容的电化学方法求得。

缓蚀剂在金属表面上的吸附，除了与金属、缓蚀剂的性质有关外，还与介质温度、流动状态、缓蚀剂浓度等因素有关。在一定温度下，金属对于缓蚀剂的吸附可以用经典的朗格缪尔（Langmuir）吸附等温式表示：

$$\theta=\frac{KC}{1+KC} \tag{9-8}$$

式中 K——吸附平衡常数；

C——缓蚀剂浓度，mol/L。

将式(9-8)转换为：

$$KC=\frac{\theta}{1-\theta} \tag{9-9}$$

或：

$$KC=\frac{\eta}{1-\eta} \tag{9-10}$$

等式两边取对数，有：

$$\lg\frac{\eta}{1-\eta}=K'+\lg C \tag{9-11}$$

上式表明 $\lg\frac{\eta}{1-\eta}$ 与 $\lg C$ 为线性关系。很多有机缓蚀剂在一定浓度范围内，都服从 Langmuir 吸附等温关系。

缓蚀剂在金属表面的吸附比较复杂，有的缓蚀剂与弗罗因德利希（Freundlich）等温方程式相适应：

$$\lg\theta=a\lg C+b \tag{9-12}$$

式中　a、b——常数。

有些有机缓蚀剂则与简化的特姆金（Temkin）等温方程式相符：

$$\theta=\frac{1}{k}\lg C+k' \tag{9-13}$$

这种形式的吸附等温线往往适用于中等覆盖度（$0.2\leqslant\theta\leqslant0.8$）的情况。

如果考虑到相邻吸附粒子间的作用，就可以用弗鲁姆金等温方程表示，可简化为：

$$\frac{\theta}{1-\theta}\exp(f\theta)=kC \tag{9-14}$$

式中　f、k——常数。

可以看出，从实验中测得缓蚀剂的缓蚀效率 η 与缓蚀剂浓度 C 的关系，有助于分析缓蚀剂的吸附类型。结合表面微观分析方法，可以深入研究缓蚀剂在金属表面吸附成膜的机理。

（4）有机缓蚀剂非极性基团的屏蔽效应

有机缓蚀剂分子由极性基团与非极性基团组成，为使尽可能少的缓蚀剂物质充分发挥缓蚀作用，缓蚀剂分子极性基与非极性基之间，应有适当的“两性均衡”，即缓蚀剂分子的极性基团能牢固吸附在金属表面上，非极性基团能有效覆盖整个金属表面。如图 9-10 所示，非极性基团在金属表面形成一层疏水的保护膜，阻碍金属离子向外扩散和腐蚀介质或水到达金属表面发生反应。这种缓蚀剂的非极性基团在金属表面形成疏水层起防止腐蚀介质侵入的作用，称为非极性基的屏蔽效应。

对于相同的极性基，因非极性基（烷基）的碳链长短和结构的不同，缓蚀剂的缓蚀性能也有很大差别。具有直链基的缓蚀剂，基直链越长，缓蚀效果越好。但是直链太长，其水溶性太差，使用时需添加适当的表面活性剂或助溶剂以提高其在水中的分散性能。

非极性基团的屏蔽效应也因吸附方式的不同而不同。当缓蚀剂分子极性基团是物理吸附时，非极性基团是相对于金属表面取任意角度排列；极性基是化学吸附时，由于极性基团中心原子是以一定角度与金属形成配位键，非极性基就不能像物理吸附时自由倾斜着。但是，无论是物理吸附还是化学吸附，非极性基都是随着极性基吸附绕着键轴旋转的。因此，缓蚀剂分子的屏蔽面积是与非极性基的链长密切相关的。

对于非极性基两端有极性基团的缓蚀剂，如多次甲基二胺 $NH_2(CH_2)_nNH_2$（$n=2\sim12$），其在 6mol/L HCl 溶液中对铁的缓蚀效果随着碳原子数目的增加而增强。分析认为，当 $n=3\sim8$ 时，缓蚀剂分子在金属表面为平面吸附；当 $n=9\sim12$ 时，中间非极性基团弯曲吸附在金属表面，有效覆盖面积增大，促使缓蚀性能提高。

非极性基上存在支链时，往往会阻碍极性基团的化学吸附，致使缓蚀剂的缓蚀性能下降，这种现象称为非极性基团的立体障碍作用。但是，当支链的存在并没有影响极性基团的化学吸附，反而增加了屏蔽面积时，缓蚀剂的缓蚀效果不因支链的存在而降低。因此，要具体分析非极性基团的立体障碍的作用，不能认为所有的立体障碍都会对缓蚀作用产生明显影响。

9.2.3 缓蚀剂的协同效应

缓蚀剂协同作用效应就是一种缓蚀剂的性能由于其他物质或缓蚀剂的加入而得到改善和提高的现象。也就是说，当两种以上缓蚀物质组成的复合缓蚀剂存在于腐蚀介质中时，其缓蚀作用显著增强。缓蚀剂的协同作用大于缓蚀剂的加和作用，这种缓蚀性能的提高是各类缓蚀剂相互促进的结果。当然，也有缓蚀剂一起使用时其蚀效果比缓蚀剂单独使用时差的情况，这种现象称为“缓蚀剂的拮抗效应”，也称“缓蚀剂的负协同作用效应”。因此，在研究和开发使用缓蚀剂产品时，要充分利用缓蚀剂的协同作用效应，选取协同作用效应较好的组分相互配合，达到最佳的缓蚀效果。

R. J. Tedeschi 提出用势差比(PR)方法来研究复合缓蚀剂中各单组分对复合组分缓蚀作用的相对增强程度或者势差度。例如，有一种由组分 A 和 B 构成的复合缓蚀剂，A、B 在腐蚀介质中单独使用时的浓度与它们在混合物中的浓度相同。在相同的实验条件下，将复合缓蚀剂与其组分作了对照，结果如下。

研究对象：二元复合缓蚀剂 A+B；

腐蚀速率：$v[\mathrm{g/(m^2 \cdot h)}]$；

势差比：PR；

已知：$v_{A+B}=0.001$，$v_A=0.01$，$v_B=0.1$。

$$PR_A=\frac{v_A}{v_{A+B}} \tag{9-15}$$

$$PR_B=\frac{v_B}{v_{A+B}} \tag{9-16}$$

则：

$$PR_A=\frac{0.01}{0.001}=10 \tag{9-17}$$

$$PR_B=\frac{0.1}{0.001}=100 \tag{9-18}$$

A 或者 B 的势差比是它们各自单独使用时的腐蚀速率与复合缓蚀剂的腐蚀速率之比。组分 A 与 B 混合后，复合缓蚀剂的缓蚀性能增强，比各组分单独使用时的腐蚀速率分别降低了 10 倍和 100 倍，即缓蚀性能提高了 10 倍和 100 倍。这就是用势差比方法研究复合缓蚀剂各组分之间相互影响的协同作用效应得出的结果。

苏联学者 Туманов Т. А 等研究了缓蚀剂卡特平、聚甲醛和乌洛托品复配时的协同作用情况，结果见表9-2。从表中可以看出，卡特平在温度低于60℃的盐酸溶液中，对钢有较好的缓蚀效果。当温度为80℃时，在浓度为30%的盐酸溶液中，卡特平的缓蚀效果显著降低，在与乌洛托品复配使用后，腐蚀速率明显减小，由745.8g/(m^2·h)降低至15.24g/(m^2·h)。可见，卡特平与乌洛托品之间具有很好的协同作用效应。

表9-2　不同温度下卡特平、聚甲醛和乌洛托品复配时的腐蚀速率

盐酸浓度/%	缓蚀剂浓度/(g/L)	腐蚀速率/[g/(m^2·h)]			
		20℃	40℃	60℃	80℃
10	—	13.27	47.09	286.25	871.27
	卡特平5	0.09	0.20	0.88	7.55
	聚甲醛5	0.14	1.15	16.35	99.71
	乌洛托品5	0.09	1.02	4.25	15.16
	卡特平2.5 聚甲醛2.5	0.07	0.20	0.61	4.88
	卡特平2.5 乌洛托品2.5	0.08	0.19	0.65	2.96
20	—	29.56	84.05	466.22	1848.93
	卡特平5	0.16	1.65	9.68	63.16
	聚甲醛5	0.17	17.86	68.90	497.21
	乌洛托品5	0.16	3.19	15.40	105.88
	卡特平2.5 乌洛托品2.5	0.11	0.22	1.38	9.31
30	—	83.02	196.92	910.71	2934.90
	卡特平5	5.88	25.21	39.22	745.80
	聚甲醛5	8.41	19.77	110.20	638.56
	乌洛托品5	1.19	8.42	39.51	190.54
	卡特平2.5 乌洛托品2.5	0.25	0.79	2.74	15.24

Iofa研究硫酸溶液中四丁基铵离子和I^-对铁的缓蚀作用试验后发现，四丁基铵离子在硫酸溶液中对铁的缓蚀作用较差。加入I^-后，I^-在金属表面的特性吸附改变了金属表面双电层结构，使金属表面的电荷带负电，有利于四丁基铵阳离子的吸附，从而大大提高缓蚀效率。这就是无机缓蚀剂与有机缓蚀剂协同作用的结果。能产生有机阳离子的缓蚀剂，如吡啶、喹啉、苯胺衍生物和硫脲及其衍生物等，它们与卤素离子复合使用时，由于协同作用效应使其缓蚀效果显著提高。一些阳离子如SCN^-、HS^-和有机阴离子等与季铵阳离子复配也表现出良好的协同效应。

聂世凯等利用协同作用原理成功研制了兰-5硝酸缓蚀剂。兰-5组分为苯胺、乌洛托品和硫氰化钾。硫氰化钾在硝酸溶液中的稳定性，及苯胺在硝酸中能和HNO_2反应生成重氮化合物，可消除HNO_2的自动催化作用。苯胺与乌洛托品在酸中可以相互反应形成缩合物。三种化合物协同作用最佳的配比为0.1KSC+0.3乌洛托品+0.2苯胺。兰-5的使用温度在60℃

以内，硝酸浓度为7%，更高的温度或硝酸浓度都会明显降低其缓蚀性能。

华中理工大学在研制7701复合缓蚀剂的工作中也成功利用了缓蚀剂的协同作用效应，使7701缓蚀剂可以在150~180℃的浓盐酸(20%~28%)溶液中应用。例如，N80油管钢试片在90℃、$w(HCl)=28\%$和$w(HAc)=2\%$溶液中进行腐蚀试验，未加入缓蚀剂时钢片的腐蚀速率为$1.01\times10^4 g/(m^2 \cdot h)$，加入1.5%7701复合缓蚀剂后其腐蚀速率降至$6.01 g/(m^2 \cdot h)$，缓蚀效率在99.9%以上。这种优异的缓蚀性能在于7701的有机阳离子与卤素离子等的协同作用，在金属表面形成了多层致密的吸附膜，因而耐酸腐蚀性能好。

协同作用效应与两种粒子在金属电极表面联合吸附的行为密切相关。Hackerman等人研究了铁在含有有机胺和卤素离子的酸溶液中的腐蚀行为，指出两种粒子的联合吸附有重叠吸附和交错吸附两种方式。如果两种粒子与金属都有形成配位键的能力，则按重叠吸附的可能性较大。显然，按交错方式吸附不仅吸附键强度大，而且吸附粒子之间存在横向引力，因而吸附层致密且稳定性好。电极电位、离子浓度对吸附方式有一定的影响，一定条件下两种吸附方式可能发生转化。

缓蚀剂间的协同作用机理十分复杂，到目前还没有一种统一的理论对协同作用进行解释。只是在各自的研究工作及大量的实验中，提出各种机理对缓蚀剂的协同作用现象进行了解释。如有人从零电荷电位E_0来分析协同作用，金属相对于溶液带正电，加入I^-后会使金属表面的正电荷减少甚至变为荷负电，加入有机阳离子缓蚀剂后，有利于缓蚀剂在金属表面的吸附，提高了缓蚀效率。也有人认为缓蚀剂分子在金属表面生成化合物，其偶极定向排列使负端指向溶液，有利于吸附有机缓蚀剂阳离子。还有人提出无机阴离子或有机阴离子的吸附，就好像在金属原子与有机阳离子间建立联系的桥梁一样，使后者更易被吸附，故缓蚀效率提高。以上是从离子吸附来分析的。还有人提出分子机理的假设，认为这些有机阳离子只存在于溶液中，当它们在金属表面放电时，就得到有机物的分子，这些分子通过中心原子的孤对电子对金属进行化学吸附。所以他们认为，协同效应是未离子化的缓蚀剂分子与吸附在金属表面的卤素离子之间形成共价键的缘故。

9.3 缓蚀剂的选用原则

9.3.1 腐蚀介质

不同的腐蚀介质应选用不同的缓蚀剂，以达到期望的缓蚀效果。一般来说，中性水介质的腐蚀大多数都是由溶解氧引起使用的，采用的缓蚀剂多为无机物，以氧化膜型和沉淀膜型为主；酸性水介质中，腐蚀电池的阴极过程主要是氢去极化过程，使用的缓蚀剂则多为有机物，以吸附膜型为主；碱性水介质中，大多数金属会生成氢氧化物沉淀膜或钝化膜，因而腐蚀不严重。但是铝和锌在碱性介质中却腐蚀严重。在碱性不太强的水溶液中对铝较为有效的缓蚀剂是螯合剂、琼胶、硅酸盐等沉淀膜型缓蚀剂，而吸附膜型缓蚀剂则不太有效。对于石油与水共存的介质，应该从水与油两方面来选用缓蚀剂。水中与上述情况相同，而油中应采用油溶性的吸附膜型缓蚀剂(有机物)，或采用性质介于油溶性和水溶性之间的乳化型缓蚀剂。在大气中则应采用在常温下具有一定蒸汽压的挥发型缓蚀剂。

在腐蚀介质中使用缓蚀剂时，必须考虑缓蚀剂在介质中的溶解度问题。石油工业中用的缓蚀剂应在油相中有一定的溶解度；对于气相缓蚀剂，则是要求其有一定的挥发度。溶解度太低将影响缓蚀剂在介质中的输运，使缓蚀剂不能有效到达金属的表面，即使缓蚀剂的吸附性很好，也不能充分发挥缓蚀作用。

介质的温度、流动速度等因素都会影响缓蚀剂的功效：

随着介质温度升高，大多数有机及无机缓蚀剂的吸附作用减弱，导致缓蚀效率显著降低，金属腐蚀加剧。也有一些用于中性水溶液中的无机缓蚀剂，其缓蚀效率几乎不随温度变化。然而，对于有些缓蚀剂来说，温度升高会促使其化学吸附于金属表面，或者形成类似氧化物膜的钝化层，从而提高缓蚀效率。介质温度较高时，这种缓蚀剂最具有实用价值。

大多数情况下，提高介质的流速会造成缓蚀效率降低，甚至加速腐蚀，使缓蚀剂变成腐蚀的激发剂。但是，当缓蚀剂由于扩散不良影响缓蚀效果时，增加介质流速反而会促进缓蚀剂比较容易到达金属表面，起到较好的缓蚀作用。

9.3.2 被保护金属种类

适宜采用缓蚀剂保护的金属是，铁、铜、铝、锌、镁、钛、锡等金属及其合金和镀层。不同金属的电子排布、化学性质等可能差异较大，它们在不同介质中的腐蚀性质也不同。因此，在选择缓蚀剂时，要考虑金属的腐蚀性质，例如，对于难钝化的金属，采用氧化型缓蚀剂起不到缓蚀效果。同时，如果被保护系统是由多种金属构成的，那么单一的缓蚀剂可能无法满足使用要求，此时需要考虑多种缓蚀剂配合使用的问题。

9.3.3 缓蚀剂的用量

对于大多数有机及无机缓蚀剂来说，在酸性及浓度不大的中性介质中，金属的腐蚀速率随缓蚀剂用量的增加而降低，只要能产生有效的缓蚀作用，缓蚀剂的用量愈少愈好。一般来说，在某一浓度下，缓蚀剂的缓蚀效果最好，浓度过高或过低都会使缓蚀效率降低。但是，缓蚀剂用量不足也可能会加速金属的腐蚀，需要特别注意。

9.3.4 缓蚀剂的复配

由于金属腐蚀情况的复杂性，采用单一的缓蚀物质效果不够好，因此缓蚀剂很少是采用单种缓蚀物质的。选用协同作用效应好的多种缓蚀剂复配使用时，总的缓蚀效率比各缓蚀剂单独使用时缓蚀效果的加和还要好许多。产生协同效应的机理随所选用物质的性质而异，目前许多内容还不太清楚，这也是当前为提高缓蚀效率需要研究的重点课题。

缓蚀剂在使用时，除了考虑抑制腐蚀的目标外，还应该考虑工业体系运转的总体效果。例如，油田注水井环形空间水除了能引起注水井石油管材金属的腐蚀外，还存在结垢、硫酸盐还原菌繁殖加深腐蚀等问题。因此，对注水井环形空间水的处理，除了加入缓蚀剂外，还应加入阻垢剂和杀菌剂，如中原油田的 HK-1 环空保护液。

9.3.5 药剂的配伍

在油田油井和油气集输系统中，缓蚀剂与破乳剂等药剂同时使用，而在整个水处理系统中，缓蚀剂与阻垢剂、杀菌剂和净水剂等多种药剂也几乎同时加投使用，因此，应当特别注意各药剂之间的配伍问题。例如，水处理系统使用的药剂能与水互溶；药剂不会出现沉淀或者发生“盐析”现象；各类药剂之间能够互溶，不产生沉淀和降效等不利影响。

此外，为了充分发挥各类药剂的效果，应定期清洗系统，清洗设备表面的沉积物和污垢，使缓蚀剂与腐蚀点充分接触，以达到好的缓蚀效果。

9.3.6 缓蚀剂对环境的影响

缓蚀剂应当尽可能采用环保的、低毒的缓蚀剂，而且在废水排放时应考虑毒性消除处理的问题。许多高效的缓蚀剂都带有毒性，导致其使用范围受到限制。例如，铬酸盐在中性水溶液中是高效的氧化膜型缓蚀剂，较少的用量即可达到很好的缓蚀效果，对钢铁以及大多数其他金属进行有效的保护。但是，由于6价的铬会积累在人体和动物体内，对人体健康造成危害，因此在许多场合需要改用其他缓蚀剂代替铬酸盐。另外，有些缓蚀剂(如亚硝酸盐)会助长细菌和藻类的大量生长，使用时需要添加杀菌灭藻剂。总之，现代缓蚀剂的研制和应用都必须特别注意环境保护问题，环境友好的缓蚀剂是其未来的发展方向。

9.4 缓蚀剂性能的测试和评定

缓蚀剂性能的测试方法实际上就是金属腐蚀速率的测量方法，即测量不同条件下，腐蚀介质中加入缓蚀剂前、后金属的腐蚀速率，对比后确定缓蚀效率和最佳使用条件。腐蚀速率可用通用单位表示，如每平方米金属表面积每小时的腐蚀质量 $g/(m^2 \cdot h)$、一年内金属表面的腐蚀深度(mm/a)等。

缓蚀剂性能的测试方法可分为静态试验和动态试验两类。动态试验又可分为实验室动态试验和现场动态试验。静态试验时，金属试样和介质处于静止状态。油气田主要采用的有密闭法和开式法，实验设备与操作都较为简单，但所得测试结果与实际应用出入较大，因此主要用于缓蚀剂的初步筛选和评定。动态试验中，实验室动态试验占有很重要的地位。这是因为，缓蚀剂的筛选和评定工作量较大，只能在实验室模拟现场条件进行，而且试验方法力求迅速。而由于实验室并不能完全模拟生产现场的介质条件等情况，因此实验室的模拟结果还需要在生产实践中进行验证，从而得出最终结论。

9.4.1 失重法

失重法目前应用最广泛，它通过称量金属试样在浸入腐蚀介质一定时间后的失重量来确定金属试样在该条件下的腐蚀速率，从而评定缓蚀剂的缓蚀性能。该方法的缺点是得到的是金属试样在一定时间内的平均失重量，因此只对全面腐蚀有效，而对于局部严重腐蚀的金属则不能反映腐蚀的实际情况。

采用失重法时，试样表面在腐蚀结束后通常会附有一层腐蚀产物或其他附着物，称重前必须要将其清除。在清除表面附着物前，需要仔细观察试样表面的颜色、腐蚀产物的附着状况、致密程度以及分布情况等，并做详细记录。必要时还需拍照及收集腐蚀产物样品进行化学分析或微观分析。清除腐蚀产物后，要仔细观察试样表面有无坑蚀、开裂等局部腐蚀现象，并根据实验要求考虑是否进行材料力学性能的研究。

腐蚀产物的清除通常有物理(机械)法、化学和和电化学法三种方法：①物理(机械)方法，试样从腐蚀介质中取出后，先在水中冲洗，然后用橡皮、毛刷等不损伤金属基体的工具刷洗，除去绝大部分厚而疏松的腐蚀产物。有些不容易去除的，也可用超声波方法除去；②化学方法，利用化学药剂与金属表面的附着物发生化学反应，溶解除去腐蚀产物和其他附着物，但不损伤金属基体；③电化学方法，将试样作为阴极浸泡在适当的电解质溶液中，加入辅助阳极，在较大的电流密度下进行电解，利用试样表面产生氢气气泡的物理作用，将腐蚀产物和附着物从金属表面剥离。

必须指出，用化学方法或者电化学方法清洗时，需要空白试样进行对比实验。如果空白试样的失重比由于腐蚀引起的平均失重高出10%以上，则这种清洗液对试样的腐蚀较重，不宜采用，需要更换其他清洗液。在化学或电化学清洗之后，必须立即用水清洗，除去粘附在试样上的清洗液，用无水乙醇脱水，放入干燥器中5~10h，然后称重，进行失重以及腐蚀速率和缓蚀效率的计算。

下面着重介绍石油工业的油气井酸化缓蚀剂缓蚀效率的静态失重法测试方法：

（1）试验条件和技术要求

① 试验条件。试验温度为60℃、90℃、120℃、150℃、180℃；试验压力为常压（60℃和90℃）和30MPa（120℃、150℃和180℃在高压釜内进行）；试片为N80油管钢，J-55油管钢或其他油管钢；试验酸液为15%~28%HCl溶液，土壤溶液为3%~6%HF和6%~12%HCl组成，酸液浓度误差不超过±0.2%；酸液用量为每平方厘米试片表面积，盐酸或土壤溶液为15mL；试验时间为4h，若现场施工条件要求，可延长试验时间。

② 试验技术要求。盐酸溶液用玻璃容器，土壤溶液使用聚四氟乙烯容器。试验次数，一般要做三个平行试验，必要时重复平行试验以保证实验数据的准确可靠。

（2）试片的加工和清洗

① 试片加工。用油管钢经过铣、磨、钻等机加工制得，试片表面清洁度应达到Δ_7要求，应避免敲打及热处理。试片形状为长方形，尺寸为50mm×10mm×3mm，公差要求为±0.2mm。

② 试片的清洗和称重。先用石油醚清洗试片在加工中残留的油脂，然后用无水乙醇清洗水汽或杂质，洗涤应用镊子夹持进行，然后用冷风吹干，储存于干燥器中，30min后在分析天平上进行称量，把称好的试片再放进干燥器中保存待用。实验做完后，取出试片进行清洗除去试片上的腐蚀产物和附着物，在分析天平上称量，计算出腐蚀的质量损失。

（3）试验结果评价

① 试片表面状况的描述。试片腐蚀后表面是否光亮均匀，是否有斑蚀、点蚀、氢鼓泡等现象，详细记录，对腐蚀严重的试片，注意拍照并保留试片。

② 试验溶液的描述。实验前后都应观察酸液是否透明清亮，是否有分层、乳化、混浊、沉淀等，并记入实验结果报告中。

③ 腐蚀速率和缓蚀效率计算。

④ 实验结果报告。包含酸液浓度、配方和用量，缓蚀剂名称和用量；试验温度、压力、时间；试片材质、名称和化学组成；试片质量损失；试片表面腐蚀现象；腐蚀速率和缓蚀效率等内容。

9.4.2 电化学法

电化学法是一种间接方法，测量时先对电极进行“阴极”和“阳极”极化，根据极化曲线推算出腐蚀电流密度i_{corr}，再换算出腐蚀速率。下面主要介绍极化曲线法和线性极化法在缓蚀剂性能测试和评定中的应用。

(1) 极化曲线法

利用电化学测量技术测得以金属电极自腐蚀电位为起点的完整极化曲线。如图 9-12 所示。极化曲线可分为三个区：线性区—AB 段；弱极化区—BC 段；塔菲尔区—CD 段。在E-lg$i$图上将塔菲尔区的 CD 段外推，其与自腐蚀电位 E_{corr}的水平线相交于 O 点。该点所对应电流密度即为金属的自腐蚀电流密度 i_{corr}。根据法拉第定律，即可将电流密度 i_{corr}换算为腐蚀速率。

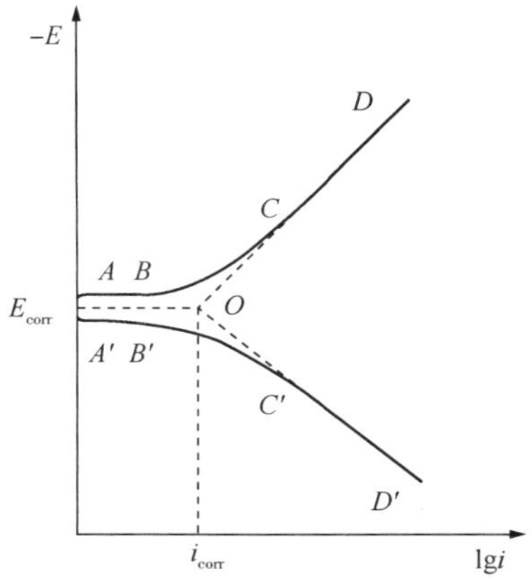

图 9-12 外加电流的活化极化曲线

对于阳极极化曲线不易测准的中性水溶液体系，通常是用阴极极化曲线的塔菲尔直线外推与 E_{corr}的水平线相交来求得 i_{corr}的。这种利用极化曲线的塔菲尔直线外推求得腐蚀速率的方法称为极化曲线法或者塔菲尔直线外推法。如图 9-12 所示。

极化曲线法只适用于活化控制的腐蚀体系，如金属在酸中的析氢反应腐蚀。对于浓差极化较大的体系、电阻较大的溶液以及在强烈极化时金属表面发生钝化或溶解的情况则不适用。利用极化曲线法评定缓蚀剂是基于缓蚀剂会抑制腐蚀电极反应，降低腐蚀速率，从而改变受抑制的电极反应的极化曲线走向，如图 9-13 所示。缓蚀剂加入后，阴、阳极理想极化曲线的交点由 S_0移动到 S，腐蚀电流密度则由 i_0移动到 i，腐蚀电流密度明显减小，说明缓蚀剂起到了显著的缓蚀作用。根据缓蚀剂对电极反应的抑制机理不同，即极化曲线走向的不同，可以将缓蚀剂分为阴极、阳极和混合抑制型缓蚀剂。

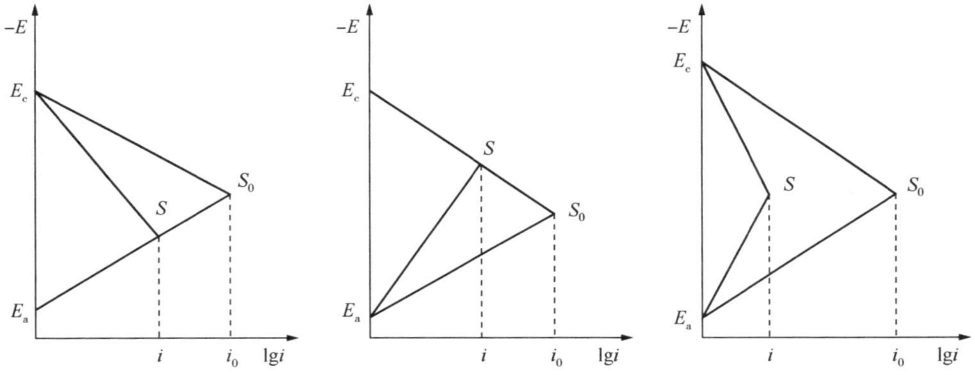

(a)缓蚀剂阻滞阴极过程(阳极型)　(b)缓蚀剂阻滞阳极过程(阴极型)　(c)缓蚀剂阻滞阴、阳极过程(混合型)

图 9-13 缓蚀剂阻滞电极反应过程的极化曲线

根据极化曲线法得到腐蚀电流密度后，缓蚀剂的缓蚀效率 η 可通过下式获得：

$$\eta=\frac{v_0-v}{v_0}\times100\%=\frac{i_0-i}{i_0}\times100\% \tag{9-19}$$

式中 i_0和 i——缓蚀剂加入前、后金属的自腐蚀电流密度。

极化曲线测量所用的仪器、药品和实验装置主要有：恒电位仪、饱和甘汞电极、铂电极、金属电极、恒温水浴槽、盐桥、电解池、酸溶液(盐酸、硫酸、氢氟酸等)、缓蚀剂、盐酸和硫酸用玻璃烧杯或烧瓶、氢氟酸用塑料容器以及其他试件、夹具和预处理品。恒电位法的极化曲线测量操作步骤如下:

① 将准备好的待测电极(面积尺寸一定),经细砂纸打磨、石油醚脱脂、水洗、无水乙醇脱水、吹干后安装到夹具上,置于电解池中。

② 接好电路,装好仪器。按恒电位仪的操作规程进行操作:恒电位仪的"电流测量"置于最大量程,预热、调零。测定待测电极的自腐蚀电位,调节给定电位等于自腐蚀电位,然后把"电流测量"置于适当的量程,再把"电源开关"置于"极化",进行极化测量,即从电极的自腐蚀电位开始,由小到大增加极化电位。电位调节幅度可由 10mV、20mV、30mV 逐渐增加到 200mV 左右。每调节一次电位值 1~2min 后读取电流值。以电位值为纵坐标,电流密度值(电流值除以电极面积值)对数为横坐标绘制极化曲线。

(2) 线性极化法

线性极化技术是快速测定金属在腐蚀介质中腐蚀速率的一种电化学方法。其优点是快速、灵敏检测金属在介质中的腐蚀速率。它适用于任何电介质溶液所构成的腐蚀体系,由于它极化电流很小,所以不至于损坏电极表面状态,用一个电极可以多次连续测量,可测不同缓蚀剂品种,并且适用于现场监控。

线性极化的原理是,金属电极在腐蚀介质中,施加一外加电流对电极进行极化,使金属(工作)电极的电位在自腐蚀电位附近变化(±10mV),此时,施加的电位 ΔE 对应产生 Δi 电流,ΔE 对 Δi 为线性关系。根据斯特恩(Stern)和盖里(Geary)的理论推导,对于活化极化控制的腐蚀体系,极化电阻率与自腐蚀电流密度之间存在如下关系:

$$R_P=\frac{\Delta E}{\Delta i}=\frac{b_a b_c}{2.303(b_a+b_c)}\cdot\frac{1}{i_{corr}} \tag{9-20}$$

式中 ΔE——极化电位,V;

Δi——极化电流密度,A/cm^2;

R_P——极化电阻率,$\Omega\cdot cm^2$;

i_{corr}——自腐蚀电流密度,A/cm^2;

b_a、b_c——常用阳、阴极塔菲尔常数,V。

上式还包括了腐蚀体系的两种极限情况:

① 当局部阳极反应受活化控制,而局部阴极反应受氧化剂的扩散控制时(如氧的扩散控制),$b_c\to\infty$,上式可简化为:

$$R_P=\frac{\Delta E}{\Delta i}=\frac{b_a}{2.3i_{corr}} \tag{9-21}$$

② 当局部阴极反应受活化控制,而局部阳极反应受钝化控制时(如不锈钢在饱和氧的介质中),$b_a\to\infty$,上式可简化为:

$$R_P=\frac{\Delta E}{\Delta i}=\frac{b_c}{2.3i_{corr}} \tag{9-22}$$

对于一定的腐蚀体系,如果 b_a、b_c 为常数,则 $B=\frac{b_a b_c}{2.303(b_a+b_c)}$ 也为常数,因此 R_P 值可描述为:

$$R_P=\frac{\Delta E}{\Delta i}=\frac{B}{i_{corr}} \tag{9-23}$$

式中的 B 值是仅与 b_a、b_c有关的常数。显然，极化电阻率 R_P与自腐蚀电流密度 i_{corr}成反比。根据法拉第定律可以直接将 i_{corr}换算为腐蚀速率，因此，评选缓蚀剂缓蚀性能或筛选耐蚀金属材料和评价防锈材料时，只要分别测量 R_P值，就可以相对比较它们的缓蚀、防锈和耐蚀性能，从而选出性能好的缓蚀剂、防锈材料和耐蚀金属材料。现在市面上出售的线性极化金属腐蚀测试仪正是以此原理为基础研发的。用线性极化腐蚀测试仪测量的极化电阻，再乘以工作电极的表面积，就得到极化电阻率 R_P，从而估算出腐蚀速率值的大致范围。确定 B 值的方法有几种，可用一般常用的极化曲线法和质量损失法；有的可以在文献资料上查到；有的可以根据腐蚀体系的电化学特性和规律，在有限数据范围内选用适当的数值。

9.5 缓蚀剂在石油工业中的应用

石油工业是应用缓蚀剂最多的生产部门。从石油的钻探、开发、集输到炼制，经常需要使用缓蚀剂。油气田进行酸化必须应用高温酸化缓蚀剂；对于开发高含硫的油气田，由于硫化氢气体对钻杆设备和石油管材的严重腐蚀，必须使用抗硫化氢腐蚀的缓蚀剂；油田含油污水处理回注等也要使用缓蚀剂进行防腐处理。

H_2S 化学腐蚀可引起多种类型的腐蚀，如氢脆和硫化物应力腐蚀破裂等，渗入钢材的氢会使强度或硬度较高的钢材晶格变形，致使钢材韧性变差，甚至引起内部微裂纹，这些都会使钢材变脆，即为氢脆。硫化物应力腐蚀破裂，就是在拉应力或残余张应力加速下，钢材氢脆微裂纹扩展直至材料破裂的过程。干燥的 H_2S 对金属材料没有腐蚀破坏作用，只有溶解在水中的 H_2S 才具有腐蚀性。H_2S 一旦溶于水，便立即电离，使水的 pH 值下降，呈酸性。不同 H_2S 浓度下生成的腐蚀产物性质不同，浓度为 5.0mg/L 时形成的腐蚀产物为 FeS 和 FeS_2，FeS 比较致密，对金属有一定的保护作用；浓度为 5.0～20mg/L 时形成的腐蚀产物是 Fe_9S_8，Fe_9S_8较为疏松，无保护作用。

二氧化碳腐蚀是非含硫油气田的主要腐蚀介质。没有电介质(水)存在时，二氧化碳不发生腐蚀；当有水出现时，二氧化碳溶于水生成碳酸，碳酸使水的 pH 下降，水中 H^+离子的含量增多，氢离子是强去极化剂，极易夺取电子还原，促进阳极溶解而对钢产生氢去极化腐蚀。在含 CO_2的油气环境中，钢铁表面在腐蚀初期可视为裸露表面，随后将被碳酸盐腐蚀产物膜所覆盖。因此，水溶液对钢铁的腐蚀，除了受氢阴极去极化反应速率的控制，还与腐蚀产物是否在钢表面成膜，膜的结构和稳定性有着十分重要的关系。钢材受 CO_2腐蚀而生成的腐蚀产物是易溶的，在金属表面不易形成保护膜。CO_2腐蚀受温度的影响很大，当温度升高时，碳酸的电离度增大，从而大大促进腐蚀。

油井产出水通常矿化度较高，并且含有较高浓度的 SO_4^{2-}、Cl^-、HCO_3^-等离子。带负电荷的 Cl^-会优先吸附在钢铁表面，其存在往往会阻碍保护性硫化铁膜的形成。由于 Cl^-的离子半径较小，具有较强的穿透能力，它会通过钢铁表面硫化物膜的细孔和缺陷渗入其膜内，形成孔蚀核。Cl^-的继续渗入会加速孔内铁的溶解，造成油管穿孔，抽油杆断脱。SO_4^{2-}容易与 Ca^{2+}、Mg^{2+}等其他离子反应产生沉淀，形成垢下腐蚀。垢的存在能形成电化学腐蚀，垢下的局部区域为腐蚀的阳极区，如果阴阳极面积比足够大，就会形成大阴极、小阳极的电偶腐蚀，大大加快腐蚀速率。另外，油井产出水中通常含有硫酸盐还原菌(SRB)、腐生菌(TGB)和铁细菌等细菌。其中主要是SRB导致了钢材的腐蚀。其腐蚀机理为：SRB的存在促使SO_4^{2-}还原为S^{2-}，同时SRB的产物生成S^{2-}，加速电化学腐蚀，并有铁的硫化物(Fe_9S_8、FeS)生成。

9.5.1 油井酸化缓蚀剂

油井酸化工艺又称酸处理工艺，是指借助于酸化压裂设备把盐酸、土酸(氢氟酸与盐酸混合液)或其他酸溶液注入地层，通过酸液对岩石的溶蚀作用，扩大油层岩石的渗透通道，溶解渗流通道中的堵塞物或造成人工裂缝，使油气通道畅通，以达到增产油气目的的作业。下面重点介绍几种常用的酸化缓蚀剂：

(1) 7461-102缓蚀剂

7461-102缓蚀剂是由煤焦油吡啶釜渣、工业酒精和匀染剂102制成的。匀染剂102是一种非离子型表面活性剂，学名为聚氧乙烯脂肪醇醚，分子式为$RO(CH_2CH_2O)_nH$，其中$n=25\sim30$，$R=C_{12}H_{25}\sim C_{18}H_{37}$。

7461-102的缓蚀作用主要是由于发生阴极控制所引起的，并且随7461-102浓度的增加，控制阴极过程越显著。7461-102缓蚀剂在油田中使用，防腐蚀效果较甲醛、若丁好；加入乌洛托品后缓蚀效果显著提高；和乌洛托品、碘化亚铜复配后缓蚀效果进一步提高，可用于深井和超深井酸化施工。

(2) 7701酸化缓蚀剂

7701缓蚀剂由4-甲基吡啶釜残、氯化苄、工业酒精和匀染剂102制成，是一种含有多种烷基吡啶和喹啉类的苄基季胺盐物质。4-甲基吡啶釜残是制药厂废料，含有各种烷基吡啶和喹啉类物质。釜残与氯化苄反应生成苄基季胺盐。匀染剂102和工业酒精起着乳化增溶、分散稳定和溶剂的作用，有利于缓蚀性能提高。

7701酸化缓蚀剂在盐酸和土酸溶液中，对钢铁具有较好的缓蚀作用，对Fe^{3+}和H_2S有较强的抑制作用。与乌洛托品，或甲醛、碘化物复配，缓蚀效果进一步提高，是优良的高温酸化缓蚀剂，在我国深井、超深井酸化施工中广泛使用。对其按照石油专业评价酸化缓蚀剂的方法(标准)进行试验的结果如表9-3所示，试片是N80油管钢。

表9-3 7701缓蚀剂的缓蚀实验

腐蚀介质/%	缓蚀剂浓度/%	试验温度/℃	试验压力/MPa	试验时间/h	腐蚀速率/[g/(m²·h)]	试片状况
15%HCl+2%HAc	空白	60	0.1	2	633	腐蚀严重
	7701 1.0	60	0.1	4	0.64	很光亮
	7701 1.0	80	0.1	4	2.98	很光亮
28%HCl+2%HAc	7701 1.0 乌洛托品0.5	90	0.1	4	9.88	光亮
	7701(复合)1.5	90	0.1	4	6.01	光亮
	7701(复合)3.0	120	15	4	21.37	较光亮
	7701(复合)3.5	150	15	4	60.30	较光亮
2%HCl+2%HAc	7701(复合)3.5	180	15	4	56.01	较光亮

(3) CT1-2 酸化缓蚀剂

CT1-2 是四川石油管理局天然气研究所研究的一种性能较好的高温浓盐酸酸化缓蚀剂，由环己酮、苯胺、甲醛、丙炔醇和甲酰胺等制成。在浓度为 28%的盐酸溶液中，在 150℃温度下对 N80 油管钢有较好的缓蚀作用，抗硫化氢腐蚀性能好。已在我国四川、胜利、长庆、新疆等油田深井酸化施工中使用，获得较好效果。

(4) 炔醇类化合物

炔醇类化合物，尤其是丙炔醇和己炔醇，在高温酸液中对钢铁有较好的缓蚀作用。工业应用较多的是丙炔醇，其在 90℃盐酸溶液(28%浓度)中对钢铁的缓蚀效果比其他有机缓蚀剂好，在较高温度下(100~150℃)仍具有一定缓蚀作用。与有机胺化合物复配后缓蚀效果更好，工业上通常将其和含氮的有机化合物复配使用。

9.5.2 采油、采气生产用缓蚀剂

(1) 气井缓蚀剂

含硫气田，特别是高含硫气田的腐蚀防护是开发天然气中一项十分重要的工作。由于采出的天然气含有大量硫化氢、二氧化碳、卤水等浸蚀性物质，严重腐蚀井口采气设备和井下油管、套管等，造成闸门丝杆断裂，油管、套管穿孔断裂，集输管线爆破等事故。因此国内外都十分重视防止硫化氢引起的腐蚀问题，较好的办法是定期向油气井投加抗硫化氢腐蚀的缓蚀剂。

我国四川省石油管理局天然气研究所在研究和应用气井缓蚀剂抗硫化氢腐蚀工作方面取得了较好的成绩。早在 20 世纪 70 年代，他们就研制出了 1901 缓蚀剂，用于含硫天然气井及天然气集输管道防腐。1901 是以制造雷米砜的下脚料即 4-甲基吡啶釜残为原料，经减压蒸馏切取的残压为 10mm 汞柱、温度为 60~186℃的馏分，为黄绿色液体，具有强烈的吡啶臭味，溶于醇类，不溶于水，相对密度 0.957，主要成分为二甲基吡啶及甲基吡啶。由于 1901 有恶臭，污染环境，加注条件恶劣，因此天然气研究所随后开发了 CT2-1、CT2-2、CT2-3 等系列产品。CT2-1 缓蚀剂是高效油溶性液态缓蚀剂，对 H_2S、CO_2等酸性气体造成的均匀腐蚀、局部腐蚀均有显著的缓蚀作用，抗硫化氢腐蚀性能优于 1901 以及美国引进的产品 A162。CT2-1、1901 和 A162 缓蚀剂对 DZ_2钢在 40℃、3d 条件下的抗硫化氢腐蚀效果如表 9-4 所示。可以看出，CT2-1 的液相缓蚀效果较好，1901 的气相缓蚀效果较好，A162 则较差。

表 9-4 CT2-1 和 1901 缓蚀剂的抗硫化氢腐蚀效果

缓蚀剂	浓度/(mg/L)	腐蚀相	腐蚀速率/(mm/a)	缓蚀率/%
CT2-1	0	液	0.1672	0
	500	液	0.0158	97.6
	2000	液	0.0066	99.0
1901	500	液	0.0317	95.3
A162	500	液	0.0502	92.5

续表

缓蚀剂	浓度/(mg/L)	腐蚀相	腐蚀速率/(mm/a)	缓蚀率/%
CT2-1	0	气	1.8565	0
	500	气	0.6719	63.8
	3000	气	0.0198	98.9
1901	20000	气	0.0005	99.97
A162	500	气	1.3451	27.5
	3000	气	0.0515	97.2

此外，针对含硫气井进入生产开发后期，产水量增大，对生产井的液面以下部位和气液界面造成腐蚀这一情况，天然气研究所研制出了CT2-4、CT2-14水溶性抗硫化氢腐蚀缓蚀剂。CT2-4是液体缓蚀剂，其产品性能指标见表9-5。CT2-14是棒状缓蚀剂，其物化性能如表9-6所示。这两种缓蚀剂都具有较好的抗硫化氢腐蚀性能，其缓蚀性能实验结果见表9-7。实验条件为H_2S含量(1000±50)mg/L，质量分数5%的NaCl盐水溶液，周期72h，试片材质为SM80，温度(40±2)℃。

表9-5　CT2-4缓蚀剂的性能指标

项目	指标	项目	指标
外观	棕红色液体	密度/(g/cm^3)(20℃)	1.025~1.030
气味	微胺味	凝固点(℃)(≤)	-10
pH	7~8	溶解性	溶于水

表9-6　CT2-14缓蚀剂的性能指标

项目	指标	项目	指标
外观	棕红色圆柱体	密度/(g/cm^3)(20℃)	1.10~1.60
长/mm	250~750	软化点(℃)(≥)	65
直径/mm	36	溶解性	溶于盐水

表9-7　CT2-4与CT2-14的缓蚀性能评价

缓蚀剂	缓蚀剂浓度/(mg/L)	腐蚀速率/(mm/a)	缓蚀率/%	试片表面状况
空白	0	0.9236	—	均匀腐蚀
CT2-14	25	0.0448	95.14	光亮
	50	0.0317	96.57	光亮
CT2-4	25	0.0363	96.07	光亮
	50	0.0462	95.00	光亮

国产抗硫化氢腐蚀的气井缓蚀剂还有咪唑啉、酰胺类、取代硫脲、粗喹啉、兰4-A、1074、氧化松香胺、聚环氧乙烷基胺等。部分已经生产和使用的抗硫化氢腐蚀缓蚀剂如表9-8所示。

表 9-8 部分常用国产抗硫化氢腐蚀缓蚀剂

缓蚀剂	主要组分	缓蚀剂	主要组分
7019	蓖麻油酸、有机胺和冰醋酸的缩合物	1014	环氧丙烷与 *N*-油酸乙二胺加成物
兰 4-A	油酸、苯胺、乌洛托品缩聚物	1017	多氧烷基咪唑啉的油酸盐
1011	聚氯乙烯、*N*-油酸乙二胺	7251(G-A)	氯化 4-甲吡啶季铵盐同系物的混合物

(2) 油井缓蚀剂

随着油田开发时间的延长，综合含水率不断增加。油井采出的油水中含 H_2S、CO_2溶解氧、有机酸、硫酸盐还原菌，水的矿化度高，对油井油管、套管和原油集输系统造成腐蚀。不少油田发现油井油管、套管腐蚀穿孔、变形和断裂，原油集输系统管线穿孔现象日益严重，直接影响了油田的正常生产。国外 70 年代就开展了油井缓蚀剂保护的研究工作，添加缓蚀剂不仅可以保护油管、套管及井下设备，还可以防止集油管线和设备的腐蚀，是一项低成本、容易实施、见效快的措施。国外较好的油井缓蚀剂主要类型有丙炔醇类、有机胺类、咪唑林类和季胺盐类等。中原油田应用的 ZSY92-1 油井缓蚀剂是以合成的炔氧甲基胺盐和炔氧甲基季胺盐复配而成，为水溶油分散吸附成膜型的缓蚀剂。该缓蚀剂能在高盐浓度和二氧化碳饱和条件下，对 N80 钢和 A3 钢的腐蚀进行有效控制，缓蚀剂浓度在 60~70mg/L 时，缓蚀率达 80%~90%。在 90℃浓度为 28%的盐酸中，缓蚀剂浓度为 0.2%时，腐蚀速率仅为 $5g/(m^2 \cdot h)$，缓蚀率大于 99%。随着油田开采不断深入，进入高含水开发期后，油井设备腐蚀问题日益严重，给油田的开采带来了巨大的经济损失。为此，研究者们采用有机酸(油酸、脂肪酸)与有机多胺反应缩合形成咪唑啉环，得到了咪唑啉缓蚀剂。在该反应过程中有机多胺中的氮原子上的氢先被羧酸中的羧基取代，发生酰基化反应，然后再脱去一分子水缩合成环。咪唑啉缓蚀剂在大庆油田三个具有代表性的油田区块的缓蚀作用效果如表 9-9 所示。

表 9-9 咪唑啉缓蚀剂的缓蚀作用效果

现场环境	腐蚀介质	腐蚀环境温度/℃	测试时间/h	药剂浓度/(mg/L)	缓蚀率/%
英 51 区块	英 51-11-斜 5 井采出液	90	24	100	92.14
新站区块	60-74 井采出液	70	24	100	96.14
头台区块	J67-82 井采出液	70	24	100	93.14

9.5.3 输油管道缓蚀剂

当原油含水较高时，由于油水比重差较大，端点加破乳剂，油水两相容易分离，因此集输管线内的底表面被水润湿，游离水集中在管线底部，水中的溶解氧、二氧化碳、硫化物及细菌等参与腐蚀的物质直接与金属表面接触，导致管线有水的底部出现腐蚀。输油管道的腐蚀主要可以分为微电池腐蚀、耗氧腐蚀、二氧化硫腐蚀、H_2S-H_2O 型腐蚀、二氧化碳腐蚀、细菌腐蚀及原油沉积水腐蚀。

针对彩南-石西-克拉玛依油田集输管线的腐蚀主要是硫化物，尤其是硫化氢引起的这一现状，研究者们开发出了 XYH-1 缓蚀剂。XYH-1 缓蚀剂主剂为有机胺类物质，在分子结构中具有可吸附在金属表面的亲水基团和遮蔽金属表面的疏水基团。亲水基团定向吸附在金属表面而疏水基团则阻碍水及其他腐蚀介质向金属表面扩展，从而产生屏蔽作用，减缓金属腐蚀。XYH-1 缓蚀剂适用于高浓度硫化氢及氯离子的腐蚀环境，可用于水介质、油介质及油-水两相介质。如果金属表面已有腐蚀产物或被垢沉积物覆盖，则需加入一定量的表面活性剂作为增效剂，帮助缓蚀剂形成满意的吸附膜。XYH-1 缓蚀剂在模拟油田集输管线腐蚀环境中的动态腐蚀实验结果如表 9-10 所示。实验中采用石西油田的油、水样品作为腐蚀介质，实验时间为 72h。

表 9-10　XYH-1 缓蚀剂的动态腐蚀实验结果

缓蚀剂	药剂加量/(mg/L)	H_2S 浓度/(mg/L)	缓蚀率/%	试验介质	腐蚀现象
XYH-1	50	1000	93.4	油相	均匀腐蚀
XYH-1	50	500	99.3	油相	均匀腐蚀
XYH-1	50	300	95.6	油相	均匀腐蚀
XYH-1	50	1000	82.1	水相	点蚀
XYH-1	50	500	82.1	水相	均匀腐蚀
XYH-1	50	300	57.5	水相	均匀腐蚀

目前，缓蚀剂技术正向着低毒环保的植物型方向发展。实验表明，植酸(IP_6)适用于输油管线和油气井缓蚀，具有沉降不易被介质带走的特点，能有效抑制采出水造成的集输管线腐蚀。植酸(Phytic acid)是肌醇六磷酸脂，即环己六醇六磷醋，是一种淡黄色或淡褐色的浆状液体。植酸是一种少见的金属多齿螯合剂，对 Fe^{3+}、Cu^{2+}、Zn^{2+} 等有着特别强的螯合能力。其结构中具有能同金属配合的 24 个氧原子、12 个羟基和 6 个磷酸基，6 个磷酸基只有一个处在 a 位，其他 5 个均在 e 位上，其中有 4 个磷酸基处于同一平面上。植酸易溶于水，在水溶液中易电离出氢离子，电离后其带负电荷，当金属与其接触时，易失去电子，带正电荷。并且每个磷酸基中的氧原子都可以作为配位原子和金属离子进行螯合，故其极易与金属表面带正电荷的金属离子结合，形成多个螯合环，在金属表面发生化学吸附，同金属络合形成极稳定的络合物，即使是在强酸性环境中。植酸在金属表面同金属络合时，易在金属表层形成一层坚固致密的单分子保护膜，从而有效阻止 O_2 等进入到金属表面，抑制金属的氧化腐蚀。表 9-11 给出了植酸作为缓蚀剂及其与表面活性剂十二烷基苯磺酸钠(DBSAS)、聚乙二醇辛基苯基醚(OP)复配后，在原油(由抚顺石油二厂储油库提供)和 3.5%NaCl 溶液介质中对 16 锰钢的缓蚀效果。可以看出，植酸作为输油管线缓蚀剂效果较好，且与 DBSAS 和 OP 以 4：1：1 的比例复配后效果更加优异，缓蚀率可达到 96%以上。

表 9-11　植酸缓蚀剂缓蚀效果

缓蚀剂	试样编号	试样面积/($\times10^{-4}m^2$)	试片失重/g	平均腐蚀速率/[g/($m^2\cdot h$)]	缓蚀率/%
空白	A	35.12	0.01209	0.435	—
	B	34.77	0.01274		
	C	38.74	0.01289		
IP_6	A	45.48	0.00200	0.058	86.7
	B	38.98	0.00196		
	C	41.14	0.00184		
IP_6：DBSAS [OP(4：1：1)]	A	35.46	0.0006	0.0164	96.2
	B	35.12	0.0008		
	C	36.57	0.0007		

9.5.4 炼油厂用缓蚀剂

原油加工过程中的腐蚀因素主要有 HCl、H_2S、CO_2和有机酸等，它们与水共存时可形成各种复杂的腐蚀系统，如 $H_2O-HCl-H_2S$ 和 $H_2O-HCl-CO_2$等。由于石油加工过程中腐蚀因素复杂，腐蚀破坏形式多，因此很难找到一种理想的耐蚀材料来满足全部的防腐蚀要求，而采用缓蚀剂则是一种行之有效的方法。目前，炼油厂使用的缓蚀剂主要包含以下几类：

（1）亚硝酸钠缓蚀剂

亚硝酸钠是目前广泛采用的一种水溶性缓蚀剂。亚硝酸钠水溶液可显著地抑制黑色金属的腐蚀，在蒸馏水中添加 0.005%即有防锈效果，甚至当周围介质中含有 0.05%氯化钠存在时，只要将亚硝酸钠的浓度增加到 0.03%时即可抑制钢铁的锈蚀。但是当亚硝酸钠的浓度过低时，有可能加速腐蚀，使用时要十分注意。另外，亚硝酸钠具有毒性，长期接触使用，会对皮肤有过敏作用，进入体内毒性较大，有间接致癌的危害。

（2）铬酸盐和重铬酸盐缓蚀剂

铬酸盐和重铬酸盐是有色金属通用的水溶性缓蚀剂，对黑色金属也有良好的缓蚀性能。铬酸盐外观呈桔红色结晶状，水溶液对皮肤有一定刺激性，进人体内毒性较大，实际使用时应尽量避免手直接接触，使用受到一些限制。配制防锈水一般使用浓度为 0.5%~3%，如果水中含有氯化物或硫酸盐，则浓度要加大。重铬酸盐本身是一种强氧化剂，它既可使金属缓蚀，也会与其他缓蚀剂组分起反应，使缓蚀剂溶液不稳定，因此在选择复合添加剂时要注意。

（3）有机磷酸盐类缓蚀剂

有机磷酸盐类缓蚀剂通过磷原子进行吸附，可以在高 Ca^{2+} 和 CO_3^{2-} 含量以及较高 pH 值的水中抑制垢的形成和金属腐蚀。近年来，我国已研究出一些主要的有机磷酸盐类缓蚀阻垢剂，并在一些油田的注水系统得到成功应用。这些缓蚀剂与低分子的聚丙烯酸以及聚磷酸盐等复配使用时会产生协同效应，从而提高缓蚀效率。但是这类缓蚀剂用作油田的缓蚀阻垢水处理剂时，容易导致含磷化合物引起水源富营养化，导致赤潮危害和湖泊藻类大量繁殖及水质恶化，因此其在工业方面的应用也越来越受到限制。

（4）咪唑啉类缓蚀剂

咪唑啉类缓蚀剂是含有长碳链的有机含氮化合物。分子中含有非极性的烃基和极性氨基，亲油性长链烃基使油溶性增强，易溶于油中。极性氨基氮原子上有未成键的孤对电子，可与金属形成配位键，在金属表面形成化学吸附；非极性的长链烃基处于垂直于金属表面的“林立”状，形成覆盖金属表面的吸附保护膜，从而起到缓蚀作用。但是由于咪唑啉类缓蚀剂的分子量小，与金属表面的吸附作用不强，在高温、强酸、强碱条件下易分解。

目前，我国用于炼油厂的缓蚀剂有 4502、1017、7019、兰 4-A、尼凡丁-18 等，如表 9-12 所示。

表 9-12　部分国产炼油厂用缓蚀剂

缓蚀剂	主要组分	备注
兰 4-A	油酸、苯胺、乌洛托品缩聚物	抗氧化能力低
4501	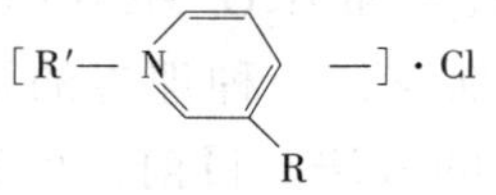 R′为 C_{12}-C_{20}烷基，R 为 C_3-C_4烷基	兼有清洗、破乳作用
4502	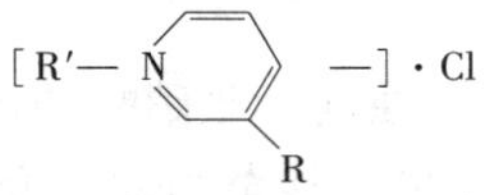 R′为软蜡烷基，C 原子数 16	兼有清垢作用，臭味少
1011	$C_{17}H_{33}CONHC_2H_4$—N((C_2H_4O)$_m$·H)((C_2H_4O)$_n$·H)	油溶性稍差
1012，1014	环氧丙烷与 *N*-油酰乙二胺加成物	油溶性好
1017	多氧烷基咪唑啉油酸盐	油溶性好，相变部处缓蚀率高
尼凡丁-18	聚氧乙烯十八烷胺、异丙醇	对液相部分缓蚀率较高
7201	合成脂肪酸酰胺	乳化性少，主要原料成本低
7019	蓖麻油酸、有机胺和冰醋酸的缩合物	相变部位缓蚀率高
仿 Nalco-165AC	咪唑啉酰胺、咪唑啉胺、咪唑啉、二酰胺、单酰胺	用于工艺循环冷却系统

9.5.5 油田污水缓蚀剂

油田含油污水矿化度高、含有溶解氧、二氧化碳、硫化物及细菌等，对油田污水处理及回注污水等注水系统的钢管线及设施存在腐蚀现象。目前，油田污水缓蚀的主要技术路线为：将开放式系统改为闭式系统，将注水中的含氧量降低至 0.02～0.05mg/L，从而使油田污水的腐蚀类型从主要是氧腐蚀转化为弱酸性的腐蚀(主要是 H_2S 和 CO_2等的腐蚀)，然后再使用有机缓蚀剂进行防腐蚀。油田污水使用的有机缓蚀剂主要类型有季胺盐类、咪唑啉类、脂肪胺类、酰胺衍生物类、吡啶衍生物类、胺类和非离子表面活性剂复合物等。其中效果较好的是季胺盐类和咪唑啉类，它们通常还具有较好的分散性，可以防止沉淀物对地层的堵塞。

中原油田开发以来，含水率不断上升，总矿化度高，氯离子大于 8×10^4mg/L，且含有一定量的 CO_2，造成油井、集油管线和地面设备的严重腐蚀。为此，研究者们选用了合适的有机腈、有机酸和多乙烯多胺为主要原料，在催化剂存在下制得一种咪唑啉缓蚀剂产品 IM，并进行复配研究后得到新型咪唑啉缓蚀剂 IMC-石大 1 号。这种油溶性咪唑啉缓蚀剂在中原油田污水腐蚀介质中的具有较好的缓蚀效果，实验结果见表 9-13。试验中，污水腐蚀介质测试温度为(50±1)℃，实验材料为 Q235 钢片，测试时间为 7d。

表 9-13 IMC-石大 1 号缓蚀剂在中原油田污水介质中的缓蚀效果

实验批号	缓蚀剂浓度/(mg/L)	失重/g	腐蚀速率/[g/(m²·h)]	平均腐蚀速率/[g/(m²·h)]	平均缓蚀率/%
1	25	5.10	1.44×10^{-3}	7.600×10^{-4}	95.18
		1.40	3.95×10^{-4}		
		1.60	4.52×10^{-4}		
2	30	2.00	5.66×10^{-4}	4.050×10^{-4}	97.43
		1.10	3.11×10^{-4}		
		1.20	3.39×10^{-4}		
空白	—	41.90	2.38×10^{-2}	1.577×10^{-2}	—
		37.30	1.05×10^{-2}		
		45.60	1.29×10^{-2}		

9.5.6 缓蚀剂的未来发展方向

进入 21 世纪，可持续发展战略已成为世界各国的共识，要实现人与自然的和谐发展，必须节约资源，减少因腐蚀造成的资源浪费。随着环境保护和安全意识的加强，研究和开发出对环境不构成破坏作用的无公害无毒的环境友好缓蚀剂，是缓蚀剂未来的研究方向。作为环境友好的绿色缓蚀剂，它应有以下特点：不仅要求其最终的产品对环境无毒、无害，而且在缓蚀剂的合成制备及使用过程中也应该尽量减少对环境的影响并降低生产成本，其中包括合成原料的选择、工艺条件的优化以及使用过程中采用复配技术提高缓蚀效率。因此，在今后缓蚀剂的研究中需要：

(1) 积极探索从天然植物、海产动植物中，提取、分离、加工新型缓蚀剂的有效成分并进行化学改性，提高缓蚀剂性能。

(2) 利用医药、食品、农副产品、工业副产物进行分离，提取缓蚀剂组分，并进行复配或改性处理研制缓蚀剂，变废为宝，实现资源充分利用。

(3) 运用量子化学理论和分子设计等先进科学技术合成高效多功能环境友好型的高分子型有机缓蚀剂；加强人工合成多功能基的低毒或无毒的有机高分子型缓蚀剂的研究工作，研究开发脂肪酸、氨基酸、葡萄糖酸、叶酸、抗坏血酸、丹宁酸、山梨酸、肉桂醛及其的衍生物等含氮、氧化合物的环境友好有机缓蚀剂。

(4) 对原料易得、价格低廉、环境友好的缓蚀剂之间进行复配筛选；借助现代大型分析仪器和科学理论，从分子和原子水平上研究复配缓蚀剂各组分间，以及缓蚀剂分子在金属表面上的行为及其作用机理，更好地指导缓蚀剂之间的复配协同工作。

(5) 注意开发有机缓蚀剂与无机缓蚀剂间协同作用效应研究，研制出性能更好的复合缓蚀剂。油田功能化学药品用得越多，药品间的复配越难。因此，应加强研究无毒无污染的高效、多功能油田用缓蚀剂，而且要多利用炼油副产品作为原料，提取缓蚀剂组分，并进行复配或改性处理研制缓蚀剂，实现资源的充分利用，降低成本，节约资源。

(6) 加强水、气共存的高温高压腐蚀环境中，缓蚀剂在金属表面的吸附及其对腐蚀电化学行为的影响研究，及在含固体颗粒时的冲蚀/腐蚀机理、规律及模型的基础研究。随着开采技术的发展，油气井越来越深，这种超深井井底的温度和压力很高，从理论上讲有些物质已达到超临界状态。处于超临界状态的物质的很多性质发生了变化，因此其腐蚀行为不同于常态，对超临界状态下 CO_2腐蚀行为的初步研究证明了这一点。国内外关于超临界下油气井设备腐蚀及缓蚀剂控制的研究几乎为空白，开展相关研究意义重大。

（7）开展局部腐蚀缓蚀剂、混凝土钢筋缓蚀剂和油/水/气、气/液/固多相系统缓蚀剂的研究工作，开发高温（200℃）以上酸化缓蚀剂及炼油厂工艺缓蚀剂，满足工业生产发展的需要。

（8）研究苛刻环境和复杂要求下具有优良综合性能、可与其他防护手段联合使用、无污染的缓蚀剂。

第10章 阴极保护

10.1 阴极保护的应用现状

阴极保护(Cathodic Protection)是基于电化学腐蚀原理的一种防腐蚀手段。对被保护金属施加负电流，即供给电子到被保护金属，通过阴极极化使其电极电位负移至金属氧化还原平衡电位以下，从而抑制金属腐蚀的保护方法。在阴极保护过程中，被保护的金属和另一个阳极金属组成腐蚀电池，被保护金属作为阴极，在其表面发生还原反应，氧化反应集中发生在阳极金属上，从而避免了被保护金属腐蚀，达到保护金属的目的。阴极保护是一种经济而有效的防护措施。它适于防止土壤、海水、淡水等介质中的金属的腐蚀，但不适于酸性介质及非电解质中的防护。目前，阴极保护已广泛用于石油工业的罐、过滤器、加热处理器、海上构筑物和套管以及地下管线、电缆、隧道等的防腐。阴极保护的经济效益非常显著，被保护设备的阴极保护费一般只占总投资的0.3%~0.6%，就可大大延长其使用寿命。在石油天然气工业，阴极保护和涂层结合(如管线外防腐)、阴极保护和缓蚀剂结合(如储罐内防腐)已成为保护石油装备最经济的方法。

阴极保护始于1823年，英国学者汉弗莱·戴维爵士采用锡、铁和锌对木制船舰的铜护套进行了保护。1890年，美国著名发明家爱迪生根据法拉第原理，提出了强制电流阴极保护的思路。1902年，科恩(K. Cohen)采用爱迪生的思路，成功地将外加电流应用于阴极保护。1906年，德国卡尔鲁赫公务工程师赫伯特·盖波特(Herbert Geppert)建成了第一个管道阴极保护站，并于1908年3月27日获得第一个有关外加电流阴极保护的德国专利。1913年秋在日内瓦召开的金属学研究大会上命名这一方法为“电化学保护”。随后阴极保护得到了大量的工程应用。从20世纪30年代至今，工业发达国家先后对埋地管线采用了阴极保护技术。

目前，国外的阴极保护技术已做到了法律化、标准化，比较重要的有《美国气体管道联邦最低安全标准》、德国的《长输管道运输危险液体的规定》、NACE的《埋地及水下金属管道外腐蚀控制推荐做法》等。国内第一部管道防腐蚀技术标准是SYJ7-84《钢质管道和储罐防腐蚀工程设计规范》。在国务院1989年颁布的《石油、天然气管道保护条例》中明文规定：“埋地管道必须施加阴极保护”。2009年11月，通过了《中华人民共和国石油天然气管道保护法(草案)》，将我国石油天然气管道保护从部门条例上升为国家法律。因此，阴极保护是一种十分重要的防止金属设施和结构腐蚀的措施。

实现阴极保护的方法通常有牺牲阳极法和强制电流法。另外，在存在外部杂散电流影响的情况下，需要对杂散电流进行排除，排流过程中会在管道上保留有一定的负电位，可使管道得一定的阴极保护，由此所引起的阴极极化称为排流保护，它是在一定限定条件下的阴极保护方法，并不一定十分有效。

（1）牺牲阳极法

选择一种电极电位比被保护金属更负的活泼金属或合金，把它与被保护金属共同置于电解质环境中并从外部实现电连接，这种活泼金属在所构成的电化学电池中成为阳极而优先腐蚀溶解（为牺牲阳极），释放出的电子（即负电流）使被保护金属阴极极化到所需电位范围，而抑制了被保护金属的腐蚀，这种以牺牲阳极优先溶解使金属构筑物成为阴极而实现保护的方法称为牺牲阳极法，如图 10-1 所示。

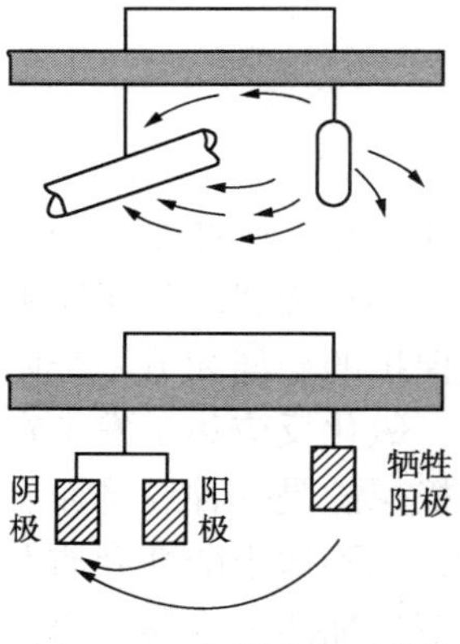

图 10-1　牺牲阳极法阴极保护原理示意图

牺牲阳极阴极保护时，外导线连接回路中电流从金属流向牺牲阳极。在电解质环境中形成一个电场，电流从牺牲阳极流向金属，该电流称为防蚀电流。

图 10-2 所示为一个简单的牺牲阳极法阴极保护系统。钢制管道通过与埋设于同一土壤（电解质）中的牺牲镁阳极保持电连接而得到阴极保护。钢管-金属导线-镁阳极-回填料-土壤-钢管，构成了一个完整的电流回路。在钢管/土壤和镁阳极/土壤的界面处发生了电子导电与离子导电之间的转化，这种转化是通过界面电化学反应来实现的。在钢管/土壤/镁阳极这一电化学池中，镁作为电池阳极，在镁阳极上发生了 $Mg \rightarrow Mg^{2+} + 2e^-$ 氧化反应，镁原子溶解转变成镁离子进入土壤环境，同时释放出电子，通过连接导线传输到钢管使之产生阴极极化，实现阴极保护。

为了达到有效保护，牺牲阳极不仅在开路状态（即牺牲阳极与被保护金属之间的电路未接通）有足够负的开路电位，而且在闭路状态（电路接通后）有足够的闭路电位（即工作电位）。这样，在工作时可保持足够的驱动电压。驱动电压指牺牲阳极的闭路电位与金属构筑物阴极极化后的电位两者之差，亦称为有效电压。

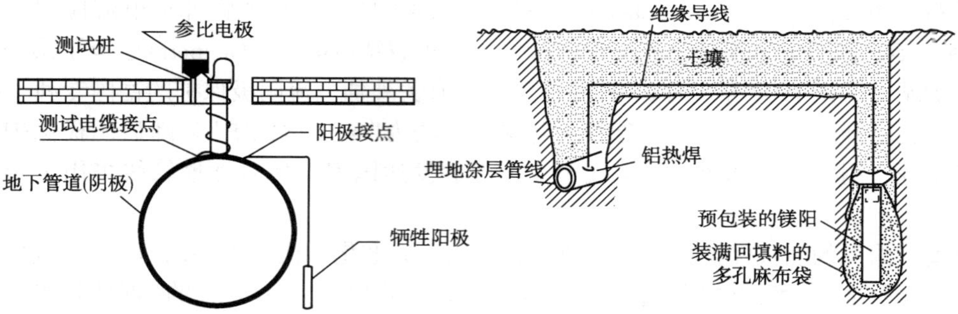

图 10-2　埋地管道的牺牲阳极法阴极保护系统示例

牺牲阳极法阴极保护技术的优点：①首先它不需要任何外部电源，增强了其应用的广泛性；②其用电系统对邻近的结构物可能产生的杂散电流干扰很小，甚至无干扰；③对小型工程而言，这种阴极保护成本很低；④牺牲阳极的输出电流具有一定的自调节能力，保护电流分布均匀，利用率高；⑤施工安装简单，阴极保护系统运行期间的维护管理强度很低，甚至无维护；⑥在低电阻率环境中，运行良好。

牺牲阳极法阴极保护技术的局限性：①由于输出功率小，牺牲阳极系统在较高电阻率环境中应慎用，过高电阻率环境中则不宜使用；②系统保护电流小，可调节范围小；③为了获得好的保护效果，要求被保护结构物表面应涂敷优质防腐蚀涂覆层；④消耗有色金属，阳极质量大，且工作寿命短，但若干年后可更换等。

（2）强制电流法

根据阴极保护的原理，利用外部的直流电源作阴极保护的极化电源，将电源的负极接管道(被保护构筑物)，将电源的正极接辅助阳极，在外加电流的作用下，使管道发生阴极极化，实现阴极保护，如图10-3所示。

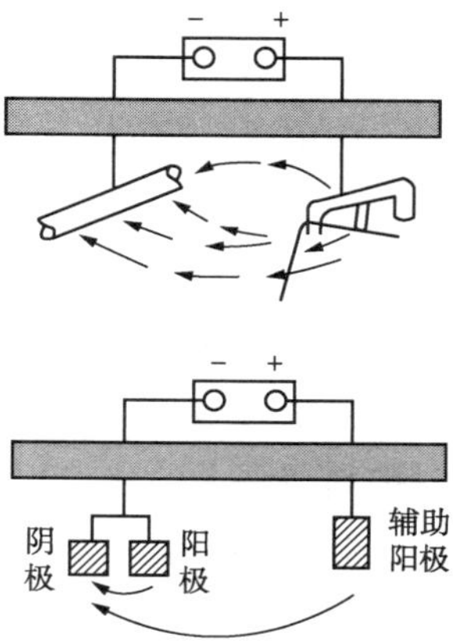

图10-3 强制电流法阴极保护示意图

图10-4为埋地管道的外加电流法阴极保护系统的简明示例。外部电源(整流器或恒电位仪)通过对埋置于土壤中的钢制管道施加负电流而使钢管获得了阴极保护。整流器(负极)-导线-钢管-土壤-辅助阳极-导线-整流器(正极)，构成了一个完整的电流回路。

在钢管/土壤及辅助阳极/土壤界面处发生了电子导电与离子导电之间的转换，这也是通过界面电化学反应来实现的。与牺牲阳极不同，在外加电流法阴极保护中的辅助阳极，并不要求它的自然电极电位比被保护体(钢)更负，实际上这种情况很少。大多数辅助阳极为非消耗性的电极材料，他们往往比钢的电极电位更正，使用寿命更长，而且辅助阳极用量也更少。

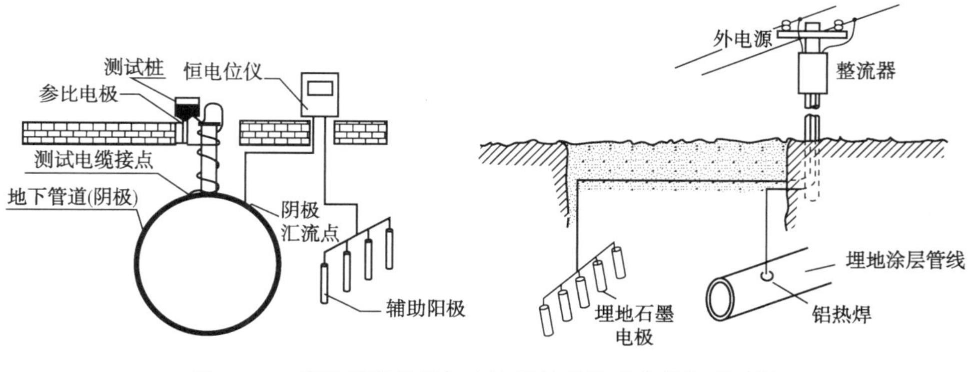

图10-4 埋地管道的外加电流阴极保护系统的简明示例

外加电流法阴极保护技术的优点是：①与牺牲阳极系统不同，外加电流法阴极保护系统可以施加很大的槽压(输出功率大)，从而可进行远距离阳极配置，由此可在被保护体上实现更大范围的保护电流供给；②阳极的有效保护半径大，可显著增大保护范围；③由于大槽压可使外加电流法阴极保护应用在各种环境介质中，包括在高电阻率环境介质中的成功应用(如淡水、混凝土环境)；④输出电流和电压可连续调节；⑤这种保护装置的服役寿命长；⑥这种阴极保护方法用于大型工程时的成本很低。

外加电流法阴极保护技术的局限性在于：①由于工作槽压很大，将可能对邻近的金属结构物产生严重的杂散电流干扰；②很大的工作槽压易使高强钢过保护，从而导致氢脆；③工作槽压过大也可能使被保护结构物上的涂覆层产生阴极剥离，当水汽侵入涂覆层并在涂覆层下产生析氢反应时，氢气压积累升高而使涂覆层鼓泡或开裂，从而导致涂覆层剥离；④涂覆层的损伤和剥离将使所需保护电流增大并可能超过阴极保护系统的承受能力；⑤这种保护系统结构复杂，必须要有外部电源，其管理和维护工作量大；⑥由于其有效保护半径大和工作槽压大，使被保护结构物上的电流分布不易均匀；⑦外加电流法阴极保护系统的初次投资较大，对被保护构筑物供应直流电所必需的投资成本要比牺牲阳极法阴极保护高得多。

对于外加电流方法未能有效保护的埋地长输管道部分管段，可以采用外加电流联合牺牲阳极阴极保护法进行保护。与单独采用外加电流阴极保护措施相比，联合阴极保护措施的效果明显，且管道电位分布更加均匀。

(3) 排流保护

当有杂散电流存在时，通过排流可以实现对管道的阴极极化，这时杂散电流就成了阴极保护的电流源。但排流保护是受到杂散电流所限制的，通常是在杂散电流的极性固定和具有一定强度的条件下使用才能达到阴极保护的效果，所以排流保护不一定时刻有效。通常的排流方式有直接排流、极性排流、强制排流和接地排流四种形式，如图 10-5 所示。

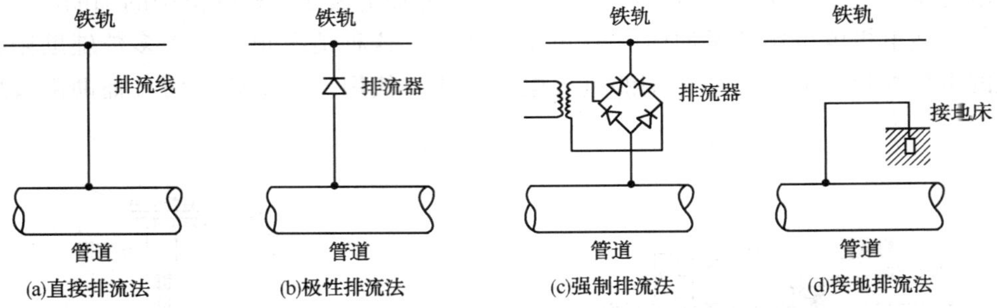

图 10-5 杂散电流排流方法

直接排流法是将管道与杂散电流源(如电气化铁路等)负极用导线直接连接起来，将杂散电流导入到行走轨道。这种方法适用管道电位高于轨道电位、不会产生逆流的场所。

极性排流法是在排流线路中设置单向导通二极管或逆电压继电器等装置，使杂散电流只能由管道流入行走轨。这种排流装置有效防止了逆流，安装方便，应用比较广泛。

强制排流法是在排流线路中外加直流电流，促进排流的方法。杂散电流通过强制排流器的整流环排放在行走轨上。当无杂散电流时，强制排流器给管道提供一个阴极保护电流，使管道处于阴极保护状态，这种方法排流范围大，但需要外加电源。

在杂散电流源未知的情况下，可采用接地排流法。将管道直接连接到一个埋地辅助阳极上，使杂散电流从管道排到大地中，因为产生杂散电流的电气设备均要接地。接地排流法使用方便，排流的效果不显著，需要接地良好的辅助阳极，还要定期更换辅助阳极。

表 10-1 中概括了阴极保护与排流保护的比较。

表 10-1 阴极保护与排流保护的比较

方法		优 点	缺 点
阴极保护	强制电流	(1)输出电流，电压连续可调； (2)保护范围大； (3)不受土壤电阻率的限制； (4)工程量越大越经济； (5)保护装置寿命长	(1)必须要有外部电流； (2)对邻近金属构筑物有干扰； (3)管理、维护工作量大
	牺牲阳极	(1)不需要外部电源； (2)对邻近金属构筑物无干扰或较小； (3)管理工作量小； (4)工程量小时，经济性好； (5)保护电流均匀，且自动调节，利用率高	(1)高电阻率环境不经济； (2)覆盖层差时不适用； (3)输出电流有限
排流保护	极性排流	(1)利用杂散电流保护管道； (2)经济实用； (3)方法简单易行，管理量小； (4)对杂散电流无引流之忧	(1)对其他构筑物有干扰影响； (2)电铁停运时，管道得不到保护； (3)负电位不易控制
	强制排流	(1)保护范围广； (2)电压、电流连续可调； (3)以轨道代替辅助阳极，结构简单； (4)电铁停运时，管道仍有保护； (5)不存在阳极干扰	(1)对其他构筑物有干扰影响； (2)需要外部电源； (3)排流点易过保护

10.2 阴极保护的原理

阴极保护是应用电化学腐蚀原理，将被保护金属进行阴极极化，使金属的电极电位降低到抑制阳极反应发生的电极电位范围，从而使被保护金属免于腐蚀。因此，可用电化学腐蚀原理、电极反应、极化图和电位-pH 图来理解阴极保护原理。

(1) 电化学腐蚀原理

金属在电解质溶液中发生电化学腐蚀，通常是一个微观过程，在金属表面不同的区域同时进行一对氧化还原反应，可以将电化学腐蚀分解为宏观的腐蚀电池。以钢铁材料在酸性溶液中为例，在阳极 A 上发生氧化反应，$Fe \longrightarrow Fe^{2+} + 2e^-$，在阴极 C 上发生还原反应，$2H^+ + 2e^- \longrightarrow H_2$，腐蚀的总反应式为 $2H^+ + Fe \longrightarrow Fe^{2+} + H_2$，电流从阴极流向阳极，自腐蚀电流密度为 I，如图 10-6(a)所示。

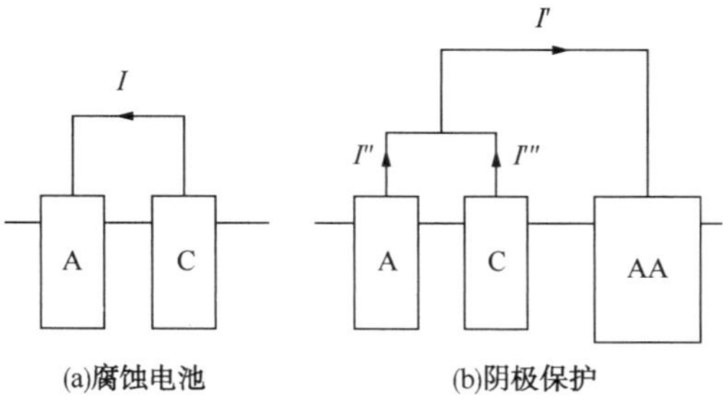

图 10-6 阴极保护的三电极模型

将另一个比铁电极电位更负的金属，如锌，和铁连接在一起，组成一个宏观腐蚀电池，锌为辅助阳极 AA，如图 10-6(b)所示。由标准电极电位表和电偶序可知，任意两种金属或合金的组合都可构成电化学腐蚀电池，低电位者为电池的阳极，其上主要发生氧化反应；高电位者为阴极，发生还原反应。在锌上发生氧化反应，$Zn \longrightarrow Zn^{2+}+2e^-$，电子从锌流向铁．在铁上得到电子，铁的电极电位变负，则使得铁发生阴极极化，在铁表面溶液中的氢离子被还原，$2H^++2e^- \longrightarrow H_2$，这个腐蚀电池的总反应式为$2H^++Zn \longrightarrow Zn^{2+}+H_2$。在此过程中辅助阳极锌发生了腐蚀，而铁变为阴极没有发生腐蚀，则锌和铁耦合后，抑制了铁单独在腐蚀溶液中的阳极反应，使得铁得到了保护。在阴极保护条件下，腐蚀电流密度为I'，$I''=0$，$I'=I'''$。

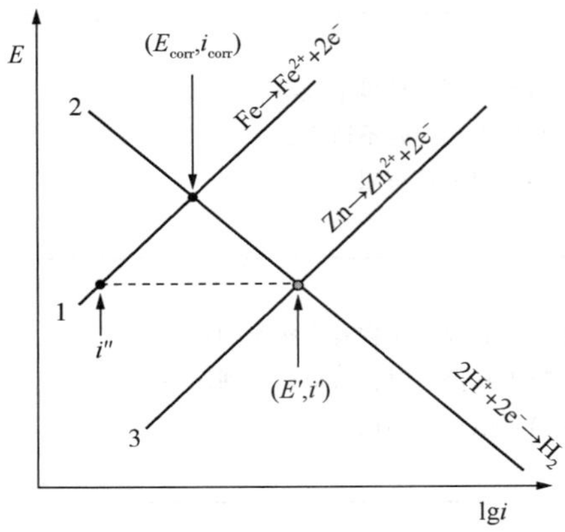

图 10-7　阴极保护时的极化图

(2) 电极反应

将图 10-6 所示的三电极模型可用极化图来解释，如图 10-7 所示。当铁在酸性溶液中发生自腐蚀时，局部阳极和局部阴极通过各自的极化而达到一个共同的混合电位，即金属的自腐蚀电位E_{corr}。此时，局部的阳极氧化反应速度与局部的阴极还原反应速度相等，即等于金属的自腐蚀电流i_{corr}。自腐蚀电位和腐蚀电流是局部的阳极极化曲线和阴极极化曲线的交点(E_{corr}，i_{corr})，即曲线 1 和曲线 2 的交点。当用锌和铁耦合后，根据混合电位理论，局部阳极和局部阴极通过各自的极化也要达到一个共同的混合电位，即曲线 3 和曲线 2 的交点(E'，i')。

当阳极的氧化反应速度与阴极的还原反应速度相等，则得到耦合后锌的腐蚀电流密度i'，曲线 3 和曲线 2 的交点是耦合锌的自腐蚀参数点。阴极还原反应仍然在铁电极上发生，但抑制了铁的氧化反应。从E'电位作水平延长线与铁的阳极极化曲线有一交点，对应电流密度为i''，其值远小于i_{corr}，通常可认为其值等于零。耦合后，铁的电极电位由自腐蚀条件的E_{corr}降低到有阴极保护时的E'，锌耦合的结果使铁产生了阴极极化，铁电极的电极电位到达铁不发生腐蚀的电位范围。要完全抑制铁的氧化反应，阴极保护的电流密度$|i'| \geqslant |i_{corr}|$。

(3) 电位-pH 图

应用电位-pH 图，可以从热力学上说明阴极保护的理论基础，如图 10-8 所示。铁在腐蚀环境中的阳极反应为$Fe \longrightarrow Fe^{2+}+2e^-$，如能使该反应逆向进行，则可防止铁的腐蚀。在 25℃平衡条件下，铁氧化的能斯特方程可写为：

$$E=E^0+\frac{RT}{2F}\ln a_{Fe^{2+}}=-0.441+0.0295\lg a_{Fe^{2+}} \tag{10-1}$$

则要使铁不腐蚀，则铁的电极电位符合以下关系：

$$E<-0.441+0.0295\lg a_{Fe^{2+}} \tag{10-2}$$

根据热力学计算可获得 $Fe-H_2O$ 腐蚀体系的电位-pH 图，在 pH 值为 6~7 的中性水中，铁在自然条件下是处于腐蚀状态，通过外加负电流的阴极极化可使铁的电极电位降低，从腐蚀区进入免蚀区。

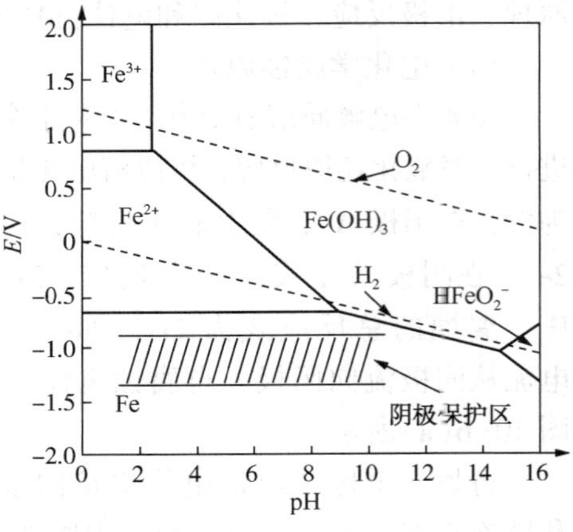

图 10-8　$Fe-H_2O$ 系电位-pH 图上的阴极保护范围

对于铁，这是一个热力学稳定区，金属腐蚀停止，即获得了阴极保护。

通常为了保证有效的保护，极化电位应该比热力学计算的电位更负，但又不能太负，阴极保护电位往往在一个比较合理的电位范围见图 10-8。

（4）金属界面反应

图 10-9 给出了铁在 NaCl 水溶液（或土壤）中，在金属界面处发生的化学腐蚀反应过程，以及保护系统通过镁阳极或外电源产生的外加负电流对这些反应的影响。该图形象地说明了各种反应质点和反应产物的产生、存在和传递。由于阴极保护系统通过牺牲阳极或外电源，能对金属供给足够的电子（施加所需的负电流），使金属界面呈负电性和达到足够负的电极电位，从而抑制氧化反应（$Fe \longrightarrow Fe^{2+}+2e^-$）。此时还原反应所需电子完全从牺牲阳极或外电源获得。由此实现了阴极保护，停止了金属的腐蚀过程。

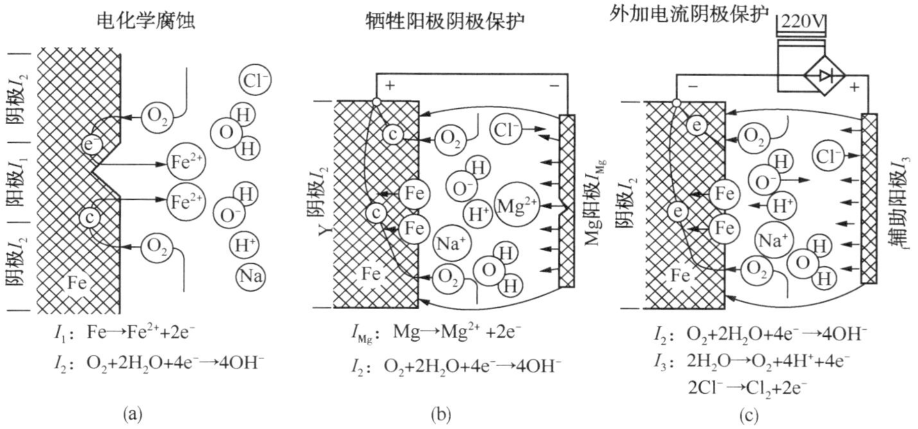

图 10-9 铁在 NaCl 水溶液中金属界面处的电化学腐蚀反应过程及阴极保护作用的图解说明

除此之外，也可用图 10-10 所示的极化图解清楚地说明阴极保护的工作原理。以外加电流的阴极保护为例，暂不考虑腐蚀电池的回路电阻，则在未通电流保护以前，腐蚀原电池的状态为 *C* 点表示的状态，即自腐蚀状态，该点对应自腐蚀电位为 E_{corr}，自腐蚀电流密度为 i_{corr}。通外加电流后，由电解质流入阴极的电流量增加，阴极发生极化，其电位降低到 E_1，腐蚀的电流密度由 i_{corr} 降低到 i_o（*O* 点），金属的腐蚀受到了阻滞，但流入阴极电流密度为 i_d（*D* 点），则需要外部提供阴极电流。i_d 与 i_o 的差值就是由辅助阳极流出的外加电流。

为了使金属构筑物得到完全保护，即没有腐蚀电流从其上流出，就需进一步将阴极极化到使总电位降至等于阳极的平衡电位 E_a^0，金属的腐蚀电流为零，即完全拟制了腐蚀。此时，外加的保护电流密度为 i_p（*P* 点），此电流为完全拟制金属腐蚀所需要的最小电流密度。从图上可以看出，$i_p > i_{corr}$，要达到完全保护外加的保护电流要比原来的腐蚀电流大得多。显然，最小的保护电流密度 i_p 与自腐蚀电流密度 i_{corr} 的差值决定于阴极极化的程度。在实际的阴极保护系统中，保护电流密度往往比最小的保护电流 i_p 还要大。

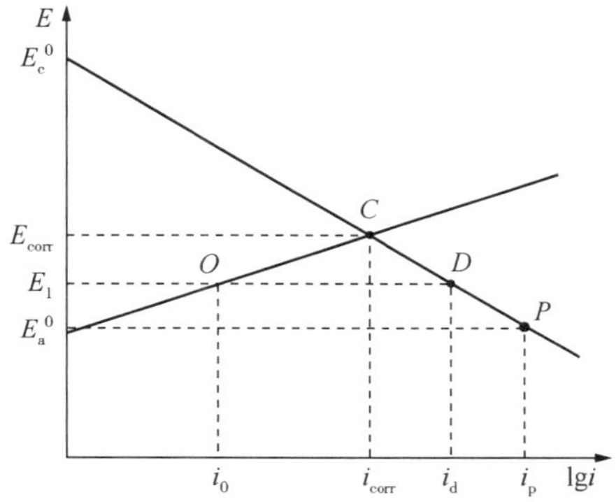

图 10-10 阴极保护的极化图解

10.3 强制电流法阴极保护

10.3.1 强制电流阴极保护设计工艺计算

管道阴极保护范围的制约因素是管道防腐层电阻和管径，它以最大保护电位和最小保护电位的临界点来划分。最大保护电位指阴极保护条件下，允许的绝对值最大的负电位值。最小保护电位指金属达到完全保护所需要的、绝对值最小的负电位值。因此，保护一条管道常常需要设置一个或几个阴极保护站。为了求得保护长度，必须知道管道上通入阴极极化电流后所产生极化电位沿管道的分布，求取最大保护电位经过多少公里降低到最小保护电位。

(1) 保护长度计算

对无限长管道，就是只有一个保护站的情况，管道两端无绝缘法兰，自由延伸到无限远处。如图 10-11 所示。强制电流阴极保护的保护长度按式(10-3)计算：

$$L=2L_0=\sqrt{\frac{8\Delta V_L}{\pi D i_S R}} \tag{10-3}$$

$$R=\frac{\rho_T}{\pi(D-\delta)\delta} \tag{10-4}$$

式中 L——保护长度，m；

L_0——单侧保护长度，m；

ΔV_L——最大保护电位与最小保护电位之差，V；

D——管道直径，mm；

i_S——保护电流密度，A/m^2；

R——单位长度管道纵向电阻，Ω/m；

ρ_T——钢管电阻率，$\Omega\cdot mm^2/m$；

δ——管壁厚度，mm。

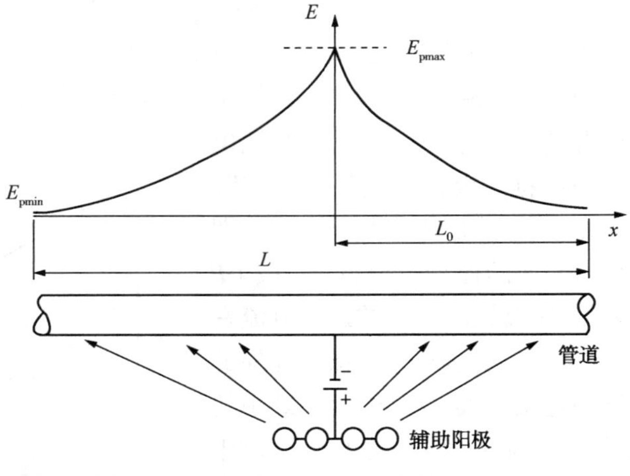

图 10-11 管道阴极保护电位分布示意图

（2）保护电流计算

强制电流阴极保护的电流按式(10-5)计算：

$$I=2I_0=2\pi Di_sL \tag{10-5}$$

式中 I——保护电流，A；

I_0——单侧保护电流，A。

可见，强制阴极保护工艺计算的关键参数是保护电流密度，其值可由经验关系给出和现场试验测量给出。

（3）辅助阳极接地电阻计算

辅助阳极的接地电阻，因地床结构不同而有所区别。各种结构的接地电阻的计算公式可参见有关手册。这里给出三种常用埋设方式的阳极接地电阻计算公式。

① 单支立式阳极接地电阻按式(10-6)计算：

$$R_{V1}=\frac{\rho}{2\pi l}\cdot\ln\frac{2l}{d}\cdot\sqrt{\frac{4t+3l}{4t+l}}\quad(t\gg d) \tag{10-6}$$

② 深埋式阳极接地电阻按式(10-7)计算：

$$R_{V2}=\frac{\rho}{2\pi l}\cdot\ln\frac{2l}{d}\quad(t\gg l) \tag{10-7}$$

③ 单水平式阳极接地电阻按式(10-8)计算：

$$R_H=\frac{\rho}{2\pi l}\cdot\ln\frac{l^2}{td}(t\ll l) \tag{10-8}$$

以上三式中 R_{V1}——单支立式阳极接地电阻，Ω；

R_{V2}——深埋式阳极接地电阻，Ω；

R_H——单支水平式阳极接地电阻，Ω；

l——阳极长度(含填料)，m；

d——阳极的直径，m；

t——阳极的埋深(填料顶部距地表面)，m；

ρ——阳极区的土壤电阻率，Ω·m。

组合阳极接地电阻按式(10-9)计算：

$$R_g=F\frac{R_V}{n} \tag{10-9}$$

式中 R_g——阳极组总接地电阻，Ω；

n——阳极支数；

F——电阻修正系数(查图10-12)；

R_v——单支阳极接地电阻，Ω。

（4）阳极质量的计算

阳极的质量应能满足阳极最小设计寿命的需要，通常阳极的工作寿命按式(10-10)计算：

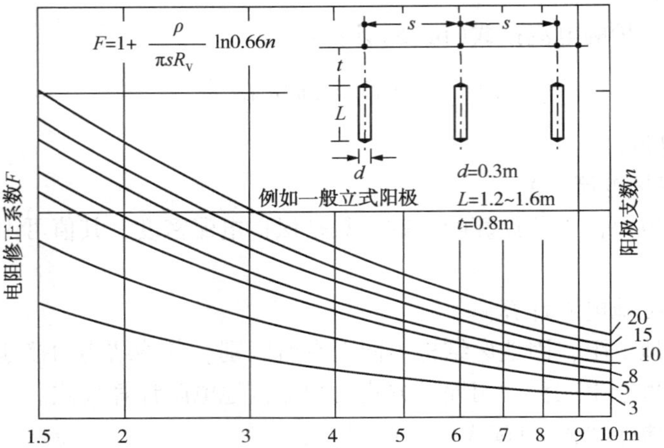

图 10-12 阳极组接地电阻修正系数

$$G=\frac{TgI}{K} \tag{10-10}$$

式中 G——阳极总质量，kg；

g——阳极消耗率，[kg/(A·a)]，查表 7-4；

T——阳极设计寿命，a；

K——阳极利用系数，常取 0.7~0.85。

（5）电源功率的计算

强制电流阴极保护系统的电源设备功率按下列公式计算：

$$P=\frac{IV}{\eta} \tag{10-11}$$

$$V=I(R_g+R_L+R_C)+V_r \tag{10-12}$$

$$R_c=\frac{\sqrt{R_T R}}{2\text{th}(aL)} \tag{10-13}$$

$$a=\sqrt{\frac{R}{R_T}} \tag{10-14}$$

式中 P——电源功率，W；

I——保护电流，A；

V——电源设备的输出电压，V；

η——电源设备效率，一般取 0.7；

R_g——辅助阳极组接地电阻，Ω；

R_C——阴极(管道)/土壤界面过渡电阻，Ω；

R_L——导线总电阻，Ω；

V_r——辅助阳极地床的反电动势，V；当采用焦炭填充时，取 $V_r=2V$；

a——管道衰减因数，m^{-1}；

R_T——覆盖层过渡电阻率，Ω·m。

表 10-2 常用辅助阳极的性能

阳极材料	允许电流密度/(A/m^2)		消耗率/[kg/(A·a)]	
	土壤	水中	土壤	水中
废钢铁	5.4	5.4	8.0	10.0
废铸铁	5.4	5.4	6.0	6.0
高硅铸铁	32	32~43	<0.1	0.1
石墨	11	21.5	0.25	0.5
磁性氧化铁	10	400	约 0.1	约 0.1
镀铂钛	400	1000	6×10^{-6}	6×10^{-6}

(6) 阴极保护设计举例

设有一钢质管道 $\phi159\times6$(mm)，长度为 100km。管道表面有涂层，每平方米绝缘电阻为 10000Ω·m，对应保护电流密度对 0.042mA/m^2。最大保护电位为-1.25V(vs. CSE)，最小保护电位为-0.85V(vs. CSE)，管道的自腐蚀电位为-0.55 V(vs. CSE)。钢管的电阻率为 0.135Ω·mm^2/m。

首先，计算钢管的电阻：

$$R=\frac{\rho_T}{\pi(D-\delta)\delta}=\frac{0.135}{3.14\times(159-6)\times6}=4.68\times10^{-5}(\Omega/m)$$

其次，计算保护长度：

$$L=\sqrt{\frac{8\Delta V_L}{\pi D i_S R}}=\sqrt{\frac{8(1.25-0.85)\times10^6}{3.14\times159\times0.042\times4.68\times10^{-5}}}=57.1\times10^3(m)=57(km)$$

则沿途需要的保护站数目为：

$$n=\frac{L(管道长)-L}{L}+1=\frac{100-57.1}{57.1}+1\approx2$$

第三，计算保护电流：

由于设置 2 个保护站，每个保护站保护的实际管道长度 $L_e=50$km，保护电流为：

$$I=2\pi D i_S L=2\times3.14\times159\times0.0042\times50=4.19(A)$$

第四，计算输出电压：

设连接到管道和阳极电缆的总长度为 600m，采用 1×35mm^2的铜芯导线，铜导线的电阻率为 0.0176Ω·mm^2/m，则导线电阻为：

$$R_L=\frac{\rho L}{S}=\frac{0.0176\times600}{35}=0.30(\Omega)$$

取阳极接地电阻 $R_g=2.5(\Omega)$

管道涂层的电阻 $R_T=\dfrac{\rho(涂层)}{\pi D}=\dfrac{1000}{3.14\times159/1000}=2\times104(\Omega\cdot m)$

管道衰减因数 $a=\sqrt{\dfrac{R}{R_T}}=\sqrt{\dfrac{4.68\times10^{-5}}{2\times10^4}}=4.85\times10^{-5}(1/m)$

管道的接地电阻为：$R_c=\dfrac{\sqrt{R_T R}}{2\mathrm{th}(aL)}=\dfrac{\sqrt{2\times10^4\times4.68\times10^{-5}}}{2\mathrm{th}(4.85\times10^{-5}\times50\times1000)}=0.53(\Omega)$

则忽略反电动势时输出电压为：

$$V=I(R_g+R_L+R_C)=4.19\times(2.5+0.3+0.53)=13.95(\text{V})$$

最后，计算恒电位仪的功率：

$$P=\frac{IV}{\eta}=\frac{4.19\times13.95}{0.7}=58.5(\text{W})$$

10.3.2 强制电流法阴极保护系统的设计

强制电流阴极保护系统的设计应符合阴极保护准则的要求，实现有效的保护，避免对邻近构筑物的干扰，并给系统提供一个经济可靠的设计寿命。

（1）设计原则

① 对其保护长度，根据工艺计算宜留有10%的余量；

② 辅助阳极的设计寿命应与被保护管道相匹配，不宜小于20年；

③ 设计强制电流阴极保护系统时，应注意保护系统与邻近金属构筑物之间的干扰影响，并按国家现行标准GB 50991—2014《埋地钢质管道直流干扰防护技术标准》的要求，采取相应的防护措施；

④ 电源的最大输出电压与最大输出电流之比应大于阴极保护回路的总电阻。

（2）应用技术条件

① 被保护的管道必须具有良好的纵向导电的连续性。对于非焊接连接的管道接头应增设跨接电缆；

② 被保护的新建管道应具有质量良好的覆盖层；

③ 被保护管道应在下列位置装设绝缘接头或绝缘法兰，并应符合国家现行标准SY/T 0086《阴极保护管道的电绝缘标准》和SY/T 0516《绝缘接头与绝缘法兰技术规定》的要求；

④ 在使用金属套管的位置，管道应与套管电绝缘，套管两端应进行防水密封。套管内宜安装牺牲阳极保护套管内的输送管，因为套管会产生屏蔽效应；

⑤ 管道必须与支撑的墩台、管柱、管桥、固定墩、支座、管卡或混凝土中的钢筋等电绝缘。然而，若管桥两端装有绝缘装置，已将管桥上管道与埋地管道相绝缘，那么这段管道可以直接敷设在管桥上而不必施加电绝缘；

⑥ 被保护管道与其他管道、电缆交叉处必须电绝缘，并确保管道交叉处最小间距0.3m。必要时，应在两者之间垫以绝缘板隔开。

对于已建管道，往往需做一些实际参数的测量，如土壤电阻率、干扰的测试、馈电试验、覆盖层电阻测试、纵向导电连续性测试及电绝缘性能测试，根据测得的参数进行设计。而新建管道，有些参数是实测不了的，可按GB/T 21447—2018《钢质管道外腐蚀控制规范》和GB/T 21448—2017《埋地钢质管道阴极保护技术规范》中给出的常规参数进行选取：

① 自然电位：−0.55V(vs. CSE，下同)；

② 最小保护电位：−0.85V；

③ 最大保护电位：−1.25V；

④ 覆盖层电阻：

石油沥青、煤焦油瓷漆：10000Ω·m²；

塑料覆盖层：50000Ω·m²；

环氧粉末：50000Ω·m^2；
三层复合结构：100000Ω·m^2；
环氧煤沥青：5000Ω·m^2。
⑤ 钢管电阻率：
低碳钢(20#)：0.135Ω·mm^2/m；
16Mn 钢：0.224Ω·m^2/m；
高强度钢：0.166Ω·m^2/m。
⑥ 保护电流密度应根据覆盖层电阻选取：
在5000~10000Ω·m^2时，取100~50μA/m^2；
在>10000~50000Ω·m^2时，取<50~10μA/m^2；
在>50000Ω·m^2时，取<10μA/m^2。

有了这些参数，就可以进行设计计算，选定阴极保护站，绘制必要的设计图纸，提出所选设备、材料的技术说明。

通常阴极保护的设计图纸有：全线阴极保护系统平面布置图；电源安装图；地床结构及安装图；电缆连接及敷设图；阴极保护站平面图；配电系统图；测试系统组成及分布图。若有干扰时，需要有排流保护设计图，防强电冲击的保护设计图。

(3) 电源设备

阴极保护电源选用的原则是高可靠性、经济合理、适应当地气候环境条件、长寿命、维护管理简单，可无人值守。

强制电流阴极保护对交流电源的基本要求为：能满足长期不间断供电；应优先使用市电或使用各类站场稳定可靠的交流电源。当电源不可靠时，应装有备用电源或不间断供电专门设备。

电源的类型应根据被保护设备所在地的电力情况，保护系统的管理方法而定。阴极保护首选电源为交流市电，当无交流市电或交流市电不稳定(如农用电)时应选用其他电源，通常可供选择的有太阳能电池、风力发电机、TEG(热电发生器)和CCVT(密闭循环蒸汽发电机)等直流电源。有2个或2个以上联合供电方案更加可靠。强制电流阴极保护电源设备，一般情况下应选用整流器或恒电位仪。当管地电位或回路电阻有经常性较大变化或电网电压变化较大时，应使用恒电位仪。

① 整流器

阴极保护用整流器宜采用桥式全波整流电路，其纹波系数应满足单相不大于50%，三相不大于5%的要求，最大温升不得超过70℃。在交流输入端和直流输出端应装有过流、防冲击等保护装置。户外型整流器应能适应当地所处的气候环境，可装在房顶、墙上或电杆上。通常采用油冷式整流器。

② 恒电位仪

恒电位仪通常应在室内工作。其技术要求如下：
给定电位：-0.500~-3.000V(连续可调)；
电位控制精度：≤±10mV；
输入阻抗：≥1MΩ；
绝缘电阻：>2MΩ(电源进线对地)；
抗交流干扰能力：≥12V(AC)；

耐电压：≥1500V(AC)(电源线对机壳)；

满载波纹系数：单相≤5%，三相≤8%。

恒电位仪印刷电路板一般采取防潮、防盐雾、防细菌的三防措施。

(4) 辅助阳极

① 阳极地床的结构

由于辅助阳极工作性质决定了阳极是处于电解状态，这就要求在设计辅助阳极地床时，应考虑两个问题，一是阳极材料的消耗，二是阳极气体产物的逸放。前者是材料本身的性能，后者则取决于地床结构。

一般阳极需在焦炭回填料地床中工作。这种结构的作用是：等效地增大了阳极体积，降低阳极接地电阻；把阳极/土壤的工作界面转移到填料/土壤界面上，减小阳极损耗，延长阳极寿命；利于阳极产生的气体(O_2，CO，CO_2等)的逸出，防止了“气阻”。图 10-13 为焦炭作用实例。

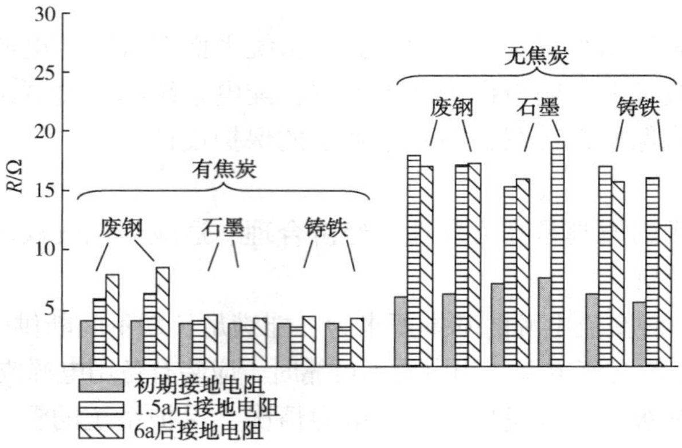

图 10-13　焦炭对接地电阻变化的作用

为利于气体的逸出，在焦炭地床的上部还要填放一些粗砂或砾石，有些地方还要用多孔塑料管插至阳极地床中心，一是用于排气，二是必要时可以往里注水。典型的立式和水平式阳极地床结构如图 10-14 所示。

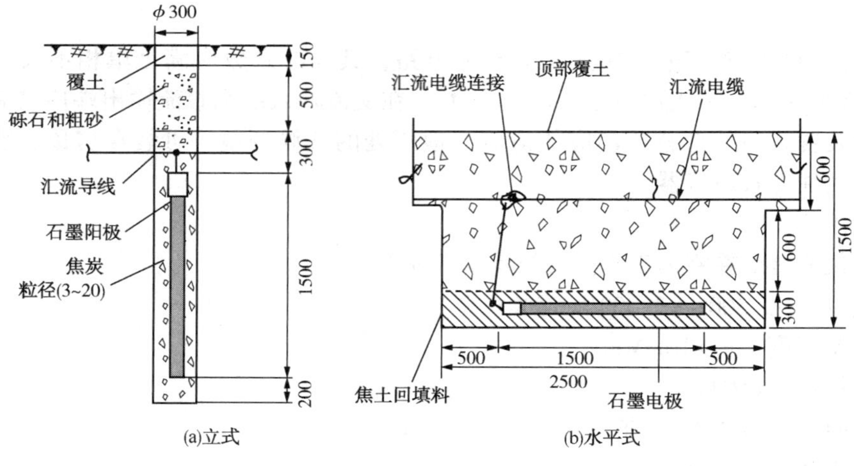

图 10-14　阳极地床结构示意图[图中数据单位为(mm)]

② 阳极材料

对于强制电流阴极保护辅助阳极材料的要求为：导电性能好；能承受大的电流；化学稳定性好；腐蚀率小；与土壤和水介质接触具有稳定的接触电阻；具有一定的机械强度和易加工性；重量轻，便于运输，施工简单；且价格低，有实用价值。目前常用的辅助阳极有：废钢铁阳极、高硅铸铁阳极、石墨阳极、钢铁阳极、柔性阳极、金属氧化物阳极等。

a. 废钢铁阳极

废钢铁容易获得，机械加工性能较好，而且工作电流密度范围很宽，在早期的阴极保护系统中应用较多，是辅助阳极中容易得到的材料，它往往是报废的管道、钢轨、钢桩及机器部件等。但是废钢铁的溶解速度很大，在海水中以的 $10A/m^2$ 电流密度使用时消耗率达到 10kg/(A·a)，使用寿命短。

b. 高硅铸铁阳极

高硅铸铁是指含 Si(14%~18%)的铁合金，外加电流阴极保护中用的高硅铸铁辅助阳极 Si 的含量为 14.5%。为提高其耐蚀性，可在合金中加 5%Cr 及 1%Mn，或加 1%~3%Mo。高硅铸铁具有较高的耐蚀性，尤其是耐酸的腐蚀，因为在它的表面能形成含 SiO_2 的保护膜，但高硅铸铁在碱溶液中耐蚀性不好。

高硅铸铁质硬、性脆易碎，不易加工。工作电流为 $10A/m^2$ 时的普通高硅铸铁阳极在海水中消耗率为 0.2kg/(A·a)，在土壤或淡水中消耗率为 0.5kg/(A·a)。

表 10-3，表 10-4 分别列出了高硅铸铁阳极的化学成分和规格。

表 10-3 高硅铸铁阳极的化学成分 %

序号	类型	主要化学成分					杂质含量	
		Si	Mn	C	Cr	Fe	P	S
1	普通	14.25~15.25	0.5~0.8	0.80~1.05		余量	≤0.025	≤0.1
2	加铬	14.25~15.25	0.5~0.8	0.8~1.4	4~5	余量	≤0.025	≤0.1

表 10-4 高硅铸铁阳极规格

序号	阳极规格		阳极引出导线规格	
	直径/mm	长度/mm	截面积/mm^2	长度/mm
1	50	1500	10	≥1500
2	75	1500	10	≥1500
3	100	1500	10	≥1500

图 10-15 为硅含量对高硅铸铁腐蚀速率的影响。由图可见，含 Si 量不小于 14.5%又不大于 18%时，能保持较低的腐蚀速率。再增加 Si 含量对耐蚀性改善不大，反导致机械性能变坏、强度下降、硬度升高、工艺性能差。

c. 石墨阳极

石墨阳极是用石油焦和沥青两种材料按一定比例加工焙烧而成，并经过 2800℃的石墨化工艺把焦炭和沥青转变成石墨。为了提高石墨阳极的耐腐蚀性能，阳极棒体要经过浸渍工艺处理，即用石蜡或亚麻子油浸渍。浸渍可以降低气孔，抑制可能引起阳极胀裂或过早失效的表面气体析出或碳的氧化。表 10-5 和表 10-6 列出了常用石墨阳极的性能及规格。

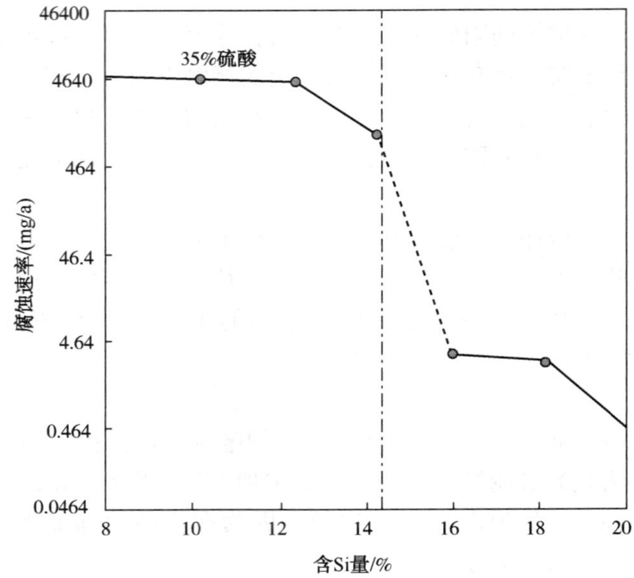

图 10-15　含 Si 量对 Fe-Si 合金的腐蚀速率的影响

表 10-5　石墨阳极的主要性能

密度/(g/cm³)	电阻率/(Ω·mm²)	气孔率/%	消耗率/[kg/(A·a)]	允许电流密度/(A/m²)
1.7~2.2	9.5~11.0	25~30	<0.6	5~10

表 10-6　常用石墨阳极规格

序号	阳极规格		阳极引出导线规格		参考质量/kg
	直径/mm	长度/mm	截面积/mm²	长度/mm	
1	75	1000	16	>1000	10
2	100	1450	16	>1000	23
3	150	1450	16	>1000	51

d. 磁性氧化铁阳极

磁性氧化铁，即 Fe_3O_4 为一种矿物，它具有较高的耐蚀性。在 100A/m² 电流密度下，磁性氧化铁阳极的消耗率达到 1.5g/(A·a)；在 1000A/m² 时，消耗率仍很小，约为 2.5g/(A·a)。这种阳极可适用于低盐度水、淡水及土壤中，磁性氧化铁脆性大、铸造困难、电阻较大。

e. 柔性阳极

柔性阳极将由导电性聚合物包覆在铜芯上，作为辅助阳极使用，其外形和塑料电缆差不多，柔性很好，施工起来也类似于电缆敷设，所以是一种很受欢迎的辅助阳极材料。它特别适用于高电阻率环境、管道覆盖层质量劣差的场合；它可以平行管道敷设，改善了沿线的电流分布。故对于站内管网、几何形状不规则的管道特别有益。目前国内已研制出这类产品，表 10-7 中列出了柔性阳极的性能。

表 10-7 柔性阳极的性能参数

土壤中最大工作电流	52mA/m；82mA/m(焦炭中)	最大工作温度	65℃
水中最大工作电流	10mA/m	最低施工温度	-18℃
最大压力	7MPa		

注：不推荐在原油环境中工作。

f. 其他阳极

在工程实践中，国外还有一些其他阳极材料，例如铅银合金、钛基金属氧化物线性阳极。其中钛基金属氧化物线性阳极在深井中使用，具有施工方便、寿命长等特点；在储罐罐底布置成网格状的线形金属氧化物阳极，具有电流分布均匀的特点。

(5) 阳极地床位置的选择(构造示意图见图 10-16)

辅助阳极地床位置(简称阳极区)的选择要考虑以下因素：

① 阳极区距管道的垂直距离。该距离愈大，电位分布愈均匀。但无限拉大距离将会增加阳极引线的电阻，并增加建设投资。按 GB/T 21447—2018 和 GB/T 21448—2017 推荐，这一距离以 100m 为宜。

② 土壤电阻率。阳极区尽量选在土壤电阻率低的地方，因为低电阻率可使阳极接地电阻变小，减少电能的消耗。

③ 土壤湿度。土壤湿度大有利于阳极工作，防止气阻现象，故在实际中常把阳极区选在河边、沟底等低洼地带。

④ 土地的利用。不占或少占耕地。

⑤ 干扰影响。阳极区周围尽量避开金属构筑物。

⑥ 地域规划。不得在近期规划区内建立阳极地床。

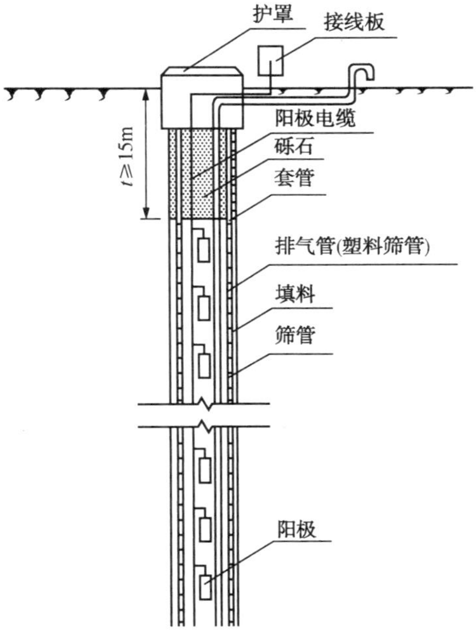

图 10-16 深井阳极的构造示意图

⑦ 安装的难易。根据施工机具和地上、地下环境情况确定，以求安装费用最低。

⑧ 生态环境。这是近些年来提出的新问题，以不破坏生态环境为好。

在西部石油工程建设中，遇到一个新的问题，即在近百公里范围内，土壤电阻率都在 200Ω · m 以上，地下深层又都是岩层，电阻率也很高。此时常规设计的方法不能满足要求，柔性阳极敷设是可选用的方法之一。

阳极地床通常有两种形式，即浅埋地床和深埋地床。在浅埋地床中又可分为立式和水平式两种见图 10-14。当周围设施多或地表层土壤电阻率太高，不宜埋设地床时，就应考虑深井地床。深井地床一般埋深在地下 15~150m，施工费用较高，典型结构见图 10-16。

10.4 牺牲阳极法阴极保护

10.4.1 牺牲阳极阴极保护规范

选择一种电极电位比被保护金属更负的活泼金属(合金)，把它置于被保护金属所处的电解质环境中，并与被保护金属从外部实现电连接，这种负电位的活泼金属在所构成的电化学电池中作为阳极而优先腐蚀溶解，释放出的电子使被保护金属阴极极化，从而抑制了被保护金属的腐蚀，将这种阴极保护方法称为牺牲阳极阴极保护。

钢质管道通过与埋设于同一土壤中的牺牲阳极(如镁阳极)保持电连接而得到了阴极保护，钢管-金属导线-镁阳极-回填料-土壤-钢管构成了一个完整的电流回路。在这个电池回路中，镁阳极作为阳极，发生氧化反应，管道作为阴极，在管体上土壤环境中的物质发生还原反应，管道的自然腐蚀被阻滞，即管道得到了保护。

GB/T 21447—2018 和 GB/T 21448—2017 中作了如下的规定：

(1) 一般规定

① 牺牲阳极系统的设计应确保阳极在设计寿命内阴极保护的有效性和可靠性；

② 牺牲阳极的设计寿命与管道使用年限相匹配，一般为 10~15 年；

③ 临时性牺牲阳极的设计寿命应满足用户要求，一般为 2 年；

④ 被保护的管道应具有质量良好的覆盖层，以增加保护的长度。新建管道的覆盖层电阻不得小于 10000Ω·m^2，否则不宜采取牺牲阳极，对于旧管道，应根据具体需要决定；

⑤ 当土壤电阻率大于 100Ω·m^2时，不宜采用牺牲阳极；

⑥ 所有被保护的埋地钢制管道应根据需要设置绝缘接头或绝缘法兰。

(2) 保护准则

① 相对于 $Cu/CuSO_4$参比电极的管道阴极极化的保护电位至少为-850mV；

② 管道表面与接触电解质的稳定 $Cu/CuSO_4$参比电极之间的阴极极化电位差值最小为100mV。这一参数可以是极化的建立或衰减过程中的数据。

10.4.2 牺牲阳极材料

常用的牺牲阳极材料有镁和镁合金、锌和锌合金及铝合金三类。在土壤环境中常用的阳极材料主要有镁和镁合金，铝合金在土壤环境中也具有成功的案例，但铝合金因钝化存在阳极逆转的问题。在海洋环境中主要使用锌和锌合金，还可以使用铝合金。

牺牲阳极材料的选择主要是看合金的性能及其化学成分，特别是合金元素的含量和杂质的含量。合金的金相组织对阳极性能也有着重要的影响。此外，碳钢也可以作为阳极材料用于某些电位较正金属(如铜合金、不锈钢等)在盐水、海水环境中的牺牲阳极保护。

(1) 镁基牺牲阳极

镁基牺牲阳极有纯镁、Mg-Mn 系合金和 Mg-Al-Zn-Mn 系合金 3 类，其共同特点是密度小、理论电容量大、电位负、极化率低，对钢铁的驱动电压大(>0.6V)，适用于电阻率较高的土壤和淡水中金属构件的保护。不足是其电流效率低，通常只有 50%左右，比锌基合金和铝基合金的电流效率要低得多。它们的性能列在表 10-8 中。

① 高纯镁

由于镁是比较活泼的金属，绝大多数的杂质都会降低镁合金的耐蚀性。当其含有少量杂质，特别是含有析氢过电位较低的杂质时，会使镁的自溶倾向增大，电流效率降低。镁中的一些杂质元素，如 Fe、Co、Mn 是以单质的形式固溶于镁基体中的，而另一些杂质，如 Al、Zn、Ni、Cu 等元素则易与镁形成金属间化合物，无论哪类杂质元素，它们相对于镁固溶体都呈现出强烈的阴极性，能增大析氢的有效面积，进一步增大镁的腐蚀速度。高纯镁具有电位负、机械加工性好的优点。因其负电位大，故有时又称为高电位镁阳极。它适合于加工成带状阳极，在电阻率较高的土壤和淡水中使用。

表 10-8 镁合金牺牲阳极的性能

性　能		Mg、Mg-Mn	Mg-Al-Zn-Mn
密度/(g/cm^3)		1.74	1.77
开路电位/V(vs. SCE)		-1.56	-1.48
对铁的驱动电位/V		-0.75	-0.65
理论发生电量/(A·h/g)		2.20	2.21
海水中 $3mA/cm^2$	电流效率/%	50	55
	发生电量/(A·h/g)	1.10	1.22
	消耗率/[kg/(A·a)]	8.0	7.2
土壤中 $0.03mA/cm^2$	电流效率/%	40	50
	发生电量/(A·h/g)	0.88	1.11
	消耗率/[kg/(A·a)]	10.0	7.92

注：以土壤介质试验时应采用填包料，厚度为 5~10mm。

② Mg-Mn 合金

锰是控制镁中杂质的一种有效的净化元素，如果在纯美中加入锰元素，镁合金的耐蚀性提高，这是因为锰易于发生偏析，使得杂质元素不能产生阴极的有害作用。镁锰合金的强度极限随着温度的升高而显著降低，而延伸率则大大增加。当 Mg-Mn 合金作为牺牲阳极用时，其电流效率的高低取决于 Mg 原料纯度。Mg 原料越纯电流效率越高，电位也越负。镁锰也是高电位阳极，它适合于铸造和挤压两种加工方式，主要用于高电阻率环境中。

③ Mg-Al-Zn-Mn 合金

Mg-Al-Zn-Mn 系合金的基本合金元素为铝和锌。根据铝和锌的含量不同，该系合金有若干种类型，常见的有 Mg-3Al-1Zn-Mn、Mg-4Al-1Zn-Mn、Mg-6Al-3Zn-Mn 几种。其中性能较好，广泛使用的牺牲阳极是 Mg-6Al-3Zn-Mn 合金。

影响这类阳极电流效率的是含铁量，标准 GB/T 17731—2015 中要求 Fe 含量小于 0.005%。若用普通的电解镁锭作原料是不合适的，必须要用高纯的蒸镏镁，因此制造的成本较高。

(2) 锌基牺牲阳极

早在 1824 年人们就已经在海水防腐中使用了锌。锌阳极的使用条件不像镁阳极(不能用于易诱发火花的环境中)和铝阳极(不能用于土壤中)那么苛刻，其使用范围较广，既可用于地下金属设施的保护，也可用于海船及海上金属设施的保护。锌阳极的电流效率高，更为突出的是它具有自调节的特性。目前已经开发的锌基牺牲阳极材料种类很多，主要有纯锌、Zn-Al 合金、Zn-Al、Zn-Al-Cd、Zn-Mg 等。我国使用的锌基牺牲阳极 1965 年前基本是纯锌，之后是 Zn-Al-Cd。表 10-9 中列出锌及锌合金阳极的性能。

表 10-9 锌阳极的电化学性能

材料	开路电位/[V(vs. SCE)]	工作电压/V	理论电容量/(A·h/kg)	实际电容量/(A·h/kg)	电流效率(海水)/%
纯锌	-1.03	-0.20	820	—	≥95
Zn-Al-Cd	-1.05~-1.09	-0.20	820	≥780	≥95
Zn-Al	≥-1.1(vs. CSE)	-0.25	820	—	≥90(土壤)

① 纯锌

用纯锌作牺牲阳极材料时要求锌的纯度高达 99.995%，杂质铁的含量低于 0.0014%。杂质元素对锌阳极的腐蚀溶解和性能影响较大，其中以铁、铜、铅的影响最明显。这些杂质不仅会加快锌的自溶解，使锌的电流效率下降，而且还会增大材料的极化率，使阳极电位显著正移。自腐蚀生成的高阻抗腐蚀产物 $Zn(OH)_2$ 覆盖于锌阳极表面，不易脱落，产生阳极钝化。因此，只有有害杂质含量很低的高纯锌 Zn%(质量分数)>99.995%、Fe%(质量分数)<0.0014%、Cu%(质量分数)<0.002%、Pb%(质量分数)<0.003%才能作为牺牲阳极材料。

在实际应用中，往往采用合金化技术在锌中加入一些合金元素(如铝、镉、汞、锰、锡等)以消除铁等有害杂质的影响。与纯锌相比，这些锌合金用作牺牲阳极在技术上是很可行的，在经济上也是有利的。

各国对锌阳极的开发通过两个途径：一是采用未合金化的锌，但需要限制杂质含量，如 ASTM B418-73 中Ⅱ型阳极，其 Fe 含量<0.0014%；二是采用低合金化的合金，同时减少其杂质，如 Zn-Al-Cd、Zn-Al 合金。

② Zn-Al 二元锌合金

铝元素是改善锌阳极性能最有效的元素，加入适量的铝以后能明显改善锌阳极的性能。研究认为，当 Zn-Al 合金阳极的含铝量为 0.4%~0.6%时为单相(α 相)组织，电流效率高，极化率小，为 3.5~5.0mV/(A/m^2)，其性能与纯锌相当。当铝含量超过 0.6%时出现第二相(β 相)，β 相会导致电流效率降低和极化电位变正。我国 SYJ 20—1986 中规定，适用于土壤中的锌合金阳极为 Zn-Al 系合金，其化学成分为 Al%(质量分数)= 0.3%~0.6%、Fe%(质量分数)<0.005%、Pb%(质量分数)<0.006%、Cu%(质量分数)<0.005%、Si%(质量分数)<0.125%、余量为 Zn。

③ Zn-Al-Cd 三元锌合金

Zn-Al 系合金中加入第三组元如镉、锰、硅、汞等形成的三元合金可进一步改善其性能，其中 Zn-Al-Cd 是目前国内外应用最广的锌合金牺牲阳极，通称为三元锌合金。Zn-Al-Cd 溶解性能好，电流效率高，制造容易，价格低廉，所以得到广泛应用。添加元素 Al 和 Cd 的作用有：使晶粒细化；消除杂质的不利影响。添加 0.1%的 Al，可与 0.003%的 Fe 形成固溶体。这种固溶体的电位比纯铁负，减弱了锌合金的自腐蚀作用。添加 0.3%的 Al，形成的腐蚀产物变得疏松并容易脱落。

在锌内添加 0.3%的 Al 和 0.06%的 Cd，可使锌内 Fe 和 Pb 的允许含量分别为 0.003%和 0.006%，使得阳极生产变得容易。当 Fe 的含量大于 0.005%时，会使阳极表面的均匀溶解受到影响，而且阳极的工作电位正向偏移，阳极效率也明显下降。

目前，这三种锌阳极在国内均已商品化，且广泛应用在海水和土壤中。由于锌阳极的驱动电压只有0.2~0.25V，所以产生的电流只有镁阳极的1/3。国内外的文献均对锌阳极在土壤中的应用加以限制，如国标GB/T 4950—2021《锌合金牺牲阳极》限制为土壤电阻率在15Ω·m以下，SY/T 0019—1997《埋地钢质管道牺牲阳极阴极保护设计规范》指出在多水的环境下可提高到30Ω·m以下使用，还有不少文献把锌阳极限制在10Ω·m以下。这主要考虑的是经济性。

（3）铝基牺牲阳极

铝的理论电容量2980A·h/kg，是镁的1.35倍，是锌的3.6倍。铝原料来源广，制造工艺简单，价格低廉，是牺牲阳极品种的后起之秀。但纯铝化学性质活泼，极易钝化，表面易生成一层致密的Al_2O_3保护氧化膜使其电位变正，从而限制了它在牺牲阳极中的应用。最近，人们一直在努力研制各种铝合金阳极，以克服与钝化相关的问题。研究表明，铝中添加某些合金元素（如锌、镁、铟、汞、镉、锡、铋、硅等）可以部分取代铝晶格上的铝原子，使这些部位成为铝氧化膜的缺陷，以限制或阻止铝表面形成连续致密的氧化膜，从而促进表面活化溶解。目前使用最广泛的铝合金牺牲阳极材料有Al-Zn-Hg系、Al-Zn-Sn系、Al-Zn-In系合金。表10-10列出了它们的化学组成和电化学性能。

表10-10 铝合金阳极化学成分和电化学性能

合金	化学组成/%（质量分数）					开路电位/mV（vs. SCE）	电流密度/%
	Zn	Sn	In	Hg	Al		
Al-Zn-Hg	0.45	—	—	0.045	余量	-970~-1040	92~97
Al-Zn-Sn	1.8~8.0	0.07~0.20	—	—	余量	-990~-1090	84~87
Al-Zn-In	0.5~3.0	—	0.01~0.05	—	余量	-1040~-1140	70~90

铝阳极材料来源丰富，且在海水中有良好的电化学性能，所以在船舶、港口码头、钻井平台等领域应用前景广泛。但在土壤中虽有成功应用的离子，但还是限制应用，主要是阳极的腐蚀产物氢氧化铝胶体在土壤中无法疏散，使阳极钝化而失效。即使在海泥中，其性能也不如锌阳极。

在20世纪70年代，美国DOW化学公司研制的Galvalumm Ⅲ型Al-3Zn-0.015In-0.1Si合金，把铝阳极的应用范围扩展到海泥、热盐水及电阻率较高的淡盐水里，保护海湾和河口的钢构筑物。这种阳极的性能列在表10-11中。

表10-11 Al-3Zn-0.015In-0.1Si合金的性能

电解质	电位/[V（vs. SCE）]	电容量/（A·h/kg）	电流效率/%	典型的电流密度/（mA/m^2）
15%NaCl，75℃	-1.06	2096	70	2150
盐水淤泥	-1.05	1580	53	480
低度盐水（200Ω·m）	-1.03	2425	82	1080~2150
海水	-1.08	2550	86	1600~3200

从国内的实践看，当土壤电阻率小于5Ω·m时，氯离子含量高的海边滩地，铝阳极还有一定的应用价值。

pH 值对铝的腐蚀速率和电位影响很大。pH 值在 3~9 的范围时，铝的溶解在其表面形成含水氧化物($Al_2O_3 \cdot H_2O$)，从而形成高电阻膜引起铝的钝化，电位较高，溶解速度很慢。当 pH>9 时，铝的溶解部分形成铝酸盐，含水氧化物开始溶解，这时铝的溶解速度增加，电位急剧地向负向移动。在实用中，无论海水、淡水还是土壤中 pH 值都很少大于 9．因此铝具有相当的钝化性。

以上介绍的各种牺牲阳极的规格、成分及性能详见 GB/T 4948—2002《铝-锌-铟系合金牺牲阳极》及 SY/T 0019—1997。

(4) 其他牺牲阳极

① 铁基牺牲阳极

通过对铁基阳极的电化学性能测试结果表明，铁基阳极具有较负的开路和闭路电位、较高的实际电容量和电流效率，且腐蚀均匀、产物易脱落，是比较理想的牺牲阳极材料，在保护铜合金、不锈钢等一些工程上已得到应用。如 35 钢作为牺牲阳极材料用于流动海水中紫铜的保护，其效果优于铝基、锌基牺牲阳极材料。研究表明，碳钢在海水中保护不锈钢，其开路电位可达-0.68V，当工作电流 1mA/cm^2，工作电位可稳定在-0.6V 左右，保护年限可达 8 年。虽然目前对于铁基牺牲阳极的研究报道较少，但已有的研究结果表明，利用铁基材料作为电位较正金属结构的牺牲阳极保护材料具有很好的应用前景。

② 复合式阳极

复合式牺牲阳极是阳极家族中的新成员，复合式牺牲阳极是由内外 2 种或 2 种以上不同牺牲阳极材料复合而成的，一般是在传统的锌基或铝基牺牲阳极的外面包覆一薄层镁基牺牲阳极制备而成。如图 10-17 所示。

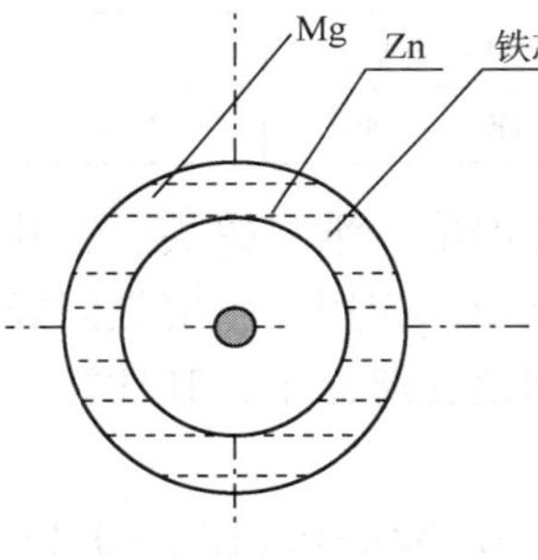

图 10-17　复合阳极剖面图

保护初期由外层镁阳极对被保护结构体进行保护，在不增加阳极数量的情况下，其所提供的电流可满足被保护结构体初期对保护电流的需求。镁阳极消耗殆尽时，被保护结构体所需的保护电流密度已经很小，内层具备高电流效率的铝阳极或锌阳极开始释放电流，可对被保护结构体实施长期、稳定的保护。

利用镁阳极的高驱动电位来满足管道初始阴极极化大电流的要求，再利用锌阳极的高电流效率来达到延长使用寿命的目的。通过对复合式牺牲阳极埋地运行参数的测试表明，管道保护电位可达-1.4V，阳极开路电位在-1.5V 以上，是非常理想的镁阳极电位，其应用效果优于镁、锌混合式方法，具有广阔的应用前景。

牺牲阳极从形状上一般为棒状和块状，近年来也采用带状阳极。带状牺牲阳极主要用于高电阻率土壤、淡水中及空间狭窄局部场合，如套管内。它截面有方形和菱形等形状，中间为铁芯，长度可达几百米。20 世纪 90 年代，我国基本解决了常规铸造阳极的生产技术。高性能连续带状阳极和大型铸造阳极的应用和制造技术也发展很快。其中，北京有色金属研究总院研制的长度达上千米的各种型号的锌阳极带和镁阳极带，已经建立起了一定规模的生产线。

10.4.3　牺牲阳极的设计

(1) 阳极种类的选择

牺牲阳极种类的选择主要根据土壤电阻率、土壤含盐类型及被保护管道覆盖层状态来进行。表10-12列出了不同电阻率的水和土壤中阳极种类的选择。一般来说，镁阳极适用于各种土壤环境中；锌阳极适用于电阻率低的潮湿环境；而铝阳极还没有统一的认识，国内已有不少实践推荐用于低电阻率、潮湿和氯化物的环境中。

表10-12 牺牲阳极种类的应用选择

水中		土壤中	
阳极种类	电阻率/(Ω·cm)	阳极种类	电阻率/(Ω·m)
铝	<150	带状镁阳极	>100
		镁(-1.7V)	60~100
锌	<500	镁(-1.5V或-1.7V)	40~60
		镁(-1.5V)	<40
镁	>500	镁(-1.5V)、锌	<15
		锌或Al-Zn-In-Si	<5(含Cl^-)

(2) 工艺计算

① 牺牲阳极接地电阻的计算

单支立式牺牲阳极接地电阻按式(10-15)计算：

$$R_H=\frac{\rho}{2\pi l}\left(\ln\frac{2l}{D}+\ln\frac{l}{2t}+\frac{\rho_a}{\rho}\ln\frac{D}{d}\right)(l\gg d,\ t\gg l/4) \tag{10-15}$$

单支水平式牺牲阳极接地电阻按式(10-16)计算：

$$R_V=\frac{\rho}{2\pi l}\left(\ln\frac{2l_a}{D}+\frac{1}{2}\ln\frac{4t+l_a}{4t-l}+\frac{\rho_a}{\rho}\ln\frac{D}{d}\right)(l\gg d,\ t\gg l/4) \tag{10-16}$$

式中 R_H——水平式牺牲阳极接地电阻，Ω；

R_V——立式牺牲阳极接地电阻，Ω；

ρ——土壤电阻率，Ω·m；

ρ_a——填包料电阻率，Ω·m；

l——裸牺牲阳极长度，m；

l_a——阳极填料层长度，m；

d——裸牺牲阳极等效直径$\left[d_g=\frac{C}{\pi}\text{，C 为周长(m)}\right]$；

D——填料直径，m；

t——牺牲阳极中心至地面的距离，m。

多支水平式牺牲阳极接地电阻按式(10-17)计算：

$$R_{总}=k\frac{R_v}{n} \tag{10-17}$$

式中 $R_{总}$——多支组合牺牲阳极总接地电阻，Ω；

k——牺牲阳极电阻修正系数，可查图10-18；

R_v——单支牺牲阳极接地电阻，Ω；

n——阳极支数。

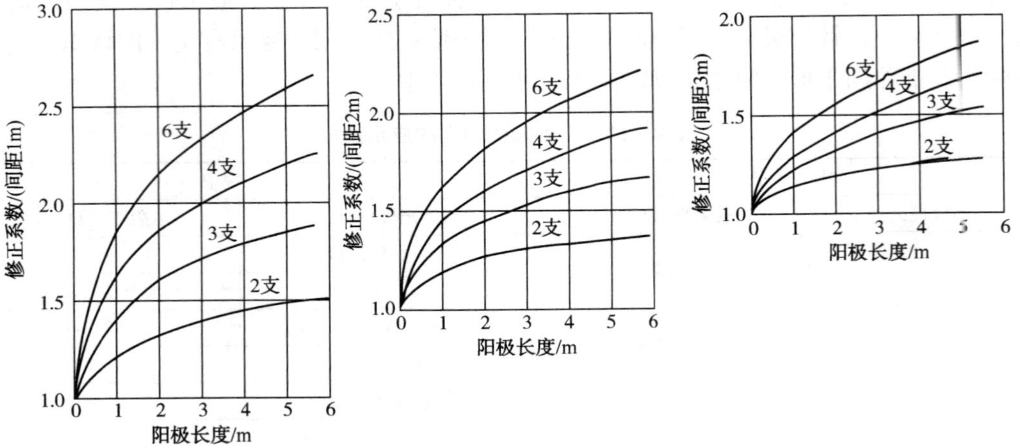

图 10-18 阳极接地电阻修正系数 f

② 牺牲阳极输出电流的计算

牺牲阳极输出电流按式(10-18)计算：

$$I_a=\frac{(E_c-e_c)-(E_a+e_a)}{R_a+R_c+R_w}=\frac{\Delta E}{R} \tag{10-18}$$

式中 I_a——牺牲阳极输出电流，A；

E_c——阴极开路电位，V；

E_a——阳极开路电压，V；

e_c——阴极极化电位，V；

e_a——阴极极化电位，V；

R_a——多支组合牺牲阳极接地电阻，Ω；

R_c——阴极过渡电阻，Ω；

R_w——回路导线电阻，Ω；

ΔE——牺牲阳极有效电位差，V；

R——回路总电阻，Ω。

③ 牺牲阳极支数的计算

所需牺牲阳极支数按(10-19)计算：

$$n=\frac{fI_A}{I_a} \tag{10-19}$$

式中 n——阳极支数；

f——备用系数，取 2~3；

I_A——保护电流，A；

I_a——单支牺牲阳极输出电流，A。

④ 牺牲阳极寿命的计算

牺牲阳极工作寿命按式(10-20)计算：

$$T_g=0.85\frac{W_g}{\omega_g I} \tag{10-20}$$

式中 T_g——牺牲阳极工作寿命，a；

W_g——牺牲阳极组净质量，kg；

ω_g——牺牲阳极消耗率，[kg/(A·a)]；

I——保护电流，A。

在实际工程中，牺牲阳极的设计寿命可选10~15a。

(3) 牺牲阳极地床

① 地床的构造

为保证牺牲阳极在土壤中性能稳定，阳极四周要填充适当的化学填包料。其作用为：使阳极与填包料相邻，改善了阳极工作环境；显著降低阳极接地电阻，增大阳极输出电流；填包料的化学成分有利于阳极产物的溶解，不结痂，降低阳极的极化率；维持阳极地床长期湿润；使保护电流均匀分布，延长阳极的使用寿命。

对化学填包料的基本要求是：与阳极的界面性好，电阻率低，渗透性好，不易流失，保湿性好。牺牲阳极的填包料主要是由石膏、膨润土、硅藻土及硫酸钠组成的混合物，常规的牺牲阳极填料配方见表10-13。

表10-13　牺牲阳极填包料配方

阳极类型	%(质量分数)			适用土壤电阻率/(Ω·m)
	石膏粉	膨润土	工业硫酸钠	
镁合金牺牲阳极	50	50	—	≤20
	75	20	5	>20
锌合金牺牲阳极	50	45	5	≤20
	75	20	2	>20

注：所选石膏粉的分子式为 $CaSO_4 \cdot 2H_2O$。

牺牲阳极填包料用袋装和现场钻孔填装两种方法。注意袋装用的袋子必须是天然纤维织品，严禁使用化纤织物。现场钻孔填装效果虽好，但填料用量大，稍不注意容易把土粒带入填料中，影响填包质量。填料的厚度应在各个方向均保持5~10cm为好。

② 阳极形状

针对不同的保护对象和应用环境，牺牲阳极的几何形状也各不相同。主要有棒状、块(板)形、带状等。

在土壤环境中多用棒状牺牲阳极，阳极多做成梯形截面或U形截面。根据阳极接地电阻的计算而知，接地电阻值主要决定于阳极长度，也就决定了阳极输出功率，其截面的大小才决定阳极的寿命。

带状阳极主要应用在高电阻率土壤环境中，有时也用于某些特殊场合，如临时性保护、套管内管道的保护、高压干扰的均压栅(环)等。

③ 阳极地床的布置

牺牲阳极在管道上分布宜采用单支或集中成组两种方式，同组阳极宜选用同一批号或开路电位相近的阳极。牺牲阳极埋设有立式和卧式两种，埋设方向有轴向和径向。阳极埋设位置在一般情况下距管道外壁3~5m，最小不宜小于0.3m，埋设深度以阳极顶部距地面不小于1m为宜。成组埋设时，阳极间距以2~3m为宜。

对于北方地区，牺牲阳极必须埋设在冰冻线以下。在地下水位低于3m的干燥地带，牺牲阳极应当加深埋设。在河流中牺牲阳极应尽量埋设在河床的安全部位，以防洪水冲刷和挖泥清淤时损坏。

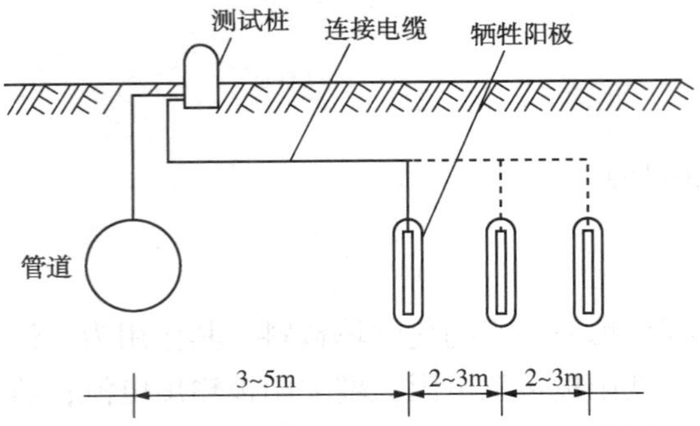

图 10-19　牺牲阳极埋设示意图

在布置牺牲阳极时，注意阳极与管道间不应有金属构筑物。作为接地用的锌阳极，其分布应符合有关电力接地技术标准。接地极可采用单支，也可采用二支、三支接成一体使用，所用接地极的数量应满足接地电阻的要求。

图 10-19 是牺牲阳极埋设示意图。

10.4.4　牺牲阳极的施工

牺牲阳极的施工除了在地床结构中提到的阳极埋深、阳极与管道的相对位置、阳极间距及阳极地床处的地下水位之外，还要注意的有如下几个方面：

(1) 经济性

根据施工条件选择经济合理的阳极施工方式，立式阳极宜采用钻孔法施工，卧式阳极宜采用开槽法施工。

(2) 阳极表面准备

阳极表面应无氧化皮、无油污、无尘土，施工前应用钢丝刷或砂纸打磨。

(3) 电缆焊接

阳极电缆和钢芯可采用铜焊或锡焊连接。焊接后，未剥皮的电缆端应与钢芯用尼龙绳捆扎结实，阳极焊接端和底端两个面应采用环氧树脂绝缘，以减轻阳极的端部效应。

(4) 填包料的施工

通常使用的填料有三种，即煤焦油焦炭、煅烧的石油焦和天然及人造的石墨渣。冶金焦炭渣也是常选填料之一。回填用的焦炭渣对组分要求是：灰分低于10%，碳质含量高于85%，颗粒度在3~15mm。

一般填包料可在室内准备，按重量调配好之后，根据用量干调、湿调均可。湿调的阳极装袋后应在当天埋入地下。不管干调还是湿调均要保证填包料的用量足够，并保证回填密实。

阳极就位后，先回填部分细土，可向阳极坑中浇一定量的水，然后再加回填土。

(5) 电缆的施工

阳极电缆可以直接和管道连接，也可通过测试桩中接线盒连接。电缆和管道采用铝热焊接方式连接。连接处应采用和管道防腐层相融的材料进行防腐绝缘。电缆要留有一定的余量，以适应回填松土的下沉。

10.4.5　牺牲阳极的测试与管理

(1) 输出电流的测量

由于阳极的输出电流很小，多为mA级，所以对其测量方法一般要求较严。其仪器内阻愈小愈好，通常采用“零阻电流表”（国产的电偶腐蚀计具有此项功能）来测量。若没有零阻电流表，可用标准电阻法来测量。要注意标准电阻的精确度，其阻值不宜选得太大(一般0.01Ω较合适)，以免造成回路电阻失真。对于要求不严的管理测量中，用数字万用表来测其电流，监视阳极运行状况即可。注意应选用万用表中电流档中内阻最小的一挡。

(2) 阳极有效电位差的测量

这是牺牲阳极的专用参数。应把参比电极放置在尽量靠近管道和阳极的两个位置，测得闭路电位之差就视为阳极有效电位差。在实际中，往往因为参比电极无法靠近测试对象，所以测得的数值意义不大。

(3) 管道电位的测量

注意参比电极应尽量靠近管道。当评价保护效果时，参比电极应置于两组阳极中间部位的管道上方。

由于牺牲阳极连接后无法测量管道的自然电位，应在测试桩处埋设一片与管道相同材质的辅助试片，供作测量自然腐蚀电位用。

(4) 套管内管道保护电位的测量

若在套管内装有带状阳极，要测量套管内管道的保护电位，参比电极应放置在套管内，并和电解质接触。此项测试在实际中较困难，一般只限于分析问题时用。

(5) 牺牲阳极的管理

一般说来，牺牲阳极的管理很简单，只要一年或半年测量一次保护电位便可。若可能，可在回路中串入一个可调电阻，以控制阳极初期较大的输出电流。这样不但可以充分利用阳极电流，还可以延长阳极的使用寿命。这样的调试，一年只须进行一次。

10.5 阴极保护效果的评价

10.5.1 阴极保护参数

在阴极保护中，判断金属构筑物是否达到完全保护，需要借助参比电极测量金属的保护电位。为了使金属构筑物各点达到需要的保护电位，需要通过调整恒电位仪的保护电位或保护电流来实现的。因此，被保护金属的保护电位和保护电流密度是阴极保护的两大主要参数，正确选择和控制这些参数是决定阴极保护效果的关键。为了直观、定量地比较阴极保护的效果，有时还要引用阴极保护度参数。在实际阴极保护中，人们仅仅把保护电位作为控制参数，也作为评价参数，因为它由自腐蚀电位和保护电流所决定，而且在实践中容易操作和测量。

(1) 自腐蚀电位

无论采用牺牲阳极法还是采用强制电流法阴极保护，被保护构筑物的自腐蚀电位都是一个极为重要的参数。它体现了构筑物金属本身在给定腐蚀性环境中的电化学活性，也决定了阴极保护所需电流的大小，同时又是阴极保护准则中重要的参考点。

(2) 保护电位

保护电位是指阴极保护时金属停止腐蚀(或腐蚀可忽略)时所需的电极电位值。按国标GB/T 10123—2022《金属和合金的腐蚀　术语》，保护电位的定义为：进入保护电位范围所必须达到的腐蚀电位的临界值。阴极保护电位是阴极保护的关键参数，它标志了阴极极化的程度，也是监视和控制阴极保护效果的重要指标。

为了使腐蚀完全停止，必须使被保护金属极化到它的电位等于表面上最活泼阳极点的初始电位。实际上，对钢构筑物来说，这一电位就是铁在给定电解质溶液中的腐蚀电位。所以，只要能确定铁的腐蚀电位，就可以知道它的保护电位。铁的腐蚀电位可近似由其平衡电位估算。

在 Fe-H_2O 腐蚀体系中，电位-pH 图给出了铁的平衡状态，图中的临界线可由 Nernst 方程确定，这些临界电位与溶液的 pH 值有关，所以铁的保护电位也与 pH 值有关。必须指出，该 pH 值是指紧靠电极的电解液液层的 pH。在中性介质中，由于阴极反应释放出来的 OH^- 离子的影响，此 pH 值通常处在 8.3~9.6 之间。

设以平衡金属离子浓度为 10^{-3}mol/L 作为金属发生明显腐蚀的界限，则铁的理论保护电位 V(vs. SHE)为：

$$\text{pH}<9.0,\ E=-0.530\text{V}$$

$$9.0<\text{pH}<13.7,\ E=(-0.085\sim0.0591\text{pH})\text{V}$$

当 pH 值在 8.3~9.6 范围，由此计算得到铁的保护电位为-0.530~-0.651V(vs. SHE)。若将氢参比电极改为铜/硫酸铜电极(vs. CSE)，则铁的保护电位为在-0.846~-0.967V(vs. CSE)范围。

上述理论保护电位等于铁在电解质溶液中 Fe^{2+} 离子浓度为 10^{-3}mol/L 的平衡电位。但是，在介质流动的情况下，紧靠被保护金属表面液层的 Fe^{2+} 离子浓度是低于 10^{-3}mol/L 的。因此，铁的实际保护电位要比其理论电位更负。

以上讨论的是为达到完全保护所需要的电位。在实际应用中，为了兼顾保护程度和保护效率，不应片面追求达到完全保护，而是给出一个保护电位范围，允许金属在阴极保护下仍以不大的速度进行均匀腐蚀。例如，钢在海水中的阴极保护电位范围规定在-0.80~-0.95V(vs. Ag/AgCl)范围，当电位低于保护电位的下限的绝对值时，钢不能得到有效的保护，所以该下限值称为最小保护电位，其数值与金属的种类、腐蚀介质的组成、浓度及温度等有关。根据实验测定，碳钢在土壤及海水中的最小保护电位为-0.85V(vs. CSE)左右。表 10-14 列出英国标准局 1991 年给出的一些金属的最小保护电位值。

表 10-14 英国标准中阴极保护最小电位值 V

金属或合金	参比电极			
	铜/饱和硫酸铜(土壤和淡水)	银/氯化银/饱和氯化钾(任何电解质)	银/氯化银/海水	锌/海水
钢(通气环境)	-0.85	-0.75	-0.8	0.25
铁(不通气环境)	-0.95	-0.85	-0.9	0.15
铅	-0.6	-0.5	-0.55	0.5
铜合金	-0.5~-0.65	-0.4~-0.55	-0.4~-0.6	0.55
铝(正极限)	-0.95	-0.85	-0.9	0.15
铝(负极限)	-1.2	-1.1	-1.15	-0.1

管道通入阴极电流后，其负电位提高到一定程度时，由于 H^+ 在阴极上的还原，金属(或管道)表面会析出氢气，减弱甚至破坏防腐层的粘结力，不同防腐层的析氢电位不同。沥青

防腐层在外加电位低于-1.20V(vs. CSE)时开始有氢气析出，当电位达到-1.50V(vs. CSE)时将有大量氢析出。因此，对于沥青防腐层取最大保护电位为-1.20V(vs. CSE)。若采用其他防腐层，最大保护电位值也应经过实验确定。聚乙烯防腐层的最大保护电位可取-1.50V(vs. CSE)。

(3) 保护电流密度

保护电流密度是指被保护结构单位面积上所需的保护电流。在国标 GB/T 10123—2022 中，保护电流密度的定义为：从恒定在保护电位范围内某一电位的电极表面上流入或流出的电流密度。此定义适用于阴极保护和阳极保护，对于阴极保护来说只能是“流入”。保护电流密度与金属性质、介质成分、浓度、温度、表面状态(如管道防腐层状况)、介质的流动、表面阴极沉积物等因素有关。对于土壤环境而言，有时还受季节因素的影响。

因为保护电流密度不是固定不变的数值，所以一般不用它作为阴极保护的控制参数。只有在无法测定保护电位时，才把保护电流密度作为控制参数。例如在油井套管的保护中，电流密度是一个重要参数，可以作为控制参数用。

不同表面状况钢管的最小保护电流密度见表 10-15。从表中可以看出，裸管比有防腐层的管道需要的保护电流密度大得多；土壤电阻率越小，需要的保护电流密度越大。由于在实际工作中很难测定腐蚀电池的阴极、阳极的具体位置和面积大小，故表 10-15 中所列数据都是按与电解质接触的整个被保护金属表面积计算的。类似的试验数据对于较小的金属构筑物，如油罐的罐底、平台的桩等是适用的。对于沿途土壤电阻率和防腐层质量变化较大的长距离管道，则往往偏差较大。故对于管道的阴极保护，常以最小保护电位和最大保护电位作为衡量标准。

表 10-15 不同表面状况钢管的最小保护电流密度

管道表面状况	土壤电阻率/(Ω·m)	电流密度/(mA/m²)
带有沥青、玻璃布防腐层	130~35	0.01~0.1
	30~1.4	0.16
裸管	<3	30~50
	3~10	20~30
	10~50	10~20
	>50	5~10

(4) 阴极保护保护度

按国标 GB/T 10123—2022 中的定义，保护度是通过防蚀措施使特定结构腐蚀速率减小的百分数。由这一参数可以直观地看出阴极保护的效果，它是通过试样在阴极保护状态下和非保护试样对比得来。在管道的阴极保护实践中，通常用检查片来测定阴极保护度。

设非保护状态下自然埋设的检查片原始质量为 W_0，试样腐蚀后经清除腐蚀产物后的质量为 W_1，试样的表面积为 S_0，埋设时间为 t，检查腐蚀前后的质量损失 $G_0=W_0-W_1$ 称为失重。由失重法计算检查片的腐蚀速率为：

$$V_0=\frac{W_0-W_1}{S_0 t}=\frac{G_0}{S_0 t} \tag{10-21}$$

同理，在阴极保护状态下试样原始质量为 W_0，试样清除腐蚀产物后的质量为 W'_1，其表

面积为 S_1，埋设时间为 t，此时的质量损失 $G_1=W'_0-W'_1$。则检查片的腐蚀速率为：

$$V_1=\frac{W'_0-W'_1}{S_1 t}=\frac{G_1}{S_1 t} \tag{10-22}$$

阴极保护保护度的计算公式如下：

$$P=\frac{V_0-V_1}{V_0}\times 100\%=\frac{\frac{G_0}{S_0}-\frac{G_1}{S_1}}{\frac{G_0}{S_1}}\times 100\% \tag{10-23}$$

保护度 P 值越大，表示阴极保护的效果越好。当保护度为 0 时，$V_0=V_1$，即没有阴极保护的情况；当保护度为 100 时，$V_1=0$，到达了完全保护。

当用电流密度表示腐蚀速率时，其保护度又可表示为以下形式：

$$P=\frac{i_{corr}-i_a}{i_{corr}}\times 100\%=\left(1-\frac{i_a}{i_{corr}}\right)\times 100\% \tag{10-24}$$

式中 i_{corr}——未加阴极保护时金属的腐蚀电流密度；

i_a——施加阴极保护时金属的腐蚀电流密度。

最适宜的阴极保护是能达到较高的保护度，同时又可得到较大的保护效率。保护效率可由下式表示：

$$Z=\frac{P}{\frac{i_{appl}}{i_{corr}}}=\frac{i_{corr}-i_a}{i_{appl}}\times 100\% \tag{10-25}$$

式中 i_{appl}——阴极保护时外加的保护电流密度。

当阴极保护情况下的 $i_a=0$，$i_{appl}=i_{corr}$，保护效率为 100%。

通过以上公式的比较，可以看出保护效率的概念区别于保护度。保护效率是以施加的保护电流密度作为对比量的，而保护度是以金属的腐蚀电流密度或腐蚀速率作为对比量的。

对于一些特殊环境，例如水域环境，难以确定其阴极保护参数，此时可以采用数值模拟的方法。目前，数值模拟技术在干扰规律研究、阴保效果预测和评估及等方面得到了广泛应用，为阴保设计提供了指导性作用，大大提高了设计的有效性和准确性。

10.5.2 阴极保护准则

自从 1928 年美国 J. 柯恩通过试验发现-0.85V(vs. CSE)电位能控制电化学腐蚀之后，这一标准经过实践考验，成为公认的最小保护电位。

对于钢铁的阴极保护准则，各国标准的表达方式也不相同，GB/T 21448—2017《埋地钢制管道阴极保护技术规范》中关于阴极保护准则做了如下规定：

(1) 一般情况

① 管道阴极保护电位(即管/地界面极化电位，下同)至少为-850mV(vs. CSE)或更负。

② 阴极保护状态下管道的极限保护电位不能比-1200mV(vs. CSE)更负。

③ 对高强度钢(最小屈服强度大于 500MPa)和耐蚀钢，如马氏体不锈钢，双相不锈钢等，极限保护电位则要根据实际析氢电位来确定，其保护电位应比-850mV(vs. CSE)稍正，但在-650～-750mV 的电位范围内，管道处于高 pH 值的应力腐蚀(vs. SCC)敏感区，应予

注意。

④ 在厌氧菌或 SRB(硫酸盐还原菌)及其他有害菌土壤环境中，管道阴极保护电位应为-950mV(vs. CSE)或更负。

⑤ 在土壤电阻率 100Ω·m 至 1000Ω·m 环境中的管道，阴极保护电位宜负于-750mV(vs. CSE)；在土壤电阻率 ρ 大于 1000 Ω·m 的环境中的管道，阴极保护电位宜负于-650mV(vs. CSE)。

(2) 特殊考虑

在电位准则难以达到时，可采用阴极极化或去极化电位差大于 100mV 的判据。但是，在高温条件下，SRB 的土壤中存在杂散电流干扰及异种金属材料偶合的管道中不能采用 100mV 极化判据。

(3) 阴极保护的准则

概括各种阴极保护标准，可给出基本的阴极保护准则：

① 管地电位-850mV。达到充分保护的阴极保护电位至少为-850mV(vs. CSE)，保护电位为构筑物相对 CSE 的测量电位。

② 极化电位-850mV。达到充分保护的阴极保护极化电位至少为-850mV(vs. CSE)。极化电位为是构筑物/电解质界面上的电位，是构筑物腐蚀电位和阴极极化值之和。

③ 净极化量 100mV。达到充分保护时，构筑物与参比电极 CSE 之间的最小阴极极化值为 100mV 保护。该极化量应该等于极化电位与金属构筑物的自腐蚀电位之差。

以上准则的区别在于保护电位的测量方法不同。对于实际的阴极保护系统，现场直接测量金属构筑物/电解质界面上的电位是比较困难的，这样参比电极和金属构筑物/电解质界面存在 *IR* 降。如果保护电位测量能充分消除 *IR* 降，则保护准则①和②是相同的。净极化量准则还需要测量金属构筑物的自腐蚀电位。

一般阴极保护的准则采用测量保护电位来进行评价，这些准则由于受现场具体条件的影响并不是时刻有效，在此情况下可采用测量保护度的方法来验证具体条件的保护电位，给出合理的阴极保护电位范围。

例如，作者在通过对新疆某管道进行现场测试，制定了适用于屈服强度不超过 550MPa 的低合金钢管道，并且含有可以成垢的离子的土壤环境中的阴极保护电位准则：温度≤40℃时，应满足最小保护电位 $E_P \leq -850$mV(vs. CSE)、最大保护电位 $E_1 > -1300$mV(vs. CSE)；温度 40~60℃时，最小保护电位 $E_P \leq -950$mV、最大保护电位 $E_1 > -1400$mV(vs. CSE)；温度 60~80℃时，最小保护电位 $E_P \leq -1000$mV(vs. CSE)；80℃及以上，最大保护电位 $E_1 < -1500$mV(vs. CSE)。

参 考 文 献

[1] 李鹤林．石油管工程学[M]. 北京：石油工业出版社，2020.

[2] 周朝刚，胡锦榛，陈庆功，等．X80 钢腐蚀行为和防腐蚀措施的研究进展[J]. 腐蚀与防护，2022(043-003).

[3] 姚培芬．油气管道 CO_2与 H_2S 腐蚀与防护研究进展[J]. 腐蚀与防护，2019，40(05)：327-331+369.

[4] 张江江，闫俊龙，刘冀宁，等．电化学保护技术在注水井下及地面管道防腐中的应用[J]. 材料导报，2014，28(S1)：422-426.

[5] 俞蓉蓉，蔡志章．地下金属管道的腐蚀与防护[M]. 北京：石油工业出版社，2008.

[6] 左苗．延长联络管线埋地金属管道的管外阴极保护研究[D]. 西安：西安石油大学，2015.

[7] 徐佩君，李洪福，廖臻，等．新疆油田长输管道阴极保护效果评价[J]. 材料保护，2023，56(2)：10.

[8] 郜世杰，陆晓燕．长输管道的阴极保护及故障分析[J]. 工程技术，2019，32(3)：175-176.

[9] 潘一，孙林，杨双春，等．国内外管道腐蚀与防护研究进展[J]．，2014，26(1)：77-80.

[10] 王志刚．陶瓷内衬油管的研究与应用[J]. 中国石油石化，2016(S1)：100.

[11] 杨蕾，侯明明．国内油井防腐油管技术综述[J]. 全面腐蚀控制，2014，28(4)：25-27.

[12] 中国油井管行业现状深度研究与投资前景分析报告(2022-2029 年)[R].

[13] 刘高伦．塔河油田油气集输管网腐蚀现状及防腐技术的研究与应用[J]. 全面腐蚀控制，2010，24(9)：17-24.

[14] 赵章明．油气井腐蚀防护与材质选择指南[M]. 北京：石油工业出版社，2011：3-55.

[15] 李陆华，唐富强，焦启彦，等．油气田地面系统腐蚀机理研究与对策[C]. 中国油气田地面工程技术交流大会，2013：117-125.

[16] 中国腐蚀与防护学会．石油工业中的腐蚀与防护[M]. 北京：化学工业出版社，2001：12-22.

[17] 赵永峰，许江晓，李世涛．102 钢的显微组织形态与室温力学性能的关系[J]. 理化检验-物理分册，2011，47(3)：143.

[18] 宁保群，严泽生，付继成，等．T91 铁素体耐热钢强化新途径[J]. 材料导报，2009，23(4)：72~76.

[19] 刘成，彭志方，彭芳芳，等．P92 钢 625℃持久实验过程中试件特征部位相参量的变化[J]. 材料工程，2020，48(3)：98-104.

[20] 晁代义，徐仁根，孙有政，等．850℃时效处理对 2205 双相不锈钢组织与力学性能的影响[J]. 材料导报，2019，33(z1)：369-372.

[21] 白兴国，梅丽，陈建伟等．淬火温度对石油套管用钢 27MnCrV 冲击韧性的影响[J]. 特殊钢，2010；31(2)：63~65.

[22] 雒设计，郑新侠．敏化处理对 2205 双相不锈钢组织与力学性能的影响[J]. 材料工程，2011，(5)：76~80.

[23] 李晓旭，孙礼，杜健，等．X 系列管线钢的力学性能和显微组织比较[J]. 管道技术与设备，2015(05)：48-51

[24] 姬颖伦，左秀荣，洪良，等．高品质厚规格 X70 管线钢连铸坯的显微组织[J]. 金属热处理，2017，42(10)：52-55.

[25] 王道远，刘春明，黄贞益．X80 管线管的炉卷轧机控制轧制与组织性能[J]. 钢铁研究学报，2010，22(5)：41~45.

[26] 袁玮，黄峰，甘丽君，等．显微组织对 X100 管线钢氢致开裂及氢捕获行为影响[J]. 中国腐蚀与防护学报，2019，39(06)：536-542.

[27] 钱海帆．TMCP 工艺生产 X100 管线管的微观组织及强化机理[J]. 钢铁研究学报，2011，23(10)：54~58.

[28] 陈阳，雒设计，韩礼红，等．80 钢级热采井套管材料的研究与发展趋势[J]．化工技术与开发，2019，48(5)：5.

[29] 顾鑫，方平．X120 管线钢力学性能的研究[J]．金属材料与冶金工程，2019，47(06)：3-6+14.

[30] 杨晓宇，邢蕊，高珊，等．含 CO_2油田采出水中 X120 管线钢腐蚀特性研究[J]．新技术新工艺，2020(10)：64-68.

[31] 邓志龙，雒设计，申毅，等．X80 管线钢在阴极极化条件下的点腐蚀行为[J]．材料保护，2016，49(3)：5.

[32] Schutz W，Kirsch H J，Fluss P， et al. Extended property combinations in thermomechanically control processed steel plates by application of advanced rolling and cooling Technology. Iron Making and Steel making [J]. 2001，28(2)：1802~1803.

[33] 王荣，杨爱民，雒设计，等．管道腐蚀与控制[M]．西安：西北工业大学出版社，2013.

[34] 吕祥鸿，赵国仙．油套管材质与腐蚀防护[M]．北京：石油工业出版社．2015.

[35] 陈宏达，仝珂，何小东，等．油气输送专用管材组织性能评价技术[J]．中国科技成果，2019(24)：1-1.

[36] 门曜旭，韩礼红，杨尚谕，等．页岩气井套管研究现状[J]．云南化工，2020，47(3)：4.

[37] 艾芳芳，陈义庆，钟彬，等．T95 油井管在酸性油气田环境中的应力腐蚀开裂行为及机制[J]．中国腐蚀与防护学报，2020，40(5)：469-473.

[38] API SPEC 5CT(2018)，Specification for Casing and Tubing[S].

[39] 陈辉，喻异双，吴彬彬，等．超高强韧油井管合金设计与高强韧机制[J]．钢铁，2019，54(12)：96-103.

[40] ISO 15156-3(2020)，Petroleum and Natural Gas Industries-Materials for Use in H_2S-Containing Environments in Oil and Gas Production-Part 3：Cracking-Resistant CRAs(Corrosion Resistant Alloys) and Other Alloys[S].

[41] 史显波，杨春光，严伟，等．管线钢的微生物腐蚀[J]．中国腐蚀与防护学报，2019，39(1)：9-17.

[42] 贺景春，马爱清，井溢农．一种适用于稠油热采工况钢种的实验研究[J]．稀土，2011，32(5)：16-19.

[43] 董小卫，刘海龙，谢斌，等．稠油热采井套管设计方法探索与实践[J]．钻采工艺，2020，43(6)：76.

[44] Luo S，Liu M，Lin X. Corrosion fatigue behavior of S135 high-strength drill pipe steel in a simulated marine environment[J]. Materials and Corrosion，2018.

[45] 赵林，杨军虎，魏文澜，等．P110H 钢的高温拉伸性能及断裂机理[J]．金属热处理，2022，46(4)：204-208.

[46] 张行刚，石晓霞，刘金．稀土微合金化稠油热采井套管 BT100H 的研究[J]．石油管材与仪器，2018，4(1)：50-54.

[47] 岳磊，田青超．火驱采油井管的试制开发[J]．山东冶金，2010，32(3)：53-55.

[48] Lahiri A K，Lahiri A K. Material Selection and Performance in Oil and Gas Industry. Applied Metallurgy and Corrosion Control：A Handbook for the Petrochemical Industry，2017：269-347.

[49] 雒设计，韩礼红．钻杆材料的疲劳寿命预测与断裂机理[M]．北京：中国石化出版社，2022.

[50] 尹浩，梁健，孙建华，等．万米科学钻探钻杆柱的优化配置发展趋势[J]．科技导报，2023，41(6)：108-120.

[51] 刘聪．穿越用高韧性 V150 钢级钻杆管体的研究[J]．中国设备工程，2019，06：110-111.

[52] 王新虎，张冠军，李方坡，等．钻杆钢的成分、热处理工艺及其力学性能[J]．石油管材与仪器，2015，1(2)：33-40.

[53] 付炜冬．高强韧S135钻具用管关键制造技术开发[D]. 天津：天津大学，2015.
[54] 石油天然气工业钛合金钻杆[S]. GB/T 41343—2022.
[55] Fei L, Shiming Z, Chengyu X, et al. Optimization of fatigue life distribution model and establishment probabilistic S-N curves for a 165 ksi grade super high strength drill pipe steel[J]. Journal of Petroleum Science and Engineering, 2016, 145: 527-532.
[56] 杨自林，游华江，蹇宗承．钻具失效事故的原因分析及对策[J]. 天然气工业，2000，20(3)：57-59.
[57] 刘永刚，苏建文，林凯，等．一例S135钻杆本体断裂原因分析[J]. 石油矿场机械，2007，36(5)：58-61.
[58] Sheji L, Ming Liu. Effect of dual-phase heat treatment on microstructure and mechanical properties of S135 high-strength drill pipe steel[J]. Journal of Materials Engineering & Performance, 2019, 28(5): 3063-3075.
[59] 冯春．油气井管材新材料、新工艺与新技术[M]. 北京：科学出版社，2022.
[60] API Spec 5DP Specification for drill pipe[S]. American Petroleum Institute, 2009, 08.
[61] Petroleum and natural gas industries-Steel drill pipe[S]. ISO 11961: 2018.
[62] 石油天然气工业钻柱设计和操作限度的推荐作法[S]. GB/T 24956-2010.
[63] Sheji L, Ming L, Xinxia Z. Characteristics and life expression of fatigue fracture of G105 and S135 drill pipe steels for API grade[J]. Engineering Failure Analysis, 2020, 116: 104705.
[64] 杨新华，陈传尧．疲劳与断裂[M]. 华中科技大学出版社，2018.
[65] Radzeya Z, Aleksandar S, Snezana K, et al. Rish assessment of oil drilling rig welded pipe based on structural inegrity and life estimation[J]. Engineering Failure Analysis, 2020, 112: 104508.
[66] Xinhu W, Fangpo L, Yonggang Liu, et al. A comprehensive analysis on the longitudinal fracture in the tool joints of drill pipes[J]. Engineering Failure Analysis, 2017, 79: 1-7.
[67] Feng C, Wenbin S, Huiqun L, et al. Microstructure and mechanical properties of high strength Al-Zn-Mg-Cu alloys used for oil drill pipes[J]. Trans. Nonferrous Met. Soc. China, 2015, 25: 3515-3522.
[68] Sheji L, Anqing F, Ming Liu, et al. Stress corrosion cracking behavior and mechanism of super 13Cr stainless steel in simulated O_2/CO_2 containing 3.5 wt% NaCl solution[J]. Engineering Failure Analysis, 2021, 130: 105748.
[69] 郭宏超，毛宽宏，万金怀，等．高强度钢材疲劳性能研究进展[J]. 建筑结构学报，2019，40(4)：17-28.
[70]李方坡，王勇．钻杆疲劳寿命预测技术的研究现状与展望[J]. 材料导报A：综述篇，2015，29(6)：88-95.
[71] 刘智勇，李晓刚，杜翠微等．典型材料油气田腐蚀实验评价方法[M]. 北京：科学出版社，2018. 01.
[72] Wang Z B, Pang L, Zheng Y G. A review on under-deposit corrosion of pipelines in oil and gas fields: Testing methods, corrosion mechanisms and mitigation strategies[J]. Corrosion Communications, 2022, 7: 70-81.
[73] Pandarinathan V, Lepkova K, Bailey S I, et al. Impact of mineral deposits on CO_2 corrosion of carbon steel [C]. Proceeding of the Corrosion 2013 NACE International, Orlando, Florida, USA, 2013.
[74] Zhang G A, Cheng Y F. Localized corrosion of carbon steel in a CO_2-saturated oilfield formationwater [J]. Electrochimica Acta, 2011, 56(3): 1676-1685.
[75] 魏亮，庞晓露，高克玮．X65钢在含超临界CO_2的NaCl溶液中腐蚀机制的讨论[J]. 金属学报，2015，6：701-712.
[76] 李佳航，王丹，谢飞，等．油气管道的CO_2腐蚀及防护研究进展[J]. 表面技术，2021，50(4)：172-183.

[77] 王彦然，肖杰，范永昭，等．酸性气田中 CO_2 和 H_2S 的腐蚀预测模型研究进展[J].2022，55(3)：130-135.

[78] Meng L，Jianqiu W，Wei K，et al. Corrosion behavior of X52 anti-H_2S pipeline steel exposed to high H_2S concentration solutions at 90℃[J]. Journal of Materials Science & Technology，2014，30(5)：504-510.

[79] Usher K，Kaksonen A，Cole I，et al. Critical review：microbially influenced corrosion of buried carbon steel pipes [J]. International Biodeterioration & Biodegradation，2014，93：84-106.

[80] 赵悦彤，丁红蕾，邱凯娜，等．金属大气腐蚀影响因素及实验方法研究综述[J]．上海电力大学学报，2022，38(6)：527-532.

[81] 李晓刚，刘智勇，杜翠薇．材料土壤腐蚀[M]．北京：科学出版社，2021.05.

[82] 刘宏伟，陈翠颖，张雨轩，等．油气田微生物腐蚀与防护研究进展 [J]．装备环境工程，2020，17(11)：11-9.

[83] 卿永长，杨志炜，鲜俊，等．交流电和微生物共同作用下 Q235 钢的腐蚀行为[J]．金属学报，2016，52(9)：1142-52.

[84] 纪云岭，张敬武，张丽．油田腐蚀与防护技术[M]．北京：石油工业出版社，2009.

[85] Petroleum and natural gas industries-Materials for use in HS-containing environments in oil and gas production-Part 2：Cracking-resistant carbon and low alloy steel，and use of cast irons[S]. EN ISO 15156-2-2009.

[86] 李霄，李磊磊，黄晓辉，等．L360 钢在 SRB/CO_2 环境中的腐蚀行为研究[J]．焊管，2022，45(4)：8-12.

[87] Linne C P，Blanchard F，Puissochet F. Heavy wall casing in Cl10 grade for sourservice[C]. 68th NACE Annual Conference，San Diego，California，March 22-27，1998. Houston：Omnipress，1998.

[88] Marsh J. Comparing Hydrogen Permeation Rates，Corrosion Rates and Sulphide Stress Cracking Resistance For C-110 and P-110 Casing Steel. 62th NACE Annual Conference，Nashville，Tennessee，March 17-15，2007. Houston：Omnipress，2007.

[89] 赵密锋，吕祥鸿，李岩，等．超级 13Cr 不锈钢油管在油气田苛刻环境中的适用性[J]．腐蚀与防护，2019，40(12)：4.

[90] 吕祥鸿，张晔，谢俊锋，等．高 pH 值完井液中超级 13Cr 油管的腐蚀失效及 SCC 机制[J]．中国石油大学学报：自然科学版，2020，44(1)：8.

[91] Omura T，Kobayashi K. SSC resistance of high strength low alloy steel octg in high pressure H_2S environments. 64th NACE Annual Conference，Nashville，Tennessee，March 17-15，2009. Houston：Omnipress，2009.

[92] 王倩．微量 Nb 及热处理工艺对中碳 Cr-Mo 钢强度与抗 SSC 性能调控研究[D]．燕山大学，2018.

[93] 李平全，董仁．C110 钢级套管的开发生产和 API 规范的工艺控制要求(下)[J]．钢管，2014，43(04)：1-6.

[94] Huang W，Cao F，Srinivasan R，et al. SSC Resistance and Cracking Behavior of 125ksi Grade Low Alloy OCTG in Sour Environments. 68th NACE Annual Conference，Orlando，Florida，June 5-7，2013[C]. Houston：Omnipress，2013.

[95] Morana R，Piccolo E L，Scoppio L. Environmental Cracking Performance of Super Martensitic Stainless Steels "13-5-2"(grades 110ksi and 125ksi) for Tubing Applications in High Chloride Reservoir Fluids Containing H_2S/CO_2. 65th NACE Annual Conference，San Antonio，Texas，March 14 - 18，2010. Houston：Omnipress，2010.

[96] 田永强，付安庆，胡建国，等．低 Cr 钢在 CO_2/H_2S 环境中的腐蚀行为研究[J]．表面技术，2019，48(05)：49-57.

[97] Luo S，Fu A，Liu M，et al. Stress corrosion cracking behavior and mechanism of super 13Cr stainless steel in

simulated O_2/CO_2 containing 3.5wt% NaCl solution [J]. Engineering Failure Analysis, 2021, 130: 105748-.

[98] 宋帅，顾洋，袁睿，等．不同 Cr 含量对低 Cr 钢耐 CO_2 腐蚀行为的影响[J]．焊管，2019，42(04)：13-19.

[99] Nose K, Asahi H, Nice P I, et al. Corrosion properties of 3%Cr steels in oil and gas environments[C]. 56st NACE Annual Conference. Houston: Omnipress, 2001.

[100] Takabe H, Ueda M. The Formation Behavior of Corrosion Protective Films of Low Cr Bearing Steels in CO_2 Environments[C]. 56th NACE Annual Conference, Houston, Texas, March 17-16, 2001. Houston: Omnipress, 2001.

[101] Chen C F, Lu M X, Zhang Z H, et al. Effect of chromium on the pitting resistance of oil tube steel in a carbon dioxide corrosion system[J]. Corrosion, 2005, 61(6): 597-601.

[102] Pratesa Y, Rizkia V, Rahwinarni N, et al. Comparison of 3%-Cr steel and carbon steel corrosion behavior as well tubing materials in CO_2-H_2S environment[J]. Journal of Adhesion Science and Technology, 2022: 1-14.

[103] Kimura M, Tamari T, Yamazaki Y, et al. Development of New 15Cr Stainless Steel OCTG with Superior Corrosion Resistance[C]. 60th NACE Annual Conference, Houston, Texas, April 3-7, 2005. Houston: Omnipress, 2005.

[104] Zhuang Y, Zhang X, Zhang X, et al. Microstructure and high temperature mechanical properties of the new cladding steel of 15Cr-15Ni-Ti-Y[J]. Nuclear Materials and Energy, 2022, 31: 101200.

[105] Ishiguro Y, Suzuki T, Miyata Y, et al. Enhanced Corrosion-Resistant Stainless Steel OCTG of 17Cr for Sweet and Sour Environments[C]. 68th NACE Annual Conference, Orlando, Florida, June 4-7, 2013. Houston: Omnipress, 2013.

[106] Chambers B, Venkatesh A, Gambale D. Performance of Tantalum-Surface Alloy on Stainless Steel and Multiple Corrosion Resistant Alloy in Laboratory Evaluation of Deep Well Acidizing Environment[C]. 66st NACE Annual Conference, March 13-17, Houston, Texa. Houston: Omnipress, 2011.

[107] Kimura M, Sakata K. Corrosion resistance of martensitic stainless OCTG in severe corrosion environments[C]. 62th NACE Annual Conference, Nashville, Tennessee, March 17-15, 2007. Houston: Omnipress, 2007.

[108] Ishiguro Y, Kanayama T. Environmentally-Assisted Cracking of Martensitic Stainless Steel OCTG Material in CO_2/H_2S-Saturated Condition from Room Temperature to Elevated Temperature [C]//CORROSION 2019. OnePetro, 2019.

[109] ISO 15156-3(2011), Petroleum and Natural Gas Industries-Materials for Use in H_2S-Containing Environments in Oil and Gas Production-Part 3: Cracking-Resistant CRAs(Corrosion Resistant Alloys) and Other Alloys.

[110] 陈长风，范成武，郑树启．高温高压 H_2S/CO_2 G3 镍基合金表面的 XPS 分析[J]．中国有色金属学报，2008，18(11)：2050-2055.

[111] Hargrave B, Gonzalez M, Maskos K, et al. Titanium Alloy Tubing for HPHT OCTG Applications[C]. 65th NACE Annual Conference, San Antonio, Texas, March 17-18, 2010. Houston: Omnipress, 2010.

[112] Liu Q, Liu H, Xie J, et al. Influence of Ru on structure and corrosion behavior of passive film on Ti-6Al-4V alloy in oil and gas exploration conditions[J]. Scientific Reports, 2022, 12(1): 16586.

[113] Liu Q, Zhou B, Zhang J, et al. Influence of Ru-Ni-Nb combined cathode modification on corrosion behavior and passive film characteristics of Ti-6Al-4V Alloy used for oil country tubular goods[J]. Corrosion Science, 2022, 207: 110569.

[114] Kane R D, Craig B, Venkatesh A. Titanium Alloysfor Oil and Gas Service[C]. 64th NACE Annual Confer-

ence, Nashville, Tennessee, March 17-15, 2009. Houston: Omnipress, 2009.
[115] Klink D R, Schutz R W. Engineering Incentives for Utilizing Ti-3Al-8V-6Cr-4Zr-4Mo Alloy Tubulars in Highly Aggressive Deep Sour Wells[C]. 47th NACE Annual Conference, Houton, Texas, March 17-23, 1992. Houston: Omnipress, 1992.
[116] Kitayama S, Shida Y, Ueda M. Effect of Small Pd Additions on the Corrosion Resistance of Ti and Ti-alloys in Severe Gas and Oil Environment[C]. 47th NACE Annual Conference, Houton, Texas, March 17-23, 1992. Houston: Omnipress, 1992.
[117] 高瑾，米琪．防腐蚀涂料与涂装[M]．北京：中国石化出版社，2007. 02.
[118] 刘新．防腐蚀涂料涂装技术[M]．北京：化学工业出版社，2016. 10.
[119] 南仁植，魏育福．粉末涂料与涂装技术[M]．北京：化学工业出版社，2022. 02.
[120] 陈雨松，岳明，张腾，等．川南某页岩气区块油管腐蚀分析与防护技术优选[M]．钻采工艺，2022，45(3)：136-140.
[121] 郭清泉，陈焕钦．防腐蚀用颜填料发展前景展望[J]．涂料工业，2003，33(12)：35-38.
[122] 李金灵，蔡锐，付安庆，等．环氧纳米粉末涂层现场应用评价与缓蚀剂技术研究[J]．表面技术，2019，48(12)：312-319.
[123] Mahidashti Z, Shahrabi T, Ramezanzadeh B. The role of post-treatment of an ecofriendly cerium nanostructure conversion coating by green corrosion inhibitor on the adhesion and corrosion protection properties of the epoxy coating[J]. Progress in organic coating, 2018, 114: 19-32.
[124] 埋地钢质管道腐蚀防护工程检验[S]：GB/T 19285-2014.
[125] 蔡光义，张德平，赵苇杭，等．有机涂层防护性能与失效评价研究进展[J]．腐蚀与防护，2017，38(9)：657-664.
[126] Guojing C, Wenyu F, Zhiqiang L, et al. Self-sealing polyurethane coatings containing high oil-absorption resin for storage facility and fuel pipelines[J]. Progress in Organic Coatings, 2022, 166: 106789.
[127] Boxin W, Jin X, Qi F, et al. Effect of sulfate-reducing bacteria on corrosion of X80 pipeline steel under disbonded coating in a red soil solution[J]. Journal of Materials Science & Technology, 2021, 87(10): 1-7.
[128] 刘玉欣，何东昱，孙哲，等．有机涂层防护性能的电化学研究进展[J]．表面技术，2021，50(3)：66-78.
[129] Ahmed O, Peter K F, Eylem A. Superhydrophobic coatings for steel pipeline protection in oil and gas industries: A comprehensive review[J]. Journal of Natural Gas Science and Engineering, 2020, 83: 103544.
[130] 马磊，张伟，阳俊龙，等．酸性、高压、高温下耐蚀有机涂层的研究进展[J]．电镀与涂饰，2022，41(4)：265-271.
[131] 王珂，储开建，马彬，等．CO_2环境下油管腐蚀与涂层油管应用研究[J]．表面技术，2016，45(8)：1-6.
[132] 李金桂，郑家燊．表面工程技术和缓蚀剂[M]．北京：中国石化出版社，2007.
[133] 薛守庆，马远忠，马心英．缓蚀剂的应用[M]．哈尔滨：哈尔滨工程大学出版社，2019. 06.
[134] 李伟华．新型缓蚀剂合成与评价[M]．北京：科学出版社．2018. 01.
[135] 雷自刚，李丹平，梁蓝云，等．新型油气田用高效抗氧缓蚀剂的应用效果研究[J]．石油管材与仪器，2021，7(6)：42-46.
[136] 陈文，莫林，何益彬，等．酸性气田缓蚀剂现场效果评价技术及应用[J]．石油与天然气化工，2022，51(4)：84-88.
[137] Zheng S, Jinyang Z. Overview on plant extracts as green corrosion inhibitors in the oil and gas field[J]. Journal of Materials Research and Technology, 2021, 15: 5078-5094.

[138] 吕祥鸿，刘妍妍，程猛猛，等．高温埋地输送管道缓蚀剂防腐措施研究[J]．天然气与石油，2021，39(1)：94-100.

[139] Lisha W，Zhenyu C，Xingpeng G. Inhibitor behavior of an imidazoline inhibitor for carbon steel in a supercritical CO_2/H_2S system[J]. Journal of the Electrochemical Society，2017，164(9)：C602-C609

[140] Hongyu C，Jiaojiao C，Zhenyu C，et al. 2-Mercaptobenzothiazole as a corrosion inhibitor for carbon steel in supercritical CO_2-H_2O condition[J]. Applied Surface Science，2019，476(1)：422-434.

[141] Matjaz F，Jennifer J. Application of corrosion inhibitors for steels in acidic media for the oil and gas industry：A review[J]. Corrosion Science，2014，86：17-41.

[142] Standard terminology relating to corrosion and corrosion testing[S]. ASTM G15-07.

[143] 吕祥鸿，张晔，闫亚丽，等．两种新型曼尼希碱缓蚀剂的性能及吸附行为研究[J]．中国腐蚀与防护学报，2020，40(1)：31-37.

[144] Moses M S，Ifeanyi E U，Joseph A O O，et al. A censorious appraisal of the oil well acidizing corrosion inhibitors[J]. Journal of Petroleum Science and Engineering，2022，215 PartB：110711.

[145] Tawfik A S，Kabiru H，Bader A. Diaminoalkanes functionalized graphene oxide as corrosion inhibitors against carbon steel corrosion in simulated oil/gas well acidizing environment[J]. Journal of Colloid and Interface Science，2023，630 PartB：591-610.

[146] 杜威．抑制 CO_2 腐蚀用咪唑啉类缓蚀剂及机理研究进展[J]．腐蚀科学与防护技术，2016，28(6)：584-588.

[147] Angst U M. A critical review of the science and engineering of cathodic protection of steel in soil and concrete[J]. Corrosion，2019，75(12)：1420-1433.

[148] 吴荫顺，郑家燊．电化学保护和缓蚀剂应用技术[M]．北京：化学工业出版社，2006.

[149] Ackland B G，Dylejko K P. Critical questions and answers about cathodic protection[J]. Corrosion Engineering，Science and Technology，2019，54(8)：688-697.

[150] Peabody A W，吴建华，许立坤 译．管线腐蚀控制．北京：化学工业出版社，2004.

[151] 埋地钢质管道阴极保护技术规范[C]. GB/T 21448—2017.

[152] 埋地钢质管道强制电流阴极保护设计规范[S]. SYJ 0036—2000.

[153] 埋地钢质管道阴极保护参数测量方法[C]. GB/T 21246—2020.

[154] 廖臻，李洪福，罗小武，等．特殊条件下长输管道外加电流联合牺牲阳极阴极保护措施[J]．油气储运，2023，42(3)：8.

[155] 金属和合金的腐蚀术语[S]. GB/T 10123—2022.

[156] 钢质管道外腐蚀控制规范[C]. GB/T 21447—2018.

[157] 阴极保护技术条件[S]. GB/T 33378—2016.

[158] 赵志峰．长输管道腐蚀防护系统安全性动态评价方法研究[D]．西安科技大学，2017.

[159] 鲁丹平，杜艳霞，唐德志，等．油气输送站场区域阴极保护研究现状及存在问题[J]．腐蚀科学与防护技术，2018，30(1)：10.

[160] 牺牲阳极电化学性能试验方法[S]. GB/T 17848—1999.

[161] 铝-锌-铟系合金牺牲阳极[S]. GB/T 4948—2002.

[162] 镁合金牺牲阳极[S]. GB/T 17731—2015.

[163] 锌合金牺牲阳极[S]. GB/T 4950—2021.